"十二五"职业教育国家规划教材
经全国职业教育教材审定委员会审定

Gongcheng Celiang

工程测量

（修订版）

王 颖 李仕东 主 编

人民交通出版社股份有限公司
China Communications Press Co.,Ltd.

内 容 提 要

本书为“十二五”职业教育国家规划教材。全书共十三章，分别为：绪论，水准测量，角度测量，距离测量与直线定向，全站仪测量技术，GPS 测量简介，测量误差基本知识，小区域控制测量，大比例尺地形图测绘及应用，道路中线测量，路线的纵、横断面测量，道路施工测量，公路桥梁与隧道施工测量。

本书主要作为高等职业院校道路桥梁工程技术及相关专业的教材，也可供专业工程技术人员和测绘工作者学习参考。

图书在版编目(CIP)数据

工程测量 / 王颖，李仕东主编. — 修订本. — 北京：人民交通出版社股份有限公司，2016.6

“十二五”职业教育国家规划教材

ISBN 978-7-114-13119-6

Ⅰ. ①工… Ⅱ. ①王… ②李… Ⅲ. ①工程测量－高等职业教育－教材 Ⅳ. ①TB22

中国版本图书馆 CIP 数据核字(2016)第 138542 号

“十二五”职业教育国家规划教材

书　　名：**工程测量**(修订版)
著 作 者：王　颖　李仕东
责任编辑：任雪莲
出版发行：人民交通出版社股份有限公司
地　　址：(100011)北京市朝阳区安定门外外馆斜街 3 号
网　　址：http://www.ccpress.com.cn
销售电话：(010)59757973
总 经 销：人民交通出版社股份有限公司发行部
经　　销：各地新华书店
印　　刷：北京中石油彩色印刷有限责任公司
开　　本：787×1092　1/16
印　　张：16.5
字　　数：407 千
版　　次：2016 年 6 月　第 1 版
印　　次：2016 年 6 月　第 1 版　第 1 次印刷
书　　号：ISBN 978-7-114-13119-6
定　　价：42.00 元
(有印刷、装订质量问题的图书由本公司负责调换)

修订说明

根据2013年8月教育部《关于"十二五"职业教育国家规划教材选题立项的函》[教职支司函(2013)184号],本教材获得"十二五"职业教育国家规划教材选题立项。

本教材编写人员在认真学习领会《教育部关于"十二五"职业教育教材建设的若干意见》(教职成[2012]9号)、《高等职业学校专业教学标准(试行)》、《关于开展"十二五"职业教育国家规划教材选题立项工作的通知》(教职成司函[2012]237号)等有关文件的基础上,结合当前高等职业教育发展和公路行业发展的实际情况,形成了本教材第四版。

本教材主要参编人员在收集各方意见后,决定对《工程测量》(第四版)做进一步完善和修订,在保持原教材基本体系不变的基础上,尽量做到精炼内涵、通俗易懂,最大限度地适合高等职业技术教育特点,以更好地培养学生分析问题、解决问题的能力。教材编写考虑到当前工程实际,对部分内容进行适当增减,较全面地介绍了工程测量近年来的科学技术成就,并突出介绍其在公路、桥梁、隧道等工程上的应用。

本教材共分十三章,由黑龙江工程学院王颖、鲁东大学李仕东担任主编,参加编写的还有青海交通职业技术学院董亚辉、陕西交通职业技术学院赵国刚。具体修订编写情况如下:王颖编写第一、二、三、九、十章,李仕东编写六、八章;李士涛编写第四、五、七章;周秀民编写第十一、十二章;董亚辉、赵国刚编写第十三章。

由于编者水平有限,加之时间仓促,书中难免存在不妥之处,恳请读者批评指正。

编　者

2016年3月

目　　录

第一章　绪　　论

第一节　测量学的任务及其在公路建设中的应用

一、测量学及其任务

测量学是一门研究如何确定地球表面上点的位置,如何将地球表面的地貌、地物、行政和权属界线测绘成图,如何确定地球的形状和大小,以及将规划设计的点和线在实地上定位的科学。它的任务包括两个部分:测绘和测设。

测绘是指使用测量仪器和工具,通过实地测量和计算得到一系列测量信息,通过把地球表面的地形绘成地形图或编制成数据资料,供经济建设、规划设计、科学研究和国防建设使用。

测设是指把图纸上规划设计好的建筑物、构造物的位置在地面上用特定的方式标定出来,作为施工的依据。测设又称施工放样。

二、测量学的分类

测量学按照研究范围和对象的不同,可划为如下几个分支学科。

1.大地测量学

大地测量学是研究和测定地球的形状、大小和重力场、地球的整体与局部运动和地面点的几何位置以及它们变化的理论和技术的科学。由于全球定位系统(GPS)、卫星激光测距(SLR)、甚长基线干涉(VLBI)和卫星测高(SA)等新技术的引进,使得大地测量从分维式发展到整体式,从静态发展到动态,从描述地球的几何空间发展到描述地球的物理—几何空间,从地表层测量发展到地球内部结构的反演,从局部参考坐标系中的地区性大地测量发展到统一地心坐标系中的全球性大地测量。大地测量又分为常规大地测量和卫星大地测量。

2.摄影测量与遥感学

摄影测量与遥感学是研究利用电磁波传感器获取目标物的影像数据,从中提取语义和非语义的信息,并用图形、图像和数字形式表达目标物空间分布及其相互关系的科学。这一科学过去叫摄影测量学。摄影测量本身已完成了“模拟摄影测量”与“解析摄影测量”的发展历程,现在正进入“数字摄影测量”阶段。由于现代航天技术和计算机技术的发展,当代遥感技术可以提供比光学摄影所获得的黑白相片更丰富的影像信息,因此在摄影测量中引进了遥感技术。遥感技术不仅自身在飞速发展,而且与卫星定位技术和地理信息技术相集成,已成为地球空间信息的科学与技术。

3.地图制图学与地理信息工程

地图制图学与地理信息工程是研究用地图图形科学地、抽象概括地反映自然界和人类社会各种现象的空间分布、相互关系及其动态变化,并对空间信息进行获取、智能抽象、存储、管理、分析、处理、可视化及其应用的科学。当今,随着计算机地图制图和地图数据库技术的快速发展，作为人们认知地理环境和利用地理条件的工具，地图制图学已经进入数字（电子）制图和动态制图的阶段，并且成为地理信息系统的支撑技术。地图制图学已发展成为研究空间地理环境信息和建立相应的空间信息系统的科学。

4. 海洋测量学

海洋测量学是以海洋水体和海底为测绘对象，研究测量及海图编制的理论和方法的科学。同陆地测绘相比，海洋测绘具有其独特性，主要有：测量内容综合性强，要同时完成多种观测项目，需多种仪器配合施测；测区条件复杂，大多为动态作业；肉眼不能通视水域底部，精确测量难度较大等。因此，海洋测绘的基本理论、技术方法和测量仪器设备有许多不同于陆地测量之处。

5. 工程测量学

工程测量学是在研究工程建设和自然资源开发中进行的控制测量、地形测绘、施工放样和变形监测的理论和技术的科学。它是测量学在国民经济和国防建设中的直接应用。而现代工程测量已远远突破了仅仅为工程建设服务的狭隘概念，向着所谓"广义工程测量学"发展，正如瑞士苏黎世高等工业大学马西斯教授所指出："一切不属于地球测量、不属于国家地图集范畴的地形测量和不属于公务测量的应用测量，都属于工程测量。"

现代工程测量的发展趋势和特点可概括为"六化"和"十六字"。

（1）"六化"是指：测量内外业作业的一体化、数据获取及处理的自动化、测量过程控制和系统行为的智能化、测量成果和产品的数字化、测量信息管理的可视化、信息共享和传播的网络化。

（2）"十六字"是指：精确、可靠、快速、简便、连续、动态、遥测、实时。

本教材主要介绍测量学在公路工程测量中的有关应用。

三、工程测量在公路建设中的应用

测量工作对于国家的经济建设和国防建设具有非常重要的作用，在道路、桥梁和隧道工程建设中有着广泛的应用。公路工程测量是指，公路建设在设计、施工和管理等各阶段所进行的各种测量工作。公路是一种位于自然界供汽车等交通运输工具运行的结构物，其位置受社会经济、自然地理和技术条件等因素制约。一条公路的优劣与驾驶员的判断和反映、乘客的感觉、适应汽车的性能、行车对公路的要求、道路本身的状况、公路所处的环境等因素密切相关。要建设一条能体现安全、迅速、经济、美观的公路，必须在调查研究、实地测量、掌握大量基础资料的前提下，设计出具有一定技术标准、满足交通运输要求、经济合理的方案，然后经过现场施工而完成。其中，实地测量获取资料、施工测量保证设计方案的准确实施是至关重要的。从理论上讲，公路路线以平、直最为理想。但实际上，由于受到地物、地貌、水文、地质及其他等因素的限制，路线必然有方向的转折和上、下坡的变化。

在公路建设中，为了选择一条安全、迅速、经济、美观、合理的路线，首先要进行路线勘测，即在沿着路线可能经过的范围内布设控制点，进行控制测量，测绘路线带状地形图、纵断面图，收集沿线地质、水文、资源等资料，作为纸上定线、编制比较方案和初步设计的依据。根据测量得到的数据资料进行路线选线。确定路线方案后，还要进行路线的详细测设，也就是进行路线的中线测量、纵断面测量、横断面测量和有关调查测量等，以便为路线设计提供准确、详细的外业资料。当路线跨越河流时，拟设置桥梁之前，应测绘河流两岸的地形图，测定桥轴线的长度及桥位处的河床断面，为桥梁方案选择及结构设计提供必要的数据。当路线穿越高山，采用隧道时，应测绘隧址处地形图，测定隧道的轴线、洞口、竖井等位置，为隧道设计提供必要的数据。

公路经过技术设计后，其平面线形、纵坡、横断面及其他内容等，便有了设计图纸和数据，据此即可进行公路施工。公路中线定测后，一般情况要过一段时间才能施工，在这段时间内，部分标志桩被破坏或丢失，因此，施工前必须进行一次复测工作，以恢复公路中线的位置。此时需要将已设计好的路线、桥涵和隧道等构造物的图纸中的各项元素，按规定的精度准确无误地测设于实地，即施工前必须进行的施工放样测量。施工过程中，要经常通过各种测量来检查工程的进度和质量。在隧道施工过程中还要不断地进行贯通测量，以保证隧道的平面位置和高程正确贯通。道路、桥梁、隧道工程结束后，还要用测量来检查竣工情况，即进行竣工验收，并通过必要的测量编制竣工图，以满足工程的验收、维护、加固以及扩建的需要。

在投入使用后的营运阶段，还要应用测量进行一些常规检查和定期进行变形观测，进行必要的养护和维修，以确保道路、桥梁和隧道等构造物的安全使用。

可以说，道路、桥梁、隧道的勘测、设计、施工、竣工及养护维修的各个阶段都离不开测量技术，因此，作为一名从事道桥建设的技术人员，必须具备测量学的基本理论、基本知识和基本技能，才能为我国的交通运输事业多做贡献。

四、学 习 目 标

根据公路工程的特点，结合我国交通运输事业的发展，学生在学习完该课程以后，要求达到：

(1)掌握普通测量学及公路工程测量学的基本理论和基本方法。

(2)随着科技的发展，测量仪器不断地更新换代，要求不仅能正确地使用各种测量仪器和工具，而且要掌握各类仪器测量的原理，以便在将来的工程中能适时地应用每一种新型仪器和工具，适应测量方面新技术、新理论的发展。

(3)能采用不同的仪器、利用多种方法，正确地进行小区域大比例尺的地形测绘。

(4)在公路勘测、设计和施工中，具有正确应用地形图和有关测量资料的能力，如根据图纸能进行地形分析、施工前的放样分析等。

(5)掌握公路工程中公路中线测量、基平测量、中平测量、纵横断面图测绘以及施工放样的基本方法，能完成路基边桩、边坡、竖曲线以及涵洞的放样，能测定桥梁中线，能进行桥梁墩台的中心定位，了解隧道的有关测量，具有较强的测、算、绘的测量基本功。

第二节　地球的形状和大小

测量工作是在地球的自然表面上进行的，而地球自然表面有高山、丘陵、平原和海洋等，其形态是高低不平、很不规则的。为了确定地面点的位置和绘制地形图，就有必要把直接观测的数据结果归化到一个参考面上，而这个参考面必须尽可能与地球形体的表面相吻合，因此有必要认识地球的形体和学习与测量有关的坐标系的知识。

一、大地水准面

尽管地球的表面高低不平、很不规则，甚至高低相差较大，如最高的珠穆朗玛峰高出海平面达 8844.43m，最低的太平洋西部的马里亚纳海沟低于海平面达 11034m。但即便是这样的高低起伏，相对于半径近似为 6371km 的地球来说，还是很小的。又由于海洋面积约占整个地球表面的 71%，陆地面积仅约占 29%，因此，可以把海水面延伸至陆地所包围的地球形体看作地球的形状。设想有一个静止的海水面，向陆地延伸而形成一个闭合曲面，这个曲面称为水准面。水准面作为流体的水面，是受地球重力影响而形成的重力等势面、是一个处处与重力方向垂直的连续曲面。由于海水有潮汐，海水面时高时低，因此，水准面有无数多个，将其中一个与平均海水面相吻合的水准面，称为大地水准面，如图1-1a）所示。大地水准面是测量工作的基准面，由大地水准面所包围的地球形体，称为大地体。

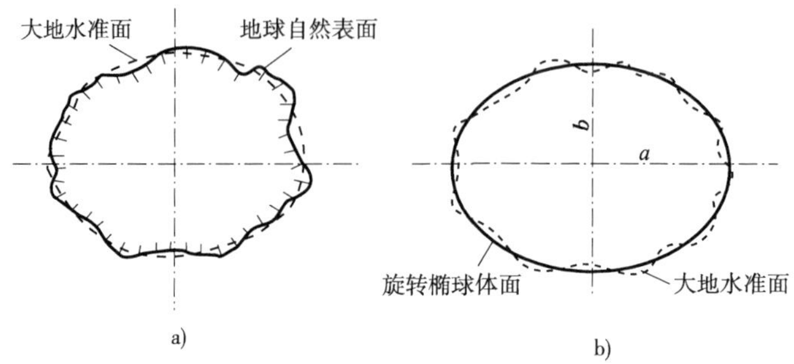

图1-1　地球的自然表面、大地水准面和旋转椭球面

另外，我们将重力的方向线称为铅垂线，铅垂线是测量工作的基准线。

由于海水面是个动态的曲面，平静静止的海水面是不存在的。为此，我国在青岛设立验潮站，长期观察和记录黄海海水面的高低变化，取其平均值作为我国的大地水准面的位置（其高程为零），并在青岛建立了水准原点。

二、旋转椭球面

用大地体表示地球的形状是比较恰当的，但是由于地球内部质量分布不均匀，引起局部重力异常，导致铅垂线的方向产生不规则的变化，使得大地水准面上也有微小的起伏，成为一个复杂的曲面，如图1-1b）所示，因此，无法在这个复杂的曲面上进行测量数据的处理。为了测量计算工作的方便，通常用一个非常接近于大地水准面，并可用数学式表示的几何形体来代替地球的形状作为测量计算工作的基准面。这一几何形体称为地球椭球，它由一个椭圆绕其短轴旋转而成，故地球椭球又称为旋转椭球，如图1-1b）所示。这样，测量工作的基准面为大地水准面，而测量计算工作的基准面为旋转椭球面。

旋转椭球的形状和大小可由其长半轴a（或短半轴b）和扁率α来表示。我国1980年国家大地坐标系采用了1975年国际椭球，该椭球的基本元素为：

长半轴　　$a=6378.140\text{km}$

短半轴　　$b=6356.755\text{km}$

扁率　　$$\alpha=\frac{a-b}{a}\approx\frac{1}{298.257}$$

由于旋转椭球的扁率很小，因此当测区范围不大时，可近似地把旋转椭球作为圆球，其半径近似值为：$R=(2a+b)/3\approx6371\text{km}$。

第三节　地面点位的表示方法

测量工作的基本任务是确定地面点的空间位置。在一般工程测量中，确定地面点的空间位置通常需用三个量，即该点在一定坐标系下的三维坐标，或该点的二维球面坐标或投影到平面上的二维平面坐标，以及该点到大地水准面的铅垂距离（高程）。

一、确定地面点位的坐标系

地面点的坐标,根据不同的用途可选用不同的坐标系,下面介绍几种常用的坐标系。

1. 大地坐标系

用大地经度 L 和大地纬度 B 表示地面点投影到旋转椭球面上位置的坐标,称为大地坐标系,亦称为大地地理坐标系。该坐标系是以参考椭球面和法线作为基准面和基准线。

如图 1-2 所示,NS 为地球的自转轴(或称地轴),N 为北极,S 为南极。过地面任一点与地轴 NS 所组成的平面称为该点的子午面。子午面与球面的交线称为子午线或称经线。国际公认通过英国格林尼治(Greenwich)天文台的子午面是计算经度的起算面,称为首子午面。过 F 点的子午面 $NFKSON$ 与首子午面 $NGMSON$ 所成的两面角,称为 F 点的大地经度。大地经度自首子午线向东或向西由 0°起算至 180°,在首子午线以东者为东经,可写成 0° ~ 180°E,以西者为西经,可写成 0° ~ 180°W。

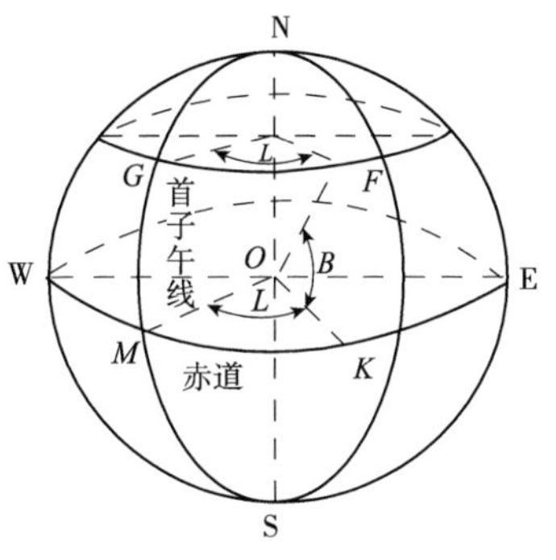

图 1-2　大地坐标系

垂直于地轴 NS 的平面与地球球面的交线称为纬线;通过球心 O 并垂直于地轴 NS 的平面,称为赤道平面。赤道平面与球面相交的纬线称为赤道。过 F 点的法线(与旋转椭球面垂直的线)与赤道平面的夹角,称为 F 点的大地纬度。在赤道以北者为北纬,可写成 0° ~ 90°N,在赤道以南者为南纬,可写成 0° ~ 90°S。

例如,我国首都北京位于北纬 40°、东经 116°,也可用 B = 40°N,L = 116°E 表示。

用大地坐标表示的地面点,统称大地点。一般而言,大地坐标是由大地经度 L、大地纬度 B 和大地高 H 三个量组成,用以表示地面点的空间位置。

中华人民共和国成立初期,我国采用的大地坐标系为"1954 年北京坐标系",亦称"北京—54 坐标系"(简称 P_{54})。该坐标系采用了前苏联的克拉索夫斯基椭球体,其参数是:长半轴 a = 6378. 245km;扁率 α = 1/298. 3;坐标原点位于俄罗斯的普尔科沃。

我国目前采用的大地坐标为"1980 年国家大地坐标系",亦称"西安—80 坐标系"(简称 C_{80}),是根据椭球定位的基本原理和我国的实际地理位置建立的。大地原点设在我国中西部的陕西省泾阳县永乐镇。椭球参数采用 1975 年国际大地测量与地球物理联合会推荐值:椭球长半轴 a = 6378. 140km;扁率 α = 1/298. 257。

2008 年 7 月 1 日起,我国全面启用 2000 国家大地坐标系。2000 国家大地坐标系是全球地心坐标系在我国的具体体现,其原点为包括海洋和大气的整个地球的质量中心。2000 国家大地坐标系采用的地球椭球参数如下:长半轴 a = 6378. 137km,扁率 α = 1/298. 257222101。

2. 地心坐标系

地心坐标系属于空间三维直角坐标系,用于卫星大地测量。由于人造地球卫星围绕地球运动,地心坐标系取地球质心为坐标原点 O,x、y 轴在地球赤道平面内,首子午面与赤道平面的交线为 x 轴,z 轴与地球自转轴相重合,如图 1-3 所示。地面点 A 的空间位置用三维直角坐标 x_A、y_A和 z_A表示。

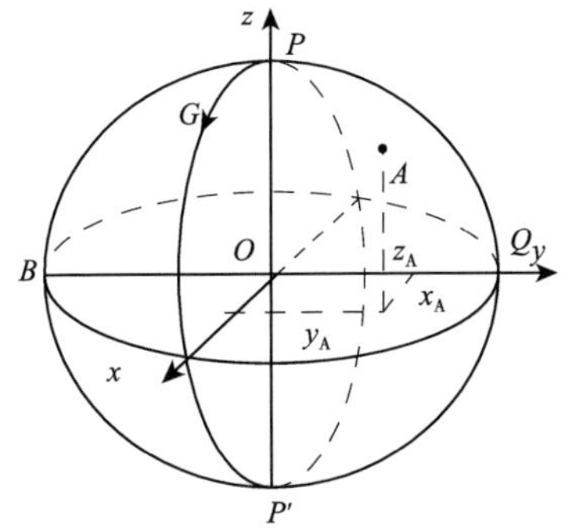

图 1-3　地心坐标系

地心坐标和大地坐标可以通过一定的数学公式进行换算。

3. 高斯平面直角坐标系

在工程测量中，常将椭球坐标系按一定的数学法则投影到平面上，成为平面直角坐标系，为满足工程测量及其他工程的应用，我国采用高斯(Gauss)投影。

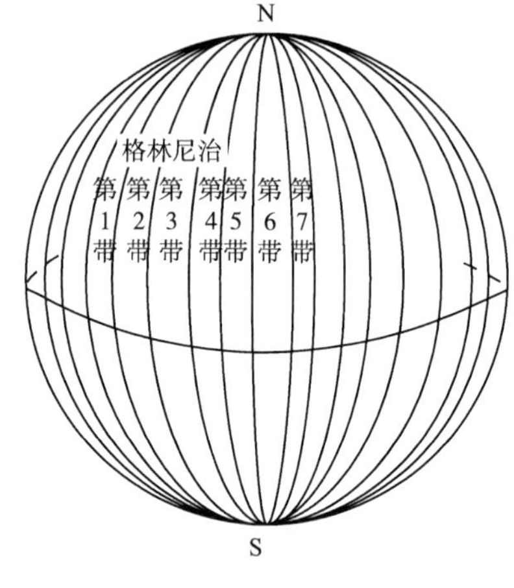

图 1-4 高斯投影分带

高斯投影法是将地球划分成若干带，然后将每带投影到平面上。如图 1-4 所示，投影带是从首子午线起，每隔经差 6°划一带(称为六度带)，自西向东将整个地球划分成经差相等的 60 个带，各带从首子午线起，自西向东依次编号，用数字 1、2、3…60 表示。位于各带中央的子午线，称为该带的中央子午线。

第一个六度带的中央子午线的经度为 3°，任意带的中央子午线经度 L_0 可按下式计算：

$$L_0 = 6N - 3 \tag{1-1}$$

式中：N——投影带的带号。

按上述方法划分投影带后，即可进行高斯投影。如图 1-5a)所示，设想用一个平面卷成一个空心椭圆柱，把它横着套在旋转椭球外面，使椭圆柱的中心轴线位于赤道面内并通过球心，而且使旋转椭球上某六度带的中央子午线与椭圆柱面相切。在椭球面上的图形与椭球柱面上的图形保持等角的情况下，将整个六度带投影到椭球柱面上。然后将椭球柱沿着通过南北极的母线切开并展成平面，便得到六度带在平面上的影像，如图 1-5b)所示。中央子午线经投影展开后，是一条直线，以此直线作为纵轴，向北为正，即 x 轴；赤道是一条与中央子午线相垂直的直线，将它作为横轴，向东为正，即 y 轴；两直线的交点作为原点，则组成了高斯平面直角坐标系。

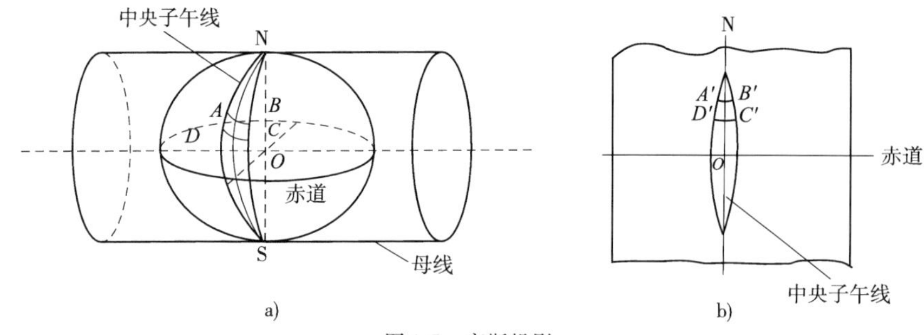

图 1-5 高斯投影

将投影后具有高斯平面直角坐标系的六度带一个个拼接起来，便得到图 1-6 所示的图形。

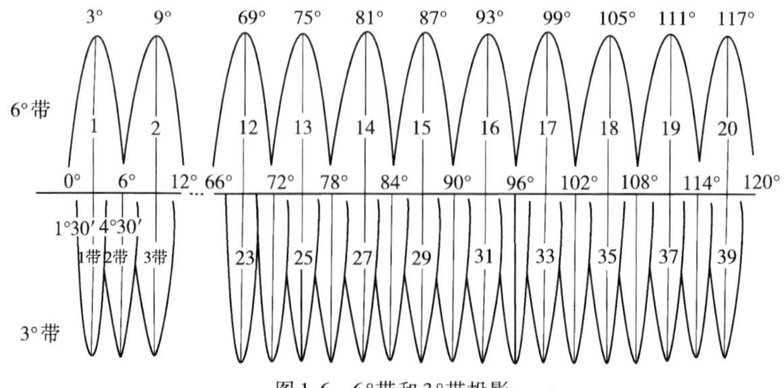

图 1-6 6°带和 3°带投影

我国位于北半球，x 坐标均为正值，而 y 坐标有正有负。为避免横坐标 y 出现负值，故规定把坐标纵轴向西平移 500km，如图 1-7 所示。另外，为了表明该点位于哪一个六度带内，还规定在横坐标值前冠以带号，例如：$y_A = 20225760\text{m}$，表示 A 点位于第 20 带内，其真正的横坐标值为：$225760\text{m} - 500000\text{m} = -274240\text{m}$。

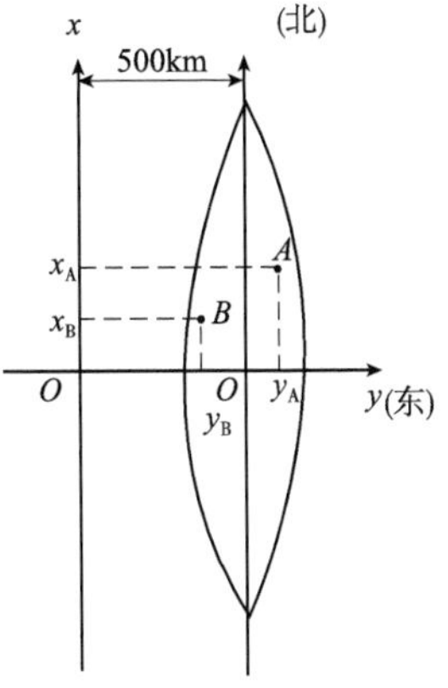

图 1-7　高斯平面直角坐标

高斯投影中，离中央子午线近的部分变形小，离中央子午线越远，变形越大。当测绘大比例尺图要求投影变形更小时，可采用三度分带投影法。它是从东经 1°30′起，自西向东每隔经差 3°划分一带，将整个地球划分为 120 个带，每带中央子午线的经度 L'_0 可按下式计算：

$$L'_0 = 3 \times n \tag{1-2}$$

式中：n——3°带的带号。

4. 独立平面直角坐标系

大地水准面虽然是曲面，但当测量区域较小（如半径不大于 10km 的范围）时，可以用测区中心点 a 的切平面来代替曲面，如图 1-8 所示。地面点在切平面上的投影位置就可以用平面直角坐标来确定。测量工作中采用的平面直角坐标如图 1-9 所示，以两条互相垂直的直线为坐标轴，两轴的垂点为坐标原点，规定南北方向为纵轴，并记为 x 轴，x 轴向北为正，向南为负；以东西为横轴，并记为 y 轴，y 轴向东为正，向西为负。地面上某点 P 的位置可用 x_P 和 y_P 表示。

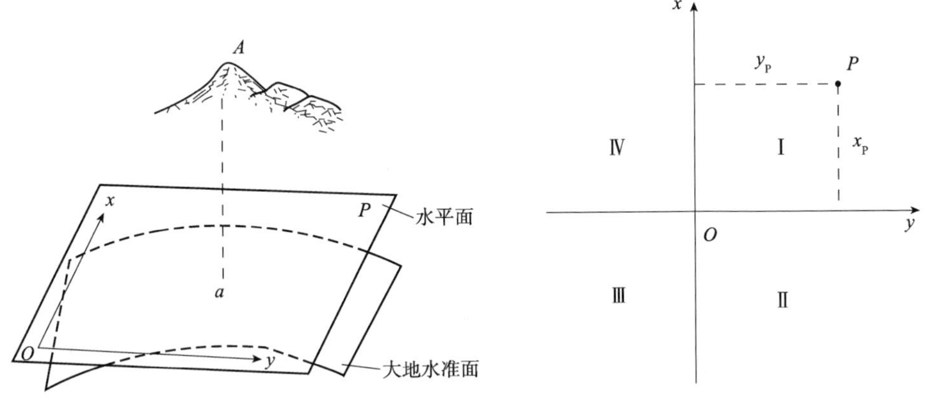

图 1-8　以切平面代替曲面

图 1-9　独立平面直角坐标系

平面直角坐标系中，象限按顺时针方向编号。

x 轴与 y 轴和数学上规定的互换，其目的是为了定向方便（测量上以北方向为角度—坐标方位角起始方向），而且将数学上的公式直接照搬到测量的计算工作中，不需做任何变更。原点 O 一般选在测区的西南角，如图 1-8 所示，使测区内各点的坐标均为正值。

二、地面点的高程

地面点到大地水准面的铅垂距离，称为该点的绝对高程或称海拔，通常以 H_i 表示。如图 1-10所示，H_A 和 H_B 即为 A 点和 B 点的绝对高程。当个别地区引用绝对高程有困难时，可采用假定高程系统，即采用任意假定的水准面作为高程起算的基准面。如图 1-10 中所示，地面点到假定水准面的铅垂距离，称为假定高程，如 H'_A 和 H'_B。

地面上两个点之间的高程差称为高差,通常用 h_{ij} 表示。如地面点 A 与点 B 之间的高差为 h_{AB},则:

$$h_{AB} = H_B - H_A = H'_B - H'_A \tag{1-3}$$

由此可见,两点间的高差与高程起算面无关。

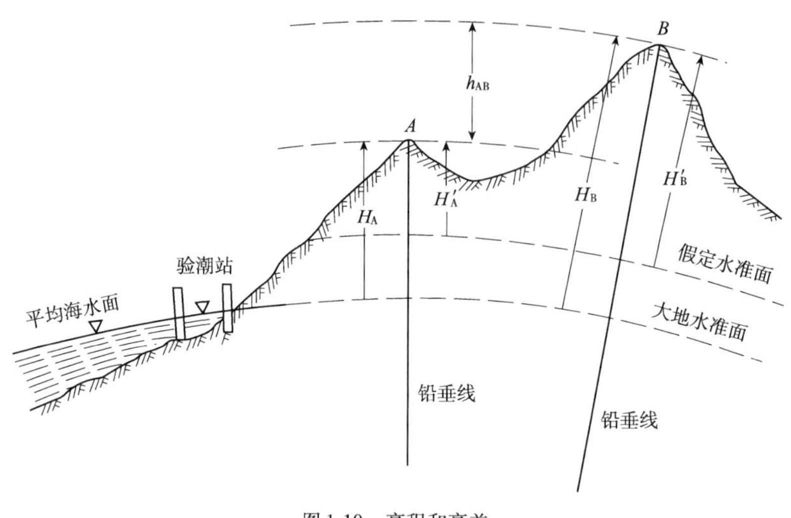

图 1-10　高程和高差

第四节　用水平面代替基准面的限度

由前述可知,测量工作的基准面是大地水准面,大地水准面是一个曲面。从理论上讲,将极小部分的水准面当作平面也是要产生变形的,但是由于测量和绘图也都含有不可避免的误差,因此,如果将某一测区范围内的水准面当作平面看待,其产生的误差不超过测量和绘图的误差,那么这样做是可以的,而且也是合理的。下面来讨论以水平面代替水准面时,对距离和高程的影响,以便限制水平面作为基准面时的范围。

一、对距离的影响

如图 1-11 所示,A、B、C 是地面点,它们在大地水准面上的投影点是 a、b、c,用该区域中心点的切平面代替大地水准面后,地面点在水平面上的投影点是 $a(a')$、b'、c',现分析由此而产生的影响。设 A、B 两点在水准面上的距离为 D,在水平面上的距离为 D',则两者之差为 ΔD,即用水平面代替水准面所引起的距离差异。在推导公式时,近似地将大地水准面视为半径为 R 的球面,则有:

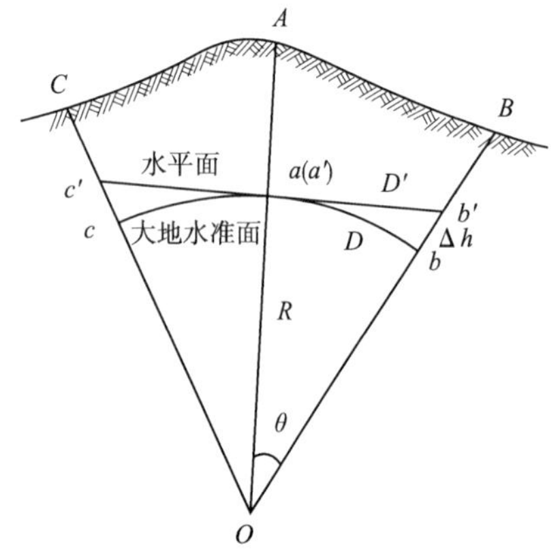

图 1-11　水平面代替水准面的影响

$$\Delta D = D' - D = R(\tan\theta - \theta) \tag{1-4}$$

将 $\tan\theta$ 展开成级数:$\tan\theta = \theta + \frac{1}{3}\theta^3 + \frac{1}{5}\theta^5 + \cdots$

因 θ 角很小,因此可略去三次以上的高次项,只取其前两项代入式(1-4)中,得:

$$\Delta D = R\left(\theta + \frac{1}{3}\theta^3 - \theta\right)$$

又因 $\theta = D/R$,故:

$$\Delta D=\frac{D^3}{3R^2} \tag{1-5}$$

或

$$\frac{\Delta D}{D}=\frac{D^2}{3R^2} \tag{1-6}$$

在上两式中，取地球半径 $R=6371\text{km}$，当距离 D 取不同的值时，则得到不同的 ΔD 和 $\Delta D/D$，其结果列入表 1-1 中。

用水平面代替水准面的距离误差和相对误差　　表 1-1

离距 D(km)	距离误差 ΔD(cm)	相对误差 $\Delta D/D$	距离 D(km)	距离误差 ΔD(cm)	相对误差 $\Delta D/D$
10	0.8	1:1250000	50	102.6	1:49000
25	12.8	1:200000	100	821.2	1:12000

从表 1-1 可以看出，当 $D=10\text{km}$ 时，所产生的相对误差为 1:1250000。这样小的误差，对精密量距来说也是允许的。因此，在 10km 为半径的圆面积之内进行距离测量时，可以把水准面当作水平面看待，即可不考虑地球曲率对距离的影响。

二、对高程的影响

在图 1-11 中，地面上点 B 的高程应是铅垂距离 bB，如果用水平面作基准面，则 B 点的高程为 $b'B$，两者之差为 Δh，即为对高程的影响。从图 1-11 中可得：

$$\Delta h=bB-b'B=Ob'-Ob=R\sec\theta-R=R(\sec\theta-1) \tag{1-7}$$

将 $\sec\theta$ 展开成级数：$\sec\theta=1+\frac{1}{2}\theta^2+\frac{5}{24}\theta^4+\cdots$

因 θ 角很小，因此只取其前两项代入式(1-7)，又因 $\theta=D/R$，则得：

$$\Delta h=R\left(1+\frac{1}{2}\theta^2-1\right)=\frac{1}{2}\theta^2=\frac{D^2}{2R} \tag{1-8}$$

取 $R=6371\text{km}$，用不同的距离 D 代入式(1-8)，便得表 1-2 所列的结果。

用水平面代替水准面的高差误差　　表 1-2

D(km)	0.1	0.2	0.3	0.4	0.5	1.0	2.0	5.0	10
Δh(cm)	0.08	0.31	0.71	1.26	1.96	7.85	31.39	196.20	784.81

从表 1-2 可以看出，用水平面作基准面对高程的影响是很大的。例如，距离为 200m 时就有 0.31cm 的高程误差，在 500m 时高程误差达 1.96cm，这在测量中是不允许的。因此，就高程测量而言，即使距离很短，也应用水准面作为测量的基准面，即应考虑地球曲率对高程的影响。

第五节　测量工作的程序与原则

地球表面的各种形态(或简称为地形)，可分为地物和地貌两大类，地面上所有人工或自然形成的固定性物体称为地物，如河流、湖泊、道路和房屋等；地面上高低起伏形态称为地貌，如山岭、谷地和陡崖等。下面以地物和地貌测绘到图纸上为例，介绍测量工作的程序和原则。

如图1-12a)所示为一幢房屋，其平面位置由房屋轮廓线的一些折线所组成，如能确定1～8各点的平面位置，则这幢房屋的位置就确定了。如图1-12b)所示是一条河流，它的岸边线虽然很不规则，但弯曲部分可看成是由折线所组成，只要确定9～16各点的平面位置，这条河流的位置也就确定了。至于地貌，其地势起伏变化虽然复杂，但仍可看成是由许多不同方向、不同坡度的平面相交而成的几何体。相邻平面的交线就是方向变化线和坡度变化线。只要确定出这些方向变化线与坡度变化线上转折点的平面位置和高程，地貌的形状和大小的基本情况也就反映出来了。因此，不论地物还是地貌，它们的形状和大小都是由一些特征点的位置所决定，这些特征点也称碎部点。

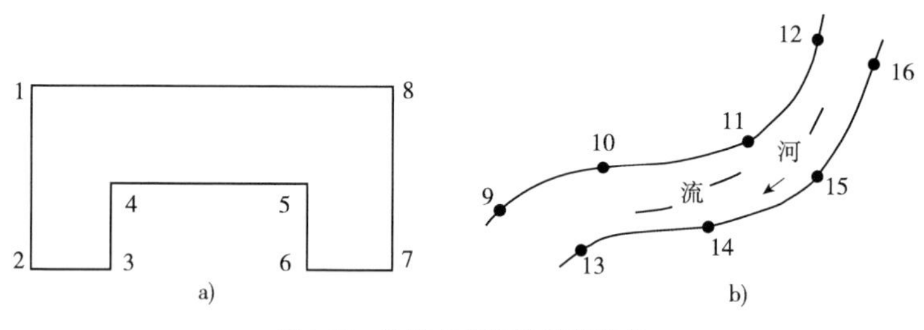

图1-12　地物的轮廓线及碎部点

测量时，主要就是测定这些碎部点的平面位置和高程。测定碎部点的位置，其程序通常分为两步：

第一步为控制测量。如图1-13所示，先在测区内选择若干具有控制意义的点A、B、C…作为控制点。以精密的仪器和准确的方法测定各控制点之间的距离D，各控制边之间的水平夹角β，如果某一条边（如图1-13中的$A \sim B$边）的方位角α和其中某一点（例如A点）的坐标已知，则可计算出其他控制点的坐标。另外，还要测出各控制点之间的高差，设点A的高程为已知，则可求出其他控制点的高程。

第二步为碎部测量。即根据控制点测定碎部点的位置，例如在控制点A上测定其周围碎部点M、N…的平面位置和高程。这种“从整体到局部”、“先控制后碎部”的方法是组织测量工作应遵循的原则。它的优点是可以减少误差累积，保证测图精度，而且还可以分幅测绘，加快测图进度。

另外，从上述可知，当测定控制点的相对位置有错误时，以其为基础所测定的碎部点位也就有错误，而当碎部测量中有错误时，以此资料绘制的地形图也就有错误。由此看来，测量工作必须严格进行检核，前一步测量工作未做检核，不能进行下一步测量工作，故“步步有检核”是组织测量工作应遵循的又一个原则。它的优点是可以防止错漏发生，保证测量成果的正确性。

上述测量工作的程序和原则，不仅适用于测绘工作，也适用于测设工作。如图1-13所示，欲将图上设计好的建筑物P、Q、R等测设于实地，作为施工的依据，须先于实地进行控制测量，然后安置仪器于控制点A和F上，进行建筑物测设。在测设工作中，也要严格进行检核，以防出错。

另外，无论控制测量、碎部测量和施工测设，其实质都是确定地面点的位置，而地面点的位置往往又是通过测量水平角（方向）、距离和高差来确定的。因此，高程测量、水平角测量和距离测量是测量学的基本工作，水平角（方向）、距离和高差是确定地面点位的三个基本要素。

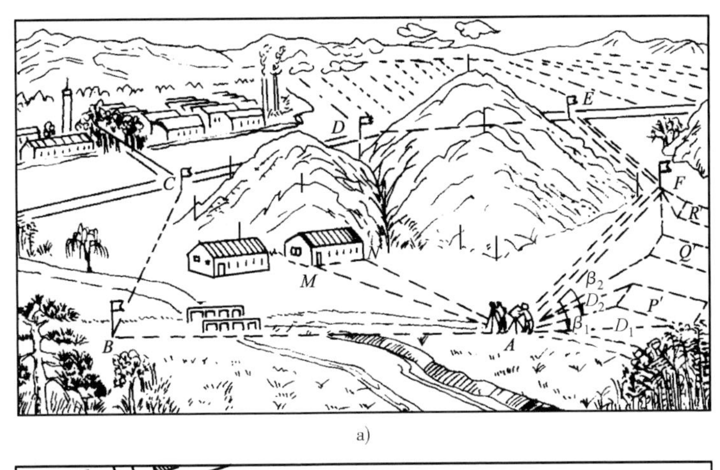

a)

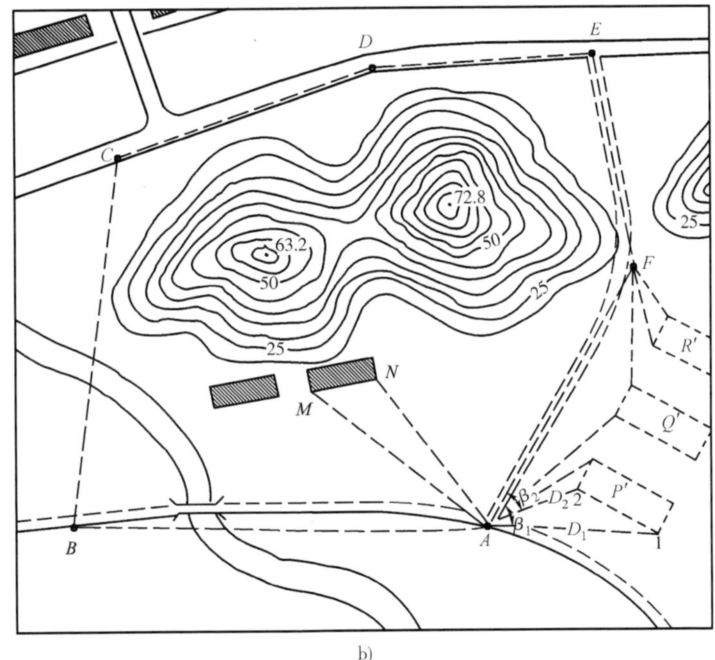

b)

图 1-13　控制测量与碎部测量

思考题与习题

1. 测量学的研究对象和任务是什么？

2. 简述测量工作在公路工程建设中的作用。

3. 地球的形状近似于怎样的形体？大地体与参考椭球有什么区别？

4. 参考椭球的元素包括哪些？我国目前采用的椭球元素值是多少？

5. 若把地球看作圆球，其半径约有多大？

6. 测量工作的基准面和基准线指什么？

7. 确定地球表面上点的位置常用哪几种坐标系？

8. 什么叫水准面？什么叫大地水准面？测绘中的点位计算及绘图能否投影到大地水准面上进行？为什么？

9. 何谓绝对高程？何谓相对高程？

10. 某地假定水准面的绝对高程为 67. 758m，测得一地面点的相对高程为 243. 168m，试推算该点的绝对高程,并绘一简图加以说明。

11. 测量中的独立平面直角坐标系与数学中的平面直角坐标系有什么区别?为什么要这样规定?

12. 简述高斯—克吕格投影的基本概念。

13. 高斯投影如何分带?为什么要进行分带?

14. 设某地面点的经度为东经130°25′32″,问该点位于6°投影带和3°投影带时分别为第几带?其中央子午线的经度各为多少?

15. 若我国某处地面点 A 的高斯平面直角坐标值为 $x=3230568.55\text{m}$,$y=38432109.87\text{m}$,问 A 点位于第几带?该带中央子午线的经度是多少?A 点在该带中央子午线的哪一侧?距离中央子午线多少米?

16. 说明测量工作中用水平面代替水准面的限度。若在半径为7km的范围内进行测量并用水平面代替水准面,则地球曲率对水平距离和高差的影响各为多大?

17. 确定地面点位的三个基本要素是什么?三项基本测量工作是什么?

18. 测量工作的基本原则是什么?

第二章　水 准 测 量

测定地球表面上点的高程的工作，称为高程测量。它是测量中的一项基本工作，也是测量三要素之一。

高程测量的方法，按使用的仪器和施测的方法分为水准测量、三角高程测量、气压高程测量和20世纪90年代开始使用的GPS定位测量等形式。

平时我们说，这座楼多高、那座桥多高，往往是以当地地面为标准。但是，在国防和经济建设上必须有国家统一的标准来衡量地面上各点的高低。因此，为了统一全国的高程系统，我国采用与黄海平均海水面相吻合的大地水准面作为全国高程系统的基准面，设该面上各点的绝对高程(海拔)为零。新中国成立后，我国曾采用以青岛验潮站1950—1956年观测资料，求得的黄海平均海水面，作为高程的基准面，称为“1956年黄海高程系”，并据此测得青岛观象山的国家水准原点的高程为72.289m。在1987年我国国测[1987]365号文规定采用“1985年国家高程基准”，即用青岛验潮站1953～1979年验潮资料推算出的黄海平均海水面作为高程基准面，据此得出国家水准原点的高程值为72.2604m。目前，全国均应以此水准原点高程为准。

从水准原点出发，国家测绘部门分别用一、二、三、四等水准测量，在全国范围内测定一系列水准点(代号为BM，英文Bench Mark的缩写)的高程。根据这些水准点的高程，为地形测量而进行的水准测量，称为图根水准测量；为某一工程而进行的水准测量，称为工程水准测量。

本章主要介绍水准测量的原理，水准仪的构造、使用、检校，水准测量的实施方法及成果检核、整理等。

第一节　水准测量的原理

水准测量的原理是利用水准仪提供的水平视线，通过竖立在两点上的水准尺读数，采用一定的计算方法，测定两点的高差，从而由一点的已知高程，推算另一点的高程。这是高程测量中精度较高且最常用的一种方法。

如图2-1所示，已知地面上A点高程为H_A，欲求B点高程H_B，则必须先测出A、B两点之间的高差h_{AB}。将水准仪安置在A、B两点之间，利用水准仪建立一条水平视线，在测量时用该视线截取已知高程点A上所立水准尺之读数a，称为后视读数；再截取未知高程点B上所立水准尺之读数b，称为前视读数。观测是从已知高程点A向未知高程点B进行，则称A点为后视点，B点为前视点。

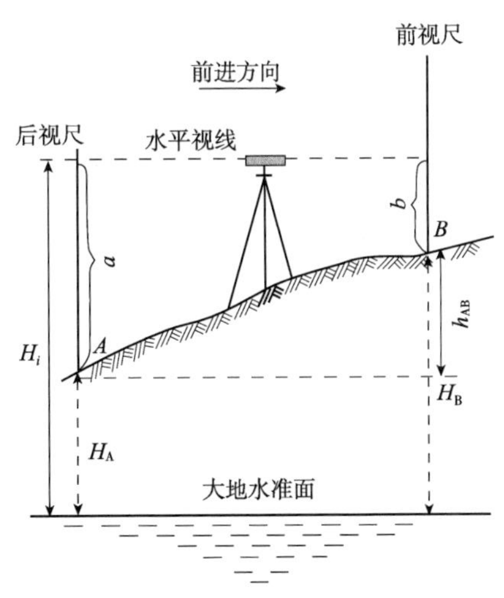

图2-1　水准测量的原理

由图 2-1 可知,A、B 两点之间的高差 h_{AB} 为:

$$h_{AB} = a - b \tag{2-1}$$

即两点间的高差等于后视读数减前视读数。从图 2-1 中可以看出,当 $a > b$ 时,h_{AB} 为正,当 $a < b$ 时,h_{AB} 为负。根据 A 点已知高程 H_A 和测出的高差 h_{AB},可得 B 点的高程 H_B 为:

$$H_B = H_A + h_{AB} = H_A + (a - b) \tag{2-2}$$

在图 2-1 中,亦可通过仪器的视线高 H_i 求得 B 点的高程 H_B:

$$\left.\begin{aligned} H_i &= H_A + a \\ H_B &= H_i - b \end{aligned}\right\} \tag{2-3}$$

式(2-2)是利用高差 h_{AB} 计算 B 点高程,称为高差法。

式(2-3)是通过仪器的视线高程 H_i 计算 B 点高程,称为仪高法,又称视高法。若在一个测站上要同时测算出许多点的高程,则用式(2-3)计算更显方便。

第二节　水准测量的仪器和工具

水准测量使用的仪器和工具为水准仪、水准尺和尺垫。水准仪按其精度分为 $DS_{0.5}$、DS_1、DS_3 等几个等级。代号中的"D"和"S"是"大地"和"水准仪"的汉语拼音的第一个字母,其下标数值意义为:仪器本身每公里往返测高差中数能达到的精度,以毫米(mm)计。

普通工程测量一般使用 DS_3 级水准仪。

一、DS_3 型微倾式水准仪的构造

如图 2-2 所示为 DS_3 型微倾式水准仪,它主要由远望镜、水准器和基座三个基本部分组成。

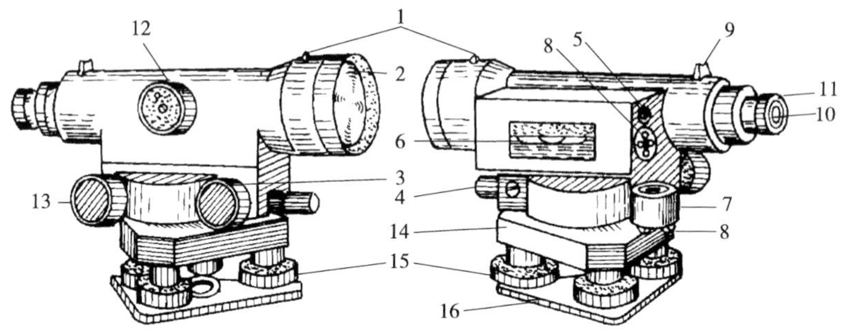

图 2-2　DS_3 型微倾式水准仪

1-准星;2-物镜;3-微动螺旋;4-制动螺旋;5-附合水准器观测镜;6-水准管;7-水准盒;8-校正螺钉;9-照门;10-目镜;11-目镜对光螺旋;12-物镜对光螺旋;13-微倾螺旋;14-基座;15-脚螺旋;16-连接板

1. 望远镜

水准仪的望远镜是用来瞄准水准尺并读数的,它主要由物镜、目镜、对光螺旋和十字丝分划板组成。图 2-3 为 DS_3 型微倾式水准仪内对光式到像望远镜构造略图。物镜的作用是使远处的目标在望远镜的焦距内形成一个倒立的、缩小的实像,如图 2-4 所示。当目标处在不同距离时,可调节对光螺旋,带动凹透镜使成像始终落在十字丝分划板上,这时,十字丝和物像同时被目镜放大为虚像,以便观测者利用十字丝来瞄准目标。当十字丝的交点瞄准到目标上某一点时,该目标点即在十字丝交点与物镜光心的连线上,这条线称为视准轴,也称为视线。十字

丝分划板是用刻有十字丝的平面玻璃制成，装在十字丝环上，再用固定螺钉固定在望远镜筒内，如图 2-5 所示。

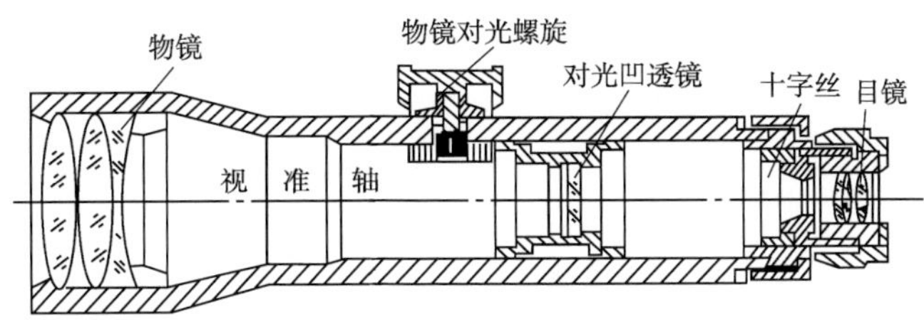

图 2-3　望远镜构造略图

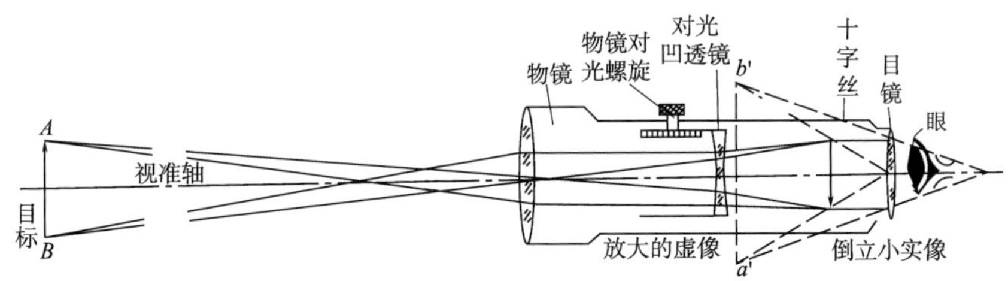

图 2-4　望远镜成像原理

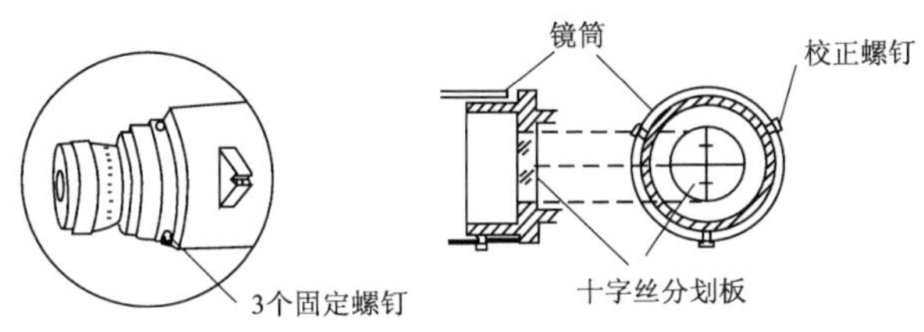

图 2-5　十字丝板装置

2. 水准器

DS_3 型微倾式水准仪水准器分为圆水准器和水准管两种，它们都是用来整平仪器的。

1）水准管

水准管由玻璃管制成，其上部内壁的纵向按一定半径磨成圆弧。如图 2-6 所示，管内注满酒精和乙醚的混合液，经过加热、封闭、冷却后，管内形成一个气泡。水准管内表面的中点 O 称为零点，通过零点作圆弧的纵向切线 LL 称为水准管轴。当气泡中点位于零点时，称为气泡居中，此时水准管轴水平。自零点向两侧每隔 2mm 刻一个分划，每 2mm 弧长所对的圆心角称为水准管分划值：

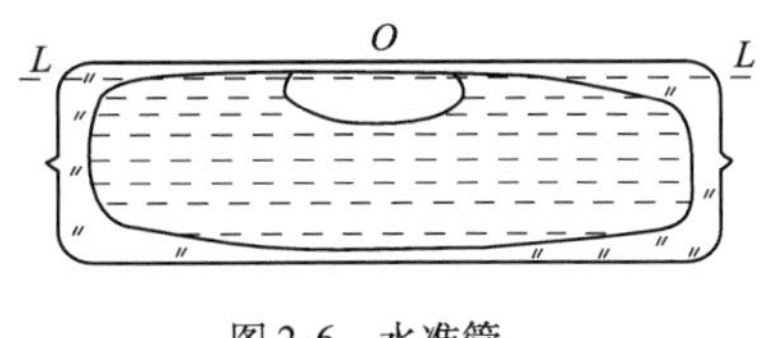

图 2-6　水准管

$$\tau = \frac{2\rho''}{R} \tag{2-4}$$

$$\rho'' = 206265''$$

分划值的实际意义，可以理解为当气泡移动 2mm 时，水准管轴所倾斜的角度，如图 2-7 所示。式(2-4)说明分划值越小，则水准管灵敏度越高，用它来整平仪器就越精确。DS_3 型水准仪的水准分划值为 20″/2mm。

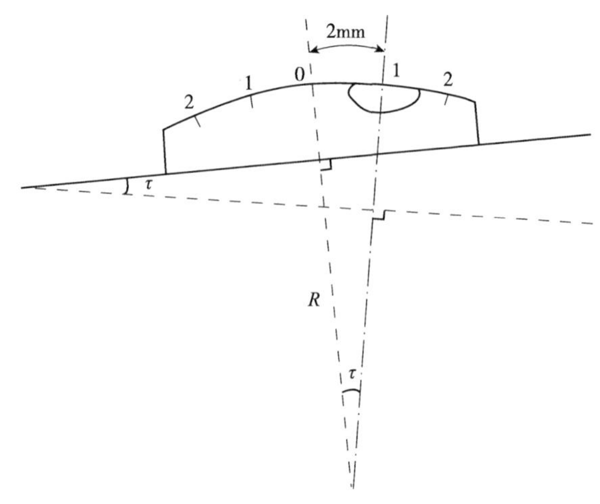

图 2-7　水准管分划值

为了提高目估水准管气泡居中的精度，在水准管上方都装有符合棱镜组，如图 2-8a）所示。这样可使水准管气泡两端的半个气泡影像借助棱镜的反射作用，转到望远镜旁的水准管气泡观察窗内。当两端的半个气泡影像错开时，表示气泡没有居中（图 2-8b），这时旋转微倾螺旋可使气泡居中，气泡居中后则两端的半个气泡影像将对齐，如图 2-8c）所示，这种水准管上不需要刻分划线。这种具有棱镜装置的水准管又称为符合水准管，它能提高气泡居中的精度。

2）圆水准器

圆水准器由玻璃制成，呈圆柱状，如图 2-9 所示。里面同样装有酒精和乙醚的混合液，其上部的内表面为一个半径为 R 的圆球面，中央刻有一个小圆圈，它的圆心 O 是圆水准器的零点，通过零点和球心的连线（O 点的法线）$L'L'$，称为圆水准器轴。当气泡居中时，圆水准器轴即处于铅垂位置。圆水准器的分划值一般为 $5'/2\text{mm} \sim 10'/2\text{mm}$，灵敏度较低，只能用于粗略整平仪器，使水准仪的纵轴大致处于铅垂位置，以便用微倾螺旋使水准管的气泡精确居中。

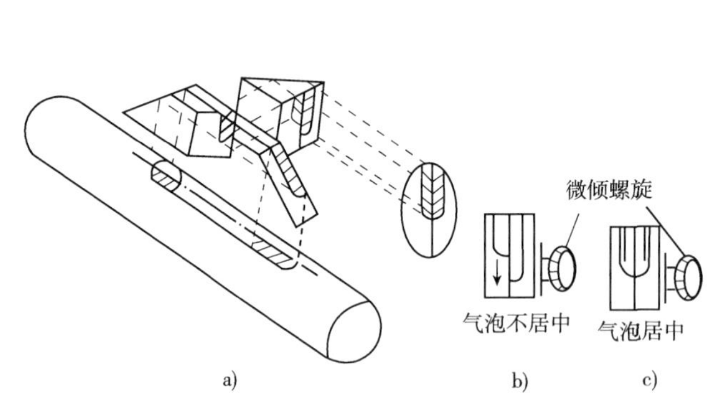

图 2-8　水准管的符合棱镜系统

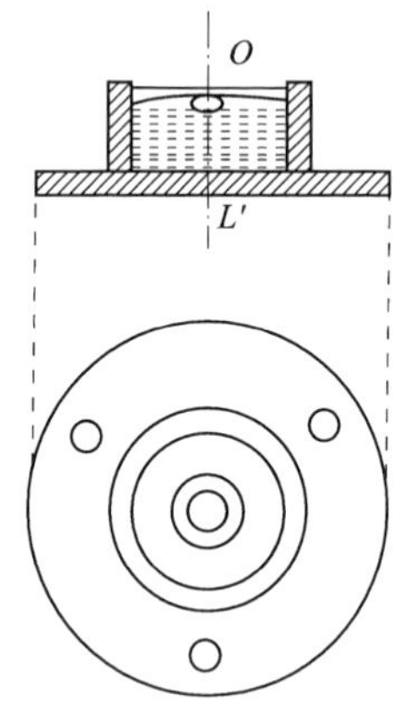

图 2-9　水准盒

3. 基座

基座的作用是用来支撑仪器的上部，并通过连接螺旋将仪器与三脚架连接。基座有三个可以升降的脚螺旋，转动脚螺旋可以使圆水准器的气泡居中，将仪器粗略整平。

各等级水准仪的基本结构大致相同，但对仪器的技术参数要求是不相同的。表 2-1 中列出了不同等级水准仪的主要参数。

水准仪系列主要技术参数　　表 2-1

项目		水准仪等级			
		$DS_{0.5}$	DS_1	DS_3	DS_{10}
每千米水准测量高差中误差(mm)		±0.5	±1.0	±3.0	±10
望远镜	物镜有效孔径不小于(mm)	42	38	28	20
	放大倍数不小于(倍)	55	47	38	28
水准管分划值		10″/2mm	10″/2mm	20″/2mm	20″/2mm
主要用途(供参考)		一等水准测量	二等水准测量	三、四等水准 图根水准测量	工程水准测量

二、水准尺和尺垫

水准尺由干燥的优质木材、玻璃钢或铝合金等材料制成。水准尺有双面尺和塔尺两种，如图 2-10a)、b)所示，塔尺一般用在等外水准测量，其长度有 2m 和 5m 两种。塔尺可以伸缩，尺面分划为 1cm 或 0.5cm，每分米处注有数字，每米处也注有数字或以红黑点表示数，尺底为零。

双面水准尺，如图 2-10a)所示，多用于三、四等水准测量，其长度为 3m，为不能伸缩和折叠的板尺，而且两根尺为一对，尺的两面均有刻划，尺的正面是黑色注记，反面为红色注记，故又称红、黑面尺。黑面的底部都从零开始，而红面的底部一般是一根为 4.687m，另一根为 4.787m。

尺垫为一个三角形的铸铁(也有用较厚铁皮制作的)，上部中央有一突起的半球体，如图 2-11所示，为保证在水准测量过程中转点的高程不变，将水准尺放在半球体的顶端。

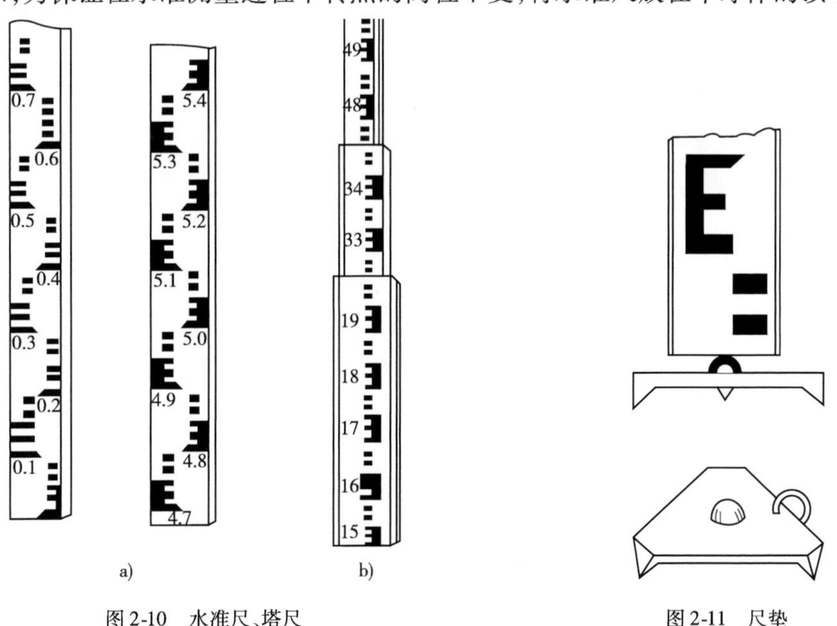

图 2-10　水准尺、塔尺　　图 2-11　尺垫

三、DS_3型微倾式水准仪的使用

水准仪在一个测站上使用的基本程序为，架设仪器、粗略整平、瞄准水准尺、精确整平和读数。

1. 架设仪器

在架设仪器处，打开三脚架，通过目测，使架头大致水平且高度适中，约在观测者的胸颈部，将仪器从箱中取出，用连接螺旋将水准仪固定在三脚架上。注意，若在较松软的泥土地面，为防止仪器因自重而下沉，还要把三脚架的两腿踩实。然后，根据圆水准器气泡的位置，上下推拉、左右微转脚架的第三只腿，使圆水准器的气泡尽可能靠近圆圈中心的位置，在不改变架头高度的情况下，踩放稳脚架的第三只腿。

2. 粗略整平

为使仪器的竖轴处于大致铅垂位置，转动基座上的三个脚螺旋，使圆水准器的气泡居中。整平方法：如图 2-12 所示，图 2-12a）为气泡未居中，双手按相反方向同时转动两个脚螺旋 1、2，使气泡移动到与圆水准器零点的连线垂直于 1、2 两个脚螺旋的连线处，也就是气泡、圆水准器零点、脚螺旋 3 三点共线。再转动另一个脚螺旋 3，如图 2-12b）所示，使气泡居中。

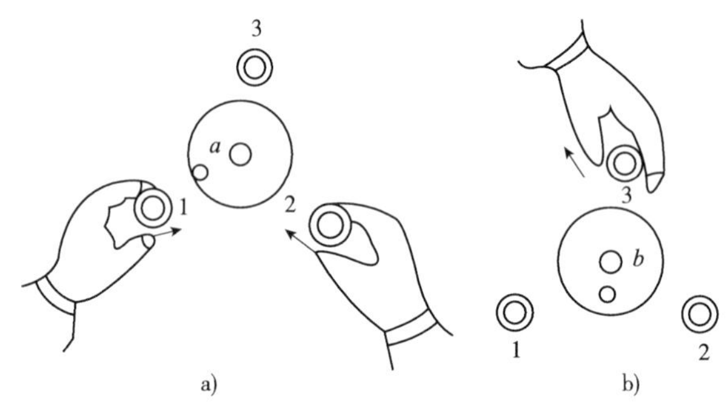

图 2-12　圆水准器气泡居中方法

注意：在转动脚螺旋时，气泡移动的方向始终与左手大拇指（或右手食指）**运动的方向一致。**

3. 照准水准尺

仪器粗略整平后，即可用望远镜瞄准水准尺，基本操作步骤如下：

（1）目镜对光。将望远镜对向较明亮处，转动目镜对光螺旋，使十字丝调至最为清晰为止。

（2）初步照准。松开仪器的制动螺旋，利用望远镜的照门和准星，对准水准尺，然后拧紧制动螺旋。

（3）物镜对光。转动望远镜物镜对光螺旋，直至看清水准尺刻划，再转动水平微动螺旋，使十字丝竖丝处于水准尺一侧，完成水准尺的照准。

（4）消除视差。当照准目标时，眼睛在目镜处上下移动，若发现十字丝和尺像有相对移动，这种现象称为视差。它将影响读数的精确性，必须加以消除。其方法是仔细调节对光螺旋，直至尺像与十字丝分划板平面重合为止，即当眼睛在目镜处上下移动，十字丝和尺像没有相对移动为止。

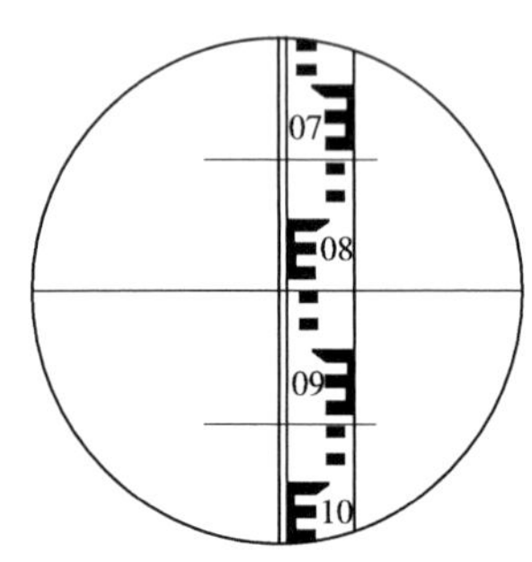

图 2-13　照准水准尺与读数

4. 精平、读数

转动微倾螺旋，使水准管气泡精确居中，如图 2-8c）所示。当水准管气泡居中并稳定后，说明视准轴已成水平，此时，应迅速用十字丝中丝在水准尺上截取读数。由于水准仪望远镜有正像和倒像两种。在读数时，无论何种都应从小数往大数的方向读。即望远镜为正像应从下往上读，望远镜为倒像则应从上往下读。读数方法如图 2-13 所示，应读米、分米、厘米，估读至毫米。在读数时，一般应先估读毫米，再读米、分米、厘米，图 2-13的读数为：0. 858m。读数后，还需要检查一下气泡是否移动了，若有偏离，需用微倾螺旋调整气泡居中后再重新读数。

第三节　水准测量实施

一、水　准　点

为了统一全国高程系统和满足各种测量的需要，测绘部门在全国各地设立并用水准测量方法获得其高程的固定点，这些点称为水准点（Bench Mark），简记为 BM。水准点有永久性和临时性两种。永久性水准点一般用混凝土制成标石，标石的顶部嵌有半球形的金属标志，其顶部标志着该点的高程。水准点标石的埋设处，应选在地质稳定牢固、便于长期保存，又便于观测的地方。标石的顶部一般露出地面，如图 2-14 所示。但等级较高的水准点的标石顶面埋于地表下，使用时，按指示标记挖开，用后再盖上，如图 2-15 所示。

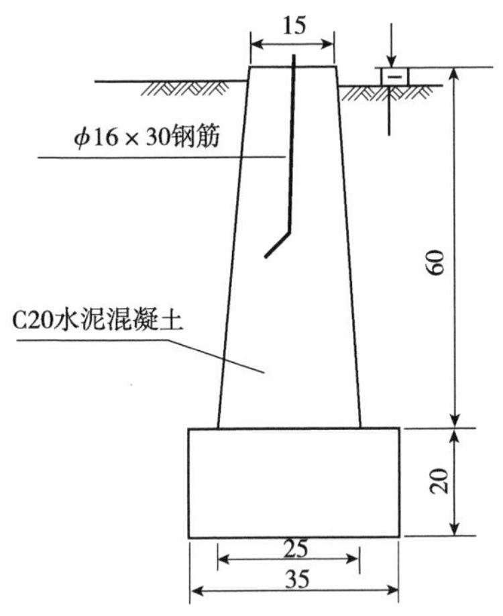

图 2-14　水准点标石及埋设（尺寸单位：mm）

永久性水准点也可以用金属标志将其埋设在坚固稳定的永久性建筑物的基角上，称为墙上水准点，如图 2-16所示。

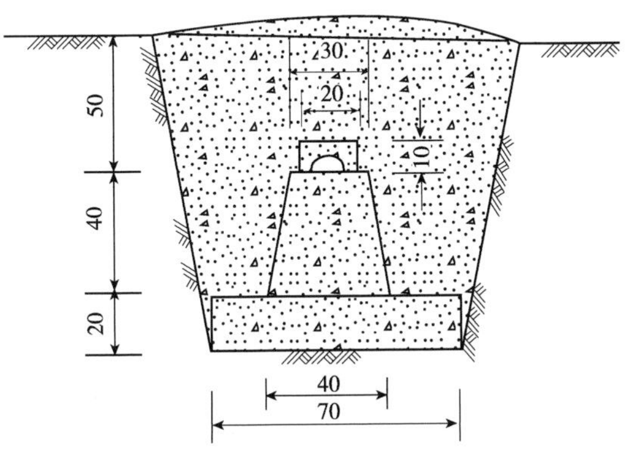

图 2-15　高等级水准点标石及埋设（尺寸单位：mm）

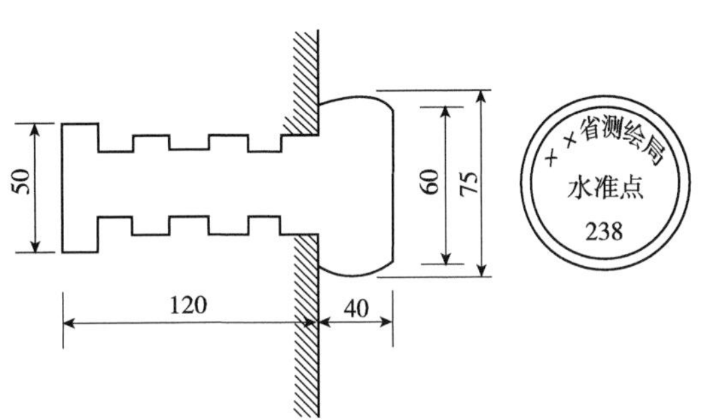

图 2-16　墙上水准点（尺寸单位：mm）

临时性水准点可以用大木桩打入地面下，桩顶钉入顶部为半球形的铁钉。也可以利用地面上突出的坚硬岩石，或建筑物的棱角处、电线杆上、大枯树上以及其他固定的、明显的、不易破坏的地物上，并用红油漆作出点的标志“$\oplus BM_i$”或“$\odot BM_i$”。

水准点标记后，还应在记录簿上绘制“点之记”，即绘记水准点附近的草图或对点周围的情形加以说明，注明水准点的编号 i，一般在编号前加 BM 作为水准点的代号：BM_i。

二、实 测 方 法

如图 2-17 所示，已知 A 点高程 H_A，现要求出 B 点高程 H_B。因两点的距离较远或高差较大，若安置一次仪器无法测出 A 点与 B 点的高差 h_{AB}，此时可在两点间加设若干个临时立尺点，称为转点（以符号 ZD 表示），转点（ZD）是指在水准测量中既有前视读数，又有后视读数，只起传递高程作用的点。然后连续多次安置水准仪，测定两相邻点间的高差，最后取各个高差的代数和，可得到 A、B 两点的高差。

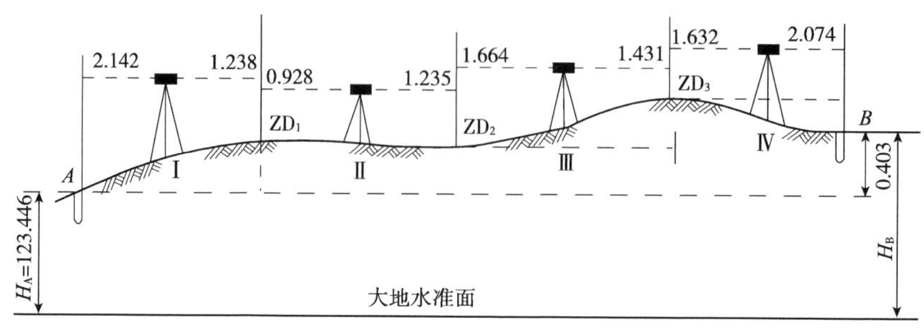

图 2-17　水准测量的实施（高程单位：m）

观测步骤如下：

（1）在已知高程 $H_A = 123.446$m 的 A 点前方适当的距离（根据水准测量的等级及地形情况而定）处选定一转点 ZD_1。

（2）两立尺员分别在 A、ZD_1 两点上立水准尺，观测员在距 A 和 ZD_1 点约等距离处（图 2-17 中Ⅰ处）安置水准仪。

（3）当视线水平后，观测员先读后视读数 $a_1 = 2.142$，再读前视读数 $b_1 = 1.258$。同时，记录员立刻记录在水准测量手簿的相应表格中（表 2-2），并边记边复诵读数，以便观测员校核，防止听错记错。

水 准 测 量 手 簿　　表 2-2

工程名称：________　地点：________　仪器型号：________

日　期：________　天气：________　观 测 员：________　记录员：________

测站	测点	水准尺读数(m)		高差(m)		高程(m)	备注
		后视读数 a	前视读数 b	+	−		
Ⅰ	A	2.142		0.884		123.446	已知
	ZD_1		1.258			124.330	
Ⅱ	ZD_1	0.928			0.307		
	ZD_2		1.235			124.023	
Ⅲ	ZD_2	1.664		0.233			
	ZD_3		1.431			124.256	
Ⅳ	ZD_3	1.672			0.402		
	B		2.074			123.854	
计算检核	Σ	6.406	5.998	+1.117	−0.709	$H_B - H_A = +0.408$	
	$\Sigma a_i - \Sigma b_i = +0.408$			$\Sigma h_i = +0.408$			

（4）观测员默认记录准确后，计算出 A 点和 ZD_1 点之间的高差：$h_1 = a_1 - b_1 = 2.142 - 1.258 = +0.884$m。到此，完成一个测站的工作。

（5）当第一测站完成后，将 A 点的水准尺移到在转点 1（ZD_1）前方适当位置处新选择第二个转点(ZD_2)上。注意,此时原立在 ZD_1 上的水准尺不动,只需将尺面反转过来,便于仪器观测,仪器安置在距 ZD_1、ZD_2 约等距的Ⅱ处,进行观测、记录、计算,得出 ZD_1 和 ZD_2 的高差 h_2,完成第二个测站的工作。

(6)依此类推,测到 B 点。

这样便测得每一测站的高差 h_i:

$$h_1 = a_1 - b_1$$
$$h_2 = a_2 - b_2$$
$$h_3 = a_3 - b_3$$
$$\vdots$$
$$h_n = a_n - b_n$$

由图 2-17 可看出,将各测站的高差相加,便得到 $A \sim B$ 的高差 h_{AB}:

即

$$h_{AB} = h_1 + h_2 + h_3 + \cdots + h_n = \Sigma h_i = \Sigma a_i - \Sigma b_i \tag{2-5}$$

则地面点 B 的高程为:

$$H_B = H_A + h_{AB} = H_A + \Sigma h_i = H_A + (\Sigma a_i - \Sigma b_i) \tag{2-6}$$

三、水准测量的三项检核与成果计算

1. 计算检核

为校核高差计算有无错误,从式(2-5)不难看出,后视读数总和与前视读数总和之差数,应等于高差的代数和,见表 2-2。

$$\Sigma h_i = +0.408\text{m}$$
$$\Sigma a_i - \Sigma b_i = +0.408\text{m}$$

上两式相等,说明高差计算无误。

最后,利用式(2-2)由 A 点的高程推算出 ZD_1 的高程 H_1、由 ZD_1 的高程推算出 ZD_2 的高程 H_2,依此类推,直至计算出 B 点高程 H_B:

$$H_1 = H_A + h_1 = 123.446 + 0.884 = 124.330\text{m}$$
$$H_2 = H_1 + h_2 = 124.330 - 0.307 = 124.023\text{m}$$
$$\vdots$$
$$H_B = H_{n-1} + h_n = 124.256 - 0.402 = 123.854\text{m}$$

而利用式(2-6)可不求转点的高程,直接得到 B 点的高程 H_B:

$$H_B = H_A + (\Sigma a_i - \Sigma b_i) = 123.446 + 0.408 = 123.854\text{m}$$

高程计算是否有误可通过下式检核:

$$H_B - H_A = \Sigma h_i = h_{AB} \tag{2-7}$$

在表 2-2 中为:

$$123.854 - 123.446 = +0.408\text{m}$$

上式计算结果与前相等,说明高程计算无误。测点高程一般用式(2-6)直接求得。

2. 测站检核

在连续水准测量中,只进行计算检核,还无法保证每一个测站的高差无误,例如用计算检核无法查出测量过程中是否读错、听错、记错水准尺上的读数。因此,对每一站的高差,还应采取相应的措施进行检核,以保证每个测站高差的正确性,通常采用下面两种方法进行测站检核:

1)双仪高法

双仪高法,又称变动仪器高法,是在同一个测站上用两次不同的仪器高度,测得两次高差进行检核。第一次仪器观测高差 $h' = a' - b'$。然后重新安置仪器,改变仪器高度,观测第二次高差 $h'' = a'' - b''$。当两次高差满足下列条件时:

$$h' - h'' = \Delta h \leqslant \pm 5\text{mm}$$

可取平均值 $h = (h' + h'')/2$,作为该测站高差,否则重测。当满足条件后,才允许搬站。

2)双面尺法

双面尺法是在同一测站用同一仪器高分别在红黑面水准尺读数,然后进行红黑面读数和高差的检核(见第八章第五节中三、四等水准测量的内容)。

3. 成果检核

计算检核只能发现计算是否有错,而测站检核只能检核每一个测站上是否有错误,不能发现立尺点变动的错误,更不能评定测量成果的精度,同时由于观测时受到观测条件(仪器、人、外界条件)的影响,随着测站数的增多使误差积累,有时也会超过规定的限差,因此应对其成果进行检核,即进行高差闭合差的检核。在水准测量中,由于测量误差的影响,使沿水准路线测得的起终点高差值与起终点的实际高差值不相吻合,其二者差值,称为高差闭合差,一般以 f_h 表示。高差闭合差的计算,因水准路线形式的不同而不同,现分述如下:

1)闭合水准路线

如图 2-18a)所示,BM_1 为已知高程的水准点,1、2、3…为未知高程点。从已知高程的水准点 BM_1 出发,经过若干个未知高程点 1、2、3…进行水准测量,最后又回到已知水准点 BM_1 上,这样的水准路线称为闭合水准路线。在闭合路线中,高差的总和理论上应等于零,即:

$$\Sigma h_{理} = 0$$

若实测高差的总和不等于零,即为高差闭合差:

$$f_h = \Sigma h_{测} \tag{2-8}$$

2)附合水准路线

如图 2-18b)所示,BM_1、BM_2 为已知高程的高级水准点,从 BM_1 点出发,经过 1、2、3…若干个未知高程点进行水准测量,最后附合到另一高级水准点 BM_2 上,这样的水准路线称为附合水准路线。在附合水准路线中,理论上各段的高差总和应与 BM_1、BM_2 两点的已知高程之差相等,如果不等,其差值为高差闭合差 f_h:

$$f_h = \Sigma h_{测} - (H_2 - H_1) \tag{2-9}$$

或写成:

$$f_h = \Sigma h_{测} - (H_{终} - H_{始}) \tag{2-10}$$

3)支水准路线(又称为往返水准路线)

如图 2-18c)所示,BM_1 为已知高程的水准点,从已知水准点 BM_1 出发,沿选定的路线施测到高程未知的水准点 1,其最终既不闭合也不附合,这样的水准路线,称为支水准路线。支水准路线应进行往测(已知高程点到未知高程点)和返测(未知高程点到已知高程点),从理论上讲,往、返测高差的绝对值应相等而符号相反。若往返测高差的代数和不等于零,即为高差闭合差 f_h,亦称较差。

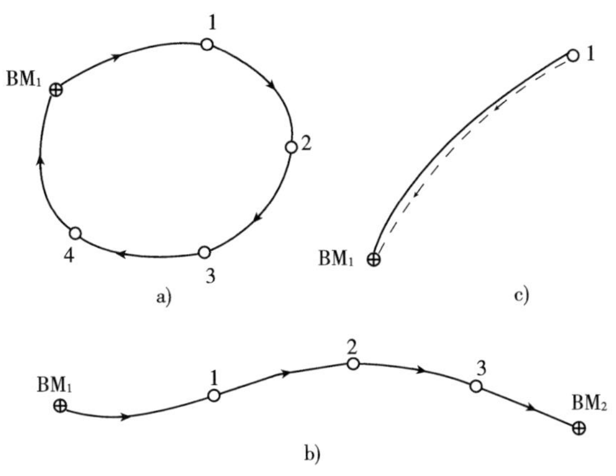

图 2-18　水准路线的形式

⊕已知高程的点；○待测定高程的点；→进行方向

即：

$$f_h = \sum h_{往} + \sum h_{返} = |\sum h_{往}| - |\sum h_{返}| \quad (2\text{-}11)$$

支水准路线应根据其等级限制其长度。

上述水准路线中，当高差闭合差在容许范围内时，即 $f_h \leqslant f_{h容}$（$f_{h容}$为容许高差闭合差），认为精度合格，成果可用。若超过容许值，应查明原因，进行重测，直到符合要求为止。

水准测量的容许高差闭合差（$f_{h容}$）是在研究了误差产生的规律和总结实践经验的基础上提出来的。其值视水准测量的精度等级而定。例如，对于图根水准测量而言，容许高差闭合差规定为：

$$f_{h容} = \pm 40\sqrt{L} \quad (\text{mm})（适用于平原微丘区）$$

$$f_{h容} = \pm 12\sqrt{n} \quad (\text{mm})（适用于山岭重丘区） \quad (2\text{-}12)$$

式中：L——水准路线长度，km；

n——整个水准路线所设的测站数。

应用上两式时，需要注意的是，对于往返水准路线来说，式（2-12）中路线长度 L 或测站数 n 均按单程计算。

4. 水准测量成果计算

水准测量的外业测量数据经检核后，如果满足了精度要求，就可以进行内业成果计算，即调整高差闭合差（将高差闭合差按误差理论合理分配到各测段的高差中去），最后求出未知点的高程。

1）附合水准路线高差闭合差的调整及各点高程的计算

如图 2-19 所示，BM_1、BM_2 两个已知高程的高级水准点，H_1 = 204.286m，H_2 = 208.579m。各测段的高差和长度列于图 2-19 中。附合水准路线成果计算，见表 2-3。

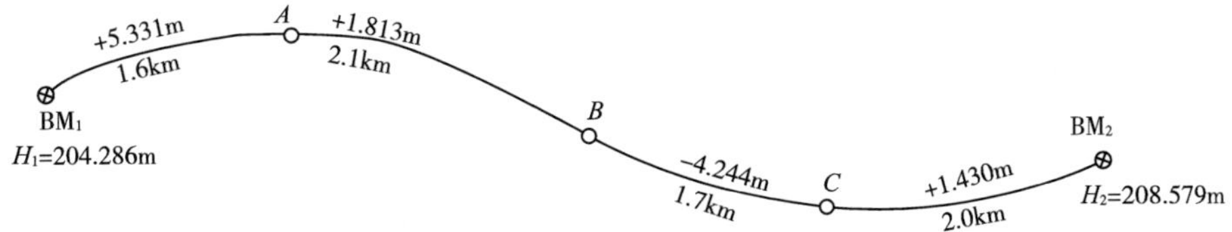

图 2-19　附合水准路线观测成果略图

水准测量成果整理 表 2-3

测段编号	点名	距离 L（km）	测站数 n	实测高差（m）	改正数（m）	改正后的高差（m）	高程（m）	备注
1	2	3	4	5	6	7	8	9
	BM_1						204.286	已知
1		1.6		+5.331	-0.008	+5.323		
	A						209.609	
2		2.1		+1.813	-0.011	+1.802		
	B						211.411	
3		1.7		-4.244	-0.008	-4.252		
	C						207.159	
4		2.0		+1.430	-0.010	+1.420		
	BM_2						208.579	已知
Σ		7.4		+4.330	-0.037	+4.239		
辅助计算	$f_h=+37\text{mm}$　$\Sigma L=7.4\text{km}$　$-f_h/\Sigma L=-5\text{mm/km}$ $f_{h容}=\pm40\sqrt{L}=\pm109\text{mm}$							

表 2-3 中按距离进行调整（适用于平坦地区）的具体计算步骤为：

（1）高差闭合差的计算。

水准路线高差闭合差：$f_h=\Sigma h_{测}-(H_2-H_1)=4.330-(208.579-204.286)=+0.037\text{m}=+37\text{mm}$。

高差容许闭合差：$f_{h容}=\pm40\sqrt{L}=\pm40\sqrt{7.4}=\pm109\text{mm}$。

因 $f_h<f_{h容}$，符合精度要求，可进行调整。

（2）高差闭合差的调整。高差闭合差的调整可将高差闭合差反符号按测段长度（平原微丘区）或测站数（山岭重丘区）成正比进行分配。设 ν_i 为第 i 个测段的高差改正数，L_i 和 n_i 分别代表该测段长度和测站数，则：

$$\nu_i=-\frac{f_h}{\Sigma L}\times L_i=v_{每公里}\times L_i$$

或

$$\nu_i=-\frac{f_h}{\Sigma n}\times n_i=v_{每站}\times n_i$$

为方便计算，可先计算每公里（或每站）的改正数 $v_{每公里}$ 或 $v_{每站}$，然后再乘以各测段的长度（或站数），就得到各测段的改正数（见表 2-3 第 6 栏）。在该实测中，每公里的高差改正数为：

$$v_{每公里}=-\frac{f_h}{\Sigma L}=-\frac{37}{7.4}=-5\text{mm/km}$$

各段高差的改正数：$\nu_i=v_{每公里}\times L_i$。

改正数的总和应等于闭合差的反号。

（3）改正后的高差。改正后的高差（表 2-3 中第 7 栏）应等于实测高差与高差改正数之和，即表 2-3 中第 5 栏加第 6 栏。改正后的高差代数和应与理论值（$H_{终}-H_{起}$）相等，否则，说明计算有误。

(4)高程的计算。从已知点 BM_1的高程,按式(2-2)依次推算 A、B、C 各点高程,填入表 2-3 中第 8 栏,最后计算出 BM_2点的高程,应与已知值相等,否则说明高程推算有误。

2)闭合水准路线高差闭合差的调整及各点高程的计算

闭合水准路线闭合差的调整及各点高程的计算,均与附合水准路线相同,不再赘述。

3)支水准路线高差闭合差的调整及各点高程的计算

因支水准路线只求一个点的高程,如图 2-18c)所示的 1 点,其高差闭合差见式(2-11),故只取往返高差的平均值即可,平均高差的符号与往测的高差值的符号相同。即:

$$h = (\Sigma h_{往} - \Sigma h_{返})/2 \tag{2-13}$$

第四节　微倾式水准仪的检验与校正

根据水准测量原理,在进行水准测量时,水准仪必须提供一条水平视线,才能正确地测出两点的高差。为此,水准仪必须满足下列条件,如图 2-20 所示。

(1)圆水准器轴 $L'L'$平行于竖轴 VV。

(2)十字丝横丝垂直于竖轴 VV。

(3)水准管轴 LL 平行于视准轴 CC。

仪器在出厂前都经过严格检校,上述条件均能满足,但由于仪器在长期使用和运输过程中受到振动等原因,使上述各轴线之间的关系可能发生变化。为保证测量成果的质量,必须对水准仪进行检验校正。

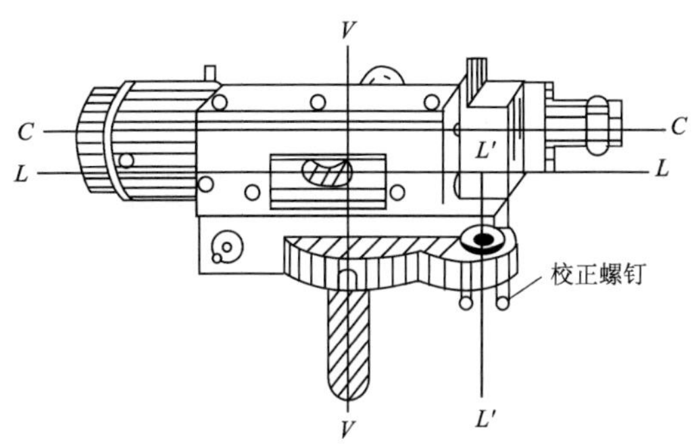

图 2-20　微倾式水准仪轴线

一、圆水准器的检验与校正

目的:使圆水准器轴平行于仪器的竖轴。

1. 检验方法

安置仪器,转动脚螺旋使圆水准器气泡居中,此时,圆水准器轴 $L'L'$处于垂直位置。然后将仪器绕竖轴旋转 180°,如果圆水准器气泡仍然居中,则表明条件满足,否则条件不满足,需要校正。

2. 校正方法

如果圆水准器轴 $L'L'$不平行于竖轴时,如图 2-21a)所示,当圆水准器气泡居中时,圆水准器轴处于竖直位置,而竖轴却偏离竖直方向 α 角,将仪器绕竖轴转 180°,此时气泡偏垂直方向 2α,如图 2-21b)所示,校正时先拧松圆水准器下部中间的固定螺钉,然后调整圆水准器下部的三个校正螺钉,如图 2-22 所示。使气泡向中心位置移动到偏离量的一半,如图 2-23a)所示,偏离量的另一半用三个脚螺旋调整,最终使气泡居中,如图 2-23b)所示。这种检验校正需要重复数次,直到圆水准器旋转到任何位置气泡都居中为止,最后应注意拧紧固定螺钉。

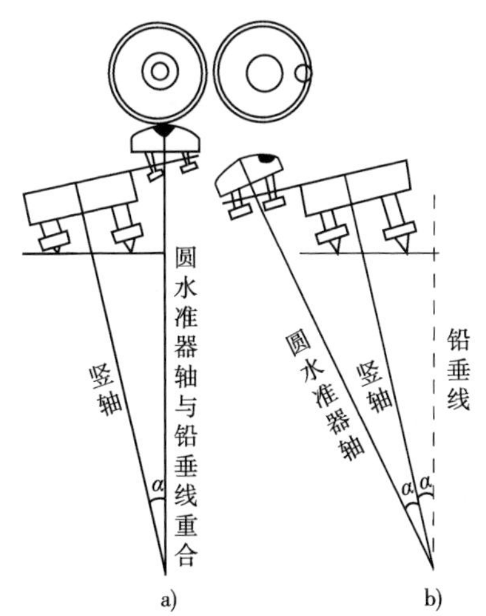

图 2-21　圆水准器轴不平行平竖轴

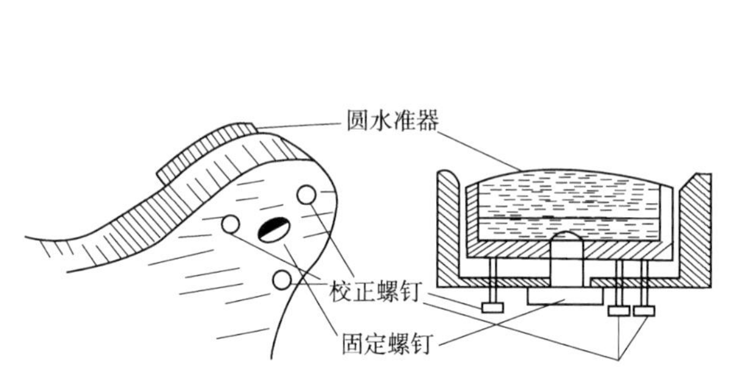

图 2-22　圆水准器校正螺钉

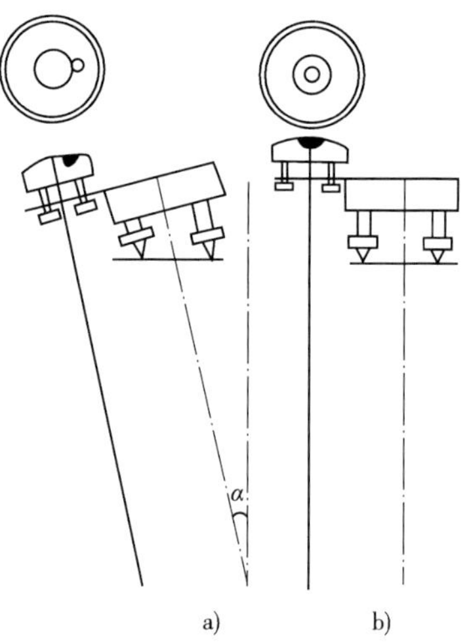

图 2-23　圆水准器校正原理

二、十字丝的检验与校正

目的：当水准仪整平后，十字丝的横丝应该水平，即十字丝横丝应垂直于竖轴。

1. 检验方法

整平仪器，在望远镜中用十字丝横丝一端照准一明显的、固定的目标 P，拧紧水平制动螺旋，慢慢转动水平微动螺旋，从目镜中观察目标 P 移动，若目标 P 始终在十字丝横丝上移动，如图 2-24a）、b）所示，则条件满足，不需校正；若目标 P 不在横丝上移动，而发生偏离，如图 2-24c）、d）所示，则说明条件不满足，需要校正。

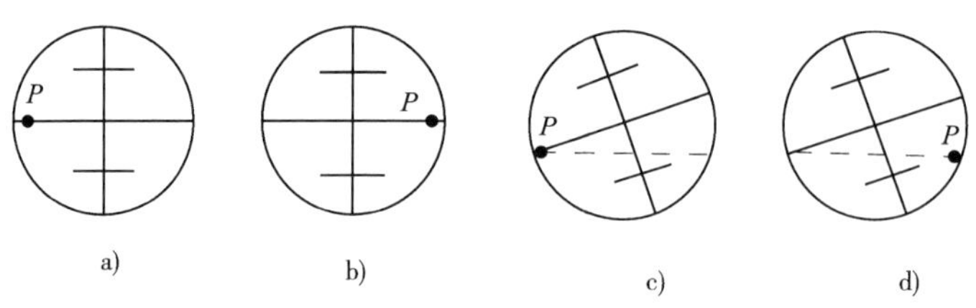

图 2-24　十字丝的检验

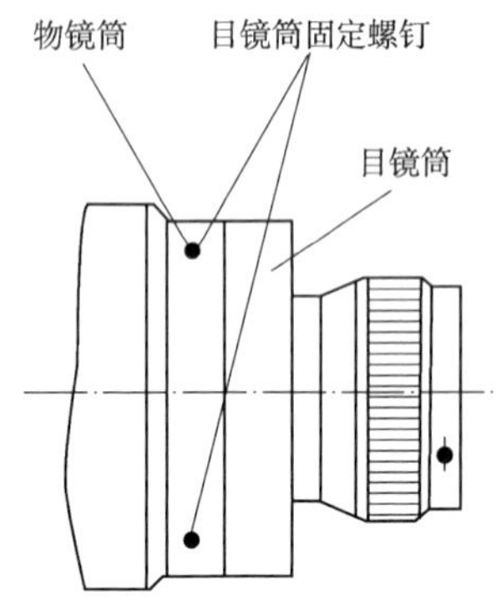

图 2-25　十字丝的校正

2. 校正方法

由于十字丝装置的形式不同，校正方法也有所不同。通常是卸下目镜处十字丝环外罩，松开目镜筒固定螺钉，如图 2-25 所示，按横丝倾斜的反方向，微微转动十字丝环，再做检验，直到满足要求为止，最后再旋紧被松开的固定螺钉。

三、水准管轴的检验与校正

目的：使水准管轴平行于望远镜的视准轴。

1. 检验方法

在平坦的地面上选择 A、B、C 三点，并使其大致在同一条直线上，而且使 $AC=CB$，A、B 相距为 60 ~ 80m，如图 2-26 所示。在 A、B 两点处分别打下木桩或安放尺垫，并在木桩或尺垫上竖立水准尺。先将水准仪置于 C 点处，经过精平后，分别对 A、B

两点上的水准尺读数为 a_1、b_1，则 A、B 两点的高差为 $h_{AB}=a_1-b_1$（一般应用两次仪器高法，所测结果满足要求，取高差平均值）。假设此时水准仪的视准轴不平行于水准管轴，即视线倾斜了 i 角（此误差又称为 i 角误差），分别引起 A、B 两尺的读数误差为 Δa 和 Δb，由于此时的仪器距两尺的距离相等，则根据几何原理：

$$\Delta a=\Delta b$$

由图 2-26 可得：

$$h_{AB}=a_1-b_1=(a+\Delta a)-(b+\Delta b)=a-b \tag{2-14}$$

这说明不论视准轴与水准管轴平行与否，当水准仪置于两点中间时，测出的两点高差是正确高差，不会受到 i 角误差的影响。

然后将水准仪搬到 B 点（或 A 点），置于距水准尺 2m 左右处，如图 2-26 所示，精平仪器后，分别读取 A 尺读数 a_2 和 B 尺读数 b_2，由于仪器距 B 尺很近，故仪器对 B 尺的读数可以忽略 i 角的影响，即将 b_2 看作视线水平时的读数，这时可求得视线水平时 A 尺上应有的读数 $a_2'=b_2+h_{AB}$。如果实际读出的读数 a_2 与计算的 a_2' 相等，则条件满足，若不相等，则水准管轴不平行于视准轴，存在 i 角，其值为：

$$i=\frac{a_2-a_2'}{D_{AB}}\rho'' \quad (\rho''=206265'') \tag{2-15}$$

式中：D_{AB}——A、B 两点间的距离，按规定当 $i>20''$ 时，对于 DS_3 水准仪必须进行校正。

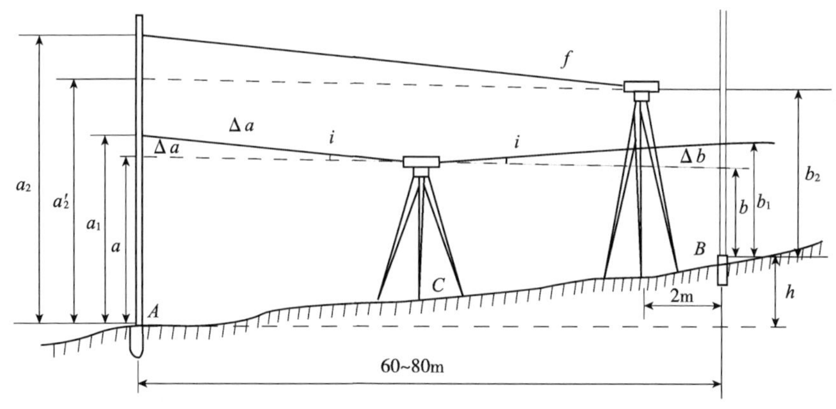

图 2-26　水准管轴平行于视准轴的检验

2. 校正方法

保持仪器不动，转动微倾螺旋使十字丝横丝对准 A 尺上应有的读数 a'_2，此时视准轴处于水平位置，而水准管气泡不居中了，用校正拨针先旋松水准管一端的左侧或右侧的一个校正螺钉，然后拨动水准管的上、下校正螺钉，如图 2-27 所示，直至气泡居中为止。最后再旋紧先前松开的那个校正螺钉。在拨动校正螺钉时，首先要弄清是抬高还是降低靠近目镜一端的水准管，如图 2-28 所示，图 2-28a）是要抬高靠近目镜一端的水准管，图 2-28b）是要降低靠近目镜一端的水准管。

注意：对于这种成对的校正螺钉，在拨动上、下校正螺钉时应“先松后紧”，否则容易损坏校正螺钉。

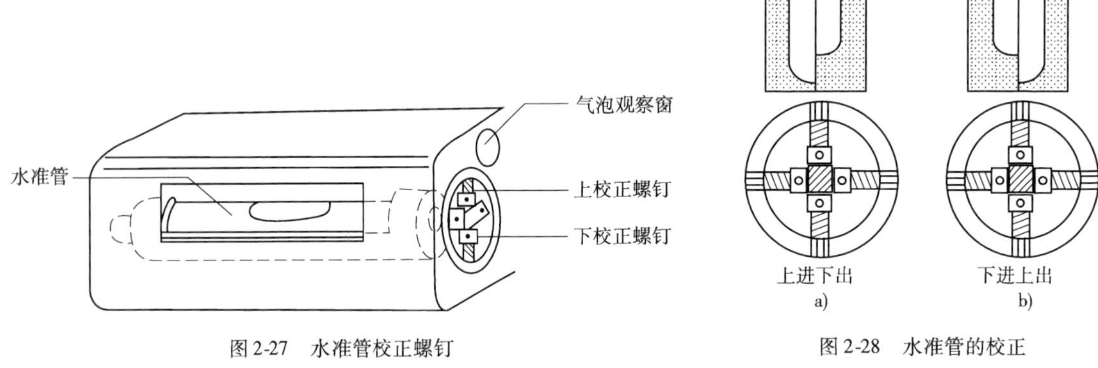

图 2-27　水准管校正螺钉

图 2-28　水准管的校正

第五节　自动安平水准仪

自动安平水准仪的特点是没有水准管和微倾螺旋，而只需根据圆水准器将仪器整平，此时，视准轴尽管还有微小的倾斜，但可借助一种利用重力的补偿装置，依然能利用十字丝横丝读出相当于视准轴水平时的尺上读数。因此，自动安平水准仪是一种操作比较方便、有利于提高观测速度的仪器。如图 2-29 所示，为苏州第一光学仪器厂生产的 DSZ2 型自动安平水准仪。

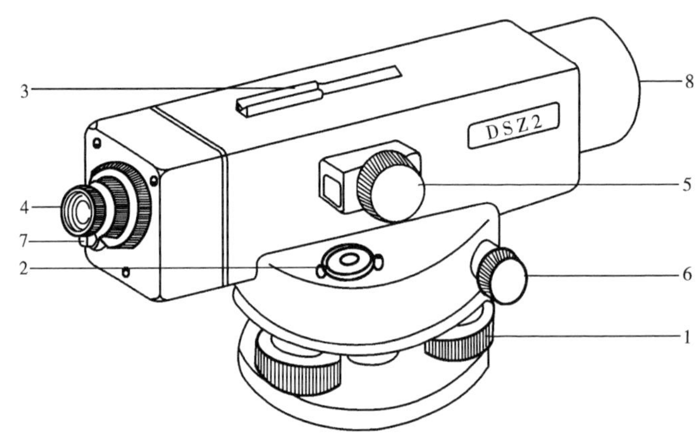

图 2-29　DSZ2 型自动安平水准仪

1-脚螺旋；2-圆水准器；3-瞄准器；4-目镜调焦螺旋；5-物镜调焦螺旋；6-微动螺旋；7-补偿器检查按钮；8-物镜

一、自动安平水准仪的基本原理

自动安平水准仪的基本原理为：在水准仪望远镜的光学系统，设置一种利用地球重力作用的补偿器，以改变光路。视准轴水平时，在水准尺上的读数为 a。当视准轴倾斜了一个小角度 α 时，如图 2-30 所示，则此时按视准轴读数为 a'，显然 a' 不是水平视线的读数，为了能使十字丝横丝的读数仍为视准轴水平时的读数 a，在望远镜的光路中加一补偿器，使通过物镜光心的水平视线经过补偿器的光学元件后偏转一个 β 角，仍然成像于十字丝中心。由于 α、β 都是很小的角度，如果下式成立，即能达到补偿的目的。

$$f \cdot \alpha = d \cdot \beta$$

式中：f——物镜至十字丝的距离；

d——补偿器至十字丝的距离。

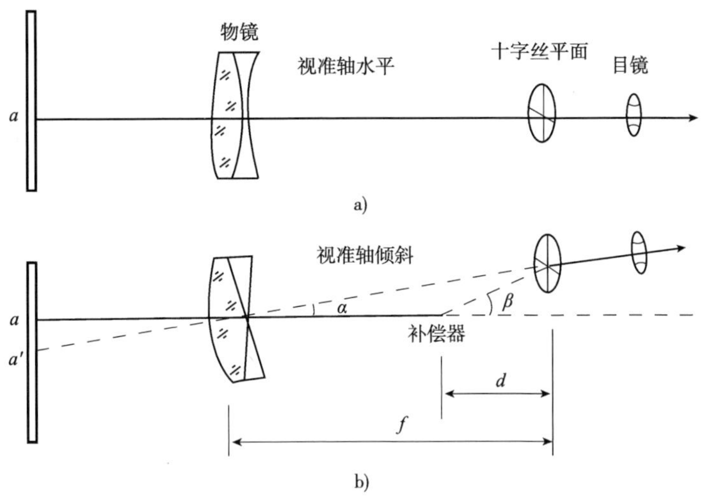

图 2-30　自动安平水准仪的安平原理

二、自动安平补偿器的结构

自动安平水准仪的补偿器，目前比较常见的有两种：一种是悬挂的十字丝板；另一种是悬挂的棱镜组。

图 2-31 为有代表性的自动安平补偿器装置的结构示意图，在该仪器的望远镜内部的物镜和十字丝分划板之间装置一个补偿器，这个补偿器的补偿镜在固定的支点下，用 4 根吊丝自由悬挂着，借助重力作用，使其重心始终保持在铅垂方向，转向棱镜固定在望远镜镜筒内，二者组合，当视准轴水平时，如图 2-31a）所示，水平视线经过转向棱镜和补偿棱镜的反射，最后不改变原来的方向，射向十字丝的中心，即水平视线与视准轴重合。当视准轴有微小倾斜时，如图 1-31b）所示，水平视线原来与视准轴不重合，但是，经过转向棱镜和受重力作用而改变原来位置的补偿棱镜的反射，最后仍能恢复到与视准轴相重合，达到自动整平的目的。

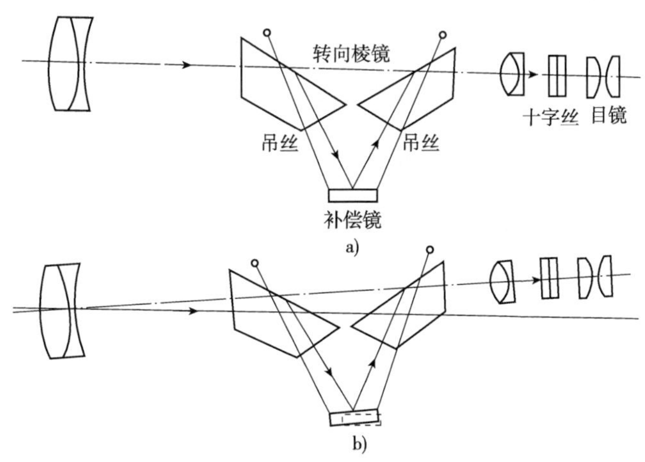

图 2-31　自动安平补偿器的结构原理

a）视准轴水平；b）视准轴倾斜

补偿器必须能灵敏地反映出望远镜倾斜的变化，又能使视准轴迅速稳定、便于读数。补偿器通常由三部分组成：

(1)补偿元件。当望远镜视准轴倾斜后，为使水平视线的目标物像经折射后仍落在十字丝分划板中心的一组光学元件，称为补偿元件。也就是确定 α 和 β 关系的一组棱镜、透镜、光楔、平面镜等。

(2)灵敏元件。在望远镜倾斜时，能使补偿元件做相应倾斜或位移的元件，称为灵敏元件。常用的有吊丝、弹簧片、扭丝、滚珠轴承等。

(3)阻尼元件。补偿器通常是悬挂式，在微倾时产生摆动，为尽快使其稳定，采用制动系统进行快速制动，这种快速制动系统称为阻尼器。在一般自动安平水准仪中，补偿器的稳定时间在 2s 以内。

三、自动安平水准仪的使用

自动安平水准仪的使用与一般微倾式水准仪的操作方法基本相同，而不同之处为自动安平水准仪不需要“精平”这一项操作。自动安平水准仪仅有圆水准器，因此，安置自动安平水准仪时，只要转动脚螺旋，使圆水准器气泡居中，补偿器即能起自动安平的作用。当自动安平水准仪通过圆水准器粗平后，观测者应观察仪器警告指标，当确认仪器视准轴倾斜角度在自动补偿范围之内，方可进行观测读数。

自动安平水准仪若长期未使用，则在使用前应检查补偿器是否失灵。检查方法：可以转动位于望远镜视准轴正下方的脚螺旋，如果警告指示窗两端能分别出现红色，反转该脚螺旋则红色能消除，并由红色转为绿色，说明补偿器灵敏，可以进行水准测量的观测。

第六节　电子水准仪及其使用

电子水准仪是 20 世纪 90 年代研制的、利用影像处理技术、自动读取高差和距离，并自动进行数据记录的全数字化水准仪。它以新颖的测量原理、可靠的观测精度、简单的观测方法，取得了广泛的关注及应用。

本文以日本索佳（SOKKIA）SDL30 型为例，介绍电子水准仪的特点与结构、测量原理和使用方法。

一、电子水准仪的特点

SDL30 型数字编码自动安平电子水准仪有以下主要特点：

(1)操作简单，无疲劳观测及操作，只要照准标尺聚焦，按动测量键便可自动读数和测量距离与高差。即使聚焦欠佳也不会影响标尺读数，因为标尺读数在很大程度上并不依赖于标尺编码的清晰度，但调焦清晰后可以提高测量速度。

(2)内置自动补偿器，能改善和保证仪器的测量精度。

(3)测量时可采用电子自动读数，也可人工读数。水准尺可以倒立测定高处点的高度，仪器会自动识别标尺状态并以负值表示。

(4)具有高差、高程（需预置后视点高程）、距离测量以及放样功能，并配有通信接口可与计算机连接，具有双向通信功能，或直接电脑操作。

(5)全自动、高精度，以电子方式量测条码尺，能保证最佳精度。

(6)能快速量测，提高工作效率和测量成果，能自动计算高差，显示屏显示测定的正确高差、高程或距离等成果。

(7)使用锂电池,一次充电可连续工作 7h,充电时间约 2h。

(8)防水性能好。

二、电子水准仪的结构

1. 仪器的结构

如图 2-32 所示,为日本索佳(SOKKIA)生产的 SDL30 型数字编码自动安平电子水准仪的外观。从外观上讲,它主要由望远镜、圆水准器、操作键盘、数据显示窗接口、脚螺旋以及底盘等部分构成。

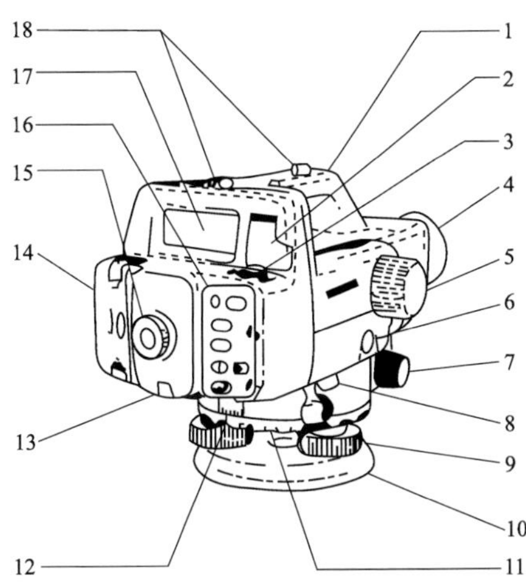

图 2-32　SDL30 型数字编码自动安平电子水准仪

1-提手;2-圆水准器观察镜;3-圆水准器;4-物镜;5-对光螺旋;6-测量按钮;7-水平微动螺旋;8-数据输出接口;9-脚螺旋;10-底板;11-水平度盘设置环;12-水平度盘;13-分划板校正螺钉及护盖;14-电池盒;15-目镜;16-键盘;17-显示屏;18-粗瞄准器

2. 操作键盘键功能

SDL30 型数字编码自动安平电子水准仪的键盘设置如图 2-33 所示,键盘上共有 7 个键,其各自的主要功能为:

(☼)键——显示屏照明开关。

(PWR)键——电源开关。

ESC 键——返回状态模式或菜单模式;取消输入值。

(MENU)键——进入菜单模式;在状态模式下,显示菜单;变换测量模式;显示仪器状况信息等。

(▼)键——选取菜单项及其他;输入数据时改变输入的值或符号。

(▶)键——选取菜单项及其他;输入数据时移动光标的位置。

(↵)键(回车键)——选取菜单项及其他;将输入值放进内存。

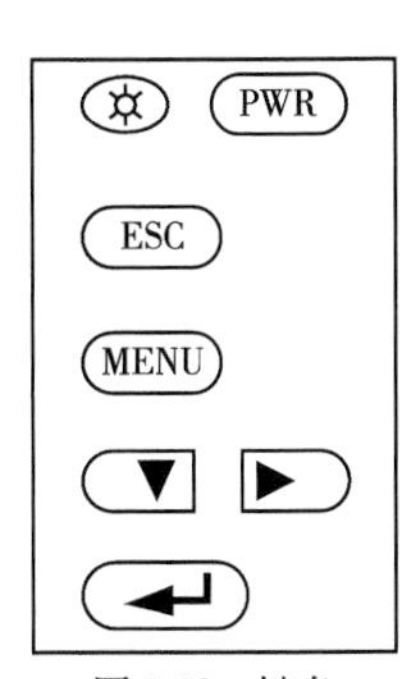

图 2-33　键盘

3. 显示屏显示内容

电子水准仪显示屏如图 2-34 所示,它显示当前模式、操作状态、测量数据以及电池电量等内容,使操作者能按提示完成整个测量工作。

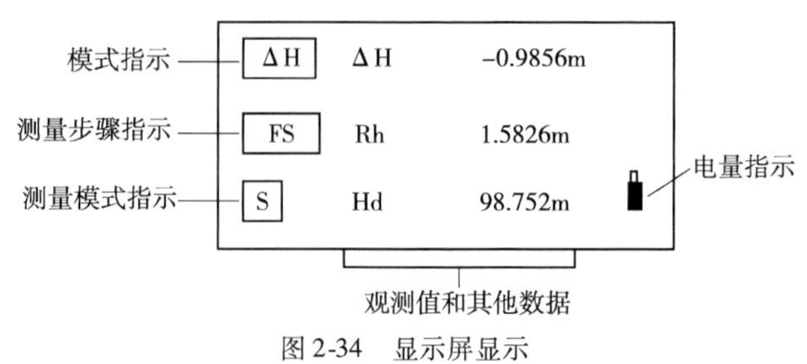

图 2-34　显示屏显示

(1)模式指示:显示当前模式。电子水准仪的模式有:

Meas——状态模式。

M——菜单模式。

ΔH——高差测量模式。

SO——放样模式。

Z——高程测量模式。

C——设置模式。

(2)测量步骤指示:显示观测时或检校时的测量步骤。观测时显示:

BS——后视。

FS——前视。

(3)测量模式指示:显示当前测量模式。测量模式有:

S——单测。

R——复测。

T——跟踪测。

(4)观测值显示:显示测得数据。

Rh——标尺读数。

ΔH——高差读数。

Hd——测站至标尺距离。

Z——高程。

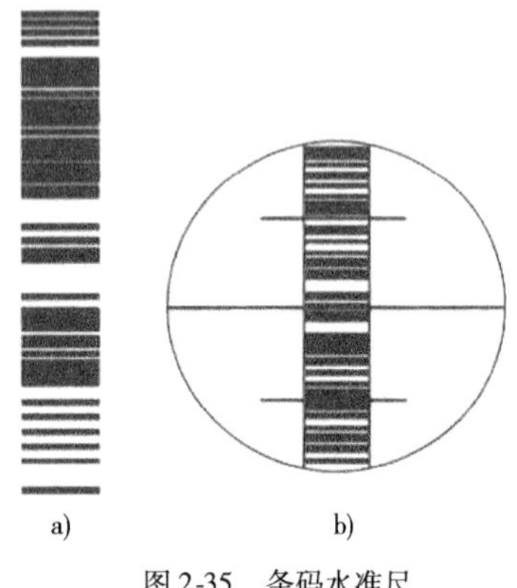

图 2-35　条码水准尺

(5)电量指示:通过形象符号"▮"显示当前的电量情况,有满、充足、过半、少量以及无。显示少量时就需要充电。无电时符号闪烁并伴有声响,片刻后仪器自动关机,停止测量。

4. 条码水准尺

条码水准尺是与电子水准仪配套使用的专用水准尺,它由玻璃纤维塑料制成,或用铟钢制成尺面镶嵌在尺基上形成,全长为 2 ~ 4.05m。尺面上刻有宽度不同、黑白相间的码条——称为条码,如图 2-35a)所示。该条码相当于普通水准尺上的分划和注记。条码水准尺附有安平水准器和扶手,在尺的顶端留有撑杆固定螺钉,以便用撑杆固定条码尺,使之长时间保持准确而竖直的固定状态，减轻作业人员的劳动强度，并提高测量精度。

条码尺在仪器望远镜视场中的情形，应如图 2-35b）所示。

三、仪器的操作与使用

电子水准仪具有传统光学水准仪无法比拟的优点，包括功用方面。本文仅介绍电子水准仪的高差测量操作。

1. 测前的准备工作

（1）在使用仪器前，应检查电池的电量情况，如电量不足，要及时充电。

（2）设置仪器参数。根据测量的具体要求，选择设置参数。参数设置后，关机亦不会改变原设置。

2. 高差测量

若要利用电子水准仪测定地面上两点 A、B 的高差，其操作步骤如下：

（1）将仪器安置在 A、B 两点之间，用圆水准器整平仪器，在 A、B 两点竖立条纹码标尺，使标尺尺面朝向仪器。

（2）按开机键，并进入高差测量模式。

（3）照准后视标尺，进行对光以消除视差，按仪器外部的测量键，即可获得后视读数和后视距。检查无误后，按回车键，记录并存储结果。

（4）转动照准部照准前视标尺，并进行对光消除视差后，按测量键，即可获得前视读数和前视距。同时，屏幕显示 A、B 两点的高差。

（5）按回车键记录。

第七节　水准测量的误差及注意事项

一、水准测量的误差

水准测量中产生的误差，包括：仪器误差、观测误差以及外界条件影响的误差三个方面。

1. 仪器误差

（1）望远镜视准轴与水准管轴不平行误差。仪器经过校正后，还会留有残余误差；仪器长期使用或受振动，也会使两轴不平行，这种误差属于系统误差，该项误差的大小，与仪器至水准尺的距离成正比。因此，在观测时，只要将仪器安置在距前、后两测点相等处，即可消除该项误差的影响。

（2）水准尺误差。水准尺误差，包括尺长误差、分划误差和零点误差。观测前，应对水准尺检验后方可使用，水准尺零点误差可在每个测段中设偶数站的方法来消除。

2. 观测误差

（1）整平误差。在水准尺上读数时，水准管轴应处于水平位置，如果精平仪器时，水准管气泡没有精确居中，则水准管轴有一微小倾角，从而引起视准轴倾斜而产生误差。例如，设水准管分划值 $\tau = 20''/2\text{mm}$，视线长度为 100m，如果气泡偏离中央 0.5 格，则引起的读数误差为：

$$0.5 \times 20 \times 100 \times 10^3 / 206265 = 5\text{mm}$$

（2）读数误差。由于存在视差和估读毫米数的误差，这与人眼的分辨力、望远镜的放大倍数及视线的长度有关，所以要求望远镜的放大倍率在 20 倍以上，视线长度一般不得超过100m。

(3)水准尺倾斜误差。测量时水准尺应扶直,当水准尺倾斜时,其读数总比尺子竖直时的读数大,而且视线越高,水准尺倾斜引起的读数误差越大,所以在高差大、读数大时,应特别注意将尺扶直。测量时,可以采用“摇尺法”读数:在读数时,扶尺者将尺子缓缓向前后俯、仰摇动,尺上的读数也会缓缓改变,观测者读取尺上最小读数,即为尺子竖直时的读数。

3. 外界条件的影响

(1)仪器下沉的影响。由于测站处土质松软,使仪器下沉,视线降低,从而引起高差误差。减小这种误差的办法:一是尽可能将仪器安置在坚硬的地面处,并将脚架踏实;二是加快观测速度,尽量缩短前、后视读数时间差;三是采用后、前、前、后的观测顺序。

(2)转点下沉的影响。将仪器搬到下一站尚未读后视读数的一段时间内,转点下沉,使该站后视点读数增大,从而引起高差误差。所以,应将转点设在坚硬的地方,或用尺垫。

(3)地球曲率和大气折光的影响。

①地球曲率的改正。不考虑地球曲率,用水平面代替大地水准面产生的测量误差,称为地球曲率影响,简称为球差。其改正数用 c 表示。由式(1-8)可知:

$$c = \Delta h = \frac{D^2}{2R} \tag{2-16}$$

式中:R——地球曲率半径,近似取6371km;

D——两点间的水平距离。

②大气折光的改正。由于大气的密度不均匀,一般情况下,越靠近地面,空气密度越大,视线受大气折光的影响而总是成为一条向上拱起的曲线,由此产生测量误差,称为大气折光影响,简称气差。其改正数用 γ 表示。因大气折光由气温、气压、日照、时间、地表情况以及视线高度等诸多因素而定,所以,很难对其做精确的计算,应用中采用如下的近似公式:

$$\gamma = -K \cdot \frac{D^2}{2R} \tag{2-17}$$

式中:K——大气折光系数。

多年来,世界各国测绘界人士对大气折光系数 K 值进行了大量的试验研究,但是,由于大气折光受到所在地区的高程、地形条件、气候、季节、时间地面覆盖物以及光线离地面高度诸多因素的影响,要精确地确定光线经过时的折光系数是难以做到的。

公路工程测量中,K 值应参照表2-4进行选取,一般情况下可取平均值,即 $K=0.14$。

大气折光系数 表2-4

地面	沙漠	平原、山区	森林	沼泽	水网、湖泊
平均 K 值	0.095	0.115	0.143	0.148	0.157

综合地球曲率和大气折光对高差的影响,便得到球、气两差改正数,用 f 表示。则:

$$f = c + \gamma = (1-K)\frac{D^2}{2R} \tag{2-18}$$

消除地球曲率和大气折光的影响,同样应采用前、后视距相等,这样在计算高差时可将其消除或减弱。

(4)温度影响。水准管受热不均匀,使气泡向温度高的方向移动。因此,观测时应注意给仪器撑伞遮阳,避免阳光不均匀暴晒。

二、注 意 事 项

造成水准测量中精度达不到要求而返工的原因，是由于对测量工作不熟悉和不够细心。为此，要求测量人员除了要极端负责以外，还应注意以下事项：

1. 观测

(1) 观测前，应对仪器进行认真的检验和校正。

(2) 仪器放到三脚架上后，应立即把连接螺旋拧紧，以免仪器从脚架上掉下来，并做到人员不离开仪器。

(3) 仪器应安置在土质坚硬的地方，并应将三脚架踏实，防止仪器下沉。

(4) 水准仪距前、后视水准尺的距离，应尽量相等。

(5) 每次读数前，应严格消除视差，水准管气泡要严格居中，读数时要仔细、迅速、果断，大数(m、dm、cm)不要读错，毫米数要估读正确。

(6) 晴天阳光下，应撑伞保护仪器。

(7) 迁站时，将三脚架合拢，一只手抱住脚架，另一只手托住仪器，稳步前进；远距离迁站时，仪器应装箱，扣上箱盖，防止仪器受到意外损伤。

2. 记录

(1) 记录员在听到观测员读数后，要正确记入相应的栏目中，并要边记边回报数字，得到观测员的默许，方可确定，记录资料不得转抄。

(2) 记录的字体要清晰、端正，如果记录有误，不准用橡皮擦拭，应在错误数据上画斜线后再重新记录。

(3) 每站高差应当场计算，检核合格后，方可通知观测员迁站。

3. 立尺

(1) 立尺员必须将尺立在土质坚硬处，用尺垫时必须将尺垫踏实。

(2) 水准尺必须立直，当尺上读数在 1.5m 以上时，应采用“摇尺法”读数。

(3) 水准仪迁站时，作为前视点的立尺员，在活动尺子时，要切记不能改变转点的位置。

思考题与习题

1. 简述水准测量的原理并绘图加以说明。若将水准仪立于 A、B 两点之间，在 A 点的水准尺上读数 $a=1.353\text{m}$，在 B 点的水准尺上读数 $b=0.852\text{m}$，请计算高差 h_{BA}，说明 B 点与 A 点哪一点高？

2. 在水准测量中，计算待定点高程有哪两种基本方法？各在什么情况下应用？

3. 在水准测量中，如何规定高差的正负号？高差的正负号说明什么问题？

4. 水准仪的望远镜由哪几个主要部分组成？各有什么作用？

5. 圆水准器和水准管的作用有何不同？符合水准器有什么优点？

6. 什么叫视准轴？什么叫水准管轴？在水准测量中，为什么在瞄准水准尺读数之前必须用微倾螺旋使水准管气泡居中？

7. 什么叫视差？其产生的原因是什么？如何检查它是否存在？怎样消除？

8. 简述水准路线的形式及其各自的特点。

9. 在水准测量中，什么叫后视点、前视点和转点？水准测量成果共有几项检核？如何进行？

10. 为什么在水准测量中一个测站上应尽量使前、后视距相等？

11. 什么是水准测量中的高差闭合差？试写出各种水准路线的高差闭合差的一般表达式。

12. 水准仪有哪些轴线？它们之间应满足什么条件？如何进行检查与校正？

13. 按表 2-5 中的数据，计算 B 点的高程，并进行计算检核。

水准测量记录表 表 2-5

测站	测点	水准尺读数(m)		高差(m)		高程(m)	备注
		后视读数	前视读数	+	−		
Ⅰ	A	1.698				141.126	已知
	1		1.457				
Ⅱ	1	0.874					
	2		1.728				
Ⅲ	2	0.685					
	3		1.502				
Ⅳ	3	1.765					
	B		2.442				
计算检核	Σ						
	$\Sigma a - \Sigma b =$			$\Sigma h =$			

14. 已知 BM_5点的高程为 417.251m，由 BM_5到 BM_6进行水准测量，前、后视读数如图 2-36 所示，请设计表格进行记录并计算 BM_6点的高程。

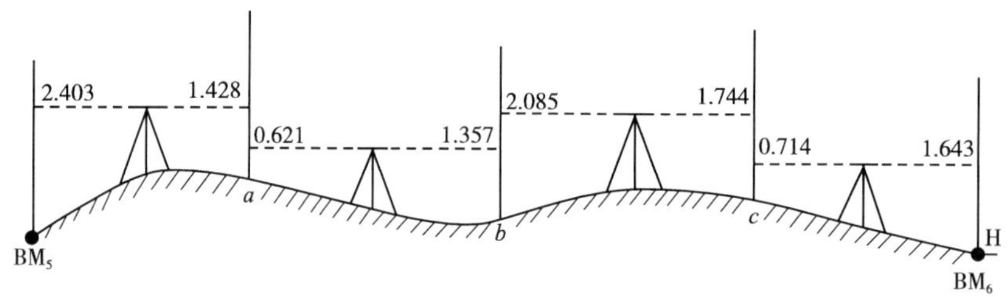

图 2-36 水准测量实施(尺寸单位:m)

15. 根据图 2-37 所示的观测成果，求出 A、B、C 三点的高程。

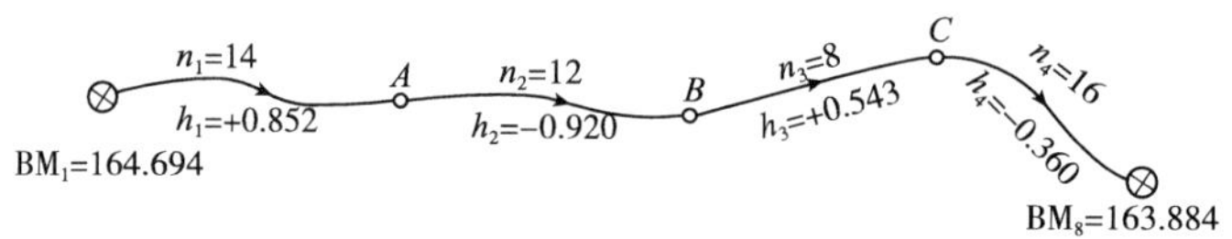

图 2-37 附合水准路线略图(尺寸单位:m)

注:n 为测站数。

16. 在水准仪检校时，将水准仪安置在 A、B 两点正中间的情况下，A 尺读数 $a_1 = 1.432\text{m}$，B 尺读数 $b_1 = 1.228\text{m}$。将水准仪搬至 B 尺附近，B 尺读数为 $b_2 = 1.577\text{m}$，A 尺读数为 $a_2 = 1.806\text{m}$。问水准管轴是否平行于视准轴？若不平行应如何校正？

17. 自动安平水准仪和电子水准仪各有什么特点？如何使用？

18. 水准测量中，产生误差的因素有哪些？哪些误差可通过适当的观测方法或经过计算改正加以减弱直至消除？哪些误差不能消除？

19. 在水准测量时，应注意哪些事项？

20. 设由于水准尺倾斜而引起的读数误差不超过 0.5mm，当读数为 1m、2m、3m 时，允许水准尺倾斜分别为多少度？

第三章　角 度 测 量

第一节　概　　述

测量中为了确定地面点的位置，需要进行角度测量。角度分为水平角和竖直角，一般在确定点的平面位置时要测量水平角；在某些情况下，为了测定高差或将倾斜距离换算成水平距离时要测量竖直角。

水平角是地面上从一点出发的两条直线之间的夹角在水平面上的投影所形成的夹角，通常以 β 表示。如图 3-1a）所示，地面上有高低不同的 A、O、B 三点，O 为测站点，A、B 为两个目标点，OA、OB 两方向线在水平面上的投影 O_1A_1、O_1B_1 的夹角 β 就是 OA、OB 两直线所组成的水平角。换言之，水平角 β 就是过 OA、OB 方向的两个竖直平面所夹的二面角。水平角的取值范围是 0°～360°。

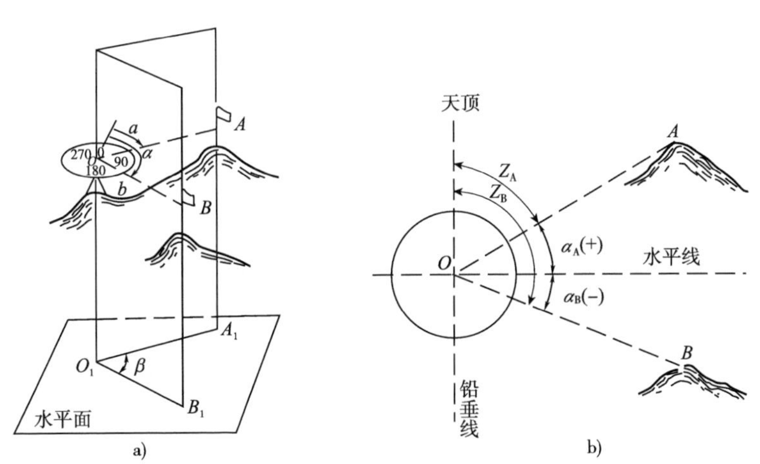

图 3-1　角度测量原理

竖直角是在同一个竖直平面内倾斜视线与水平线间的夹角，通常以 α 表示。倾斜视线在水平线的上方，称为仰角，用正号表示，如图 3-1b）中的 α_A；倾斜视线在水平线的下方，称为俯角，用负号表示，如图 3-1b）中的 α_B。

根据水平角和竖直角的定义，可以设想，为了测定水平角，须安置一个带有刻度的水平圆盘（称为水平度盘）。如图 3-1a）所示，圆盘上有顺时针方向的 0°～360°的刻线，圆盘中心位于角顶点 O 的铅垂线上，并在圆盘的中心位置上安置一个既能水平转动，又能在竖直面内做仰俯运动的照准设备，使之能在通过 OA、OB 的竖直平面内照准目标，并在水平度盘上读得照准目标时的相应读数 a、b，则两读数之差即为水平角 β：

$$\beta = b - a \qquad （当 b > a 时）$$

或

$$\beta = b + 360° - a \qquad （当 b < a 时）$$

同理，若再设置一个带有刻度的竖直圆盘（称为竖直度盘），就可以测得竖直角 α。经纬仪正是根据这个基本原理而设计制造的。

经纬仪的种类很多，按读数系统的不同，可分为游标经纬仪、光学经纬仪和电子经纬仪等。游标经纬仪现已淘汰，光学经纬仪是利用几何光学的放大、反射、折射等原理进行度盘读数，目前在公路工程测量中仍有应用。电子经纬仪则是利用物理光学、电子学和光电转换等原理，显示屏显示度盘读数，是近代电子技术高度发展的产物，目前应用较广泛。

另外，在准直测量中，由于激光这一新型光源的出现，给准直测量带来很大的方便，并由此而发明了激光准直经纬仪，它兼有准直仪和经纬仪的作用。

第二节　光学经纬仪及其基本操作

光学经纬仪按精度等级有：$DJ_{0.7}$、DJ_1、DJ_2、DJ_6、DJ_{15}和 DJ_{20}六级，代号中的“D”和“J”分别是“大地测量”和“经纬仪”的汉语拼音的第一个字母；下标的数字是以秒为单位的精度指标，数字越小，其精度越高。例如，DJ_6便是6″级光学经纬仪，经纬仪因其精度的等级不同或生产的厂家不同，其具体部件的结构可能不尽相同，但它们的基本构造是一样的。

一、光学经纬仪的构造（以 DJ_6 级光学经纬仪为例）

1. 基本构造

图3-2为两种6″级光学经纬仪，图3-2a）为 DJ_6-1型、图3-2b）为 TDJ_6型。

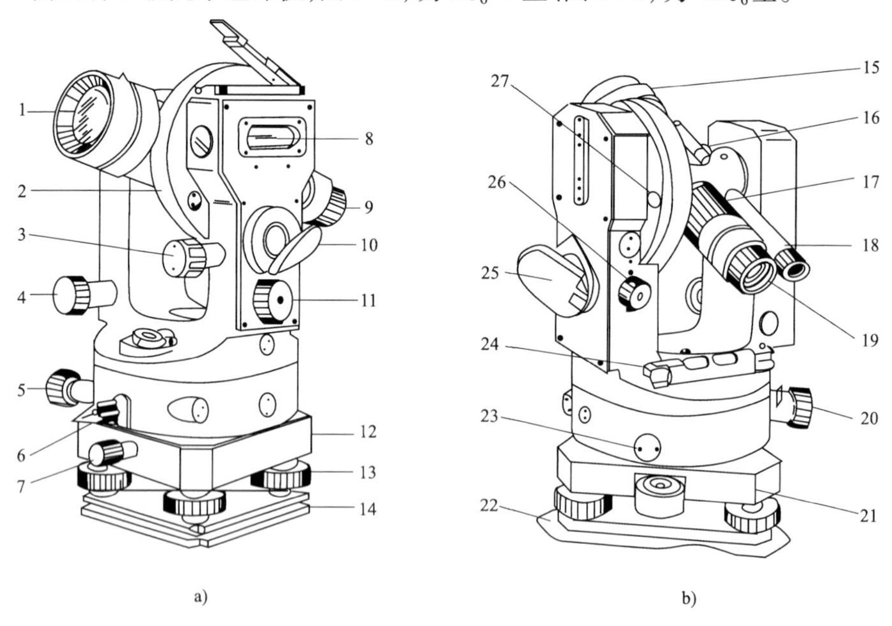

图3-2　DJ_6级光学经纬仪

a）DJ_6-1型光学经纬仪；b）TDJ_6型光学经纬仪

1-物镜；2-竖直度盘；3-竖直指标水准管微动螺旋；4-望远镜微动螺旋；5-水平微动螺旋；6-水平制动螺旋；7-轴座固定螺旋；8-竖盘指标水准管；9-目镜；10-反光镜；11-测微轮；12，21-基座；13，27-脚螺旋；14-连接板；15-望远镜；16-照准器；17-对光螺旋；18-读数显微镜；19-目镜对光螺旋；20-拨盘手轮；22-快速对光板；23-堵盖；24-照准部水准管；25-反光镜；26-自动归零锁紧手轮光学经纬仪由照准部、水平度盘和基座三部分组成，如图 3-3 所示。

1）照准部

照准部的构件最多，主要由望远镜、读数显微镜、竖直度盘、支架、照准部水准管、照准部旋转轴、横轴和光学对中器等组成。照准部位于水平度盘的上方，它的望远镜与水准仪的望远镜构造相同，主要用于照准目标。望远镜与竖直度盘安装在同一根旋转轴上，该旋转轴的几何中心线称为横轴。当望远镜旋转时，竖直度盘随之一起转动。为控制望远镜的转动，以便快速准确地照准目标，照准部上配有望远镜制动螺旋和微动螺旋，与竖直度盘配套的有竖盘指标水准管和竖盘指标水准管微动螺旋。目前，大多的经纬仪已不采用竖盘指标水准管，而以自动归零补偿器装置代替，如图 3-2b）所示。

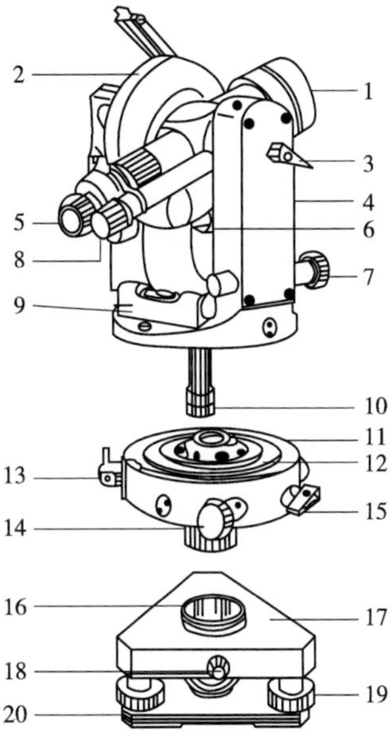

图 3-3　DJ_6 型光学经纬仪的构造

1-物镜；2-竖直度盘；3-望远镜制动螺旋；4-支架；5-目镜；6-竖盘指标水准管微动螺旋；7-望远镜微动螺旋；8-读数显微镜；9-照准部水准管；10-照准部旋转轴；11-轴套；12-水平度盘；13-复测器；14-照准部微动螺旋；15-照准部制动螺旋；16-轴套座孔；17-基座；18-固定螺钉；19-脚螺旋；20-连接板

照准部水准管用来整平仪器，在有的仪器上除了装有水准管外，还装有圆水准器，用以粗略整平仪器。

读数设备包括一个读数显微镜、测微器以及一组棱镜和透镜等。

照准部旋转轴的几何中心线，称为仪器的竖轴。照准部的旋转是其绕竖轴在水平面上的旋转。为控制照准部的旋转，仪器上装有照准部制动螺旋和微动螺旋（或称为水平制动螺旋和水平微动螺旋）。

光学对中器是在架设仪器时，保证水平度盘的中心与地面上待测角的顶点（通常称为测站点）位于同一铅垂线上的装置。在一些新型的测量仪器中，已有采用激光对点装置。

2）水平度盘部分

水平度盘主要由水平圆盘、度盘旋转轴复测盘或拨盘手轮与轴套组成。

水平圆盘是用光学玻璃制成的圆环，圆环上刻有 0°～360°的等间隔分划线，并按顺时针方向进行注记，有的还在两刻度线间加刻一短分划线。两相邻分划线间的弧长所对的圆心角，称为度盘分划值，通常为 1°或 30′。

度盘旋转轴是空心的，它套在轴套外面，可使水平度盘在水平面上自由转动。度盘旋转轴的几何中心线应通过水平度盘的中心。

复测盘是一个金属圆盘，位于水平度盘的下方，固定在度盘旋转轴上。复测盘配合照准部外壳上的复测器，可使水平度盘与照准部连接或分离。扳下复测器，复测器的簧片夹住复测盘，则水平度盘与照准部连为一体，当照准部旋转时，水平度盘也随之旋转；扳上复测器，则复测器的簧片与复测盘分离，水平度盘亦与照准部分离。这时，照准部旋转时，水平度盘静止不动。

有的经纬仪不设复测器，但设有水平度盘的拨盘手轮，以控制水平度盘的转动，但水平度盘不能随照准部旋转。

3）基座部分

基座部分，主要由仪器的基座、脚螺旋和连接板组成，另外，基座上还有轴套座孔与固定螺钉。

光学经纬仪三部分之间的相互关系是：水平度盘旋转轴套在轴套外边，照准部旋转轴插入空心轴套之中，上紧照准部连接螺钉后，再将轴套插入基座的轴套座孔内，拧紧基座上的固定螺钉，三部分就连为一个整体。因此，照准部绕轴套内的竖轴旋转时，是不会带动水平度盘的，只有通过复测器或拨盘手轮，才能使水平度盘转动。

使用经纬仪时要特别注意：切莫随意松动基座上的固定螺钉，以免仪器脱落摔坏。

此外，与经纬仪配套使用的还有脚架和垂球。利用连接板和脚架上的中心螺旋，可使仪器和脚架连接，在中心螺旋挂钩上悬挂垂球也可将水平度盘的中心安置在测站点的铅垂线上。

2. 读数装置

为了提高度盘读数精度，光学经纬仪的读数设备采用显微放大和测微装置。显微放大装置就是通过仪器外部的采光镜和内部一系列的棱镜以及由透镜组成的显微物镜，将度盘刻线照亮、转向、放大并成像于读数窗，再通过读数显微目镜在读数窗上读数。测微装置就是在读数窗上测定不足一个度盘分划值的读数装置。

DJ_6光学经纬仪大多采用分微尺读数装置，即在读数窗上刻有分微尺，一般为 60 格，其总长应与呈现在读数窗上度盘相邻刻线的间隔相等，因此，分微尺就可等分度盘相邻刻线间的分划值。

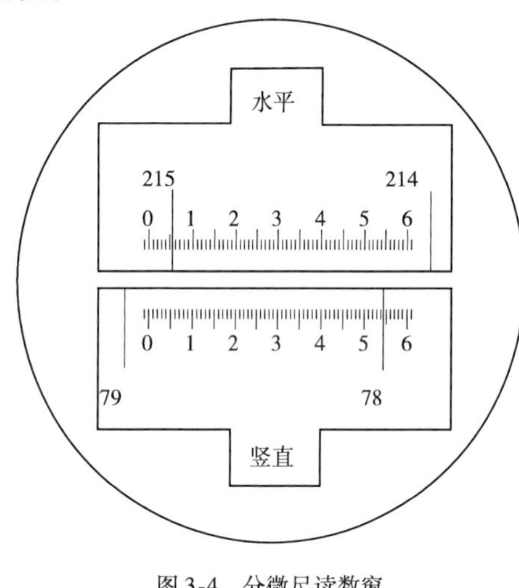

图 3-4　分微尺读数窗

如图 3-4 所示是 DJ_6光学经纬仪从读数显微镜中看到的度盘和分微尺的影像。上面注有“水平”或“H”的窗口为水平度盘；下面注有“竖直”或“V”的窗口为竖直度盘。其中，长线和大号数字为度盘刻线和注记，短线和小号数字为分微尺线和注记。度盘分划值为 1°，分微尺为 60 小格，则每小格之值为 1′。读数时，以分微尺的 0 刻线为读数指标，先读出落在分微尺上度盘刻线读数，称为度盘读数，也就是整个读数中的“度”数（如图 3-4 所示的水平盘为 215°）。再以度盘刻线（图 3-4 中 215°对应的长线）为准，在分微尺上读出度盘刻线与指标（0 刻线）间小于度盘分划值的读数，估读至 0.1 小格（6′），称为分微尺读数（如图 3-4 所示的水平盘为 7.5 小格，其读数即为 7.5′，应读为 7′30″）。度盘读数加分微尺读数即为全读数，例如图 3-4 所示的水平度盘读数为：215°07′30″；竖直度盘的读数为：78°48.3′，即78°48′18″。

二、经纬仪的基本操作

经纬仪的操作包括：对中、整平、照准和读数四项。其中，对中和整平是在测站点上安置经纬仪的基本工作。

1. 对中

对中的目的是使经纬仪水平度盘的中心（仪器的竖轴）与测站点位于同一铅垂线上，常用的对中方法为光学对中两种。

光学对中器对中的做法是:将仪器安置在测站点上,使架头大致水平,三个脚螺旋的高度适中(使其在中间位置最好),目估尽可能使仪器中心位于测站点的铅垂线上,踏实脚架腿。转动光学对中器的目镜调光螺旋,使分划板的中心圈(有的经纬仪采用十字丝)清晰,再拉出或推进对中器镜筒做物镜调焦,使测站点标志成像清晰。旋转脚螺旋,使分划板中心对准测站点,然后用脚架的伸缩螺旋调整架腿高度,使圆水准气泡居中,再用脚螺旋整平照准部水准管。用光学对中器观察测站点是否偏离分划板中心,如果偏离,稍微松开连接螺旋,在架头上移动仪器,分划板中心对准测站点后拧紧连接螺旋,重新整平仪器。直至在整平仪器后,分划板中心对准测站点为止。可以看出,使用光学对中器,对中和整平是同时完成的。

2. 整平

整平的目的是使仪器的竖轴位于铅垂线方向上,即使水平度盘处于水平位置。整平通常由三个脚螺旋来完成,但由于脚螺旋的调整范围有限,若仪器的竖轴倾斜过大,则无法将其整平。因此,一般先用照准部上的圆水准器概略整平。这种概略整平应与仪器的对中同时进行,即挪动或踏实脚架时,须兼顾圆水准器的气泡使之大致居中,只有在已经对中和概略整平的基础上,方可进行精确整平。

精确整平的具体过程是:

(1)转动照准部,使照准部水准管与任意两个脚螺旋①、②的连线平行,如图3-5a)所示,两手以相反方向旋转①、②两脚螺旋,使水准管气泡居中,气泡移动方向与左手大拇指转动方向一致。

(2)将照准部水平旋转90°,如图3-5b)所示,转动另一个脚螺旋③使水准管气泡居中。

(3)以上操作要反复进行,直到照准部水平旋转至任意位置,水准管气泡均居中为止。

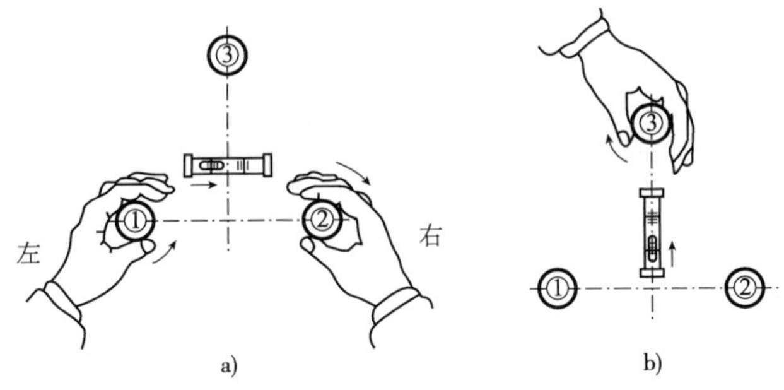

图3-5 照准部水准管整平方法

需要说明的是,此时的整平一般会破坏之前已完成的对中,因此,还应再次对中,只需稍稍松开中心连接螺旋,在架头孔径内平移仪器,使对中器分划板的中心圈(十字丝)与测站点标志的影像严格重合,拧紧中心连接螺旋。对中和整平是相互影响的,应反复进行直至对中与整平同时满足要求为止。

用垂球的对中精度小于3mm;用光学对中器的对中精度可达1mm。

3. 照准

照准的目的是使要照准的目标点在望远镜中的影像与十字丝的交点重合。照准时先调节望远镜的目镜对光螺旋,使十字丝清晰。然后,利用望远镜上的照门和准星或瞄准器粗略照准目标点,拧紧望远镜的制动螺旋和水平制动螺旋,进行物镜对光,使目标影像清晰,并消除视差。最后,转动水平微动螺旋和望远镜微动螺旋,使十字丝的交点与目标点重合。

测量水平角时，照准应尽量照准目标的底部。

4. 读数

读数的目的是读出指标线所指的度盘读数。读数时，先将采光镜张开成适当的角度，调节镜面朝向光源，照亮读数窗。调节读数显微镜的对光螺旋，使度盘和测微尺影像清晰，然后，按测微装置和前述的读数方法读取度盘的读数。

以上是经纬仪的四项基本操作。除此之外，有时在测量水平角时，为了减少度盘分划不均匀的误差影响，需将水平度盘配置为略大于 0°00′00″或其他指定的读数（如 90°00′00″），该工作称为水平度盘的配置。由于仪器的构造不同，配置度盘的方法也有所不同，现大多采用拨盘手轮进行配置，其做法是：先将望远镜照准目标，打开拨盘手轮护盖，转动手轮，同时观察读数显微镜，使水平度盘的读数为略大于 0°00′00″或其他指定的读数，然后盖上拨盘手轮护盖。

第三节　水平角观测

水平角的观测方法有多种，现仅介绍公路工程测量中最常用的两种方法：测回法和方向观测法。

一、测　回　法

测回法是测角的基本方法，常用于两个方向之间的水平角观测。如图 3-6a）所示，设 O 点为测站点（待测水平角的顶点），A、B 为两个观测目标，用测回法观测 OA、OB 所成水平角的步骤如下：

1. 安置仪器

在待测水平角顶点 O（称为测站点）上安置经纬仪，对中、整平。同时，在 A、B 点分别设置观测标志，一般是竖立花杆、测钎或觇牌。

2. 盘左观测

使仪器处于盘左状态，即当观测者面对望远镜目镜时竖盘位于望远镜的左侧，此种仪器状态又称为正镜。观测时，先照准待测角左方目标 A，读取水平度盘的读数，如图 3-6b）所示，记为 $a_{左}$（如 0°03′06″），并记入记录手簿（表 3-1）。然后，松开照准部制动螺旋，转动望远镜照准右方目标 B，读取水平度盘的读数，记为 $b_{左}$（如 74°35′42″）并记入记录手簿（表 3-1）。以上观测称为盘左半测回，又称上半测回。其水平角值按下式计算：

$$\beta_{左} = b_{左} - a_{左} \tag{3-1}$$

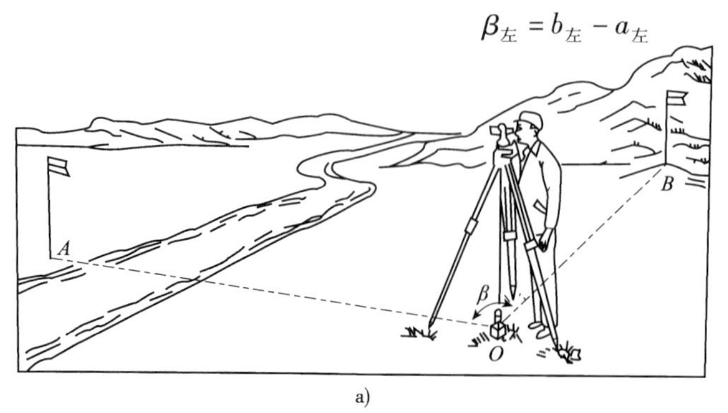

a)

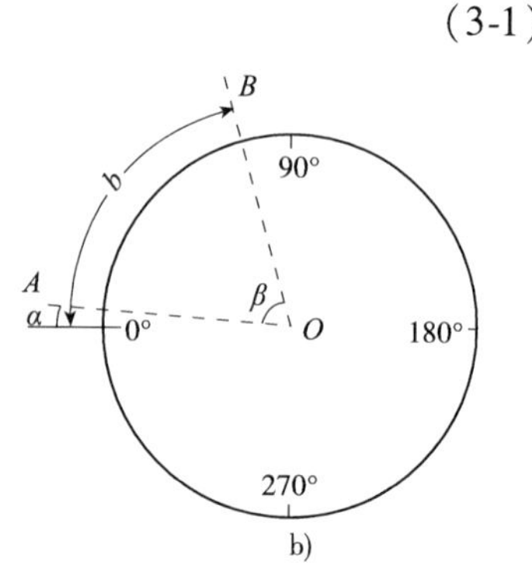

b)

图 3-6　水平角观测与计算

测回法观测记录手簿 表 3-1

测站	盘位	目标	水平度盘读数 (° ′ ″)	半测回角值 (° ′ ″)	一个测回角值 (° ′ ″)	备注
O	左	*A*	00 03 06	74 32 06	74 32 00	
		B	74 35 12			
	右	*A*	180 03 30	74 31 54		
		B	254 35 24			

3. 盘右观测

纵转望远镜,使仪器处于盘右状态,即当观测者面对望远镜目镜时竖盘位于望远镜的右侧,此种仪器状态又称为倒镜。观测时,先照准待测角右方目标 *B*,读取水平度盘的读数,记为 $b_{右}$(如 254°35′24″),并记入记录手簿(表 3-1)。然后松开照准部制动螺旋,转动望远镜照准左方目标 *A*,读取水平度盘的读数,记为 $a_{右}$(如 180°03′30″)并记入记录手簿(表 3-1)。以上观测称为盘右半测回,又称下半测回。其水平角值按下式计算:

$$\beta_{右} = b_{右} - a_{右} \tag{3-2}$$

需要指出的是:在应用式(3-1)和式(3-2)时,若 $b_{左}$(或 $b_{右}$)小于 $a_{左}$(或 $a_{右}$),则应在 $b_{左}$(或 $b_{右}$)上加 360°。

4. 取平均值,求水平角

盘左、盘右两个半测回合称为一个测回。在一般工程测量中,通常要求两个半测回角值之差不得超过 40″(即 $\Delta\beta = \beta_{左} - \beta_{右}$,$\Delta\beta \leqslant 40''$),否则,应重测。在满足要求的情况下,可取两个半测回角值的平均值作为一个测回的角值,即:

$$\beta = \frac{\beta_{左} + \beta_{右}}{2} \tag{3-3}$$

当测角精度要求较高,需要对一个角观测若干个测回时,为了减少度盘分划误差的影响,在各测回之间应进行水平度盘的配置。当观测 *n* 个测回时,将度盘位置依次变换为 180°/*n*。例如,若观测两个测回,第一测回盘左起始方向的度盘位置应配置在略大于 0°00′00″处;而第二测回盘左起始方向的度盘位置则应配置在略大于 90°00′00″处。

二、方向观测法

方向观测法通常用于一个测站上照准目标多于 3 个的观测。如图 3-7 所示,设 *O* 为测站点,*A*、*B*、*C*、*D* 为目标点,在此情况下通常采用方向观测法。

1. 方向观测法的观测方法

(1)安置经纬仪于测站点 *O* 上,对中、整平后使仪器处于盘左状态。照准起始方向(又称零方向)*A*,将水平度盘配置为所需读数,松开水平制动螺旋,读取水平度盘的读数(如 0°02′42″),并记入记录手簿(表 3-2)。

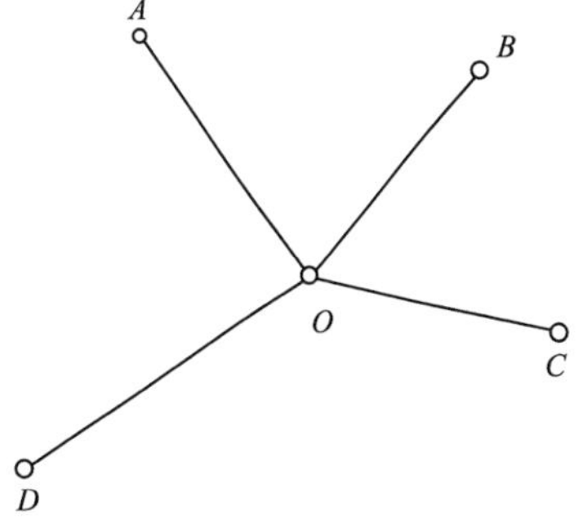

图 3-7 测站点与目标点

(2)按顺时针旋转照准部,照准目标 *B*,读取水平度盘的读数(如 60°18′42″),并记入记录手簿(表 3-2);同样,依次观测目标 *C*、*D*,并读取照准各目标时的水平度盘读数(如 116°40′18″、185°17′30″)记入记录手簿;继续顺时针转动望远镜,最后再观

测零方向 A，并读取水平度盘的读数（如 00°02′30″）记入记录手簿，此照准 A 称之为归零。此次零方向的水平度盘读数与第一次照准零方向的水平度盘读数之差称为归零差，若归零差满足要求（DJ_6限定为 18″），即完成了上半测回的观测。

方向观测法观测记录手簿　　表 3-2

测站点	测回数	目标点	水平度盘读数		2c (″)	平均读数 (° ′ ″)	归零方向值 (° ′ ″)	各测回平均归零方向值 (° ′ ″)	水平角值 (° ′ ″)
			盘左 (° ′ ″)	盘右 (° ′ ″)					
1	2	3	4	5	6	7	8	9	10
O	1	A	00 02 42	180 02 42	0	(00 02 38) 00 02 42	00 00 00	00 00 00	
		B	60 18 42	240 18 30	+12	60 18 36	60 15 58	60 15 56	60 15 56
		C	116 40 18	296 40 12	+6	116 40 15	116 37 37	116 37 28	56 21 32
		D	185 17 30	05 17 36	-6	185 17 33	185 14 55	185 14 47	68 37 19
		A	00 02 30	180 02 36	-6	00 02 33			
	2	A	90 01 00	270 01 06	-6	(90 01 09) 90 01 03	00 00 00		
		B	150 17 06	330 17 00	+6	150 17 03	60 15 54		
		C	206 38 30	26 38 24	+6	206 38 27	116 37 18		
		D	275 15 48	95 15 48	0	275 15 48	185 14 39		
		A	90 01 12	270 01 18	-6	90 01 15			

（3）纵转望远镜，使仪器处于盘右状态，再按逆时针方向依次照准目标 A、D、C、B、A，称为下半测回。同上半测回一样，照准各目标时，分别读取水平度盘的读数并记入记录手簿。下半测回也存在归零差，若归零差满足要求，下半测回也告结束。上、下半测回合称一个测回。

为了提高测量精度，有时要观测若干个测回，各测回的观测方法相同。但是，应和测回法一样，需将各测回盘左起始方向读数进行配置，依次变换 180°/n（n 为测回数）。

2. 方向观测法的角值计算

观测完成后，需进行角值计算，现结合表 3-2 说明方向观测法的计算步骤：

1）计算两倍照准误差 $2c$ 值

$$2c = 盘左读数 - (盘右读数 \pm 180°)$$

上式中，盘左读数大于 180°时取“+”号，盘左读数小于 180°时取“-”号。按各方向计算出

$2c$ 值后，填入表 3-2 的第 6 栏。$2c$ 变动范围是衡量观测质量的一个指标，由于 DJ_6 光学经纬仪的读数受到度盘偏心差的影响，故对 DJ_6 经纬仪 $2c$ 的变动范围只供参考，不做限差规定。

2）计算各目标的方向值的平均读数

照准某一目标时，水平度盘的读数，称为该目标的方向值。

方向值的平均读数 = [盘左读数 +（盘右读数 ±180°）]/2　（式中的加减号取法同前）

计算的结果填入表 3-2 中的第 7 栏。

需要说明的是：起始方向有两个平均值，应将此两均值再次平均，所得值作为起始方向的方向值的平均读数，填入表 3-2 中的第 7 栏的上方，并括以括号，如本例中的 00°02′38″和 90°01′09″。

3）计算归零后的方向值（又称归零方向值）

将起始目标的方向值作为 00°00′00″，此时其他各目标对应的方向值称为归零方向值。计算方法可将各目标方向值的平均读数减去起始方向方向值的平均读数（括号内的数），即得各方向的归零方向值，填入表 3-2 中的第 8 栏。

4）计算各测回归零方向值的平均值

当测回数为两个或两个以上时，从理论上讲，不同测回同一方向归零后的方向值应相等，但由于误差的原因导致各测回之间有一定的差数，如该差数在限差（DJ_6 定为 24″）之内，可取其平均值作为该方向的最后方向值，填入表 3-2 中的第 9 栏。

5）计算各目标间的水平角值

在表 3-2 中的第 9 栏中，显然，后一目标的平均归零方向值减去前一目标的平均归零方向值，即为两目标间的水平角之值，填入表 3-2 中的第 10 栏。

第四节　竖直角观测

一、竖直度盘的构造

经纬仪的竖直度盘部分，包括竖盘、竖盘指标水准管和竖盘指标水准管微动螺旋。为了简化操作程序、提高工作效率，新型经纬仪多采用自动归零装置替代竖盘指标水准管。竖盘固定在望远镜横轴的一端，其面与横轴垂直，如图 3-8 所示。当望远镜绕横轴转动时，读数窗上的竖盘影像也随之变动，而指标是不动的，竖盘指标为分微尺的零分划线，它与竖盘指标水准管固连在一起。在正常情况下，当转动竖盘指标水准管调整螺旋，使竖盘指标水准管气泡居中时，竖盘指标即处于正确位置。此时，当仪器处于盘左状态且望远镜视线水平时，指标应正好指向 90°，而当仪器处于盘右状态而且望远镜视线水平时，指标应正好指向 270°，这便是竖盘指标与竖盘读数之间的正确关系。竖盘亦是玻璃圆盘，与水平度盘相似，但竖盘的刻划注记形式有顺时针全圆注记和逆时针全圆注记两种，如图 3-9 所示。

二、竖直角计算方法

根据竖盘的构造及竖直角的定义可知，竖直角的大小可由倾斜视线的竖盘读数与水平视线的应有读数（盘左 90°、盘右 270°）相减求得，但因竖直角有正、负之分，而且各种仪器的竖盘注记形式又不相同，故二者何为减数，何为被减数，则有不同。因此，在观测前必须按下述方法判定所用仪器的竖直角计算公式。

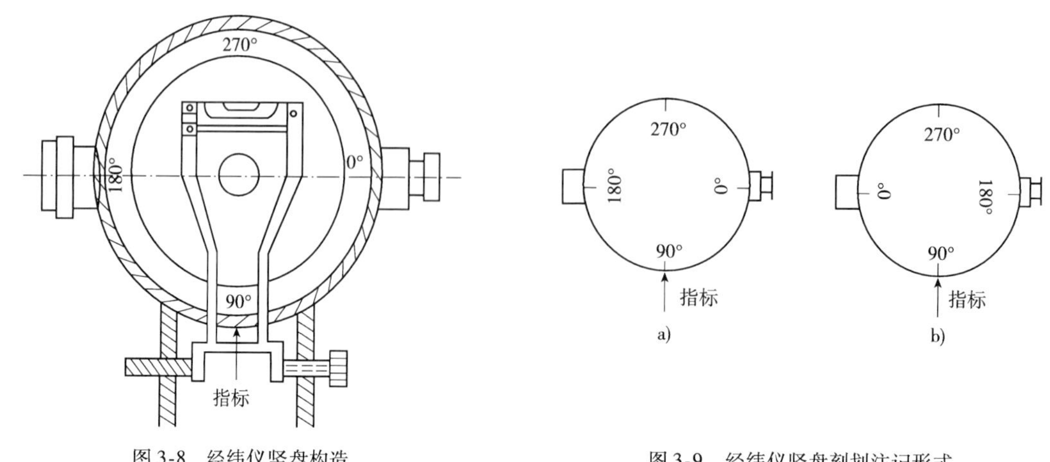

图 3-8　经纬仪竖盘构造

图 3-9　经纬仪竖盘刻划注记形式
a)顺时针全圆注记；b)逆时针全圆注记

架设仪器，首先使仪器处于盘左状态，目估使望远镜处于大致水平，此时可以观察出竖盘的读数，应为 90°左右(当视线水平时读数为 90°)，然后慢慢抬高望远镜的物镜，观察竖盘读数 L 的变化是增大还是减小。若竖盘读数 L 增大，说明竖盘按逆时针全圆注记。由于仰角必为正值，故盘左时，竖直角值应按下式计算：

$$\alpha_{左} = L - 90° \tag{3-4}$$

同法以盘右状态观察，当望远镜视线水平时，竖盘读数应为 270°，物镜抬高时竖盘读数 R 减小，由于仰角必为正值，故盘右时，竖直角值应按下式计算：

$$\alpha_{右} = 270° - R \tag{3-5}$$

结论：若经纬仪竖盘刻划注记形式按逆时针全圆注记，则竖直角的计算公式为式(3-4)和式(3-5)。计算结果为正值，说明所测竖直角为仰角；反之，若为负值，则为俯角，如表 3-3 所示。

竖盘读数与竖直角计算　　表 3-3

盘　位	视 线 水 平	视线向上(仰角)	视线向下(俯角)
盘左	270°，0°，180°，90°	$\alpha_{左}=L-90°$	$\alpha_{左}=-(270°-L)=L-90°$
盘右	90°，180°，0°，270°	$\alpha_{右}=270°-R$	$\alpha_{右}=-(R-270°)=270°-R$

若仪器处于盘左状态，抬高望远镜的物镜时，竖盘读数 L 减小，说明竖盘按顺时针全圆注记。此时竖直角计算公式为：

$$\alpha_{左} = 90° - L \tag{3-6}$$

$$\alpha_{右} = R - 270°$$

从以上竖直角计算公式中可以归纳出竖直角计算的一般公式。

在观测竖直角前,首先判断物镜抬高(仰角)时,竖盘读数是增加还是减小,然后按下述方法进行计算:

物镜抬高(仰角)时,读数增大,则:

$$\alpha = \text{照准目标时竖盘的读数} - \text{视线水平时竖盘的读数}$$

物镜抬高(仰角)时,读数减小,则:

$$\alpha = \text{视线水平时竖盘的读数} - \text{照准目标时竖盘的读数}$$

上述方法,不论何种注记形式、是盘左还是盘右,都是适用的。

三、竖盘指标差

上述竖直角的计算公式是一种理想的情况,即当视线水平,竖盘指标水准管气泡居中时,竖盘读数为90°或270°。但实际上这种情况往往是无法实现的,竖盘指标水准管气泡居中时,竖盘指标不是正好指在90°或270°这个整数上,而是与这个整数相差一个 x 角,此 x 角称为竖盘指标差。如表3-4 所示,竖盘指标的偏移方向与竖盘注记增加方向一致时,x 为正值,反之为负值。

竖 盘 指 标 差　　表3-4

	视线水平	视线向上(仰角)		视线水平	视线向上(仰角)
盘左	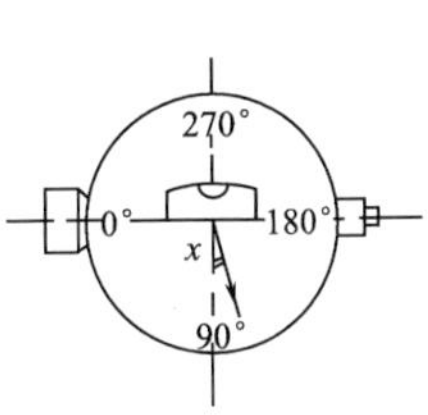 270° 0° 180° x 90°	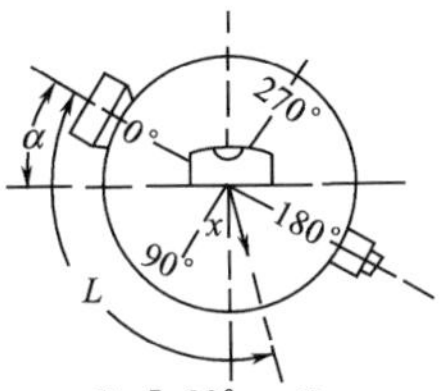 α L 0° 270° x 180° 90° $\alpha=L-90°-x=\alpha_{右}-x$	盘右	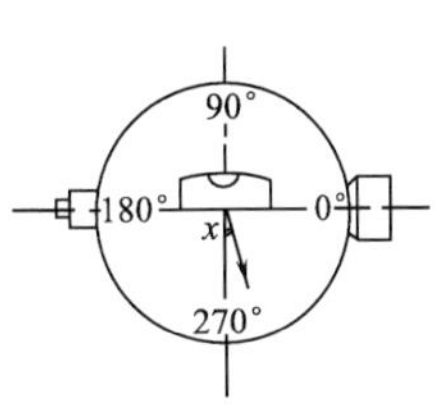 90° 180° 0° x 270°	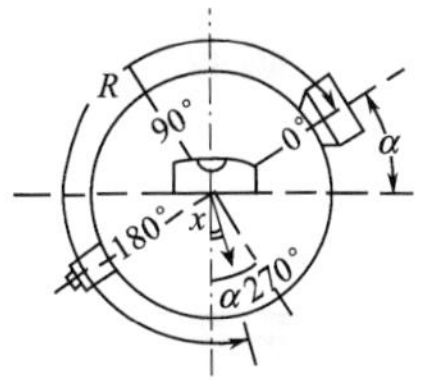 R 90° 0° α 180° x α 270° $\alpha=270°-R+x=\alpha_{右}+x$

由于竖盘指标差的存在,则计算竖直角的式(3-4)和式(3-5)应改写为:

$$\left.\begin{aligned} \alpha_{左} &= L - 90° - x \\ \alpha_{右} &= 270° - R + x \end{aligned}\right\} \tag{3-7}$$

而公式(3-6)则应改写为:

$$\left.\begin{aligned} \alpha_{左} &= 90° - (L - x) = 90° - L + x \\ \alpha_{右} &= (R - x) - 270° = R - 270° - x \end{aligned}\right\} \tag{3-8}$$

从式(3-7)和式(3-8)可以看出,在计算竖直角时,若取盘左、盘右测得的竖直角的平均值,可以自动消除竖盘指标差的影响。因此,在竖直角观测时,一般应取盘左、盘右测得的竖直角的平均值作为竖直角值。

$$\alpha = \frac{\alpha_{左} + \alpha_{右}}{2} \tag{3-9}$$

且在式(3-7)或式(3-8)中,若令 $\alpha_{左} = \alpha_{右}$ 即可得出竖盘指标差的计算公式:

$$x = \frac{L + R - 360°}{2} \tag{3-10}$$

四、竖直角的观测

由于望远镜视准轴水平时的竖盘读数为已知常数(90°或270°),故竖直角观测不必观测视线水平方向，只需观测目标点，并读得该倾斜视线方向的竖盘读数，即可按前述公式求得竖直角。因此，竖直角的基本观测方法是：

将经纬仪安置在测站点上，对中、整平以及判定竖盘注记形式后，按下述步骤进行观测。

（1）盘左精确照准目标，使十字丝的中丝与目标相切。转动竖盘指标水准管微动螺旋，使竖盘指标水准管气泡居中（自动归零型仪器无须此项操作，但有补偿器开关的仪器必须打开补偿器的开关）。读取竖盘读数 L（如 59°29′48″），并记入记录手簿（表 3-5）。

（2）盘右精确照准原目标，使十字丝的中丝与目标相切。转动竖盘指标水准管微动螺旋，使竖盘指标水准管气泡居中（自动归零型仪器无须此项操作）。读取竖盘读数 R（如 300°29′48″），并记入记录手簿（表 3-5）。

竖直角观测记录手簿　　表 3-5

测站	目标	盘位	竖盘读数 （°　′　″）	半测回竖直角 （°　′　″）	指标差 （″）	一测回竖直角 （°　′　″）	备　注
O	A	左	59　29　48	+30　30　12	−12	+30　30　00	盘左 270° 180°　0° 90°
		右	300　29　48	+30　29　48			
	B	左	93　18　40	−3　18　40	−13	−3　18　53	
		右	266　40　54	−3　19　06			

（3）根据竖盘注记形式选用竖直角计算公式。将 L、R 代入相应公式，便可计算出竖直角。为了消除仪器的误差，提高测量精度，应取盘左、盘右结果的平均值作为竖直角值。

需要说明的是：竖盘指标差属于仪器本身的误差，一般情况下，竖盘指标差的变化很小，可视为定值，如果观测各目标时计算的竖盘指标差变动较大，说明观测质量较差。通常规定 DJ_6 级经纬仪竖盘指标差的变动范围应不超过 ±15″。

第五节　角度观测的误差及注意事项

在角度测量中，仪器误差和各作业环节中产生的误差会对角度观测的精度产生影响，为了获得符合要求的角度测量成果，必须分析这些误差的影响，采用相应的措施，将其消除或将其控制在容许范围之内。

一、角度观测的误差

与水准测量类似，角度测量误差亦来自仪器误差、观测误差和外界条件影响三个方面。

1. 仪器误差

仪器误差的主要来源有两个方面：

（1）仪器制造、加工不完善所引起的误差。如照准部偏心差和度盘刻划误差，属于仪器制造误差。照准部偏心差是指照准部旋转中心与水平度盘中心不重合，导致指标在刻度盘上读数时产生误差，这种误差可采取盘左、盘右取平均值的方法来消除。度盘刻划误差是指度盘分划不均匀所造成的误差，就现代光学经纬仪而言，此项误差一般都很小，可在水平角观测中，采用不同测回之间变换度盘位置的方法来进一步减小其影响。

（2）仪器检校不完善的残余误差。经纬仪各部件（轴线）之间，如果不满足应有的几何条件，就会产生仪器误差，即使经过校正，也难免存在残余误差。例如，视准轴不垂直于横轴，横轴不垂直于竖轴的残余误差对水平角观测的影响，以及竖盘指标差的残余误差对竖直角观测的影响等。通过分析研究可知，这些误差均可采用盘左、盘右两次观测，然后取两次结果平均值的方法来消除。而十字丝竖丝不垂直于横轴的误差影响，可采用每次观测时均采用十字丝交点照准目标的观测方法予以消除。

对于无法用观测方法消除的照准部水准管轴不垂直于竖轴的误差影响，可在观测前进行严格的校正，来尽量减弱其对观测的影响。

由于采取了这些措施，仪器误差对观测结果的影响实际是很小的。

2. 观测误差

观测误差是指观测者在观测操作过程中产生的误差，例如：对中误差、整平误差、标杆倾斜误差、照准误差和读数误差等。

(1)对中误差：在测站点上安置经纬仪，必须进行对中。仪器安置完毕后，仪器的中心未位于测站点铅垂线上的误差，称为对中误差。对中误差对水平角观测的影响与待测水平角边长成反比。所以，当待测水平角的边长较短时，尤应注意仔细对中。

(2)整平误差：仪器安置未严格水平而产生的误差。整平误差导致水平度盘不能严格水平，竖盘及视准面不能严格竖直。它对测角的影响与目标的高度有关，若目标与仪器等高，其影响很小；若目标与仪器高度不同，其影响将随高差的增大而增大。因此，在丘陵、山区观测时，必须精确整平仪器。

(3)标杆倾斜误差(又称目标偏心误差)：是指在观测中，实际瞄准的目标位置偏离地面标志点而产生的误差。如图3-10所示，O 为测站点，A 为目标点(地面标志点)，边长为 d，在目标点 A 处竖立标杆作为照准标志。若标杆倾斜，测角时未能照准标杆底部 A 而照准了 B 点，设 B 点至标杆底端 A 的长度为 l，则照准点偏离目标而引起目标偏心差：

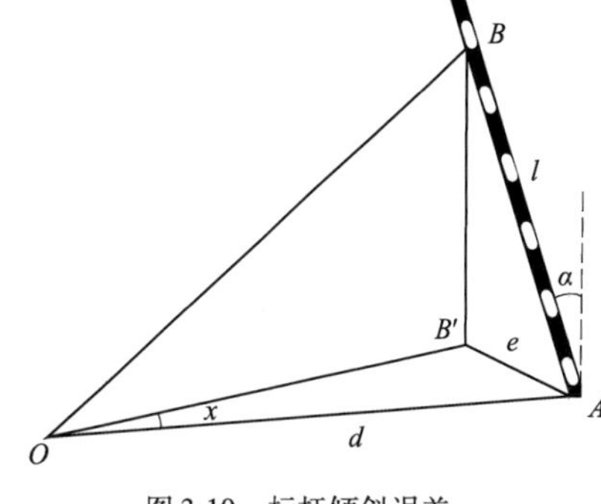

图3-10　标杆倾斜误差

$$e = l \cdot \sin\alpha$$

它对观测方向的影响为：

$$x = \frac{e}{d} = \frac{l \cdot \sin\alpha}{d} \tag{3-11}$$

由式(3-11)可知：x 与 l 成正比，与边长 d 成反比。所以，为了减小该项误差对水平角观测影响，应尽量照准标杆的根部，标杆应尽量竖直，边长较短时，宜采用垂球对点，照准时以垂球线替代标杆。

标杆倾斜误差对竖直角观测的影响与标杆倾斜的角度、方向、距离以及竖直角大小等因素有关。由于竖直角观测时通常均照准标杆顶部，当标杆倾斜角大时，其影响不容忽略，故在观测竖直角时应特别注意竖直标杆。

(4)照准误差：影响照准精度的因素很多，如人眼的分辨角、望远镜的放大率、十字丝的粗细、目标的形状及大小、目标影像的亮度、清晰度以及稳定性和大气条件等。所以，尽管观测者已经尽力照准目标，但仍不可避免地存在不同程度的照准误差。此项误差无法消除，只能选择适宜的照准目标，在其形状、大小、颜色和亮度的选择上多下功夫，改进照准方法，仔细完成照准操作。这样，方可减少此项误差的影响。

(5)读数误差:读数误差是指对测微装置估读的误差,它主要取决于仪器的读数设备,它与照明情况和观测者的技术熟练程度有一定关系,一般误差值为测微器最小格值的1/10。例如,DJ_6级光学经纬仪读数误差不超过 ±0.1′,即不超过 ±6″。为使读数误差控制在上述范围内,观测时必须仔细操作,准确估读,否则,误差值将会远远超过此值。

3. 外界条件的影响

外界条件的影响很多,也比较复杂。如大风会影响仪器和标杆的稳定,温度变化会影响仪器的正常状态,大气折光会导致光线改变方向,地面辐射又会加剧大气折光的影响,雾气使目标成像模糊,烈日曝晒会使仪器轴系关系发生变化,地面土质松软会影响仪器的稳定等,都会给测量带来误差。要想完全避免这些因素的影响是不可能的,为了削弱此类误差的影响,应选择有利的观测时间和设法避开不利的因素。例如,选择雨后多云的微风天气下观测最为适宜,在晴天观测时,要撑伞遮住阳光,防止曝晒仪器。

二、角度观测的注意事项

鉴于分析,为了保证测角的精度,满足测量的要求,观测时必须注意下列事项:

(1)观测前应先检验仪器,发现仪器有误差应立即进行校正,并在观测中采用盘左、盘右取平均值和用十字丝照准等方法,减小和消除仪器误差对观测结果的影响。

(2)安置仪器要稳定,脚架应踏牢,对中、整平应仔细,短边时应特别注意对中,在地形起伏较大的地区观测时,应严格整平。

(3)目标处的标杆应竖直,并根据目标的远近选择不同粗细的标杆。

(4)观测时,应严格遵守各项操作规定。例如:照准时应消除视差;水平角观测时,切勿误动度盘;竖直角观测时,应在读取竖盘读数前,显示指标水准管气泡居中等。

(5)水平角观测时,应以十字丝交点附近的竖丝照准目标根部。竖直角观测时,应以十字丝交点附近的横丝照准目标顶部。

(6)读数应准确,观测时应及时记录和计算。

(7)各项误差值应在规定的限差以内,超限必须重测。

思考题与习题

1. 什么是水平角?绘图说明用经纬仪测量水平角的原理。

2. 用经纬仪瞄准同一竖直面内不同高度的两点,水平度盘上的读数是否相同?测站点与此不同高度的两点相连,两连线所夹角度是不是水平角?为什么?

3. 什么叫竖直角?用经纬仪瞄准同一竖直面内不同高度的两个点,在竖盘上的读数差是否就是竖直角?

4. 光学经纬仪由哪些主要部分构成?各起什么作用?

5. 试分别叙述测回法与方向观测法观测水平角的步骤,并说明二者的适用情况。

6. 简述 DJ_2级光学经纬仪与 DJ_6级光学经纬仪的主要不同点。

7. 经纬仪上的复测器或拨盘手轮有何作用?欲使望远镜瞄准某一目标时,水平度盘的读数为 0°00′00″,应如何操作?

8. 观测水平角时,为何有时要测多个测回?若测回数为 4,则各测回的起始读数应为多少?

9. 安置经纬仪时,为什么必须进行对中、整平?如何操作?

10. 如何判断经纬仪竖盘刻划注记形式？简述竖直角观测的步骤。

11. 什么是竖盘指标差？指标差的正、负是如何定义的？怎样求出竖盘指标差？

12. 测量竖直角时，为什么最好用盘左、盘右进行观测？如果只用盘左（或盘右）测量竖直角，则必须事先进行一项什么样的工作？

13. 经纬仪有哪些主要的轴线？它们之间应满足什么样的条件？如何检校？

14. 在什么情况下，对中误差和目标偏心差对测角的影响较大？

15. 用一台 DJ$_6$级经纬仪，按测回法观测水平角，仪器安置于 O 点，盘左瞄准目标 A，水平度盘读数为 331°38′42″，顺时针转动望远镜瞄准目标 B，水平度盘读数为 71°54′12″；变换仪器于盘右，瞄准目标 B 时，水平度盘读数为 251°54′24″，逆时针转动望远镜瞄准目标 A，水平度盘读数为 151°38′36″，观测结束。请绘表进行记录，并计算所测水平角值。

16. 用一台 DJ$_6$级经纬仪，按全圆测回法观测水平角（测两个测回），仪器安置于 O 点。第一测回：盘左按顺时针方向分别瞄准目标 A、B、C、D、A，对应的水平盘读数分别为 0°02′06″、51°15′42″、131°54′12″、182°02′24″、0°02′12″；盘右按逆时针方向分别瞄准目标 A、D、C、B、A，对应的水平盘读数分别为 180°02′06″、02°02′24″、311°54′00″、231°15′30″、180°02′00″；第二测回：按第一测回的步骤，盘左按顺时针方向分别瞄准目标 A、B、C、D、A，对应的水平盘读数分别为 90°03′30″、141°17′00″、221°55′42″、272°04′00″、90°03′36″；盘右按逆时针方向分别瞄准目标 A、D、C、B、A，对应的水平盘读数分别为 270°03′36″、92°03′54″、41°55′30″、321°16′54″、270°03′24″；请绘表进行记录，并分别计算两相邻目标点与 O 点所组成的水平角值。

17. 某观测记录如表 3-6 所列，计算出瞄准各目标时竖直角值。

观 测 记 录 表 3-6

测站	目标	盘位	竖盘读数 (° ′ ″)	半测回竖直观角值 (° ′ ″)	指标差 (″)	一测回竖直角值 (° ′ ″)	备注
O	A	盘左	72 18 18				经纬仪竖盘按逆时针方向注记
		盘右	287 42 00				
	B	盘左	96 32 48				
		盘右	263 27 30				
	C	盘左	64 28 24				
		盘右	295 31 30				

18. 用 DJ$_6$级经纬仪观测一高处目标，盘左竖盘读数为 81°44′ 24″，盘右竖盘读数为 278°15′ 24″，请计算竖直角 α 和指标差 x。如仍用这台经纬仪在盘左位置瞄准另一目标，竖盘读数为 99°58′ 12″，则其正确竖直角为多少？

19. 叙述电子经纬仪与光学经纬仪的主要不同点，电子经纬仪有哪些主要功能？如何操作？

第四章　距离测量与直线定向

距离测量是确定地面点位之间长度的测量,常用的距离测量方法有卷尺量距、视距测量和电磁波测距等。卷尺量距是用可卷曲的软尺沿地面丈量,属于直接量距;视距测量是一种利用经纬仪望远镜内十字丝平面上的视距丝(即十字丝的上、下丝)装置,配合视距标尺(与普通水准尺通用),根据几何光学原理,同时测定两点间的水平距离和高差的方法,属于间接测距;电磁波测距是通过仪器发射光波或微波经过棱镜折射后,返回被仪器接收,根据光波或微波的传播速度及发射接收所需时间测定距离的方法,亦属于间接测距。

卷尺量距也称为距离丈量,其工具简单,但易受地形条件限制,一般适用于平坦地区的测距。视距测量能克服地形条件限制,而且操作方便快捷,但其测距精度低于直接丈量,随着所测距离的增大而大大降低,适合于低精度的近距离(200m 以内)测量。电磁波测距与前两种测距方法比较,具有操作轻便、效率高、测距精度高、测程远等优点。但仪器价格较高,目前已普遍应用于各种工程测量中。

本章只介绍卷尺量距和视距测量,电磁波测距将在第五章中讲述。

第一节　卷 尺 量 距

一、丈 量 工 具

1. 钢尺

钢尺又称为钢卷尺,是钢制成的带状尺,尺的宽度 10 ~ 15mm,厚度约 0.4mm,长度有 20m、30m、50m 等数种。钢尺可以卷放在圆形的尺壳内,也有的卷放在金属尺架上,如图 4-1a)所示。

钢尺的基本分划为厘米,每厘米及每米处刻有数字注记,全长或尺端刻有毫米分划,如图 4-1b)所示。按尺的零点刻划位置,钢尺可分为端点尺和刻线尺两种,钢尺的尺环外缘作为尺子零点的称为端点尺,尺子零点位于钢尺尺身上的称为刻线尺。

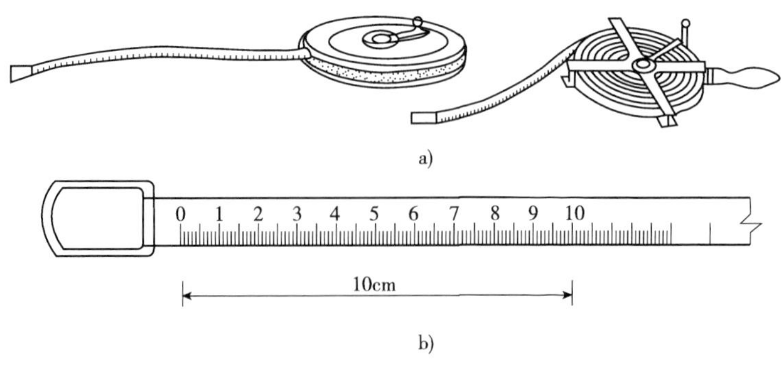

图 4-1　钢尺及其分划

2. 皮尺

皮尺是用麻线或加入金属丝织成的带状尺。长度有 20m、30m、50m 等数种。亦可卷放在圆形的尺壳内，尺上基本分划为厘米，尺面每 10cm 和整米有注字，尺端钢环的外端为尺子的零点，如图 4-2 所示。皮尺携带和使用都很方便，但是容易伸缩，量距精度低，一般用于低精度的地形细部测量和土方工程的施工放样等。

3. 花杆和测钎

花杆又称为标杆，由直径 3 ~ 4cm 的圆木杆制成，杆上按 20cm 间隔涂有红、白油漆，杆底部装有锥形铁脚，主要用来标点和定线，常用的有长 2m、3m 两种，如图 4-3a）所示。另外，也有金属制成的花杆，有的为数节，用时可通过螺旋连接，携带较方便。

测钎用粗铁丝做成，长 30 ~ 40cm，按每组 6 根或 11 根，套在一个大环上，如图 4-3b）所示，测钎主要用来标定尺段端点的位置和计算所丈量的尺段数。

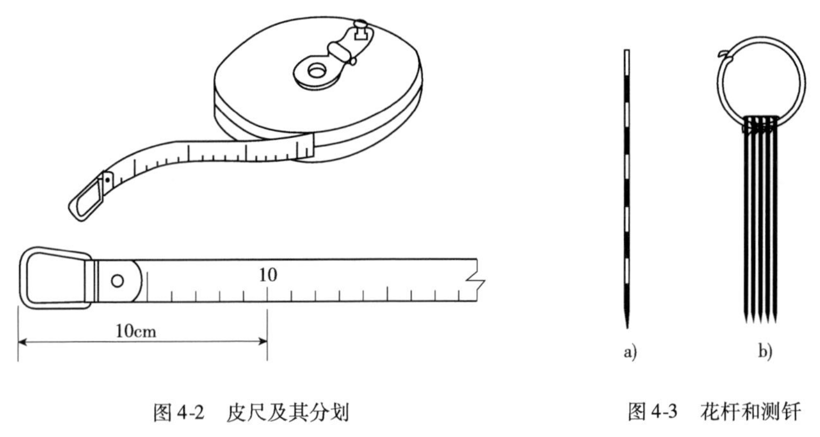

图 4-2　皮尺及其分划　　　　图 4-3　花杆和测钎

在距离丈量的附属工具中还有垂球，它主要用于对点、标点和投点。

二、直线定线

在距离丈量工作中，当地面上两点之间距离较远，不能用一尺段量完时，就需要在两点所确定的直线方向上标定若干中间点，并使这些中间点位于同一直线上，这项工作称为直线定线。根据丈量的精度要求，可用标杆目测定线和经纬仪定线。

1. 目测定线

1）两点间通视时花杆目测定线

如图 4-4 所示，设 A、B 两点互相通视，要在 A、B 两点间的直线上标出 1、2 中间点。先在 A、B 点上竖立花杆，甲站在 A 点花杆后约 1m 处，目测花杆的同侧，由 A 瞄向 B，构成一视线，并指挥乙在 1 附近左右移动花杆，直到甲从 A 点沿花杆的同一侧看到 A、1、B 三支花杆在同一条线上为止。同法可以定出直线上的其他点。两点间定线，一般应由远到近进行定线。定线时，所立花杆应竖直。此外，为了不挡住甲的视线，乙持花杆应站立在垂直于直线方向的一侧。

2）两点间不通视时花杆目测定线

如图 4-5 所示，A、B 两点互不通视，这时可以采用逐渐趋近法定直线。先在 A、B 两点竖立花杆，甲、乙两人各持花杆分别站在 C_1 和 D_1 处，甲要站在可以看到 B 点处，乙要站在可以看到

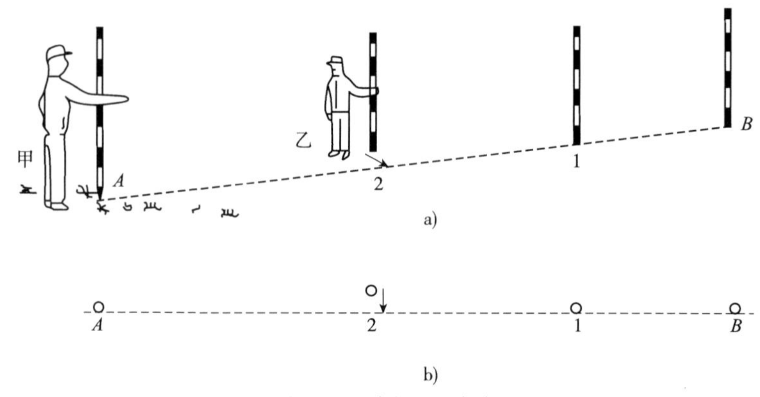

图 4-4　两点间目测定线

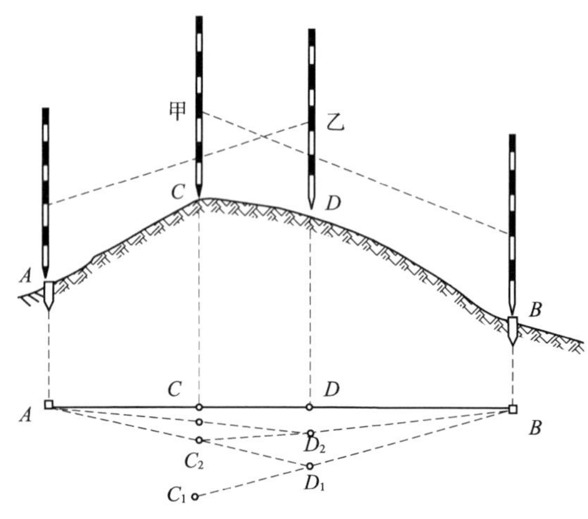

图 4-5　两点间不通视时花杆目测定线

A 点处。先由站在 C_1 处的甲指挥乙移动至 BC_1 直线上的 D_1 处，然后由站在 D_1 处的乙指挥甲移动至 AD_1 直线上的 C_2 处，接着再由站在 C_2 处的甲指挥乙移动至 D_2，这样逐渐趋近，直到 C、D、B 三点在同一直线上，同时 A、C、D 三点也在同一直线上，则说明 A、C、D、B 在同一直线上。

2. 经纬仪定线

精确丈量时，为保证丈量的精度，需用经纬仪定线。

1）两点间通视时经纬仪定线

如图 4-6 所示，欲丈量直线 AB 的距离，在清除直线上的障碍物后，在 A 点上安置经纬仪对中、整平后，先照准 B 点处的花杆（或测钎），使花杆底部位于望远镜的竖丝上后固定照准部。在经纬仪所指的方向上用钢尺进行概量，依次定出比一整尺段略断的 A1、12、23…6B 等尺段。在各尺段端点打下大木桩，桩顶高出地面 3 ~ 5cm，在桩顶钉一白铁皮，用经纬仪进行定线投影，在各白铁皮上用小刀划出 AB 方向线，再划一条与 AB 方向垂直的横线，形成十字，十字中心即为 AB 线的分段点。

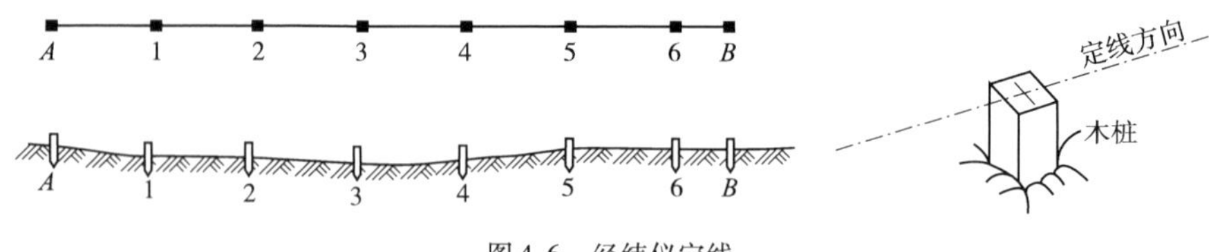

图 4-6　经纬仪定线

2）两点间不通视时经纬仪定线

此内容将在本书的第十章中详述。

三、距 离 丈 量

用钢尺或皮尺进行距离丈量的方法基本上是相同的，以下介绍用钢尺进行距离丈量的方法。钢尺量距一般需要三个人，分别担任前尺手、后尺手和记录员的工作。

1. 平坦地面的丈量方法

如图 4-7 所示，丈量前，先进行花杆定线，丈量时，后尺手甲拿着钢尺的末端在起点 A，前尺手乙拿钢尺的零点，一端沿直线方向前进，将钢尺通过定线时的中间点，保证钢尺在 AB 直线上，不使钢尺扭曲，将尺子抖直、拉紧（30m 钢尺用 100N 拉力，50m 钢尺用 150N 拉力）、拉平。甲、乙拉紧钢尺后，甲把尺的末端分划对准起点 A 并喊“预备”，当尺拉稳拉平后喊“好”，乙在听到甲所喊出的“好”的同时，把测钎对准钢尺零点刻划，垂直地插入地面，这样就完成了第一整尺段的丈量。甲、乙两人抬尺前进，甲到达测钎或划记号处停住，重复上述操作，量完第二整尺段。最后丈量不足一整尺段时，乙将尺的零点刻划对准 B 点，甲在钢尺上读取不足一整尺段值，则 A、B 两点间的水平距离为：

$$D_{AB} = n \times l + q \tag{4-1}$$

式中：n——整尺段数；

l——整尺段长；

q——不足一整尺段值。

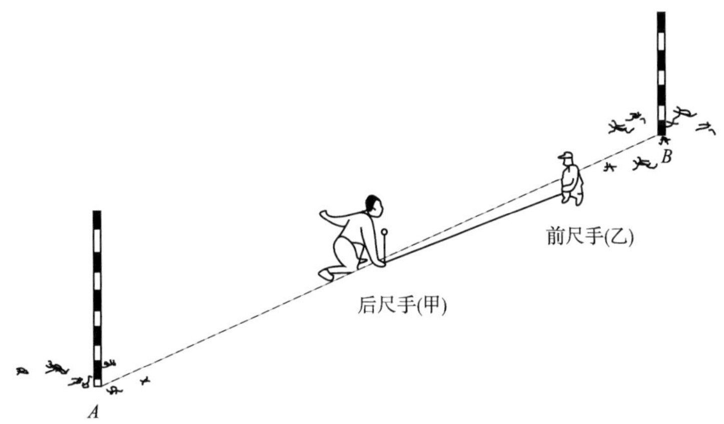

图 4-7　平坦地面的距离丈量

在平坦地面上，钢尺沿地面丈量的结果就是水平距离；丈量结果记录在量距手簿（表 4-1）上。

一 般 量 距 手 簿　　表 4-1

测线		观测值（m）			精度	平均值（m）	备注
		整尺段	非整尺段	总长			
AB	往	4×30	15.309	135.309	1/3500	135.328	
	返	4×30	15.347	135.347			

为了防止错误和提高丈量精度，一般需要往返丈量，在符合精度要求时，取往返丈量的平均距离为丈量结果。丈量的精度是用相对误差来表示的，它以往返丈量的差值 $\Delta D = D_{AB} - D_{BA}$ 的绝对值与往返丈量的平均距离 $D_0 = (D_{AB} + D_{BA})/2$ 之比，通常以 K 表示，并将分子化为 1，分母取两位有效数字即可。

即：

$$K = \frac{|\Delta D|}{D_0} = \frac{1}{D_0/|\Delta D|} \tag{4-2}$$

相对误差的分母越大，说明量距的精度越高。在一般情况下，平坦地区的钢尺量距精度应高于 1/2000，在山区也应不低于 1/1000。

2. 斜地面的丈量方法

1）平量法

如图 4-8 所示，当地面坡度不大时，可将钢尺抬平丈量。欲丈量 AB 间的距离，将尺的零点对准 A 点，抬高钢尺，并由记录者目估使尺拉水平，然后用垂球将尺的末端投于地面上，再插以测钎，若地面倾斜度较大，将整尺段拉平有困难时，可将一尺段分成几段来平量，如图 4-8 中的 MN 段。

2）斜量法

如图 4-9 所示，当地面倾斜的坡面均匀时，可以沿斜坡量出 AB 的斜距 L，测出 AB 两点的高差 h，或测出倾斜角 α，然后根据式（4-3）或式（4-4）计算 AB 的水平距离 D。

$$D = \sqrt{L^2 - h^2} \tag{4-3}$$

$$D = L \cdot \cos\alpha \tag{4-4}$$

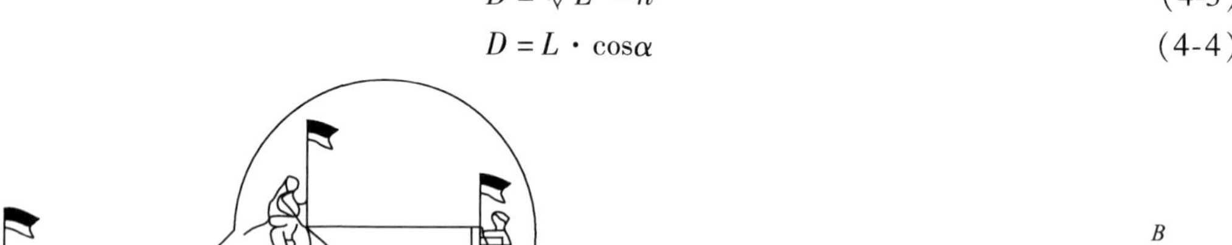

图 4-8　平量法量距

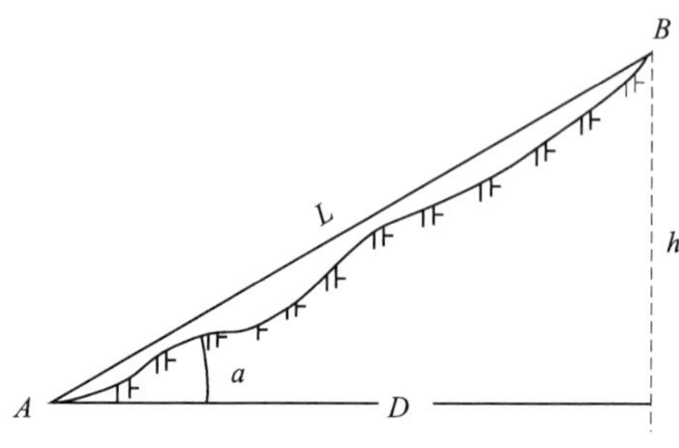

图 4-9　斜量法量距

四、钢尺量距的误差分析及注意事项

1. 量距误差分析

钢尺量距的主要误差来源有下列几种：

1）尺长误差

如果钢尺的名义长度和实际长度不符，则产生尺长误差。尺长误差是积累的，误差累积的大小与丈量距离成正比。往返丈量不能消除尺长误差，只有加入尺长改正才能消除。因此，新购置的钢尺必须经过检定，以求得尺长改正值。

2）温度误差

钢尺的长度随温度而变化，当丈量时温度和标准温度不一致时，将产生温度误差。钢的膨胀系数按 1.25×10^{-5} 计算，温度每变化 1℃ 其影响为丈量长度的 1/80000。一般量距，当温度变化小于 10℃ 时，可以不加改正，但精密量距时，必须加温度改正。

3）尺子倾斜和垂曲误差

由于地面高低不平，钢尺沿地面丈量时，尺面出现垂曲而成曲线，将使量得的长度比实际要大。因此，丈量时，必须注意尺子水平，整尺段悬空时，中间应有人托一下尺子，否则会产生不容忽视的垂曲误差。

4）定线误差

由于丈量时的尺子没有准确地放在所量距离的直线方向上，使所丈量距离不是直线而是一组折线的误差称为定线误差。一般丈量时，要求花杆定线偏差不大于 0.1m，仪器定线偏差不大于 7cm。

5）拉力误差

钢尺在丈量时所受拉力应与检定时拉力相同。否则，将产生拉力误差，拉力的大小将影响尺长的变化。对于钢尺，若拉力变化 70N，尺长将改变 1/10000，故在一般丈量中，只要保持拉力均匀即可。而对于较精密的丈量工作，则需使用弹簧秤。

6）对点误差

丈量过程中，测钎在地面上标志尺端点位置时，若插测钎不准，或前、后尺手配合不佳，或余长读数不准，都会引起丈量误差，这种误差对丈量结果的影响可正可负，大小不定，故在丈量中应尽力做到对点准确，配合协调。

2. 钢尺的维护

（1）钢尺易生锈，工作结束后，应用软布擦去尺上的泥和水，涂上机油，以防生锈。

（2）钢尺易折断，如果钢尺出现卷曲，切不可用力硬拉。

（3）在行人和车辆多的地区量距时，中间要有专人保护，严防尺被车辆压过而折断。

（4）不准将尺子沿地面拖拉，以面磨损尺面刻划。

（5）收卷钢尺时，应按顺时针方向转动钢尺摇柄，切不可逆转，以免折断钢尺。

第二节　直线定向

确定一条直线方向的工作称为直线定向。要确定直线的方向，首先要选定一个标准方向作为直线定向的基本方向，如果测出了一条直线与基本方向线之间的水平夹角，该直线的方向就被确定。

在工程测量工作中，通常是以子午线作为基本方向。子午线分真子午线、磁子午线、轴子午线三种。

一、子午线

1. 真子午线

通过地面上一点指向地球南北极的方向线就是该点的真子午线，它一般是用天文测量的方法测定，也可以用陀螺经纬仪测定。地球表面上任何一点都有它自己的真子午线方向，各点的真子午线都向两极收敛而相交于两极。地面上两点真子午线间的夹角称为子午线收敛角，如图 4-10 中的 γ 角。收敛角的大小与两点所在的纬度及东西方向的距离有关。

2. 磁子午线

地面上某点，当磁针静止时所指的方向线，称为该点的磁子午线方向，磁子午线方向可用罗盘仪测定。由于地球的磁南、北极与地球南、北极并不重合，因此地面上同一点的真子午线与磁子午线虽然相近但并不重合，其夹角称为磁偏角，用 δ 表示。当磁子午线在真子午线东侧，称为东偏，δ 为正；磁子午线在真子午线西侧，称为西偏，δ 为负。磁偏角 δ 是随地点不同而变化，因此磁子午线不宜作为精密定向的基本方向线。但是，由于确定磁子午线的方向比较方便，因而在独立地区和低等级公路仍可以利用它作为基本方向线。

3. 轴子午线（坐标子午线）

直角坐标系中的坐标纵轴所指的方向，为轴子午线方向或称为坐标子午线。由于地面上各点真子午线都是指向地球的南北极，所以不同点的真子午线方向不是互相平行的，这给计算工作带来不便。因此在普通测量中一般均采用轴子午线作为基本方向。这样，测区内地面各点的基本方向都是互相平行的。

在中央子午线上，其真子午线方向和轴子午线方向一致，在其他地区，真子午线与轴子午线不重合，两者所夹的角即为中央子午线与某地方子午线所夹的收敛角 γ。如图 4-10b）所示，当轴子午线在真子午线以东时，γ 为正；反之，轴子午线在真子午线以西时，γ 为负。

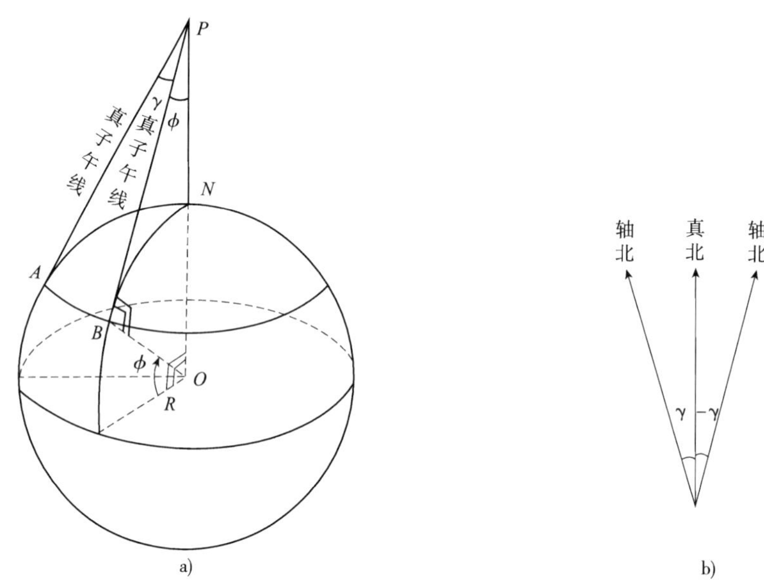

图 4-10　子午线收敛角

二、方　位　角

如图 4-11 所示，直线方向一般用方位角来表示。由子午线北方向顺时针旋转至直线方向的水平夹角称为该直线的方位角。方位角的角值范围为 0°～360°。

以真子午线北端起算的方位角称为真方位角，用 A 表示。

以磁子午线北端起算的方位角称为磁方位角，用 A_m 表示。

由坐标子午线（坐标纵轴）起算的方位角，称为坐标方位角，用 α 表示。

如图 4-12 所示，根据真子午线方向、磁子午线方向、轴子午线方向三者的关系，三种方位角有以下关系：

$$A = A_m + \delta（\delta\ 东偏为正，西偏为负） \tag{4-5}$$

$$A = \alpha + \gamma（\gamma\ 以东为正，以西为负） \tag{4-6}$$

因此

$$A_m + \delta = \alpha + \gamma$$

所以

$$\alpha = A_m + \delta - \gamma \tag{4-7}$$

设直线 AB 前进方向的方位角 α_{AB} 为正坐标方位角，如图 4-13 所示，其相反方向的方位角 α_{BA} 则为反坐标方位角，同一直线正、反坐标方位角相差 180°，即：

$$\alpha_{AB} = \alpha_{BA} \pm 180°$$

或

$$\alpha_{正} = \alpha_{反} \pm 180° \tag{4-8}$$

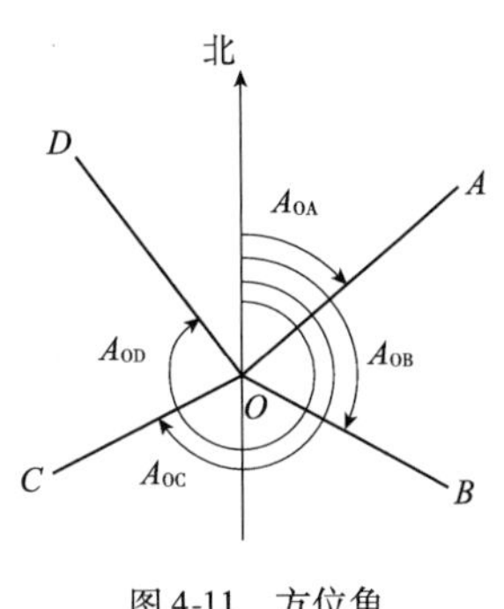

图4-11 方位角

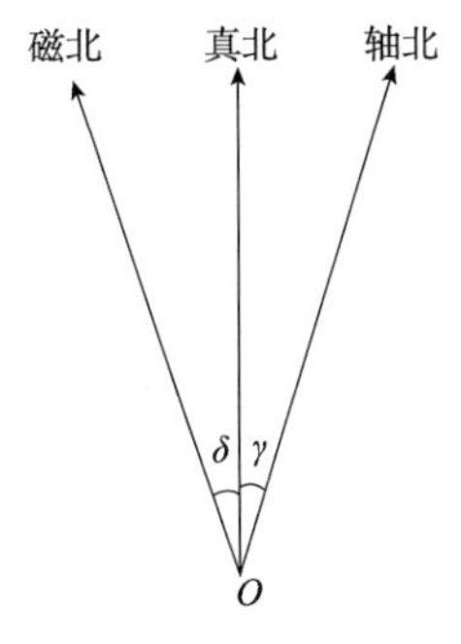

图4-12 真子午线、磁子午线和轴子午线

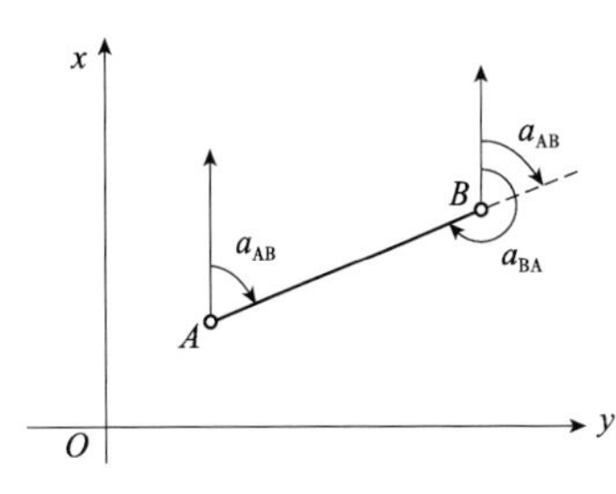

图4-13 正、反方位角

第四节 罗盘仪的构造与使用

一、罗盘仪的构造

罗盘仪是利用磁针测定直线磁方位角的一种仪器。通常用于独立测区的近似定向以及线路和森林勘测中。如图 4-14 所示为 DQL-1 型罗盘仪。它主要由望远镜、罗盘盒和基座三部分组成。

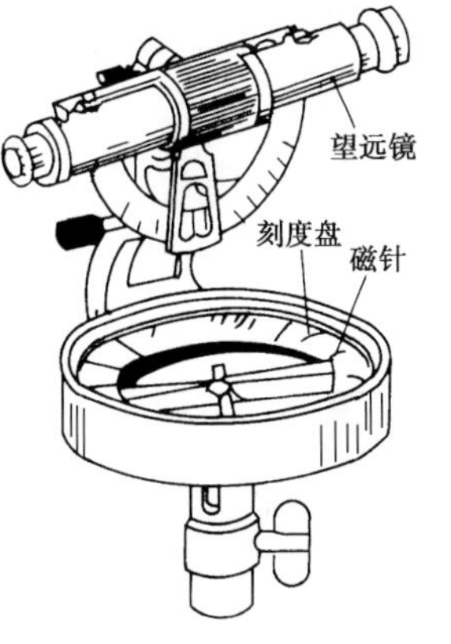

图 4-14 DQL-1 型罗盘仪

1. 望远镜

望远镜是瞄准设备,和水准仪上的望远镜相似,部件有物镜、目镜、十字丝。望远镜的一侧附有一个竖直度盘,可以测得竖直角。

2. 罗盘盒

罗盘盒有磁针和刻度盘。磁针安装在度盘中心顶针上,可自由转动,为减少顶针的磨损,不使用时可用固定螺旋将磁针升起固定在玻璃盖上。刻度盘为金属圆盘,全圆刻划 360°,最小刻划为 1°,从 0°起逆时针方向每隔 10°注一数字。刻度盘 0°与 180°连线与望远镜的视准轴一致。

3. 基座

基座是一种球臼结构,松开球臼接头螺旋,摆动罗盘盒,使水准器气泡居中,再旋紧球臼连接螺旋,度盘处于水平位置。

二、罗盘仪的使用

用罗盘仪测定某一直线磁方位角的方法是:

(1)安置罗盘仪于直线的一端点上。

(2)对中。用垂球进行对中。

(3)整平。半松开球臼接头螺旋,摆动罗盘盒,使水准器气泡居中后,再拧紧球臼连接螺旋,使度盘处于水平位置。

(4)照准。望远镜瞄准直线的另一端点,其步骤同水准仪的望远镜瞄准相同。

(5)松开磁针固定螺旋,使它自由转动待磁针静止时,读出磁针所指的度盘读数,即为该直线的磁方位角。

读数时,如果度盘上的 0°位于望远镜物镜端时,应按磁针北端读取读数;当 0°位于望远镜目镜端时，则按磁针南端读取读数。

三、使用罗盘仪应注意事项

(1)罗盘仪不能在高压线、铁矿区、铁路旁等使用。

(2)罗盘仪使用完毕后，应将磁针升起，固定在顶盖上。

思考题与习题

1. 何谓直线定线？在距离丈量之前，为什么要进行直线定线？目估定线通常是怎样进行的？

2. 简述在平坦地面上钢尺一般量距的步骤。评定量距精度的指标是什么？如何计算？

3. 影响量距精度的因素有哪些？如何提高量距精度？

4. 什么叫直线定向？为什么要进行直线定向？

5. 测量上作为定向依据的基本方向线有哪些？

6. 什么叫真子午线、磁子午线、坐标子午线？

7. 直线定向与直线定线有何区别？

8. 什么叫方位角？什么叫真方位角、磁方位角、坐标方位角？

9. 简述用罗盘仪测定一条直线的磁方位角的步骤。

10. 同一直线的正反方位角有什么关系？

11. 用什么来评定量距的精度？

12. 用钢尺丈量 *AB* 两点间的距离，往测为 172.32m，返测 172.35m，试计算量距的相对误差。

13. 一根 30m 的钢尺，在标准拉力、温度 20℃时，钢尺长度为 29.988m。现用它丈量尺段 *AB* 距离，用标准拉力，丈量结果和丈量时的温度和高差见表 4-2，求尺段的实际长度。

距离丈量记录表 表 4-2

线　段	量得长度(m)	丈量温度(℃)	两端点高差(m)
AB	137.353	15.8	1.112
BA	137.341	15.7	1.112

14. 用钢尺丈量 *AB* 及 *AC* 两段直线，记录如表 4-3 所示，求两直线的距离及丈量精度。

距离丈量记录表 表 4-3

测段		整尺段(m)	零尺段(m)		总计(m)	较差(m)	平均值(m)	精度	备注
			一	二					
AB	往测	9×30	12.35						
	返测	9×30	12.43						
AC	往测	11×30	14.61	9.37					
	返测	11×30	9.44	14.44					

15. 用钢尺丈量一直线段距离，往测丈量的长度为 326.40m，返测为 326.50m，今规定其相

对误差不应大于1/2000,试问:(1)此测量成果是否满足精度要求?(2)按此规定精度要求,若丈量500m的距离,往返丈量最大可允许相差多少?

16. 用经纬仪进行视距测量,其记录如表4-4所列,试完成表中的计算。

经纬仪视距测量记录计算表 表4-4

测站点:O点;测站点高程:78.567m;仪器高度:1.47m

照准点号	视距丝读数(m)			中丝读数(m)	竖盘读数(° ′ ″)	视线倾角(° ′ ″)	平距(m)	高差(m)	高程(m)
	下丝	上丝	视距间隔						
1	1.473	0.909		1.190	85 24 18				
2	1.575	0.946		1.263	81 38 54				
3	2.425	1.428		1.927	96 37 36				
4	1.818	1.028		1.425	98 50 30				

17. 已知A点的磁偏角为西偏20′,过A点的真子午线与中央子午线的收敛角为+3′,直线AB的坐标方位角$\alpha=34°25'$,求AB直线的真方位角与磁方位角。

第五章　全站仪测量技术

第一节　概　　述

全站仪作为光电技术的最新产物、智能化的测量产品，是目前各工程单位进行工程测量的主要仪器，它的应用使测量技术人员从繁重的测量工作中解脱出来。电子全站仪是由光电测距仪、电子经纬仪和数据处理系统组合而成的测量仪器。能够在一个测站上完成采集水平角、垂直角和倾斜距离三种基本数据的功能，并由这三种基本数据，通过仪器内部的中央处理单元(CPU)，计算出平距、高差、高程以及坐标等数据。由于只要一次安置仪器，便可以完成在该测站上所有的测量工作，故被称为全站型电子速测仪，简称“全站仪”。

早期的全站仪，是将电子经纬仪与光电测距仪装置在一起，并可以拆卸，分离成经纬仪和测距仪两个独立的部分，称为分体式全站仪。后来又改进为将光电测距仪的光波发射接收系统的光轴和经纬仪的视准轴组合为同轴的整体式全站仪，并且配置了电子计算机的中央处理单元(CPU)、储存单元和输入输出设备(I/O)，能根据外业采集的基本数据，实时计算并显示出所需要的测量成果。通过输入输出设备，可以与计算机交互通信，使测量数据直接输入计算机，进行计算、编辑和绘图。测量作业所需要的已知数据也可以从计算机输入到全站仪。这样，不仅使测量的外业工作高效化，而且可以实现整个测量作业的高度自动化。

电子全站仪主要由测量部分、中央处理单元、输入、输出以及电源等部分组成，其结构原理如图5-1所示。

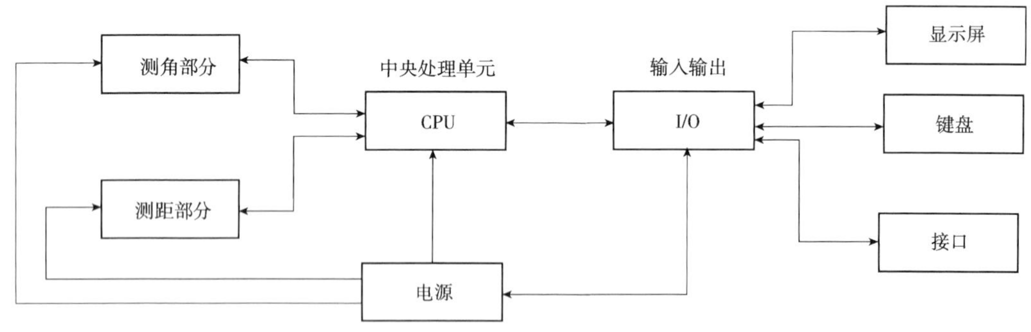

图5-1　全站仪结构原理框图

各部分的作用如下：

(1)测角部分相当于电子经纬仪，可以测定水平角、竖直角和设置方位角。

(2)测距部分相当于光电测距仪，一般采用红外光源，测定仪器至目标点(设置反光棱镜或反光片)的斜距，并可归算为平距及高差。

(3)中央处理单元接收输入指令，分配各种观测作业，进行测量数据的运算，如多测回取平均值、观测值的各种改正、极坐标法或交会法的坐标计算以及包括运算功能更为完备的各种软件，在全站仪的数字计算机中还提供有程序存储器。

(4)输入、输出部分包括键盘、显示屏和接口。从键盘可以输入操作指令、数据和设置参数;显示屏可以显示出仪器当前的工作方式(Mode)、状态、观测数据和运算结果;接口使全站仪能与磁卡、磁盘、微机交互通信,传输数据。

(5)电源部分有可充电式电池,供给其他各部分电源,包括望远镜十字丝和显示屏的照明。

第二节　全站仪的测量原理

一、相位法测距原理

目前使用的全站仪均采用相位法测距。

如图5-2所示,设欲测定A、B两点间距离D,在A点安置仪器,在B点安置反射镜,由仪器发射调制光,经过距离D到达反射镜,再由反射镜返回到仪器接收系统,如果能测出速度为c的调制光在距离D上往、返传播的时间t,则距离D即可按式(5-1)求得。

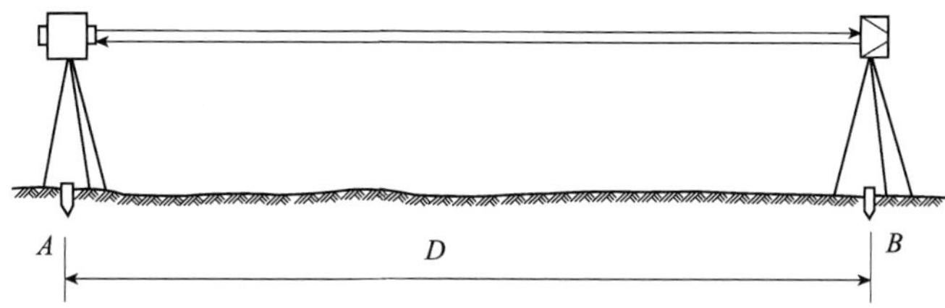

图5-2　红外光电测距原理

$$D = \frac{1}{2}c \cdot t \tag{5-1}$$

式中:D——待测距离;

c——调制光在大气中的传播速度;

t——调制光在往、返距离上传播时间。

用光电测距时,是将发光管发出的高频波,通过调制器改变其振幅,而且使改变后的振幅的包络线呈正弦变化,并具有一定的频率。发光管直接发出的高频波称为截波,经过调制而形成的波为称调制波,调制波的波长为λ。为便于说明,把光波在往、返距离上的传播展开形成一条直线,如图5-3所示,显然,调制光返回到A点的相位比发射时延迟了φ。

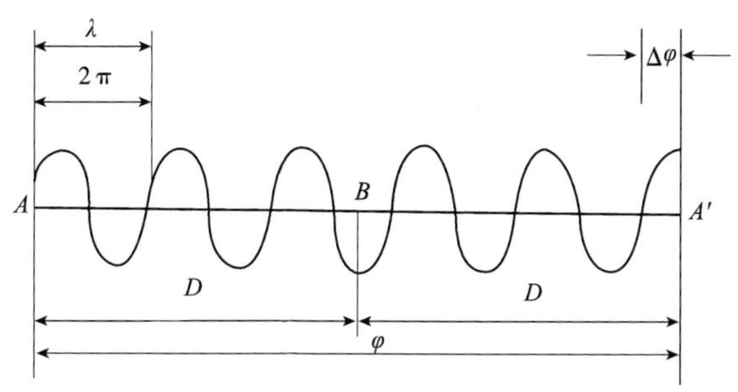

图5-3　调制光波在被测往返距离上展开图

且
$$\varphi = 2\pi \cdot N + \Delta\varphi \tag{5-2}$$

又,由物理学可知:
$$\varphi = \omega \cdot t \tag{5-3}$$

而：$$\omega=2\pi\cdot f \tag{5-4}$$

式中：N——零或正整数，表示 φ 中的整周期数；

$\Delta\varphi$——不足一个整周期的相位移尾数；

ω——调制光的角频率；

f——调制光的角频率。

将式(5-4)代入式(5-3)得：

$$t=\frac{\varphi}{2\pi f} \tag{5-5}$$

将式(5-2)和式(5-5)代入式(5-1)得：

$$D=\frac{1}{2}c\frac{\varphi}{2\pi\cdot f}=\frac{c}{2f}\left(N+\frac{\Delta\varphi}{2\pi}\right) \tag{5-6}$$

顾及调制光的波长 $\lambda=\dfrac{c}{f}$

则：$$D=\frac{\lambda}{2}\left(N+\frac{\Delta\varphi}{2\pi}\right) \tag{5-7}$$

为方便起见，令：$$u=\frac{\lambda}{2}\quad \Delta N=\frac{\Delta\varphi}{2\pi}$$

则：$$D=u(N+\Delta N) \tag{5-8}$$

与钢尺量距公式相比，若把 u 视为整尺长，则 N 为整尺数，ΔN 为不足一个整尺的尺数，所以通常就把 u 称为“光尺”长度。它的长度可由下式确定：

$$u=\frac{\lambda}{2}=\frac{c}{2f}=\frac{c_0}{2nf} \tag{5-9}$$

式中：c_0——光在真空中速度，$c_0=(299792458\pm1.2)\text{m/s}$；

n——大气折射率。

在使用式(5-8)时，由于测相装置只能测定不足一个整周期的相位差 $\Delta\varphi$，不能测出整周期 N 值，因此只有当光尺长度大于待测距离时，此时 $N=0$，距离方可确定，否则就存在多值解的问题。换句话说，测程与光尺长度有关。要想使仪器具有较大的测程，就应选用较长的“光尺”。例如，用10m的“光尺”，只能测定小于10m的距离数据；若用1000m的“光尺”，则能测定1000m的距离。但是，由于仪器存在测相误差，它与“光尺”长度成正比，约为1/1000的光尺长度，因此“光尺”长度越长，测距误差就越大。10m的“光尺”测距误差为±10mm，而1000m的“光尺”测距误差则达到±1m，这样大的误差是工程中所不允许的。为解决测程产生的误差问题，目前多采用两把“光尺”配合使用，一把的调制频率为15MHz，“光尺”长度为10m，用来确定分米、厘米、毫米位数，以保证测距精度，称为“精尺”；另一把的调制频率为150kHz，“光尺”长度为1000m，用来确定米、十米、百米位数，以满足测程要求，称为“粗尺”。把两尺所测数值组合起来，即可直接显示精确的测距数字。

二、测角原理

全站仪测读角系统是利用光电扫描度盘，自动显示于读数屏幕，使观测时操作更简单，而且避免了产生人为读数误差。目前，电子测角有三种度盘形式，即编码度盘、光栅度盘和格区式度盘。现分述如下：

1. 编码度盘的绝对法电子测角原理

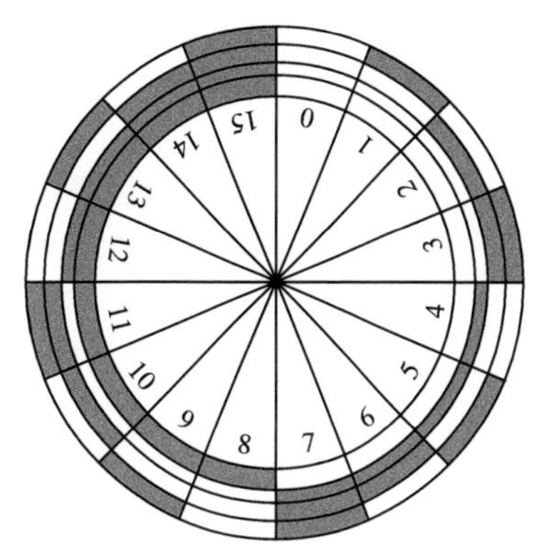

图 5-4　编码度盘

编码度盘属于绝对式度盘,即度盘的每一个位置均可读出绝对的数值。

编码度盘通常是在玻璃圆盘上制成多道同心圆环,每一个同心圆环称为码道。度盘按码道数 n 等分成 2^n 个扇形区,度盘的角度分辨率为 $360°/2^n$。如图 5-4 所示是一个 4 码道的纯二进制的编码度盘,度盘分成 16 个扇形区。图 5-4 中黑色部分表示透光区,白色部分表示不透光区。透光表示二进制代码"1",不透光表示代码"0"。通过各区间的 4 个码道的透光和不透光,即可由里向外读出 4 位二进制数来。由 4 码道、16 个扇形区组成的二进制代码及所代表的方向值,如表 5-1所示。

4 码道、16 个扇形区组成的二进制编码与相应角值关系　　表 5-1

区　间	二进制编码	角值 (°　′)	区　间	二进制编码	角值 (°　′)
0	0000	00 00	8	1000	180 00
1	0001	22 30	9	1001	202 30
2	0010	45 00	10	1010	225 00
3	0011	67 30	11	1011	247 30
4	0100	90 00	12	1100	270 00
5	0101	112 30	13	1101	292 30
6	0110	135 00	14	1110	315 00
7	0111	157 30	15	1111	337 30

利用这种度盘测量角度,关键在于识别瞄准方向所在的区间。例如,已知角度的起始方向在区间 1,某一瞄准方向在区间 8 内,则中间所隔 6 个区间所对应的角度值即为该角值。

如图 5-5 所示的光电读数系统可译出码道的状态,以识别所在的区间。图 5-5 中 8 个二极管的位置不动,度盘上方的 4 个发光二极管加上电压就发光,当度盘转动停止后,处于度盘下方的光电二极管就接收来自上方的光信号,由于码道分为透光和不透光两种状态,接收二极管上有无光照就取决于各码道的状态,如果透光,光电二极管受到光照后阻值大大减小,使原来处于截止状态的晶体三极管导通,输出高电位,表示 1;而不受光照的二极管阻值很大,晶体三极管仍处于截止状态,输出低电位,表示 0。这样,度盘的透光与不透光状态就变成电信号输出,通过对两组电信号的译码,就可得到两个度盘的位置,即为构成角度的两个方向值,两个方向值之间的差值就是该角值。

对于上述 4 码道、16 个扇形的区码盘,角度分辨率为 $360°/2^4 = 22.5°$。显然这样的码盘不能在实际中应用,必须提高角度分辨率。要提高角度分辨率就必须缩小区间间隔,要增加区间的状态数,就必须增加码道数。由于测角的度盘不能制作的很大,因此,码道数就受到光电二极管的尺寸限制,例如,要将角度分辨率达到 10′,就需要 11 个码道。由此可见,单利用编码度盘测角是很难达到很高的精度的。因此在实际中,多采用码道和各种电子测微技术相结合进行读数。

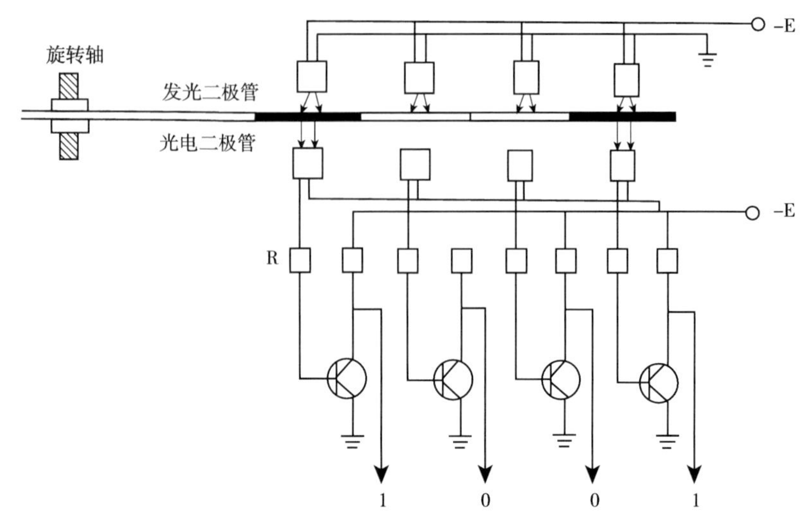

图 5-5 编码度盘码道光电识别系统

2. 光栅度盘的增量法电子测角原理

光栅度盘是在光学玻璃上全圆 360°均匀而密集地刻划出许多径向刻线，构成等间隔的明暗条纹（光栅），如图 5-6 所示。通常，光栅的刻线宽度与缝隙宽度相同，二者之和称为光栅的栅距，栅距所对的圆心角即为栅距的分划值。如果在光栅度盘上下对应位置安装照明器和光电接收管，光栅的刻线不透光，缝隙透光，即可把光信号转换为电信号。当照明器和接收管随照准部相对与光栅度盘转动，由计数器记录转动所累计的栅距数，就可得到转动的角度值。因为光栅度盘是累积计数的，所以称这种系统为增量式读数系统。

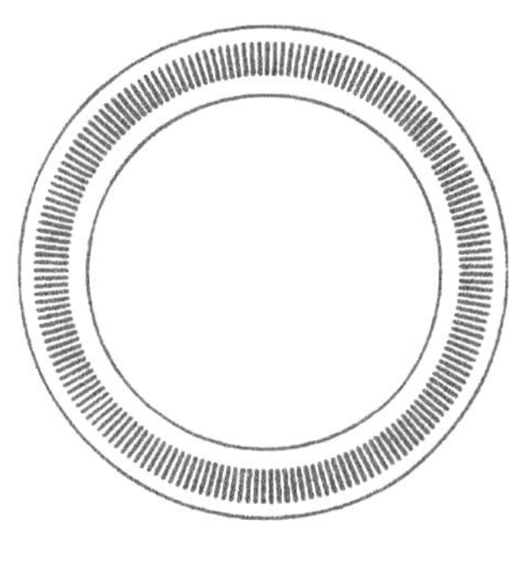

图 5-6 光栅盘

仪器在操作中会顺时针转动和逆时针转动，因此计数器在累计栅距数时也应有增有减。例如在瞄准目标时，如果转过了目标，当反向回到目标时，计数器就会减去多转的栅距数。所以这种读数系统具有方向判别的能力，顺时针转动时就进行加法计数，而逆时针转动时就进行减法计数，最后结果为顺时针转动时相应的角度。

3. 格区式度盘动态测角原理

格区式度盘是由光学玻璃制成的圆环，它可由微型的电动机带动，并以一定的速度旋转，因此称为动态测角。如图 5-7 所示，格区式度盘上刻有 1024 个分划，分划值为 $\varphi_0 = 21'05.63''$，每个分划由一对黑白条纹组成。其中，白条纹是透光的，黑条纹是不透光的。度盘上安装两对光栅，每对由一个固定光栅 L_S 和一个可动光栅 L_R 组成。其中，固定光栅 L_S 安装在度盘外缘，其位置固定；活动光栅 L_R 安装在度盘内缘，随照准部一起转动。同名光栅按对径位置安装，以消除照准部偏心差，图 5-7 中仅给出了其中的一对。

光栅上装有发光二极管和光电二极管，它们分别位于度盘上下两侧，发光二极管发射红外线，通过光栅空隙照到度盘上。当电动机带动度盘转动时，因度盘具有黑白条纹而形成透光与不透光的不断变化，这些光信号被设置在度盘另一侧的光电二极管接收，并转换成正弦波电信号输出。图 5-7 中所示是经过整形后的方波。

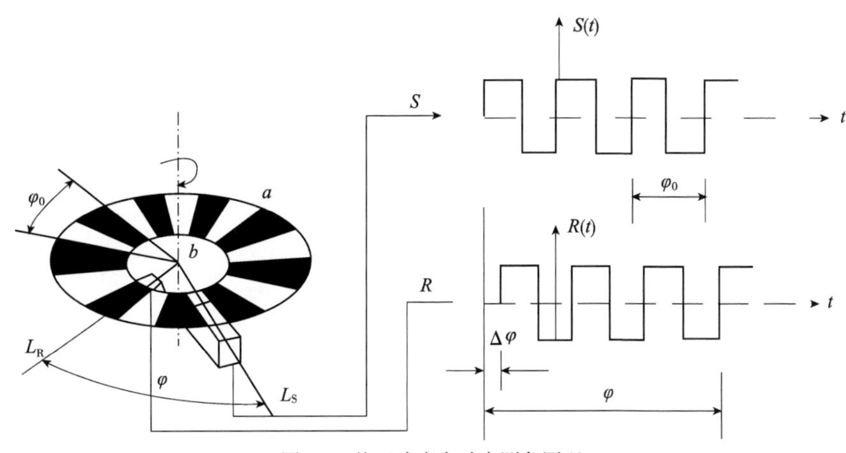

图 5-7　格区式度盘动态测角原理

在测角时，固定光栅的作用相当于光学度盘的 0 刻线，而可动光栅则相当于照准部的读数标线。若用 φ 表示望远镜照准目标的度盘读数，则该值等于 L_S 与 L_R 之间的角度值，可由匀速旋转的度盘通过 L_S 与 L_R 之间的分划数求得。

由图 5-7 可知：

$$\varphi = n \cdot \varphi_0 + \Delta\varphi \tag{5-10}$$

即：φ 等于 n 个整周期和不足整周期的余量之和，其中 n 和 $\Delta\varphi$ 分别由粗测和精测求得。当电动机带动度盘以特定的转速旋转时，粗测和精测同时进行。

（1）粗测。为进行粗测，在度盘同一半径线 L_S 与 L_R 扫描区内，各设一标记 a 和 b。当度盘旋转时，从标记 a 通过 L_S 时起，计数器开始记取整周期 φ_0 的个数；当另一标记 b 通过 L_R 时，计数器停止记数。此时，计数器所得到的数值即为 φ_0 的个数 n。

（2）精测。前已述及，当度盘旋转时，通过光栅 L_S、L_R 分别产生两个正弦波电信号 S 和 R，$\Delta\varphi$ 可由 S 和 R 的相位差确定，如果 L_S 和 L_R 处于同一位置，或间隔的角度是分划间隔 φ_0 的整倍数，则 S 和 R 是相同的，即两者相位差为零。如果 L_R 相对于 L_S 移动的间隔不是 φ_0 的整倍数，则分划通过 L_R 和分划通过 L_S 就存在一个时间差 ΔT，由此可求得 S 和 R 之间的相位差 $\Delta\varphi$。

度盘旋转一周，两对光栅各自测得 1024 个 $\Delta\varphi$ 值，取其平均值作为最后结果。粗测、精测数据由微处理器衔接并转换成以角度单位表达的完整读数值，从而完成角度测量。

第三节　全站仪的构造

目前，全站仪在工程中基本得到普及，世界上许多著名测绘仪器厂商均生产各种型号的全站仪。例如：日本索佳（SOKKIA）、尼康（Nikon）、托普康（TOPCON）、宾得（PENTAX），瑞士徕卡（Leica）、德国蔡司（Zeiss）、美国天宝（Trimble），我国南方 NTS 系列、苏光 OTS 系列、RTS 系列等。各种不同品牌、型号的全站仪，其外貌和结构各不相同，但就其使用功能上却大同小异。现以索佳 SET 系列全站仪为例，进行必要的介绍。

SET2110 是一种电脑型电子全站仪，其测角精度为：±2″级，角度最小显示为 0.5″。测距精度为：使用棱镜 $\pm(2+2\times10^{-6}\times D)$mm、使用反射片 $\pm(4+3\times10^{-6}\times D)$mm，距离最小显示为 0.1mm。仪器具有以下优点：

小型望远镜，便于照准目标时的操作；轻巧紧凑的设计；横轴、竖轴、视准轴误差自动补偿；电子气泡；双速调焦操作；用户自定义按键功能；20 列、8 行双面大屏幕液晶显示；3000 点内存；多工作文件功能等。

一、全站仪的外部结构

如图 5-8 所示为索佳 SET2110 型全站仪的外部结构。

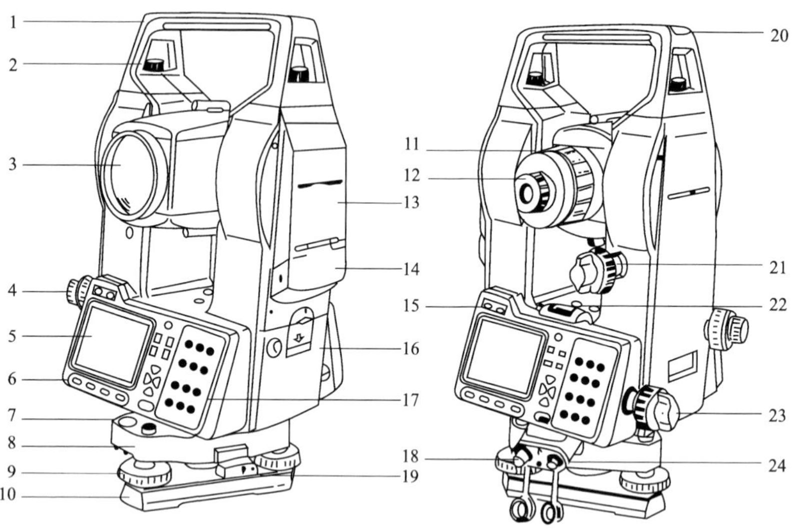

图 5-8　SET2110 型电子全站仪

1-提柄;2-提柄固定螺旋;3-物镜;4-光学对中器目镜;5-显示屏幕;6-软件键;7-圆水准器;8-基座;9-脚螺旋;10-底板;11-物镜调焦环;12-望远镜目镜;13-横轴中心标志;14-存储卡护盖;15-电源开关及照明键;16-电池盒;17-键盘;18-外接电源插口;19-基座制紧杆;20-管状罗盘插口;21-垂直制动、微动螺旋;22-平盘水准管;23-水平制动、微动螺旋;24-通信接口

由图 5-8 可见,其结构与经纬仪相似,区别主要是全站仪上有一个可供进行各项操作的键盘。下面对全站仪的键盘功能进行介绍,其余部分可参考经纬仪,在此不再解释。

二、全站仪键盘上各键的基本功能

如图 5-9 所示,SET2110 电子全站仪的键盘有 28 个按键,即电源开关键 1 个、照明键 1 个、软键 4 个、操作键 10 个和字母数字键 12 个。

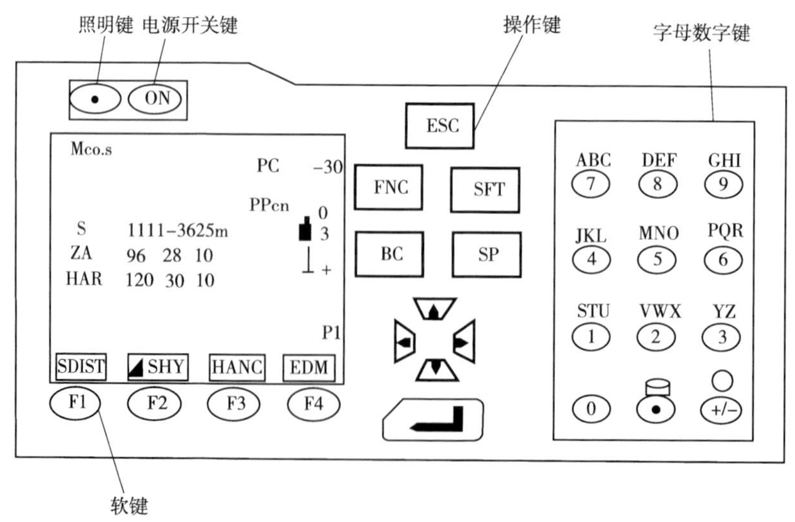

图 5-9　全站仪操作键盘

1. 电源开关键

打开电源时按下(ON)键；关闭电源时，按住键(ON)再按(☼)键。

2. 照明键

打开或关闭显示窗口照明按(☼)键。

3. 操作键

[ESC]——取消前一操作，由测量模式返回状态显示。

[FNC]——软键功能菜单，换页。

[SFT]——打开或关闭转换模式。

[BC]——删除左边一个字符。

[SP]——输入一个空格。

▶——光标按箭头方向移动或选取选择项。

[↵]——确定输入完成或输入该行数据并换行，也称为回车键。

4. 数字、字母键

STU (1) ~ GHI (9)——数字或字母输入（输入按键上方的字母）键。

(0)——输入“0”键。

(•)——小数点输入键或显示圆水准器。

(+/-)——改变“＋”“－”号键或开始返回信号检测。

5. 软键

位于显示窗底部的(F1)、(F2)、(F3)、(F4)四个键，称为软键。软键是指可以改变功能的键，其功能以不同的设置而定。显示窗底部，对应软键上方显示的四个英文提示，正好是(F1)、(F2)、(F3)、(F4)各自对应的可供选择的项目，即各键位所定义的相应功能。显示窗每屏（每一页）所显示的四个英文是不同的，可通过按键[FNC]进行不同屏（不同页）的切换。软键是为了减小键盘上的键数而设置的，一个键可以代表多个功能，当前键位上的提示是当前的功能，有些暂时不用的功能被隐藏，当需要使用时，再按一定的方法将其定义在键位上，这种操作称为键功能分配。

三、全站仪的辅助设备

全站仪要完成预定的测量工作，必须借助于必要的辅助设备。全站仪常用的辅助设备有：三脚架、反射棱镜或反射片、垂球、管式罗盘、温度计和气压表、打印机连接电缆、数据通信电缆、阳光滤色镜以及电池及充电器等。

（1）三脚架。用于测站上架设仪器，其操作与经纬仪相同。

（2）反射棱镜或反射片。用于测量时立于测点，供望远镜照准，其形式如图5-10所示。其中，图5-10a）为在三脚架上安置棱镜；图5-10b）为测杆棱镜。在工程测量中，根据测程的不同，可选用三棱镜、九棱镜等。

（3）垂球。在无风天气下，垂球可用于仪器的对中，使用方法同经纬仪。

(4)管式罗盘。供望远镜照准磁北方向,使用时,将其插入仪器提柄上的管式罗盘插口即可,松开指针的制动螺旋,旋转全站仪照准部,使罗盘指针平分指标线,此时望远镜指向磁北方向。

(5)打印机连接电缆。用于连接仪器和打印机,可直接打印输出仪器内数据。

(6)温度计和气压表。提供工作现场的温度和气压,用于仪器参数设置。

(7)数据通信电缆。用于连接仪器和计算机进行数据通信。

(8)阳光滤色镜。对着太阳进行观测时,为了避免阳光造成对观测者视力的伤害和仪器的损坏,可将翻转式阳光滤色镜安装在望远镜的物镜上。

(9)电池及充电器。为仪器提供电源。

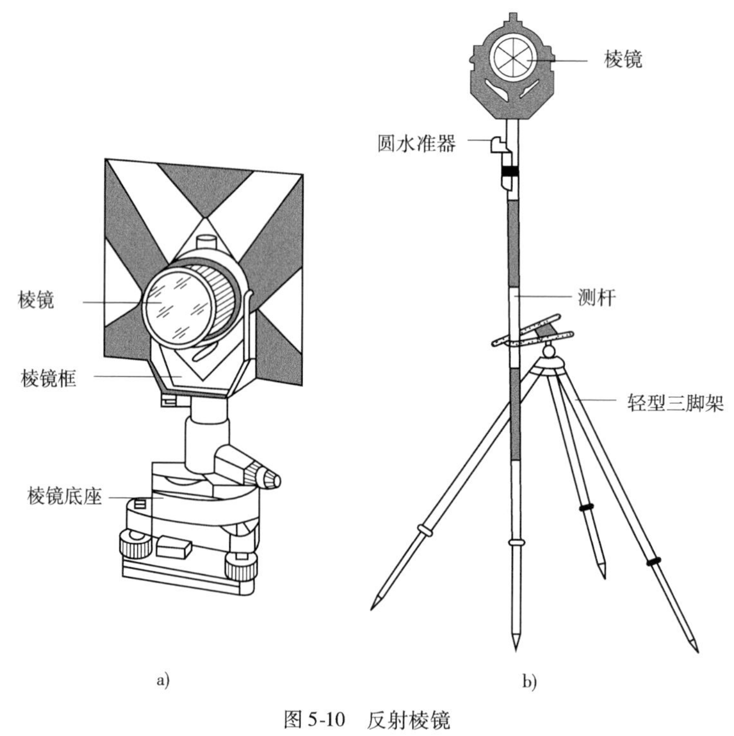

图5-10　反射棱镜

第四节　全站仪的基本测量方法

由于各种型号全站仪的规格和性能不尽相同,因此在操作使用上的差异也很大。要全面了解、掌握一种型号的全站仪,就必须详细阅读其使用说明书。下面仅就全站仪的操作使用做提示性论述。

一、测量前的准备工作

1. 安装电池

在测前首先应检查内部电池充电情况,如电力不足,要及时充电。充电时,要用仪器自带的充电器进行充电,充电时间需12～15h,不要超出规定时间。整平仪器前,应装上电池,因为装上电池后仪器会发生微小的倾斜。观测完毕后,须将电池从仪器上取下。

2. 架设仪器

全站仪的安置同经纬仪相似,也包括对中和整平两项工作。对中均采用光学对中器。具体操作方法与经纬仪相同。

3. 开机和显示屏显示的测量模式

检查已安装上的内部电池，即可打开电源开关。电源开启后，主显示窗随即显示仪器型号、编号和软件版本，数秒后发生鸣响，仪器自动转入自检，通过后显示检查合格。数秒后接着显示电池电力情况，电压过低，应关机更换电池。

全站仪出厂时，开机主显示屏显示的测量模式一般是水平度盘和竖直度盘模式，要进行其他测量可通过菜单进行调节。

4. 设置仪器参数

根据测量的具体要求，测前应通过仪器的键盘操作来选择和设置参数。主要包括：观测条件参数设置、日期和时钟的设置、通信条件参数的设置和计量单位的设置等。

5. 其他方面

对于不同型号的全站仪，必要情况下，应根据测量的具体情况进行其他方面的设置。例如：恢复仪器参数出厂设置、数据初始化设置、水平角恢复、倾角自动补偿、视准差改正以及电源自动切断等。

二、全站仪的操作与使用

全站仪可以完成角度（水平角、垂直角）测量、距离（斜距、平距、高差）测量、坐标测量、放样测量、交会测量以及对边测量等十多项测量工作。这里仅介绍水平角、距离、高程、坐标以及放样测量等基本方法。

1. 水平角测量

1）基本操作方法

（1）首先选择水平角显示方式。水平角显示具有左角 HAL（逆时针角）和右角 HAR（顺时针角）两种形式可供选择，进行测量前，应首先将显示方式进行定义。

（2）然后进行水平度盘读数设置。

①水平方向置零。测定两条直线间的夹角，先将其中任一点作为起始方向，并通过键盘 0 Set 操作，将望远镜照准该方向时水平度盘的读数设置为 0°00′00″，简称为水平方向置零。

②方位角设置（水平度盘定向）。当在已知点上设站，照准另一已知点时，则该方向的坐标方位角是已知量，此时可设置水平度盘的读数为已知坐标方位角值，称为水平度盘定向。此后，照准其他方向时，水平度盘显示的读数即为该方向的坐标方位角值。

2）水平角测量

用全站仪测水平角时，首先选择水平角显示方式。然后精确照准后视点并进行水平方向置零（水平度盘的读数设置为 0°00′00″），再旋转望远镜精确照准前视点，此时显示屏幕上的读数，便是要测的水平角值，记录入测量手簿即可。

3）竖直角测量

如图 5-11 所示，一条视线与通过该视线竖直面内水平线的夹角称为竖直角，通常以度（°）表示。视线在水平线之上称为仰角，符号为正（图 5-11a）。反之，称为俯角，符号为负（图 5-11b）。角值范围为 0° ~ 90°。

竖直角也可以天顶距表示。天顶距是指视线所在竖面内，天顶方向（即竖直方向）与视线的夹角，通常以 z 表示，天顶距无负值，角值范围为 0° ~ 180°。

由图 5-11 可知：$z = 90° - \alpha$。

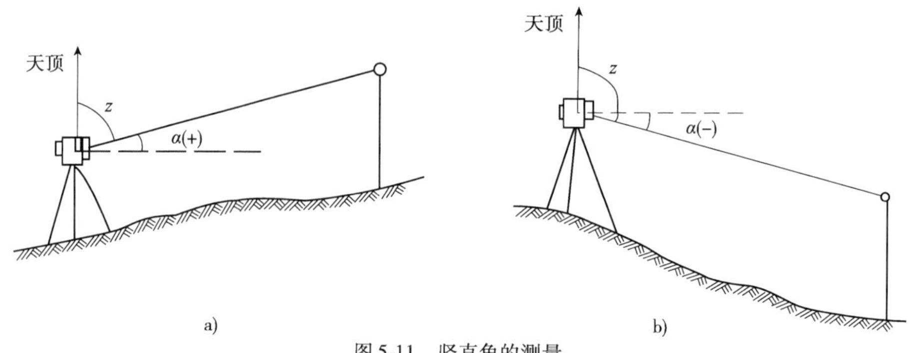

图 5-11　竖直角的测量

2. 距离测量

1）参数设置

（1）棱镜常数等参数。由于光在玻璃中的折射率为 1.5～1.6，而光在空气中的折射率近似等于 1，也就是说，光在玻璃中的传播要比空气中慢，因此光在反射棱镜中传播所用的超量时间会使所测距离增大某一数值，通常我们称作棱镜常数。棱镜常数（pc）的大小与棱镜直角玻璃锥体的尺寸和玻璃的类型有关，可按下式确定：

$$\mathrm{PC} = -\left(\frac{N_{\mathrm{C}}}{N_{\mathrm{R}}}\cdot a - b\right)$$

式中：N_{C}——光通过棱镜玻璃的群折射率；

N_{R}——光在空气中的群折射率；

a——棱镜前平面（透射面）到棱镜链顶的高；

b——棱镜前平面到棱镜装配支架竖轴之间的距离。

实际上，棱镜常数已在厂家所附的说明书或在棱镜上标出，供测距时使用。在精密测量中，为减少误差，应使用仪器检定时使用的棱镜类型。

（2）大气改正。由于仪器作业时的大气条件一般不与仪器选定的基准大气条件（通常称为气象参考点）相同，光尺长度会发生变化，使测距产生误差，因此必须进行气象改正（或称大气改正）。大气条件主要是指大气的温度和气压。精密的测距，还应考虑大气湿度，SET C 系列选用的气象参考点是：当温度 $f = +15$℃，气压 $P = 101.3$kPa 时，大气改正的值为零，SET C 可采用两种方式插入：输入温度和气压；或直接输入 ppm 值。通常选用输入温度和气压较为方便。

2）返回信号检测

当精确瞄准目标点上的棱镜时，即可检查返回信号的强度。在基本模式或角度测量模式的情况下进行距离切换（如果仪器参数“返回信号音响”设在开启上，则同时发出音响）。如返回信号无音响，则表明信号弱，先检查棱镜是否瞄准，如果已精确瞄准，应考虑增加棱镜数。这对长距离测量尤为重要。

3）距离测量

（1）测距模式的选择。全站仪距离测量有精测、速测（或称粗测）和跟踪测等模式可供选择，故应根据测距的要求通过键盘预先设定。

（2）开始测距（斜距 S_{SET}、平距 H_{SET}、高差 V_{SET}）。精确照准棱镜中心，按距离测量键，开始距离测量，此时有关测量信息（距离类型、棱镜常数改正、气象改正和测距模式等）将闪烁显示在屏幕上。短暂时间后，仪器发出一短声响，提示测量完成，屏幕上显示出有关距离值（斜距 S、平距 H、高差 V）。

第五节　全站仪的模块测量方法

一、坐标测量

全站仪可进行三维坐标测量，在输入测站点坐标、仪器高、目标高和后视方向坐标方位角（或后视点坐标）后，用其坐标测量功能可以测定目标点的三维坐标。

如图5-12所示，O为测站点、A为后视点、1点为待定点（目标点）。已知A点的坐标为N_A、E_A、Z_A，O点的坐标为N_0、E_0、Z_0，并设1点的坐标为N_1、E_1、Z_1。据此，可由坐标反算公式：$\alpha_{0A}=\arctan\dfrac{E_A-E_0}{N_A-N_0}$，计算$OA$边的坐标方位角$\alpha_{0A}$（称后视方位角）。

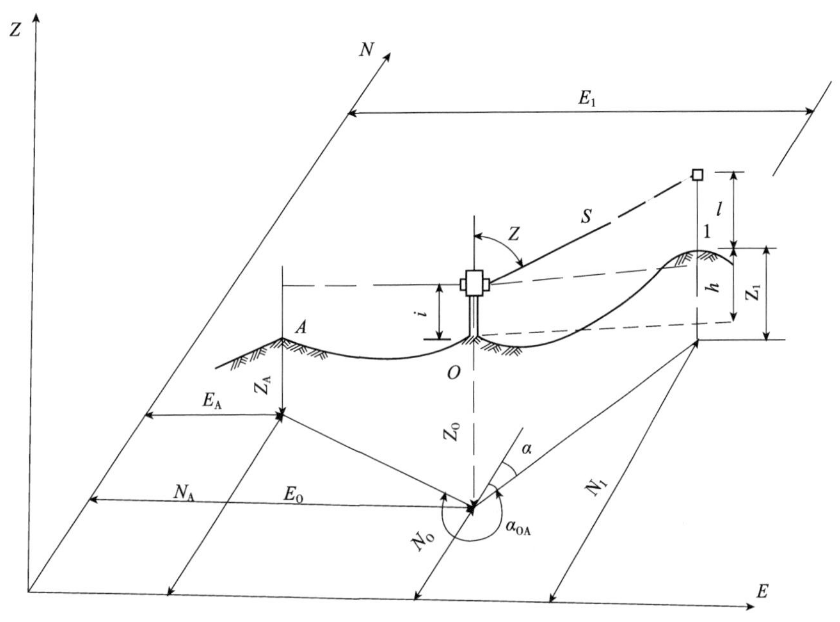

图5-12　坐标测量计算原理图

由图5-12可以计算出待定点（目标点）1的三维坐标为：

$$\begin{cases}N_1=N_0+s\cdot\sin z\cdot\cos\alpha\\E_1=E_0+s\cdot\sin z\cdot\sin\alpha\\Z_1=Z_0+s\cdot\cos z+i-l\end{cases}\tag{5-11}$$

式中：N_1、E_1、Z_1——待测点坐标；

N_0、E_0、Z_0——测站点坐标；

N_A、E_A、Z_A——后视点坐标；

s——测站点至待测点的斜距；

z——棱镜中心的天顶距；

α——测站点至待测点方向的坐标方位角；

i——仪器高；

l——目标高（棱镜中心高）。

对于全站仪来说，上述的计算通过操作键盘输入已知数据后，可由仪器内的计算系统自动完成，测量者通过操作键盘即可直接得到待测点的坐标。

坐标测量可按以下程序进行：

（1）坐标测量前的准备工作：仪器已正确安置在测点上，电池电量充足，仪器参数已按观测条件设置好，度盘定标已完成，测距模式已准确设置，返回信号检验已完成，并适宜测量。

（2）输入仪器高：仪器高是指仪器的横轴中心（一般仪器上设有标志标明位置）至测站点的垂直高度。一般用2m钢卷尺量出，测前通过操作键盘输入。

（3）输入棱镜高：棱镜高是指棱镜中心至测站点的垂直高度。测前通过操作键盘输入。

（4）输入测站点数据：在进行坐标测量前，需将测站点坐标 N、E、Z 通过操作键盘依次输入。

（5）输入后视点坐标：在进行坐标测量前，需将后视点坐标 N、E、Z 通过操作键盘依次输入。

（6）设置气象改正数：在进行坐标测量前，应输入当时的大气温度和气压。

（7）设置后视方向坐标方位角：照准后视点，输入测站点和后视点坐标后，通过键盘操作确定后，水平度盘读数所显示的数值，就是后视方向坐标方位角。如果后视方向坐标方位角已知（可以通过测站点坐标和后视点坐标反算得到），此时仪器可先照准后视点，然后直接输入后视方向坐标方位角数值。在此情况下，就无须输入后视点坐标。

（8）三维坐标测量：精确照准立于待测点的棱镜中心，按坐标测量键，短暂时间后，坐标测量完成，屏幕显示出待测点（目标点）的坐标值。测量完成。

二、放 样 测 量

放样测量用于实地上测设出所要求的点。在放样过程中，通过对照准点角度、距离或者坐标的测量，仪器将显示出预先输入的放样数据与实测值之差，以指导放样进行。显示的差值由下式计算：

水平角差值 = 水平角实测值 − 水平角放样值

斜距差值 = 斜距实测值 − 斜距放样值

平距差值 = 平距实测值 − 平距放样值

高差差值 = 高差实测值 − 高差放样值

全站仪均有按角度和距离放样及按坐标放样的功能。下面做一简要介绍。

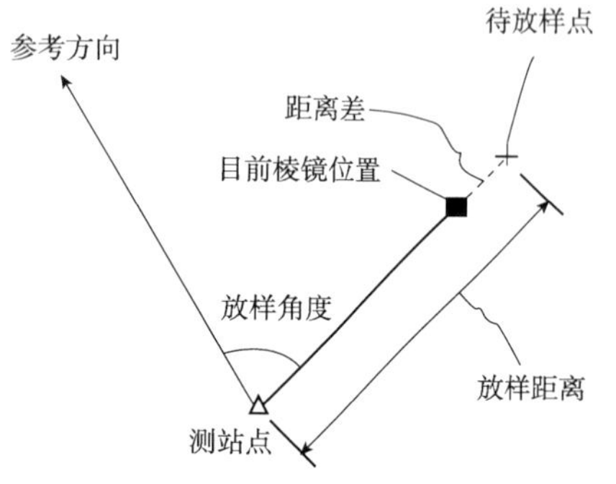

图 5-13　角度和距离放样测量

1）按角度和距离放样测量（又称为极坐标放样测量）

角度和距离放样是根据相对于某参考方向转过的角度和至测站点的距离测设出所需要的点位，如图 5-13 所示。

其放样步骤为：

（1）全站仪安置于测站，精确照准选定的参考方向，并将水平度盘读数设置为 0°00′00″。

（2）选择放样模式，依次输入距离和水平角的放样数值。

(3)进行水平角放样:在水平角放样模式下,转动照准部,当转过的角度值与放样角度值的差值显示为零时,固定照准部。此时,仪器的视线方向即角度放样值的方向。

(4)进行距离放样:在望远镜的视线方向上安置棱镜,并移动棱镜被望远镜准,选取距离放样测量模式,按照屏幕显示的距离放样引导,朝向或背离仪器方向移动棱镜,直至距离实测值与放样值的差值为零时,定出待放样的点位。

一般全站仪距离放样测量模式有:[SDIST](平距放样测量)、[HDIST](平距放样测量)、[VDIST](高差放样测量)供选择。

2)坐标放样测量

如图 5-12 所示,O 为测站点,坐标(N_0、E_0、Z_0)为已知,1 点为放样点,坐标(N_1、E_1、Z_1)也已给定。根据坐标反公式计算出 $O1$ 直线的坐标方位角和 O、1 两点的水平距离:

$$\alpha_{01} = \arctan \frac{E_1 - E_0}{N_1 - N_0} \tag{5-12}$$

$$D_{01} = \sqrt{(N_1 - N_0)^2 + (E_1 - E_0)^2} = \frac{N_1 - N_0}{\cos\alpha_{01}} = \frac{E_1 - E_0}{\sin\alpha_{01}} \tag{5-13}$$

α_{01}和 D_{01}计算出后,即可定出放样点 1 的位置。实际上上述的计算是通过仪器内软件完成的,无须测量者计算。

按坐标进行放样测量的步骤可归纳为:

(1)按坐标测量程序中的“(1)~(7)步”进行操作。

(2)输入放样点坐标:将放样点坐标 N_1、E_1、Z_1通过操作键盘依次输入。

(3)参照按水平角和距离进行放样的步骤,将放样点 1 的平面位置定出。

(4)高程放样,将棱镜置于放样点 1 上,在坐标放样模式下,测量 1 点的坐标 Z,根据其与已知 Z_1的差值,上、下移动棱镜,直至差值显示为零时,放样点 1 的位置即确定。

另外,全站仪除了能进行上述测量外,一般还设置有更多的测量功能。例如:后方交会测量、对边测量、偏心测量、悬高测量和面积测量等,由于这些操作在公路工程中应用较少,在此不再一一介绍。

第六节　全站仪测量误差

从误差理论可知,测量误差主要分为两大类:一是系统误差;二是偶然误差。系统误差具有定量特性,通过一定的方法可以改正或消除。偶然误差具有定性特性,采取一定的方法和措施可以减弱其对测量结果的影响。

一、测角误差分析

全站仪角度观测的主要误差来源有三个方面:一是仪器误差;二是外界条件引起的误差,如大气折光等;三是观测员的误差。

1. 度盘分划误差

在全站仪中,无论是编码度盘还是光栅度盘,都要在度盘上按一定的规律均匀地刻制许多区间或光栅刻线,编码区间或光栅刻线之间的标准值与实际值之差就是度盘分划误差。

1)周期性

因刻度机或被刻制的区盘安置不正确,使度盘各部分分划不准确而产生误差。该误差以度盘全周为周期(长周期)或以度盘一小弧段为周期(短周期)。在度盘全周内误差总和为零。

2)偶然性

度盘在刻制过程中受外界条件(如温度)的变化等偶然因素的影响,使刻线或偏左或偏右,具有随机特性。

3)减弱度盘分划误差的措施

对于静态度盘测角,把各测回均匀分配在度盘多个位置上进行观测,取其中数能减弱度盘分划误差的影响。

2. 照准部旋转正确性误差

1)对照准部旋转的要求

全站仪的照准部是由垂直轴及其轴承支撑的,垂直轴轴承质量的好坏直接影响仪器照准部的运转性能,因此照准部旋转正确与否与垂直轴密切相关。

旋转时稳定性要高。垂直轴在轴套内旋转必须平稳,旋转时灵活性要好,旋转时必须轻松圆滑。

2)照准部旋转不正确的原因

垂直轴与轴套间的间隙大小不当。间隙过大,转动发生小晃动;间隙过小,转动就涩滞甚至扎紧。

3. 基座位移误差

在水平角观测中,当照准部旋转时要求固定在基座上的水平度盘稳定不动。作业时由于基座加工质量等因素的影响,基座可能有微小的变动,水平度盘也随之发生方位变化,使观测方向受到误差影响。

1)基座位移误差产生的原因

由于支撑仪器的基座脚螺旋和螺旋之间有间隙存在,当照准部旋转时,轻微的轴对摩擦可能使脚螺旋在螺孔内移动,从而使基座连同水平度盘产生微小的方位变动,故此误差也称为基座带动空隙误差。

2)减弱基座位移误差的措施

基座位移误差只有在照准部顺转或逆转开始时才会发生,这种误差在变换旋转方向时,开始时最大,以后逐渐减小,当脚螺旋已经压向孔壁的一侧时,基座就不再变动。

由此可见,当观测某一组方向时,首先将仪器沿着要旋转的方向转动1~2周,然后照准第一方向,在以后照准各方向时,保持同一方向旋转,就可以避免或减弱这项误差的影响。

4. 望远镜调焦时视准轴变动引起的测角误差

全站仪望远镜的作用有二:一是将远方的目标通过成像放大(放大现场角),以便看清目标。二是提供精确照准目标的视准轴,以确定目标的视线方向。

为了保证观测结果的精度,要求望远镜的机械轴、光轴、视准轴三者重合。但由于望远镜调焦筒的螺纹间存在间隙或由于磨损及有杂物的影响,调焦筒在做轴间来回移动时,也引起调焦筒沿径向产生运动,使调焦镜的光心偏离视准轴,引起本来已照准的目标偏离原来的位置,从而产生测角误差。

为了减弱望远镜调焦误差的影响,当观测某一组方向时,目标距离应比较接近,以避免在方向之间重新调焦。如果在实际作业中,各被测目标到测站的距离长短相差较大,不可避免地需要调焦来照准目标时,应选择望远镜调焦误差较小的全站仪进行观测,并在测量方案制定中充分考虑这项误差的影响。

5. 补偿器倾斜量测量误差

在全站仪中，垂直轴倾斜补偿器和电子度盘一样，也是角度测量中主要的光电传感器之一，全站仪角度测量结果包含补偿器测定的倾斜补偿量，因此补偿器倾斜测量误差必然成为角度测量误差的一部分。

补偿器相对铅垂线的零位安置误差为系统误差，通过补偿器的指标差修正可以消除或减弱。除此之外，由于光敏元件的灵敏度、液面晃动等因素影响，致使补偿器所测量出的倾斜量存在偶然误差。为了减弱此项误差，在仪器旋转照准新的目标后，应稍等片刻，待液体补偿器液面稳定（反映在角度显示的稳定）之后再读数。在振动较大、仪器不易稳定的场合，全站仪测角时应关闭补偿器。

二、测距误差分析

全站仪距离测量和其他测量一样，主要受系统误差和偶然误差的影响，下面分析距离测量中偶然误差的来源、本质，以及减弱各项偶然误差的措施。

设经过系统误差改正后的斜距边长为：

$$D=\frac{c}{4\pi fn}(N\times 2\pi+\varphi)+\Delta D_{C} \tag{5-14}$$

式中：f——检定校准过的实际测距信号频率；

n——实测气象元素求得的大气折光率；

N——相位差 2π 的整倍数；

ΔD_{C}——经检测得出的仪器改正常数。

对(5-14)式作全微分得：

$$\mathrm{d}D=\frac{\partial D}{\partial n}\mathrm{d}n+\frac{\partial D}{\partial f}\mathrm{d}f+\frac{\partial D}{\partial \varphi}\mathrm{d}\varphi+\frac{\partial D}{\partial \Delta D_{C}}\mathrm{d}\Delta D_{C}$$

式中，$\frac{\partial D}{\partial n}\approx -\frac{D}{n}$；$\frac{\partial D}{\partial f}\approx -\frac{D}{f}$；$\frac{\partial D}{\partial \varphi}=\frac{\lambda}{4\pi}$，$\lambda$ 为检测信号波长 $\frac{\partial D}{\partial \Delta D_{C}}=1$。

根据误差传播定理可得测距误差表达式：

$$m_{\mathrm{d}}^{2}=\left(\frac{D}{n}\right)^{2}m_{\mathrm{n}}^{2}+\left(\frac{D}{f}\right)^{2}m_{\mathrm{f}}^{2}+\left(\frac{\lambda}{4\pi}\right)^{2}m_{\varphi}^{2}+m_{\Delta D_{C}}^{2} \tag{5-15}$$

从式(5-15)可知，引起测距误差 m_{D} 的误差来源有：折射率误差 m_{n}、测距频率误差 m_{f}、相位差测量误差 m_{φ}、仪器常数检定误差 $m_{\Delta D_{C}}$ 等。其中，m_{n} 与 m_{f} 对测距误差的影响与被测距离成比例关系，称该两项误差为比例误差，m_{φ} 与 $m_{\Delta D_{C}}$ 与被测距离大小无关，称为固定误差。

三、测距频率误差

1. 测距频率误差来源

测距频率误差包含两个方面：即频率校准误差和频率漂移误差，前者称为频率的准确度，后者称为频率的稳定度。

因全站仪测距频率采用专门的频率计校准，而频率计的不确定度可优于 1×10^{-7}。因此，经过测距频率校准后的全站仪，此项误差可忽略不计。

在全站仪的长期作业过程中，测距频率漂移误差是频率误差的主要因素。频率漂移误差是由于振荡器元器件老化、温度变化、电源电压变化等因素引起的，此项误差的大小取决于仪器的质量，一般要求年漂移量不超过五百万分之一。

2. 减弱频率误差的措施

测距频率是决定测距精度的重要因素，它的稳定与否直接关系着测距结果的准确性，测距频率一般由石英晶体振荡器产生。实际测距时，环境气象条件的变化，特别是温度的变化将直接影响晶体振荡器的稳定，因此生产厂家采取很多措施来解决晶体振荡器的频率稳定性问题，主要方法有：

1）采用温度补偿晶体振荡器

当温度变化时，温补网络里热敏电阻引起的频率变化量与晶体振荡器的频率变化量近似相等而符号相反，使振荡器在一个恒定的温度环境中工作，从而提高频率的稳定度。

2）采用频率综合和锁相技术

在采用高稳定温补晶体振荡器的基础上，用频率合成的方法得到需要的频率，如精测、粗测振频率等，使各个频率之间严格相关，并具有与温补晶振相同的频率稳定度。

四、仪器常数改正误差

仪器常数改正数（加常数、乘常数）是在野外基线上通过比较法检定得来的，因检定基线场一般都有较好的观测条件，要求检定仪器改正常数时，其测距中误差要小于仪器标称中误差的二分之一。另外，仪器改正常数在较多的多余观测条件下通过最小二乘平差求得，具有较高的精度。仪器改正常数的检定误差值应小于常数值本身，一般为亚毫米或毫米级，否则不宜用该仪器常数改正其他距离。

检定基线本身距离的准确性，对仪器常数测定，特别是乘常数的测定影响较大。因此对基线的量值溯源应提出较高的要求，否则同一全站仪在不同基线上可能检定出明显不同的加、乘常数改正数。

五、大气折射率误差

全站仪（或测距仪）测距调制光在大气中传播时的实际折射率为；

$$n=1+(n_g-1)\frac{273.16P}{(273.16+t)\times1013.25}-\frac{11.27\times10^{-6}}{273.16+t}\times e \tag{5-16}$$

式中：t——大气温度，℃；

P——大气压，kPa；

e——水汽压，kPa；

n_g——标准气象条件（$t=0$℃，$P=101.325$kPa，$e=0$kPa）下调制光的折射率，当测距调制光波波长固定时，为已知常数。

1. 公式误差

式（5-16）为大气折射率的经验公式，该误差最大不超过 1×10^{-6}，一般情况下可以忽略不计。

2. 气象元素测定误差

从式（5-16）中可以看出，气象元素的测定误差是大气折射率求定误差源，将式（5-16）微分并依据误差传播定理得：

$$m_n^2=\left[\frac{(n_g-1)\times0.269588P-11.27\times10^{-6}e}{(273.16+t)^2}\right]^2m_t^2+\left[\frac{(n_g-1)\times0.269588}{(273.16+t)}\right]^2m_p^2+\left[\frac{11.27\times10^{-6}}{273.16+t}\right]^2m_e^2 \tag{5-17}$$

设全站仪折射率 $n_g = 1.0002948$，测距温度为 $t = 20℃$，1010mbar，湿度 $e = 1\text{kPa}$，代入式(5-17)，得：

$$m_n^2 = (0.93^2 m_t^2 + 0.27^2 m_p^2 + 0.04^2 m_e^2)10^{-12} \tag{5-18}$$

式(5-18)表明了温度、气压、湿度测量误差对折射率误差的影响关系。按等精度影响原则，设 $m_t = \pm 1.0℃$，$m_p = \pm 0.1\text{kPa}$，$m_e = \pm 0.1\text{kPa}$，则各气象元素对大气折射率误差的影响大小主要取决于相关系数。根据式(5-18)，可以算得温度测定误差引起的大气折射率求定误差所占比重最大，为92%；大气压测定误差次之，为7.8%；湿度(水汽压)最小，仅为0.2%。由此可见，为了减弱大气折射率求定误差的影响，保证大气温度的测定精度是关键；而多数情况下，短程测距中可以不考虑湿度的影响，即在式(5-16)中可略去最后一项。一般来说，温度变化1℃，或气压变化4mbar，将引起约 1×10^{-6} 的折射率变化。

思考题与习题

1. 全站仪的基本组成部分有哪些？
2. 全站仪有哪些主要功能？结合所使用的全站仪，叙述如何进行仪器的功能设置？
3. 简述全站仪测量坐标的原理。
4. 结合所使用的全站仪，简述水平角、距离、坐标测量的操作步骤。
5. 仪器常数指的是什么？它们的具体含义是什么？
6. 测距成果为什么要进行气象改正？
7. 什么是棱镜常数？
8. 试述坐标放样的操作步骤？
9. 全站仪的测量误差有哪些？

第六章　GPS 测量简介

全球定位系统(Global Positioning System,GPS),是美国国防部于 1973 年 12 月正式批准陆、海、空三军共同研制的第二代卫星导航定位系统。该系统可提供一天 24h 全球定位服务。它是利用导航卫星发射的信号来进行测时和测距,具有在海、陆、空进行全方位实时三维导航与定位能力的新一代卫星导航与定位系统。能为用户提供高精度的七维信息(三维位置、三维速度、一维时间)。全球定位系统(GPS)的建成是导航与定位史上的一项重大成就。它是美国继“阿波罗”登月飞船、航天飞机后的第三大航天工程。

起初的 GPS 方案是由 24 颗卫星组成,这些卫星分布在互呈 120°的 3 个轨道平面上,每个轨道平面分布 8 颗。这样的卫星布局可保证在地球任何位置都能同时观测到 6 ~ 9 颗卫星。为识别不同的卫星信号并提高系统的抗干扰能力和保密能力,采用直接序列扩频技术,整个系统相当于一个码分多址系统(CDMA)。为了补偿电离层效应的影响,采用双频调制。1978 年,由于美国政府压缩国防预算,因而减少了对 GPS 研发的拨款。GPS 联合办公室就将初始方案修改为第二方案,即卫星数由 24 颗减少到 18 颗,18 颗卫星分布在互呈 60°的 6 个轨道平面上,每个轨道平面分布 3 颗卫星,这样的配置基本能够保证在地球上任何位置均能同时观测到至少 4 颗卫星。但随后的实验发现这样的卫星配置其可靠性不高。另外,由于 GPS 在海湾战争中发挥了巨大的作用,因此,在 1990 年对第二方案重新进行了修改,最终方案由 21 颗工作卫星和 3 颗备用卫星组成整个系统,6 个轨道平面的每个平面上分布 4 颗卫星,这样的配置使同时出现在地平线以上的卫星数目随时间和地点而异,最少为 4 颗,最多可达 11 颗。

GPS 计划的实施分为三个阶段:第一阶段为方案论证和初步设计阶段(1973—1978 年),发射了 4 颗卫星,建立了地面跟踪网并研制了地面接收机;第二阶段为全面研制和实验阶段(1979—1984 年),发射了 7 颗 Block I 实验卫星,研制了各种用途的接收机,包括导航型和测地型接收机;第三阶段为实用组网阶段(1985—1994 年),发射了 Block II 和 Block IIA 工作卫星(Block IIA 卫星增强了军事应用功能,并扩大了数据存储容量)。到 1994 年 3 月 9 日,整个 GPS 星座配备完成,历时 20 年,耗资近 300 亿美元,最终建成了由 24 颗卫星组成的 GPS 系统。

GPS 系统自产生以来得到了迅速发展,并以其优越性能特点,引起了各国军事部门和民用部门的普遍关注。近十多年来,GPS 技术的高度自动化及其所能达到的精度,使其在大地测量、工程测量和车辆、船舶以及飞机的导航等方面,得到了广泛的应用。

第一节　GPS 系统的组成

GPS 系统主要包括三大组成部分:即空间星座部分、地面监控部分和用户设备部分,如图 6-1所示。三者有各自独立的功能和作用,但又是有机配合、缺一不可的整体系统。

一、空间星座部分

如图 6-2 所示,空间星座部分由 21 颗工作卫星和 3 颗在轨备用卫星组成,记作(21 +3)

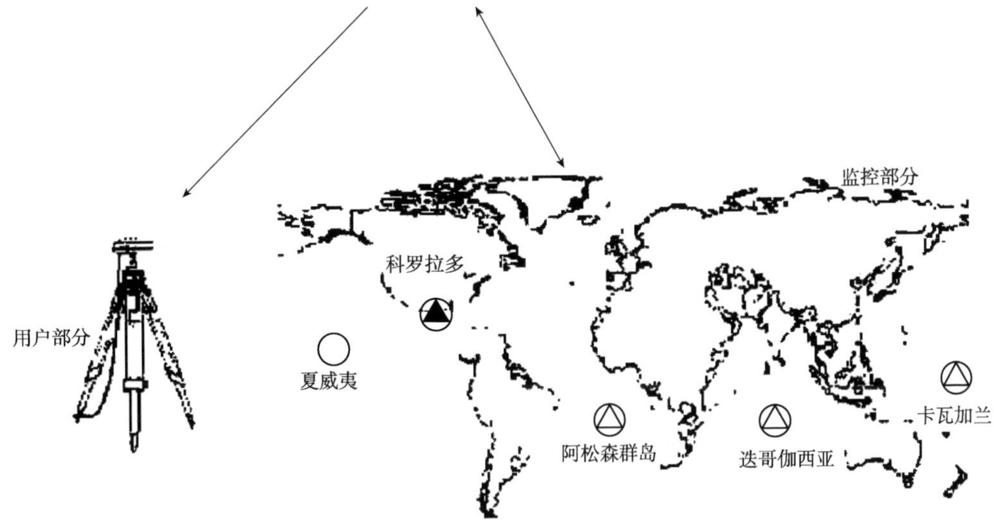

图 6-1　GPS 组成部分的关系图

○-监测站；△-注入站(3 个)；▲-主控站(1 个)

GPS 星座。每颗卫星重 774kg(包括 310kg 燃料)，直径 1.5m，设计寿命为 7.5 年，卫星内安装有 4 台高精度原子钟(2 台铷钟和 2 台铯钟)、微电脑、电子存储器的信号接收/发送设备、两侧设有两块 $7m^2$ 的双叶太阳能翼板(能自动对日定向，以保证卫星正常工作用电)以及其他设备。

这些卫星采用先进的扩频技术(Spread Spectrum)，将 GPS 卫星信号 24h 不停地发射给用户，覆盖全球表面。

GPS 卫星信号是 GPS 卫星向用户发送的用于导航定位的调制波，它是由载波、测距码和导航电文三部分组成。

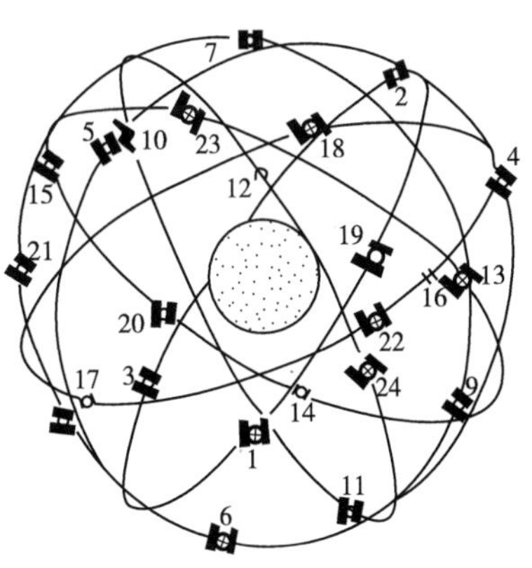

图 6-2　空间星座

1. 载波

可运载调制信号的高频振荡波称为载波。GPS 卫星所用的载波有两个，由于它们均位于微波的 L 波段，故分别称为 L_1 载波和 L_2 载波。其中，L_1 载波是由卫星上的原子钟所产生的基准频率 f_0($f_0 = 10.23$MHz)倍频 154 倍后形成的，即 $f_1 = 154 \times f_0 = 1575.42$MHz，其波长 λ_1 为 19.03cm；L_2 载波是由基准频率 f_0 倍频 120 倍后形成的，即 $f_2 = 120 \times f_0 = 1227.60$MHz，其波长 λ_2 为 24.42cm。采用两个不同频率载波的主要目的是为了较完善地消除电离层延迟。采用高频率载波的目的是为了更精确地测定多普勒频移和载波相位(对应的距离值)，从而提高测速和定位精度，减少信号的电离层延迟，因为电离层延迟与信号频率的平方成反比。

在无线电通信中，为了更好地传送信息，往往将这些信息调制在高频的载波上，然后再将这些调制波播发出去，而不是直接发射这些信息。在一般通信中，当调制波到达用户接收机解调出有用信息后，载波的作用便告完成。但在 GPS 系统中情况有所不同，载波除了能更好地传送测距码和导航电文这些信息外，在载波相位测量中，它又被当作一种测距信号来使用。其测距精度比伪距测量的精度高 2 ~ 3 个数量级。因此，载波相位测量在高精度定位中得到了广泛的应用。

2. 测距码

测距码是用于测定从卫星至地面接收机距离的二进制码。GPS 卫星所用的测距码从性质上讲属于伪随机噪声码。它们看似一组杂乱无章的随机噪声码，其实是按一定规律编排起来的、可以复制的周期性二进制序列，而且具有类似于随机噪声码的自相关性。根据性质和用途的不同，测距码分为粗码（C/A 码）和精码（P 码或 Y 码）两类，各卫星所用的测距码互不相同且相互正交。

1）粗码

用于进行粗略测距和捕获精码的测距码称为粗码，也称捕获码。C/A 码（Coarse/Acquisition Code）的周期为 1ms，一个周期中共含有 1023 个码元。每个码元持续的时间为1ms/1023 = 0. 977517μs，其对应的码元宽度为 293. 05m。C/A 的测距精度一般为 2 ~ 3m。采用窄相关间隔（Narrow Correlator Spacing）技术后，测距精度可达到分米级，与精码的测距精度大体相当。C/A 码是一种结构公开的明码，供全世界所有用户免费使用。目前，C/A 码只调制在 L_1 载波上，故无法精确地消除电离层延迟。

2）精码

用于精确测定从 GPS 卫星至接收机距离的测距码称为精码。精码（Precision Code）也是一种周期性的二进制序列，其实际周期为一星期。一个周期中约含 6. 2 万亿个码元，每个码元所持续的时间为 C/A 码的 1/10，对应的码元宽度为 23. 9m。精码的测距精度约为 0. 3m。为防止他人对 GPS 信号进行干扰和电子欺骗，美国从 1994 年 1 月 31 日起实施了 AS（Anti-Spoofing）政策，其具体做法是将 P 码与绝密的 W 码进行模二相加，以形成保密的 Y 码。Y 码的结构是完全保密的，只有美国及其盟国的军方用户以及少数经美国政府授权的用户才能使用 Y 码。由于 P（Y）码的码元宽度仅为 C/A 码的 1/10，而且该测距码又同时调制在 L_1 和 L_2 两个载波上，可较完善地消除电离层延迟，故用它来测距可获得较精确的结果。

3. 导航电文格式

导航电文是由 GPS 卫星向用户播发的一组反映卫星在空间的位置、工作状态卫星钟的修正参数、电离层延迟修正参数等重要数据的二进制代码，也称数据码（D 码）。

24 颗卫星均匀分布在 6 个轨道平面内，轨道平面相对于赤道平面的倾角为 55°，各个轨道平面之间交角为 60°。每个轨道平面内的各卫星之间的交角 90°，任一轨道平面上的卫星比西边相邻轨道平面上的相应卫星超前 30°。在 20183km 高空的 GPS 卫星，当地球对恒星来说自转一周时，它们绕地球运行两周，即绕地球一周的时间为 12 个恒星时。这样，对于地面观测者来说，每天将提前 4min 见到同一颗 GPS 卫星。每颗卫星每天约有 5h 在地平线以上，同时位于地平线以上的卫星数量随着时间和地点的不同而不同，最少可见到 4 颗，最多可见到 11 颗。在用 GPS 信号导航定位时，为了计算观测站的三维坐标，必须观测 4 颗 GPS 卫星，称为定位星座。这 4 颗卫星在观测过程中的几何位置分布对定位精度有一定的影响。对于某地某时，甚至不能测得精确的点位坐标，这种时间段叫作“间隙段”。但这种时间间隙段是很短暂的,并不影响全球绝大多数地方的全天候、高精度、连续实时的导航定位测量。

空间卫星的主要功能有:

(1)接收和存储由地面监控站发来的导航信号,接收并执行监控站的控制指令。

(2)卫星上设有微处理机,可进行必要的数据处理。

(3)通过星载的高精度原子钟产生基准信号,提供精确的时间标准。

(4)向用户连续不断地发送导航定位信号。

(5)接收地面主控站通过注入站送给卫星的调度指令。

二、地面监控部分

GPS 工作卫星的地面监控系统目前主要由分布在全球的一个主控站、三个信息注入站和五个监测站组成,是整个系统的中枢,由美国国防部管理。主控站设在美国的科罗拉多·斯平士(Colorade Spings)的联合空间执行中心 CSCO(Consolidated Space Opertion Center),负责对地面监控站的全面控制。三个信息注入站分别设在大西洋、印度洋和太平洋的三个美军基地上,即大西洋的阿松森(Ascension)、印度洋的狄哥·伽西亚(Diego Garcia)和太平洋的卡瓦加兰(Kwajalein);五个监测站,除了位于主控站和三个信息注入站之处的四个站外,还在夏威夷设立一个监测站。监测站内装备有接收机、原子钟、气象传感器以及数据处理计算机,其任务是追踪及预测 GPS 卫星轨道,控制 GPS 卫星状态及轨迹偏差,维护 GPS 系统的正常运作。对于导航定位来说,GPS 卫星是一动态已知点。卫星的位置是依据卫星发射的星历——描述卫星运动及其轨道的参数算得的。每颗 GPS 卫星所播发的星历,是由地面监控系统提供的。卫星上的各种设备是否正常工作,以及卫星是否一直沿着预定轨道运行,都要由地面设备进行监测和控制。地面监控系统另一重要作用是保持各颗卫星处于同一时间标准——GPS 时间系统。这就需要地面站监测各颗卫星的时间,求出时钟差。然后由地面注入站发给卫星,卫星再由导航电文发给用户设备。

地面监控系统的主要功能有:

(1)跟踪观测 GPS 卫星。各监测站所设 GPS 接收机对卫星进行连续观测,同时收集当地的气象数据。

(2)收集数据。主控站收集各监测站所测得的伪距和积分多普勒等观测值、气象要素、卫星时钟和工作状态的数据,监测站自身的状态数据以及海军水面兵器中心发来的参考星历。

(3)编算导航电文。根据所收集的数据,计算每颗 GPS 卫星的星历、时钟改正、状态数据和信号的电离层延迟改正等参数;并按一定格式编制成导航电文,传送给注入站。

(4)诊断状态。主控站还担负着监测整个地面监控系统是否正常工作,检验注入给卫星的导航电文是否正确,监测卫星是否将导航电文发送给用户等任务。

(5)注入导航电文。注入站在主控站的控制下,将卫星星历、卫星时钟钟差等参数和其他控制指令注入给各个 GPS 卫星。

(6)调度卫星。主控站能够对 GPS 卫星轨道进行改变和修正,还能进行卫星调度,让备用卫星去取代失效的卫星。

GPS 的空间部分和地面监控部分是用户广泛应用该系统进行导航和定位的基础,均为美国国防部所控制。

三、用户设备部分

用户部分则是适用于各种用途的 GPS 接收机,GPS 用户接收机由主机、电源和天线组成。主机的核心部件是信道电路、基带处理电路和中央处理器,在专用软件的控制下,进行作业卫星选择、数据搜集、加工、传输、处理和存储。其天线则接收来自各方位的导航卫星信号。GPS 接收机接收到从卫星传来的连续不断的编码信号后,再根据这些编码辨认相关的卫星,从导航电文中获取卫星的位置和时间,然后计算出接收机(即用户)所在的准确地理位置。

GPS 信号接收机的任务是:能够捕获到按一定卫星高度截止角所选择的待测卫星的信号,并跟踪这些卫星的运行,对所接收到的 GPS 信号进行变换、放大和处理,以便测量出 GPS 信号从卫星到接收机天线的传播时间,解译出 GPS 卫星所发送的导航电文,实时地计算出观测站的三维位置,甚至三维速度和时间,最终实现利用 GPS 进行导航和定位的目的。静态定位中,GPS 接收机在捕获和跟踪 GPS 卫星的过程中固定不变,接收机高精度地测量 GPS 信号的传播时间,利用 GPS 卫星在轨的已知位置,解算出接收机天线所在位置的三维坐标。而动态定位则是用 GPS 接收机测定一个运动物体的运行轨迹。GPS 信号接收机所位于的运动物体叫作载体(如航行中的船舰、空中的飞机、行走的车辆等)。载体上的 GPS 接收机天线在跟踪 GPS 卫星的过程中相对地球而运动,接收机用 GPS 信号实时地测得运动载体的状态参数(瞬间三维位置和三维速度)。接收机硬件和机内软件以及 GPS 数据的后处理软件包,构成完整的 GPS 用户设备。GPS 接收机的结构分为天线单元和接收单元两大部分。对于观测地型接收机来说,两个单元一般分成两个独立的部件,观测时将天线单元安置在观测站上,接收单元置于观测站附近的适当地方,用电缆线将两者连接成一个整机。也有的将天线单元和接收单元制作成一个整体,观测时将其安置在测站点上。GPS 接收机一般用蓄电池作为电源。同时,采用机内/机外两种直流电源。设置机内电池的目的在于更换外电池时不中断连续观测。在用机外电池的过程中,机内电池自动充电。关机后,机内电池为 RAM 存储器供电,以防止丢失数据。各种类型的 GPS 测地型接收机用于精密相对定位时,其双频接收机精度可达 $5\text{mm} \pm 10^{-6} \times D$,单频接收机在一定距离内精度可达 $10\text{mm} \pm 2 \times 10^{-6} \times D$。目前,各种类型的 GPS 接收机体积越来越小,重量越来越轻,便于野外观测。如图 6-3 所示,为我国南方测绘仪器公司生产的 NGS-212 静态 GPS 信号接收机,其静态平面精度达 $5\text{mm} \pm 10^{-6} \times D$。

图 6-3 NGS-212 GPS 接收机

GPS 接收机的主要功能是接收 GPS 卫星播发的定位信息。

第二节 GPS 轨道的大地参考坐标系

一、WGS-84 坐标系

美国国防部制图局(DMA)继世界大地坐标系(World Geodetic System)WGS-60、WGS-66、WGS-72 后,经过多年修正、完善、研制建立了 1984 年世界大地坐标系(WGS-84),该系统于 1985 年启用。1986 车开始生产出第一批相对该系统的地图、航图以及大地成果。GPS 系统从 1987 年开始使用 WGS-84 系统,为广播星历和精密星历提供准确参考坐标系,这样用户可以从 GPS 定位测量中得到更精密的地心坐标,也可通过相似变换得到精度较高的局部大地坐标系坐标。

WGS-84 坐标系是一个地球(心)坐标系,其原点为地球质心,如图 6-4 所示。坐标系的定向与 BIH(国际时间局)所定义的方向相一致,亦即该坐标系的 Z 轴平行于协议地极(Conventional Terrestrial Pole, CTP)的方向,首子午圈平行于 BIH 所规定的首子午圈;X 轴为 WGS 参考子午圈与平行于 CTP 赤道的平面的交线,当然,该平面必通过 WGS 所定义的地球质心,Y 轴同 X 轴、Z 轴构成右手坐标系。

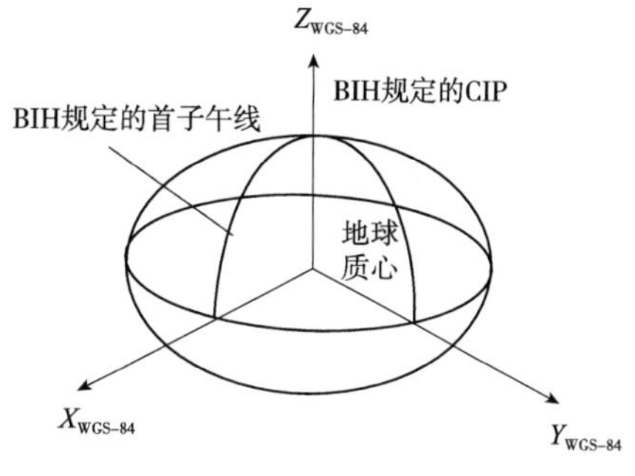

图 6-4　WGS-84 坐标系

WGS-84 的椭球及有关常数,是采用国际大地测量与地球物理联合会第 17 届大会大地测量常数推荐值,即大地参考系 1980(GRS80)的参数。采用的四个基本参数是:

椭球长半轴　　$a = 6378137\text{m} \pm 2\text{m}$

扁率　　$f = \dfrac{1}{298.257223563}$

二、GPS 坐标转换

在区域性的测量工作中,往往需要将 GPS 测量成果换算到用户所采用的区域性坐标系统,即需进行 GPS 坐标转换,或者为了改善已有的经典地面控制网,确定 GPS 网与经典地面网之间的转换参数,需要进行两网的联合平差。以下简单介绍在三维坐标系统中的转换模型。

经典地面网的三维坐标,通常都是在参心(指参考椭球的中心)坐标系中,以大地坐标(B, L, H)的形式表示的,而 GPS 网的三维坐标,一般是在协议地球坐标系中,以空间直角坐标(X, Y, Z)的形式给出的,网的三维联合平差,通常是在空间直角坐标系统中进行的。为此,必须将地面网的已知大地坐标(B, L, H),按下式转换为相应的空间直角坐标(X, Y, Z):

$$\begin{cases} X = (N + H)\cos B\cos L \\ Y = (N + H)\cos B\sin L \\ Z = [(N + H) - e^2 N]\sin B \end{cases} \tag{6-1}$$

式中:N——P_i点地球椭球卯酉圈曲率半径;

$$N = a^2/(a^2\cos^2 B + b^2\sin^2 B)^{\frac{1}{2}}$$

e——椭球第一偏心率;

a、b——分别表示椭球的长、短半轴。

由于 GPS 网和地面网所取坐标系的基准不同(即原点位置、坐标轴定向和尺度的差异),以及观测误差的影响,两网同名点的坐标值将是不同的。另一方面,地球坐标系也不是唯一的,不同国家可能采用不同的地球参心坐标系,不同地区还可以采用自己独立的地方坐标系。所以在数据处理时,还必须进行两个不同坐标系之间的转换。

设某点在两直角坐标系下的坐标为(X_R, Y_R, Z_R)和(X'_R, Y'_R, Z'_R)

按布尔沙—沃尔夫(Buras-Wolf)模型,由下式给出两坐标之间的关系:

$$
\begin{bmatrix} X'_R \\ Y'_R \\ Z'_R \end{bmatrix} = \begin{bmatrix} \Delta X_0 \\ \Delta Y_0 \\ \Delta Z_0 \end{bmatrix} + (1+\delta_\mu) \begin{bmatrix} X_R \\ Y_R \\ Z_R \end{bmatrix} + \begin{bmatrix} 0 & \varepsilon_Z & -\varepsilon_Y \\ -\varepsilon_Z & 0 & \varepsilon_X \\ \varepsilon_Y & -\varepsilon_X & 0 \end{bmatrix} \begin{bmatrix} X_R \\ Y_R \\ Z_R \end{bmatrix} \tag{6-2}
$$

式中：$\Delta X_0, \Delta Y_0, \Delta Z_0$——坐标系平移参数；

δ_μ——尺度参数；

$\varepsilon_X, \varepsilon_Y, \varepsilon_Z$——旋转参数。

为了确定以上所述7个基准转换参数，至少应在3个已知参心坐标点上进行GPS测量，确定相应的WGS－84坐标，再由式(6-2)，通过平差解出这7个基准转换参数。

第三节　GPS定位的概念及主要特点

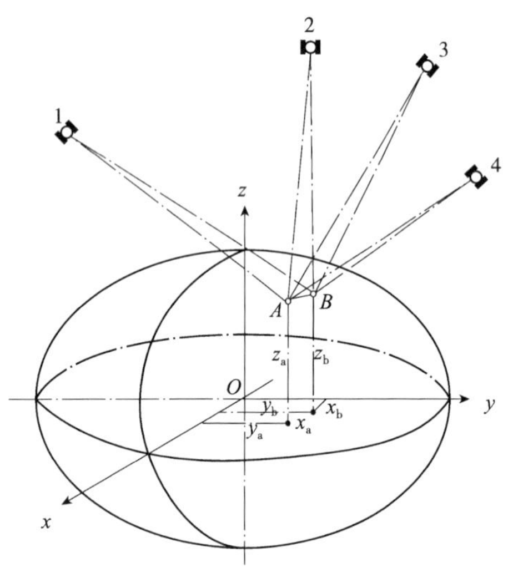

图6-5　地面点位坐标示意图

GPS系统确定地面点位的思路是：根据空中卫星发射的信号，确定空间卫星的轨道参数，计算出锁定的卫星在空间的瞬时坐标，然后将卫星看作为分布于空间的已知点，利用GPS地面接收机，接收从某几颗(4颗或4颗以上)卫星在空间运行轨道上同一瞬时发出的超高频无线电信号，再经过系统的处理，获得地面点至这几颗卫星的空间距离，用空间后方距离交会的方法，求得地面点的空间位置。GPS系统所采用的坐标为WGS-84坐标系，如图6-5所示，地面上A、B两点的空间三维坐标分别为：$A(x_a, y_a, z_a)$、$B(x_b, y_b, z_b)$。

由于空间卫星的时钟与地面接收机的时钟不可能同步，因此，需要观测4颗或以上的卫星，才能确定4个变量的值，即x、y、z和时间t。

GPS系统采用高轨测距体制，以观测站至GPS卫星之间的距离作为基本观测量。为了获得距离观测量，主要采用两种方法：其一，是伪距测量，即根据接收机接收到的GPS卫星发射的测距A/C码和电文内容，通过信号从发射到到达用户接收机的传播时间，从而计算出卫星和接收机天线间的距离。但由于GPS卫星时钟与用户接收机时钟难以保持严格的同步，存在有时钟差，所以观测的卫星与接收机天线间的距离均含有受到卫星钟与用户接收机钟同步差的影响，以及信号在大气中传播的延迟误差等，并不是实际值，习惯上称所测距离为"伪距"；其二，是载波相位测量，即测定GPS卫星载波信号在传播路径上的相位变化值，以确定信号传播的距离的方法。卫星与接收机天线间的距离可根据下式计算：$L=\lambda(\Phi_s-\Phi_k)$，其中λ为载波波长，Φ_s为接收机收到信号时，该信号在卫星上的相位。Φ_k为接收机收到的信号的相位。

采用伪距观测量定位速度快，而采用载波相位观测量定位精度高。通过对4颗或4颗以上的卫星同时进行伪距或相位的测量，即可推算出接收机的三维位置。

一、绝对定位与相对定位

按定位方式，GPS定位分为绝对定位(单点定位)和相对定位(基线测量)。

1. 绝对定位

绝对定位又称单点定位，是指在一个观测点上，利用 GPS 接收机观测 4 颗以上的 GPS 卫星，根据 GPS 卫星与用户接收机天线之间的距离观测量和已知卫星的瞬时坐标，独立确定观测点在 WGS-84 协议地心坐标系中的绝对位置，称为绝对定位，如图 6-6 所示。绝对定位的优点是，只需一台接收机便可独立定位，观测的组织与实施简便，数据处理简单。但由于 GPS 采用单程测距原理，卫星钟与用户接收机钟难以保持严格同步，所以观测的卫星与测站间的距离，含有卫星钟与用户接收机钟同步差，以及卫星星历和卫星信号在传播过程中的大气延迟误差的影响，定位精度较低，不能满足一般工程定位测量的要求。

2. 相对定位

相对定位是指在两个或若干个观测站上，设置 GPS 接收机，同步跟踪观测相同的 GPS 卫星，测定接收机之间相对位置（坐标差）的定位方法。两点间的相对位置可以用一条基线向量来表示，故相对定位有时也称为测定基线向量或简称为基线测量，如图 6-7 所示。在相对定位中，至少有一个点的位置是已知的，称之为基准点。由于相对定位是在几个点同步观测 GPS 卫星数据进行的，因此可以有效地消除或减弱许多相同的或基本相同的误差，如卫星钟的误差、卫星星历误差、信号的传播延迟误差和 SA 的影响等，故可以获得很高的相对定位精度，从而使这种方法成为精密定位中的主要作业方式。但进行相对定位时至少需要 2 台接收机，并要求各站接收机必须同步跟踪观测相同的卫星，因而外业观测的组织实施比较复杂，数据处理亦较麻烦，实时定位的用户还必须配备数据通信设备。

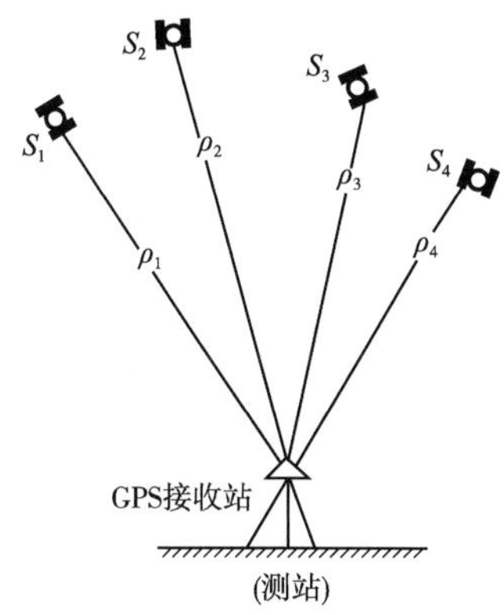

图 6-6　绝对定位（单点定位）

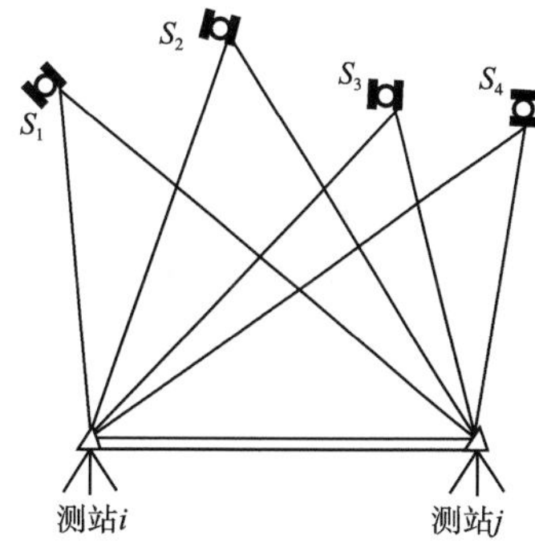

图 6-7　相对定位

二、静态定位与动态定位

按待定点相对于地固坐标系的运动状态来区分，GPS 定位可以分为静态定位和动态定位两类。

1. 静态定位

如果待定点在地固坐标系中的位置没有可以察觉到的变化，或虽有可觉察到的变化，但由于这种变化是如此缓慢，以致在一个时段内（数小时或若干天）可略而不计，只有在第二次复测时（间隔一般为数月或数年后）其变化才能反映出来，因而在进行数据处理时，整个时段内的待定点坐标都可以认为是一组固定不变的常数。这样确定待定点位置的方法，称为静态定位。其基本特点是，在 GPS 观测数据处理中，待定点的坐标是个常量，没有速度分量。在静态定位中，可以进行大量的重复观测，以提高定位精度。

2. 动态定位

如果在一个时段内，待定点相对于地固坐标系的位置有显著变化，每个观测瞬间待定点的位置各不相同，则在进行数据处理时，每个历元的待定点坐标均需作为一组未知数，确定这些载体在不同时刻的瞬时位置的工作称为动态定位。动态定位可以分为两种情况：一是导航动态定位，它要求在用户运动时，实时地确定用户的位置和速度，并根据预先选定的终点和运动路线，引导用户沿预定航线到达目的地。另一种是精密动态定位，其主要目的不是导航，而是精确确定用户各个时刻的位置和速度。目前，这种定位比较广泛地应用于工程测量中。

三、GPS 主要特点

GPS 的问世，标志着电子导航、定位技术发展到了一个更加辉煌的时代。与其他导航系统相比，GPS 系统最基本的特点是以“多星、高轨、高频测量—测距”为体制，以高精度的原子钟为核心。由此产生如下特点：

1. 全覆盖、全天候连续导航定位

由于 GPS 有 24 颗卫星，而且分布合理，轨道高达 20183km，所以地球上任何地方的用户在任何时间至少可以同时观测到 4 颗 GPS 卫星（我国领土上一般为 5 ~ 6 颗），因而该系统可以为全球任何地点及近地空间的用户提供全天候的导航定位服务。

目前，GPS 观测可在一天 24h 内的任何时间进行，不受阴天黑夜、起雾刮风、下雨下雪等气候的影响。

由于用户设备只需接收 GPS 信号，因而可同时容纳无数多用户，而且由于用户无须发射任何信号，所以还具有较好的隐蔽性能特点。

2. 高精度三维定位、测速及授时

GPS 能连续为各类用户提供三维位置、三维速度和精确的时间信息，GPS 提供的测量信息较多，既可通过测距码（精码 P 码、粗码 C/A 码），测定伪距，又可测定载波多普勒频移载波相位。伪距观测的单点实时定位精度：P 码为 10m 左右，C/A 码为 40m 左右，事后处理精度可达 3 ~ 5m。载波相位测量，相对定位精度可达 $10^{-6} \sim 10^{-7}$。目前，一般测地型 GPS 接收机的标称精度为 5mm ± 10^{-6}，实践表明：平面位置精度相当好，GPS 相对定位精度在 50km 以内可达 10^{-6}，100 ~ 500km 可达 10^{-7}，1000km 可达 10^{-9}。仅高程方面稍逊一些。我国于 1991—1994 年完成了国家 GPS 一级网的建立，平面相对定位精度达 3×10^{-8}，测速精度可达 0.1m/s。授时精度可达 10ns（相对于 GPS 标准时间），而相对于世界协调时 UTC 的精度可达 1μs，将来可达 0.1μs。

3. 观测速度快

随着 GPS 系统的不断完善、软件的不断更新，目前，20km 以内相对静态定位，仅需 15 ~ 20min；快速静态相对定位测量时，当每个流动站与基准站相距在 15km 以内时，流动站观测时间只需 1 ~ 2min，然后可随时定位，每站观测只需几秒钟，实时定位速度快。目前，GPS 接收机的一次定位和测速工作在 1s 甚至更短的时间内便可完成，这对高动态用户来讲尤其重要。

4. 自动化程度高，经济效益好

执行操作简便。随着 GPS 接收机不断改进、自动化程度越来越高，有的已达“傻瓜化”的程度；接收机的体积越来越小，重量越来越轻，极大地减轻了测量工作者的工作紧张程度和劳动强度，使野外工作变得轻松愉快。

大量的实践已经证明：在工程中应用 GPS 测量的费用仅为常规测量费用的 1/3。这是因为:GPS 测量观测、定位速度快,使得工期缩短;GPS 测量自动化程度高,节约一定的人力;GPS 测量不要求通视,不必建立大量的费时、费力、费钱的觇标台。

5. 能提供全球统一的三维坐标信息

GPS 定位可提供 WGS-84(协议地球坐标系)中的三维坐标,这无疑为全球测量成果的统一提供了方便。

6. 抗干扰能力强、保密性能好

由于 GPS 系统采用了伪随机噪声码技术,使 GPS 信号深埋于噪声之中,因而 GPS 卫星所发送的信号具有良好的抗干扰能力和保密性。

第四节　GPS-RTK 测量

出于军事和政治上的原因,美国在 GPS 定位系统研制的初始,就提出了限制使用的一系列政策,首先把高精度的 P 码加以保密,使用只有 25m 精度的 C/A 信号,进而于 1992 年又实施 SA 政策,把精度猛降到 100m 左右,从而使民间在工程测量上几乎没有可用价值。然而各国技术人员也在不断地研究采取反限制技术。由于电子技术、计算技术的不断发展,反限制技术取得了相当成功。首先,在 20 世纪 80 年代中期,人们在静态测量中引入事后差分技术,成功地利用载波相位测量,把精度提高到毫米级,加上 GPS 测量不受通视条件限制、具有全天候作业等特点,因此首先应用在测绘控制专业,而且动摇了测绘专业传统的经典测绘方法,把测绘控制测量提高到一个全新的阶段。同时,各国又利用实时差分技术,用 C/A 码测量,实现了实时动态差分,把实时测量精度从 100m 左右提高到 1 ~ 7m,这种技术的应用又动摇了沿袭使用了几十年的各类无线电定位系统。如今,ARGO、SYLEDIS、TRISPONDER 等各类无线电定位系统已纷纷被差分 GPS 系统所取代,这是定位导航界又一场大的变革。但是,这种突破性的变革仍在继续,近几年,人们又利用载波相位实时动态差分技术,即 RTK 技术。把实时测量精度从 RTD 的几米又提高到亚米级甚至厘米级,几乎相当于先期的静态事后差分的精度,从而使测绘专业的碎部测量、高精度的工程放样测量成为现实。GPS 定位在实时动态差分技术上的突飞猛进,给定位导航及工程测量带来了广阔的应用前景,其经济效益不可估量。

一、RTD 技术简介

因为在实时动态测量中,最先在码相位测量上引入差分技术,所以把实时动态码相位差分测量称作常规差分 GPS 测量,即 RTD(Real Time Differential)。

GPS 测量主要误差有如下三项:

(1)卫星时钟误差,2 ~ 15m。

(2)大气影响:包括电离层及对流层影响,2 ~ 15m。

(3)选择可用性误差(SA),约 100m。

由于上述几个主要误差的存在,所以单点定位精度只能在 100m 左右。然而这些误差具有共同的特性,这就是在相距不远的(比如几十公里至几百公里)两台接收机同时对某卫星进行跟踪测量时,测量结果的误差对两台接收机的影响是相关的。根据此原理,如果其中一台接收机置于已知位置的点上进行测量,则可以计算出误差值(也称校正值),将该校正值传送到另一台接收机,校正其测量值,因其误差相关,所以该接收机最后测量结果,其主要误差基本消除,这就是常规动态差分 GPS 定位的基本原理。

已知位置的接收机称基准台(或参考台),其他接收机称移动台。校正值通过数据传输链由基准台发送给移动台。

差分方式有位置差分及伪距差分两种。前者简单,精度稍差,后者是在伪距上进行校正。RTD 的测量误差与基线长度(移动台—基准台距离)成正比,如果经滤波或相位平滑,精度会进一步提高。

RTD 系统用户部分由下列三部分组成:

(1)基准台卫星接收机及接收天线。

(2)移动台卫星接收机及接收天线。

(3)数据传输链,包括校正值处理器、数字调制解调器、数据发射机以及数据接收机。

RTD 系统使用的卫星接收机单频机要有尽可能多的接收通道,基准台要有 10 个以上接收通道,标准配置是 12 个通道。这是为了能接收到所有通过的卫星,以保证其他移动台因环境差异不能接收到全部通过卫星时,仍能对应基准台有 4 个以上卫星进行选择的可能性。实施 RTD 的关键是数据传输链,基准台要将大量的信息传送到移动台,差分定位精度的好坏与差分校正值的更新率与数据传输的准确性密切相关,因此对数据链的要求是数据传输准确可靠、速度快。一般要求数据传输的误码率应小于 10^{-7},差分数据的更新率应小于 10s,由于"SA 政策"的影响,超过 10s,校正值项的变化将明显增大而降低精度。

常规实时动态差分 GPS 由于是采用码相位测量,因此其精度不可能进一步提高,而且三维坐标中的高程误差是水平误差的 2 倍,即高程误差在 2 ~15m。这在某些要求高程精度三维坐标的作业中是难以满足要求的。

二、RTK 的概念

RTK 测量是实时动态载波相位差分 GPS 测量,是指在运动状态下通过跟踪处理接收卫星信号的载波相位,从而获得比 RTD 高得多的定位精度。为了和常规的码相位差分 GPS 相区别,称实时动态载波相位差分 GPS 为 RTK,也有称作 RTK/OTF(Real Time Kinematic/On The Fly)。

RTK 是在载波相位上进行测量,所以精度很高,可以达到几厘米或几分米的精度,这样高的精度其应用领域扩展到许多范围。

实时动态载波相位测量是差分 GPS 测量技术的一大突破,它把实时动态下的定位精度提高到过去只能在静态测量中经过较长时间(1 ~2h)测量,而且需要事后处理才能得到的精度——几厘米或几分米。由于 GPS-RTK 测量精度高,而且是实时、无须事后处理,因此它已使当前 GPS 技术发展到最高点。它的应用领域已扩大到许多方面。

1. RTK 系统用户部分的组成

RTK 技术是大地测量、空间技术、卫星技术、无线电通信与计算机技术的综合集成,在许多领域发挥着重大作用。

RTK 系统主要由一个基准站、若干个流动站、通信系统和 RTK 测量的软件系统 4 大部分组成。其中,基准站,包括 GPS 接收机(接收机通常具有数据传输参数、测量参数、坐标系统等的设置功能)、GPS 天线、无线电通信发射设备、电源、基准站控制器等设备。流动站,包括 GPS 天线、GPS 接收机、无线电通信接收设备、电源、流动站控制器。RTK 系统的工作流程,如图 6-8所示。

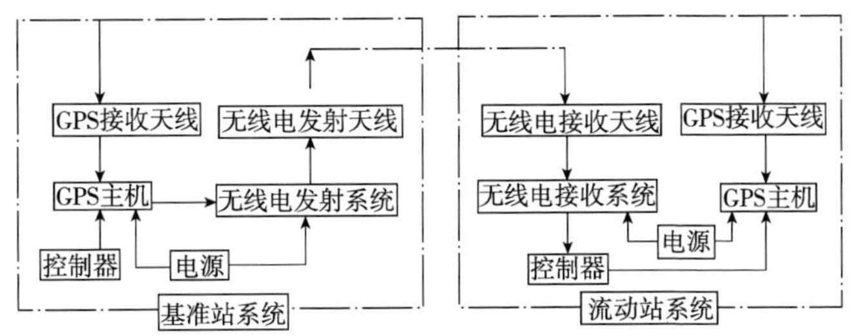

图 6-8　GPS-RTK 系统的工作流程

2. RTK 突出的优点

(1)高精度。采用高性能双频机可达到 $2cm + 2 \times 10^{-6} \times D$,性能差的也可达到亚米级。

(2)实时性能。在现场即可得到三维坐标,并能实时放样出设计坐标。

(3)轻便灵活。设备都非常轻便,不包括电源基准台只有十多千克,移动台只有几千克,搬迁安装非常灵活。

3. 应用领域

高精度的工程测量:如航道测量、地形测图、道路工程等。

地震测线放样,可以根据设计测线的检波点及炮点位置在实地确认。由于有很高的三维坐标精度,在陆地测量中,可以同时得到点位的平面位置和高程。

代替常规的 GPS 静态控制测量,几厘米或几分米的精度可以满足一般工程测量中的控制精度要求。无须长时间静态测量事后处理。

4. RTK 的局限性

(1)作用距离有限:RTK 测量在解算整周未知数时,需要一个近似的估值,该估值是以码相位常规差分测量求得的,作用距离太大时,该估值的误差就大,有可能在运动状态下无法搜索到可靠的整周数解,导致作业失败,因此作用距离就非常有限,一般要得到厘米级精度作用距离不能大于 15km,要得到亚米级精度,作用距离不能大于 50km,随着今后研究的深入和技术不断完善,作用距离可能放宽。

(2)初始化时间的等待在动态下求解整周模糊度。即初始化需要一定时间(几秒到几分钟),因此在连续动态作业过程中,一旦信号失锁,需要重新进行初始化,在初始化过程中,精度将降低到常规差分 GPS 的精度,只有等待初始化完成,精度才能恢复到原有的精度。

三、RTK 系统工作及数据处理

1. GPS-RTK 系统工作示意图

实时动态测量 RTK 是基于载波相位观测值的实时动态定位技术。在 RTK 作业模式下,基准站通过数据链—调制解调器,将其观测值及站点的坐标信息用电磁信号一起发送给流动站。流动站不仅接收来自基准站的数据,同时自身也要采集 GPS 卫星信号,并取得观测数据,在系统内组成差分观测值进行实时处理,瞬时地给出精度为厘米级(相对于参考站)的流动站点位坐标。GPS-RTK 系统外业工作,如图 6-9 所示。

流动站可在一固定点上先进行初始化后再进入动态作业,也可在动态条件下直接开机,并在动态环境下完成整周未知数的搜索求解,在整周未知数解集固定下来以后,即可进行每一历元的实时处理。只要能保持四颗以上卫星相位观测值的连续锁定和它们具有必要的几何图形强度,则测程在 10km(本系统精度保证范围)以内的流动站可随时给出厘米级精度的点位成果。

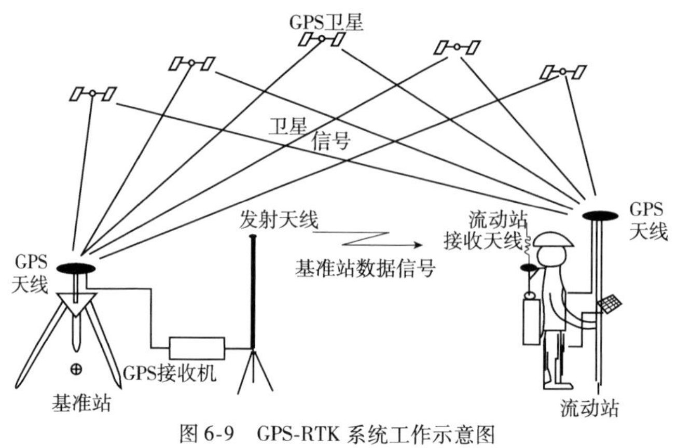

图 6-9　GPS-RTK 系统工作示意图

2. GPS-RTK 数据处理流程示意图

在 RTK 作业模式下，基准站通过数据链将其观测值（伪距和载波相位观测值）和测站坐标信息（如基准站坐标和天线高度）一起传送给流动站，流动站在完成初始化后，一方面通过数据链接接收来自基准站的数据，另外自身也采集 GPS 观测数据，并在系统内组成差分观测值进行实时处理，再经过坐标转换、高程拟合和投影改正，即可给出实用的厘米级定位结果，如图 6-10所示。

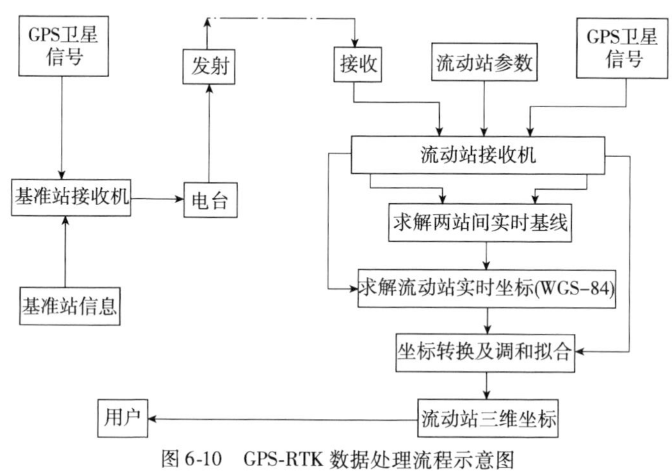

图 6-10　GPS-RTK 数据处理流程示意图

第五节　GPS 测量的作业模式

GPS 测量的作业模式，是指利用 GPS 定位技术确定观测站之间相对位置所采用的作业方式，它与 GPS 接收设备的硬件和软件密切相关。不同的作业模式，其作业方法、观测时间及应用范围亦不同。

近年来，由于 GPS 测量数据处理软件系统的发展，目前已有多种作业模式可供选择。作业模式主要有静态定位、快速静态定位、准动态定位以及动态定位等。

一、静态定位模式

静态定位模式是将 GPS 接收机安置在基线端点上，观测中保持接收机固定不动，以便能通过重复观测取得足够的多余观测数据，以提高定位的精度。这种作业模式一般是采用两套或两套以上 GPS 接收设备。分别安置在一条或数条基线的端点上，同步观测 4 颗以上卫星。可观测数个时段，每时段长 1 ~ 3h。静态定位一般采用载波相位观测量。

静态定位模式所观测的基线边，一般应构成某种闭合图形，如图 6-11 所示。这样有利于观测成果的检核，增加 GPS 网的强度，提高成果的可靠性及平差后的精度。

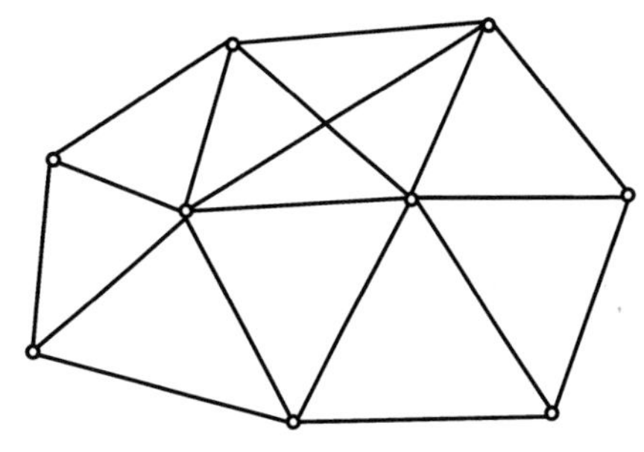
图 6-11　GPS 闭合环

静态定位测量一般需要有几套接收设备进行同步观测，同步观测所构成的几何图形称为同步环路。若有三套接收设备，同步环路可构成三边形，如图 6-12a）所示；若有四套接收设备，则可构成四边形或中点三边形，如图 6-12b）、c）所示。GPS 网由若干个同步环路构成。

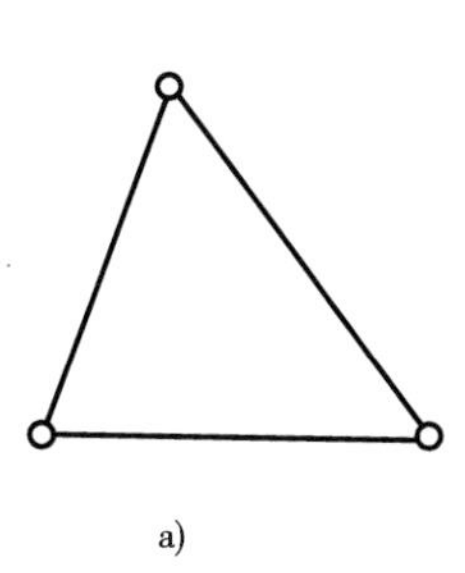
a)

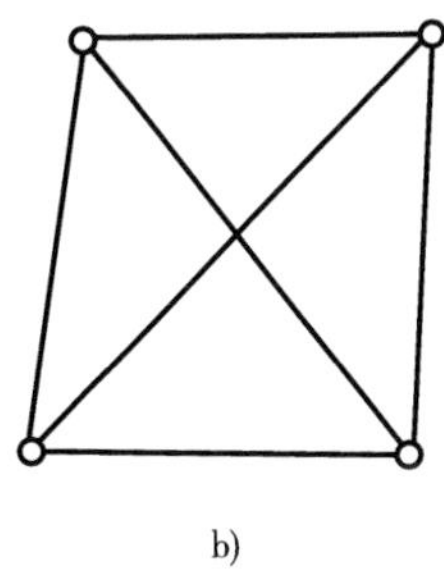
b)

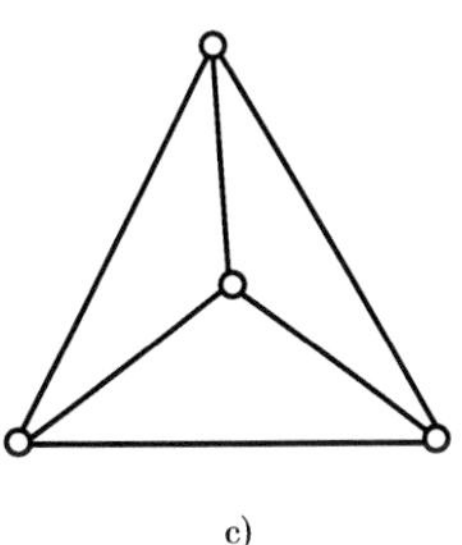
c)

图 6-12　GPS 三边形与四边形

静态定位测量是当前 GPS 定位测量中精度最高的作业模式，基线测量的精度可达 $5\text{mm} \pm 10^{-6} \times D$，其中 D 为基线长度。因此，静态定位测量广泛地应用于大地测量、精密工程测量以及其他精密测量。

二、快速静态定位模式

如图 6-13 所示，快速静态定位模式是在测区的中部选择一个基准站，并安置一台接收机，连续跟踪所有可见卫星；另一台接收机依次到各点流动设站，并且在每个流动站上，静止观测数分钟，以快速解算法解算整周未知数。

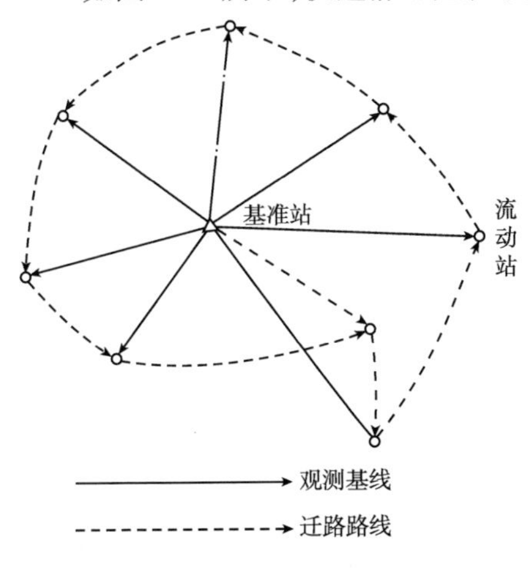

图 6-13　快速静态定位模式

这种作业模式要求，在观测中必须至少跟踪 4 颗卫星，而且流动站距基准站一般不应超过 15km。由于流动站的接收机在迁站过程中无须保持对所测卫星的连续跟踪，因而可以关闭电源以节约电能。

这种作业模式观测速度快，精度也较高，流动站相对基准站的基线中误差可达 $(5 \sim 10)\text{mm} \pm 10^{-6} \times D$。但由于直接观测边不构成闭合图形，所以缺少检核条件。

快速静态定位一般用于工程控制测量及其加密、地籍测量和碎部测量等。

三、准动态定位模式

如图 6-14 所示，在测区选择一基准站，安置接收机连续跟踪所有可见卫星，另一台接收机为流动的接收机，将其置于起始点 1 上，观测数分钟，以便快速确定整周未知数。在保持对所测卫星连续跟踪的情况下，流动的接收机依次迁到测点 2、3…上各观测数秒钟，以获得相应的观测值。

该作业模式在作业时，必须至少有 4 颗以上的卫星可供观测。在观测过程中，流动接收机对所测卫星信号不能失锁，如果发生失锁现象，应在失锁后的流动点上，将观测时间延长至数分钟。流动点与基准站相距应不超过 15km。

这种作业模式工作效率高。在作业过程中，虽然偶尔会发生失锁现象，只要在失锁的流动站点上，延长观测时间数分钟，即可向前继续观测。各流动站点相对于基准点的基线精度一般可达(10 ~20)mm $\pm 10^{-6} \times D$。

准动态定位适用于开阔地区的控制点加密、路线测量、工程定位以及碎部测量等。

四、动态定位模式

如图 6-15 所示，先建立一个基准站，并在其上安置接收机，连续跟踪观测所有可见卫星。另一台接收机安置在运动的载体上，在出发点静止观测数分钟，以便快速解算整周未知数。然后从出发点开始，载体按测量路线运动，其上的接收机就按预定的采用间隔自动进行观测。

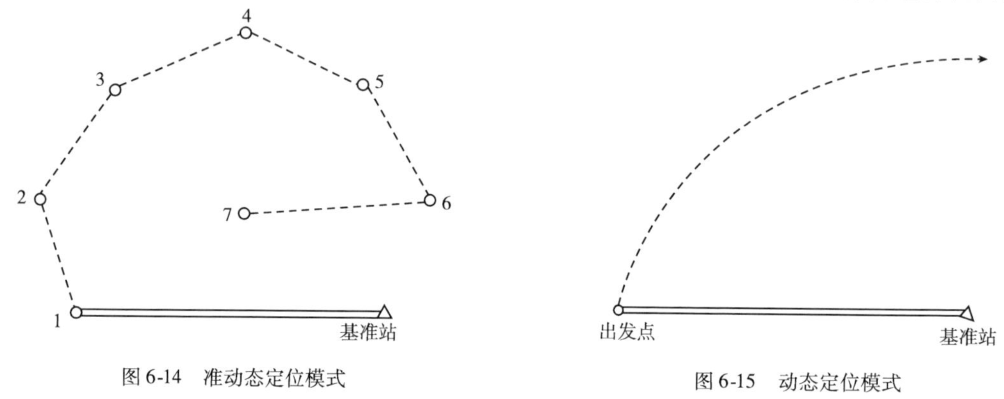

图 6-14　准动态定位模式

图 6-15　动态定位模式

该作业模式要求在作业过程中，必须至少能同时跟踪观测到 4 颗以上卫星。运动路线与基准站的距离不能超过 15km。动态定位的观测速度快，并可实现载体的连续实时定位。运动点相对基准站的基线精度一般可达(10 ~20)mm $\pm 10^{-6} \times D$。适用于测定运动目标的轨迹、路线中线测量、开阔地区的横断面测量和航道测量等。

第六节　GPS 误差源及其对定位精度的影响

按测量误差的性质，误差有偶然误差、系统误差与粗差三类。偶然误差从群体上服从正态分布规律，主要影响观测结果的精密度。GPS 观测中的偶然误差主要为观测误差，如对中误差、量天线高的误差等；系统误差是在大小与方向上具有偏向性的误差，它主要影响观测成果的准确度。在 GPS 观测中，如钟差、轨道误差等具有系统性偏差。GPS 观测中主要的误差源为系统误差。系统误差可以采取模型改正、将系统偏差当作未知参数与结果一并求解和求差法等方法消减其影响。粗差是不允许的，主要在于如何探查它的存在，并予以剔除。粗差将影响成果的可靠性。

按误差的来源，在 GPS 测量中，观测误差可归纳为以下几类：

一、与 GPS 卫星有关的误差

与 GPS 空间卫星有关的误差主要包括卫星钟的误差和卫星的轨道误差。

1. 卫星钟差

由于卫星的位置是时间的函数,因此 GPS 的观测量均以精密测时为依据,而与卫星位置相对应的时间信息,是通过卫星信号的编码信息传送给接收机的。在 GPS 定位中,无论是码相位观测或是载波相位观测,均要求卫星钟与接收机钟保持严格同步。实际上,尽管 GPS 卫星均设有高精度的原子钟(铷钟和铯钟),其稳定度在10^{-12}以上,但它们与理想的 GPS 时之间,仍存在着难以避免的偏差或漂移。这种偏差的总量约在 1m/s 以内。

对于卫星钟的这种偏差,一般可由卫星的主控站,通过对卫星钟运行状态的连续监测确定,并通过卫星的导航电文提供给接收机。经钟差改正后,各卫星钟之间的同步差,即可保持在 20ns(纳秒)以内。

在相对定位中,卫星钟差可通过观测量求差(或差分)的方法消除。

2. 卫星轨道偏差

目前,卫星轨道信息是通过导航电文得到的。估计与处理卫星的轨道偏差较为困难,其主要原因是卫星在运行中要受到多种摄动力的复杂影响,而通过地面监测站又难以充分可靠地测定这些作用力及其它们的作用规律。应该说,卫星轨道误差是当前 GPS 测量误差的主要来源之一。测量的基线长度越长,此项误差的影响就越大。

在 GPS 定位测量中,处理卫星轨道误差通常采用以下三种方法:

1)忽略轨道误差

这种方法是以从导航电文中所获得的卫星轨道信息为准,不再考虑卫星轨道实际存在的误差,所以广泛应用于精度较低的实时单点定位工作中。

2)采用轨道改进法处理观测数据

这种方法是在数据处理中,引入表征卫星轨道偏差的改正参数,并假设在短时间内这些参数为常量,将其与其他未知参数一并求解。此法一般用于精度要求较高的定位工作,并且需要测后处理。

3)同步观测值求差

这种方法是利用在两个或多个观测站上,对同一卫星的同步观测值求差,以减弱卫星轨道误差的影响。由于同一卫星的位置误差对不同观测站同步观测量的影响,具有系统误差性质,所以通过上述求差的方法,可以明显减弱卫星轨道误差的影响,尤其当基线较短时,其效用更为明显。这种方法对于精密相对定位,具有极其重要的意义。

二、与卫星信号传播有关的误差

与卫星信号传播有关的误差主要包括大气折射误差和多路径效应。

1. 电离层折射的影响

GPS 卫星信号和其他电磁波信号一样,当其通过电离层时,将受到这一介质弥散特性的影响,使信号的传播路径发生变化。当 GPS 卫星处于天顶方向时,电离层折射对信号传播路径的影响最小;而当卫星接近地平线时,则影响最大。

为了减弱电离层的影响,在 GPS 定位测量中通常采取以下措施:

1)利用双频观测

由于电离层的影响是信号频率的函数,所以利用不同频率的电磁波信号进行观测,便能够确定其影响值,从而对观测量加以修正。因此,具有双频的 GPS 接收机在精密定位测量中得到广泛应用。不过应当明确指出,在太阳辐射强烈的正午或在太阳黑子活动的异常期,应尽量避免观测,尤其是精密定位测量。

2)利用电离层模型加以修正

对于单频 GPS 接收机,为了减弱电离层的影响,一般是采用由导航电文所提供的电离层模型,或其他适合的电离层模型,对观测量加以修正。但是这种模型至今仍在完善之中,目前模型改正的有效性约为 75% 。

3)利用同步观测值求差

这一方法是利用两台或多台接收机,对同一组卫星的同步观测值求差,以减弱电离层折射的影响。尤其当观测站间的距离较近时(<20km),由于卫星信号到达各观测站的路径相近,所经过的介质状况相似,因此通过各观测站对相同卫星的同步观测值求差,便可显著地减弱电离层折射影响,其残差将不会超过10^{-6}。对单频 GPS 接收机而言,这种方法的重要意义尤为明显。

2. 对流层折射的影响

对流层折射对观测值的影响,可分为干分量与湿分量两部分。干分量主要与大气的温度与压力有关,而湿分量主要与信号传播路径上的大气湿度有关。对于干分量的影响,可通过地面的大气资料计算;湿分量目前尚无法准确测定。对于较短的基线(<50km),湿分量的影响较小。

关于对流层折射的影响,一般有以下几种处理方法:

(1)定位精度要求不高时,可不考虑其影响。

(2)采用对流层模型进行改正。

(3)引入描述对流层影响的附加待定参数,在数据处理中一并求解。

(4)采用观测量求差的方法。与电离层的影响相类似,当观测站间相距不远(<20km)时,由于信号通过对流层的路径相近,对流层的物理特性相似,所以对同一卫星的同步观测值求差,可以明显地减弱对流层折射的影响。

3. 多路径效应影响

多路径效应亦称多路径误差,是指接收机天线除直接收到卫星发射的信号外,还可能收到经天线周围地物一次或多次反射卫星信号,如图 6-16 所示。两种信号叠加,将会引起测量参考点(相位中心)位置的变化,从而使观测量产生误差。而且这种误差随天线周围反射面的性质而异,难以控制。根据试验资料的分析表明,在一般反射环境下,多路径效应对测码伪距的影响可达米级,对测相伪距的影响可达厘米级。而在高反射环境下,不仅其影响将显著增大,而且常会导致接收的卫星信号失锁和使载波相位观测量产生周跳。因此,在精密 GPS 导航和测量中,多路径效应的影响是不可忽视的。

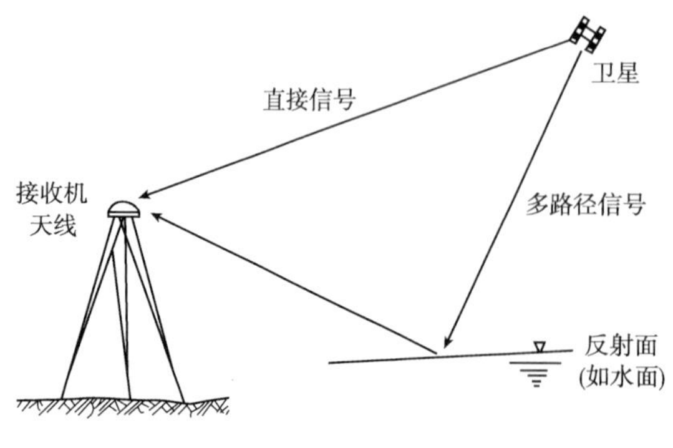

图 6-16　多路径效应

目前,减弱多路径效应影响的措施有:

(1)安置接收机天线的环境,应避开较强的反射面,如水面、平坦光滑的地面,以及平整的建筑物表面等。

(2)选择造型适宜且屏蔽良好的天线,如采用扼流圈天线等。

(3)适当延长观测时间,削弱多路径效应的周期性影响。

(4)改善 GPS 接收机的电路设计,以减弱多路径效应的影响。

三、与接收设备有关的误差

与 GPS 接收设备有关的误差主要包括观测误差、接收机钟差、载波相位观测的整周不定性和天线相位中心误差影响。

1. 观测误差

观测误差包括观测的分辨误差及接收机天线相对于测站点的安置误差等。

根据经验,一般认为观测的分辨误差约为信号波长的 1%,故知载波相位的分辨误差比码相位为小。由于此项误差属于偶然误差,适当增加观测量,将会明显地减弱其影响。

接收机天线相对于观测站中心的安置误差,主要是天线的置平与对中误差以及量取天线高的误差。在精密定位工作中,必须认真、仔细操作,以尽量减小这种误差的影响。

2. 接收机钟差

尽管 GPS 接收机设有高精度的石英钟,其日频率稳定度可以达到10^{-11},但对载波相位观测的影响仍是不能忽视的。

处理接收机钟差较为有效的方法,是将各观测时刻的接收机钟差间看成是相关的,由此建立一个钟差模型,并表示为一个时间多项式的形式,然后在观测量的平差计算中统一求解,得到多项式的系数,因而也就得到接收机的钟差改正。

在精密相对定位中,通过利用观测值求差的方法,亦能有效地减弱接收机钟差的影响。

3. 载波相位观测的整周不定性

载波相位观测是当前普遍采用的最精密观测方法。由于接收机只能测定载波相位非整周的小数部分,而无法直接测定载波相位整周数,因而存在整周不定性问题。

此外,在观测过程中,由于卫星信号失锁而发生周跳现象。从卫星信号失锁到信号被重新锁定,对载波相位非整周的小数部分并无影响,仍和失锁前保持一致,但整周数却发生中断而不再连续,所以周跳对观测的影响与整周未知数的影响相似。在精密定位的数据处理中,整周未知数和周跳都是关键性的问题。

4. 天线的相位中心位置偏差

在 GPS 定位中,观测值是以接收机天线的相位中心位置为准的,因而天线的相位中心与其几何中心理论上应保持一致。可是实际上天线的相位中心位置,随着信号输入的强度和方向不同而有所变化,即观测时相位中心的瞬时位置(称为视相位中心)与理论上的相位中心位置将有所不同。天线相位中心的偏差对相对定位结果的影响,根据天线性能的优劣,可达数毫米至数厘米。所以对于精密相对定位,这种影响是不容忽视的。

在实际工作中,如果使用同一类型的天线,在相距不远的两个或多个观测站上,同步观测同一组卫星,那么便可通过观测值求差,以削弱相位中心偏移的影响。必须提及的是,安置各观测站的天线时,均应按天线附有的方位标进行定向,使之根据罗盘指向磁北极。

思考题与习题

1. 什么叫 GPS？它于何时完成？经历了几个阶段？

2. GPS 系统由几部分组成？简述各部分的主要功能。

3. 简述 GPS 系统确定地面点位的思路。

4. 什么叫绝对定位、相对定位、静态定位和动态定位？

5. 简述 GPS 的主要特点。

6. GPS 测量有哪几种作业模式？各有什么特点？

7. 什么叫 RTK？简述其组成。

8. 简述 RTK 的工作原理。

9. 分析 GPS 测量误差的来源，并说明其对定位精度的影响。

10. 在 GPS 定位测量中，什么叫多路径效应？它是怎样产生的？如何削弱其对 GPS 定位测量所带来的影响？试举例说明。

11. 电离层误差、对流层误差是怎样产生的？

第七章　测量误差基本知识

第一节　测量误差概念

一、测量误差及其产生的原因

在测量工作中，由于仪器设备不够完善（仪器误差）、观测者感官的局限性（观测误差），以及外部环境瞬间变化的随机性（外界影响），使得对某一量的观测值偏离了该量的真值或理论值，而产生真误差或闭合差，统称为测量误差，简称为误差。例如，对某一三角形的内角进行观测，三内角观测值之和不等于180°（三角形内角和的理论值）；又如，观测某一闭合水准路线，其高差闭合差的观测值不等于零（理论值）等，均说明观测中存在误差的客观性和普遍性。

纵观整个测量工作，测量误差产生的原因主要有以下三个方面：

1. 仪器设备

测量工作是利用测量仪器进行的，而每一种测量仪器都具有一定的精确度，因此会使测量结果受到一定的影响。例如，钢尺的实际长度和名义长度总存在差异，由此所测的长度总存在尺长误差。再如，水准仪的视准轴不平行于水准管轴，也会使观测的高差产生 i 角误差。

2. 观测者

由于观测者感觉器官的鉴别能力存在一定的局限性，所以，对于仪器的对中、整平、瞄准、读数等操作都会产生误差。例如，在厘米分划的水准尺上，由观测者估读毫米数，则1mm以下的估读误差是完全有可能产生的。另外，观测者技术熟练程度也会给观测成果带来不同程度的影响。

3. 外界环境

观测时所处的外界环境中的温度、风力、大气折光、湿度、气压等客观情况时刻在变化，也会使测量结果产生误差。例如，温度变化使钢尺产生伸缩，大气折光使望远镜的瞄准产生偏差等。

上述三方面的因素是引起观测误差的主要来源，因此把这三方面因素综合起来称为观测条件。观测条件的好坏与观测成果的质量有着密切的联系。在同一观测条件下的观测称为等精度观测。反之，称为不等精度观测。相应的观测值称为等精度观测值和不等精度观测值。

二、测量误差的分类与处理原则

按测量误差对观测成果的影响性质，可分为系统误差和偶然误差两大类。前者为大误差，多发生于仪器设备；后者属小误差，多由一系列不可抗拒随机扰动所致。

1. 系统误差

在相同的观测条件下，对某一观测量进行一系列的观测，若误差的大小及符号相同，或按一定的规律变化，则这类误差称为系统误差。例如，用一名义为30m长、而实际长度为

30.007m 的钢尺丈量距离,每量一尺段就要少 7mm,该 7mm 误差在数值上和符号上都是固定的,而且随着尺段数的增加呈累积性。由于系统误差对测量成果影响具有累积性,应尽可能消除或限制到最低程度,其常用的处理方法有:

(1)检校仪器。把系统误差降低到最低程度,如校正竖盘指标差等。

(2)加改正数。在观测结果中加入系统误差改正数,如尺长改正等。

(3)采用适当的观测方法。使系统误差相互抵消或减弱,如测水平角时采用盘左、盘右观测以消除视准轴误差,测竖直角时采用盘左、盘右观测以消除指标差,采用前后视距相等来消除由于水准仪的视准轴不平行于水准轴带来的 i 角误差等。

2. 偶然误差

在相同的观测条件下,对观测量进行一系列的观测,大量的观测数据表明,误差出现的大小及符号在个体上没有任何规律,纯属偶然性,但从总体上看,误差的取值范围、大小和符号却服从一定的统计规律,这类误差称为偶然误差,或随机误差。例如,在厘米分划的水准尺上读数,由观测者估读毫米数时,有时估读偏大,有时估读偏小。又如,大气折光使望远镜中目标成像不稳定,使观测者瞄准目标时,有时偏左,有时偏右等。偶然误差是不可避免的,在测量中为了降低偶然误差的影响,提高观测精度,通常采用以下方法:

(1)提高仪器等级。使观测值的精度得到有效的提高,从而限制了偶然误差的大小。

(2)降低外界影响。选择有利的观测环境和观测时机,避免不稳定因素的影响,以减小观测值的波动;提高观测人员的技术修养和实践技能,正确处理观测与影响因子的协调关系和抗外来影响的能力,以稳、准、快地获取观测值;严格按照技术标准和要求操作程序观测等,以达到稳定和减少外界影响,缩小偶然误差的波动范围。

(3)进行多余观测。在测量工作中进行多于必要观测的观测,称为多余观测。例如,一段距离用往、返丈量,如将往测作为必要观测,则返测就属于多余观测;又如,由三个地面点构成一个平面三角形,在三个点上进行水平角观测,其中两个角度属于必要观测,则第三个角度的观测就属于多余观测。有了多余观测,就可以发现观测值的误差。根据差值的大小,可以评定测量的精度,差值如果大到一定程度,就认为观测值中有的观测量的误差超限,应予重测(返工);差值如果不超限,则按偶然误差的规律加以处理,以求得最可靠的数值。

需要注意的是,观测中应避免出现粗差。即由于观测者本身疏忽造成的误差。如读错、记错。粗差不属于误差范畴,是可以避免的。测量时必须遵守测量规范,要认真操作、随时检查,并进行结果校核。

第二节　偶然误差的特性

测量误差理论主要讨论具有偶然误差的一系列观测值中如何求得最可靠的结果和评定观测成果的精度。为此,需要对偶然误差的性质做进一步的讨论。

设某一量的真值为 X,对此量进行 n 次观测,得到的观测值为 l_1、$l_2 \cdots l_n$,在每次观测中产生的偶然误差(又称“真误差”)为 Δ_1、$\Delta_2 \cdots \Delta_n$,则定义:

$$\Delta_i = X - l_i \tag{7-1}$$

从单个偶然误差来看,其符号的正负和数值的大小没有任何规律性。但是,如果观测的次数很多,观察其大量的偶然误差,就能发现隐藏在偶然性下面的必然规律。进行统计的数量越大,规律性也越明显。下面,结合某观测实例,用统计方法进行分析。

在某一测区，于相同的观测条件下共观测了217个三角形的全部内角。由于每个三角形内角之和的真值（180°）为已知，因此，可以按式(7-1)计算每个三角形内角之和的偶然误差 Δ_i（三角形内角和闭合差），将它们分为负误差、正误差和误差绝对值，按绝对值由小到大排列次序；以误差区间 $d\Delta = 3''$ 进行误差个数 n_i 的统计，并计算其相对个数 $n_i/n(n=217)$，n_i/n 称为误差出现的频率。偶然误差的统计见表7-1。

偶然误差分布统计表 表7-1

误差区段 $d\Delta$ ($''$)	负误差			正误差			备注
	个数 n_i	频率 n_i/n	$\frac{(n_i/n)}{d\Delta}$	个数 n_i	频率 n_i/n	$\frac{(n_i/n)}{d\Delta}$	
0~3	30	0.138	0.046	29	0.134	0.045	
3~6	21	0.097	0.032	20	0.092	0.031	
6~9	15	0.069	0.023	18	0.083	0.028	
9~12	14	0.065	0.022	16	0.074	0.025	$d\Delta=3''$
12~15	12	0.055	0.018	10	0.046	0.015	等于区段左端值的
15~18	8	0.039	0.012	8	0.037	0.012	误差列于该区段内
18~21	5	0.023	0.008	6	0.028	0.009	
21~24	2	0.009	0.003	2	0.009	0.003	
24~27	1	0.005	0.002	0	0.000	0.000	

从表7-1的统计中，可以归纳出偶然误差的特性如下：

(1)在一定观测条件下，偶然误差的绝对值不会超过一定的限值。

(2)绝对值较小的误差出现频率大，绝对值较大的误差出现的频率小。

(3)绝对值相等的正、负误差出现的频率大致相等。

(4)当观测次数无限增大时，偶然误差的算术平均值趋近于零。即偶然误差具有抵偿性，用公式表示为：

$$\lim_{n\to\infty}\frac{\Delta_1+\Delta_2+\cdots+\Delta_n}{n}=\lim_{n\to\infty}\frac{[\Delta]}{n}=0 \tag{7-2}$$

式中，[ ]表示取括号中数值的代数和。

误差的分布情况，除了采用表7-1的形式表达外，还可用图形来表达。如图7-1所示，按表7-1的数据以横坐标表示误差的正负和大小，以纵坐标表示误差出现于各区间的频率(n_i/n)除以区间$(d\Delta)$，每一区间按纵坐标作成矩形小条，则每一小条的面积代表误差出现于该区间的频率，而各小条的面积总和等于1。该图称为“频率直方图”。它形象地表示了误差的分布情况。

当在同一观测条件下，随着观测个(次)数的无限增多$(n\to\infty)$，同时又无限缩小误差的区段值 $d\Delta(d\Delta\to 0)$，则图7-1中各小长条顶边的折线就逐渐成为如图7-2所示的一条光滑曲线，称为误差分布曲线，该曲线在概率论中称为“正态分布曲线”。它完整地表示了偶然误差出现的频率，即当 $n\to\infty$时，偶然误差出现在各区段的频率也就趋于一个确定的数值，这就是偶然误差出现在各区段的频率。

由此可见，偶然误差的频率分布随着 n 的增大，是以正态分布为极限的。

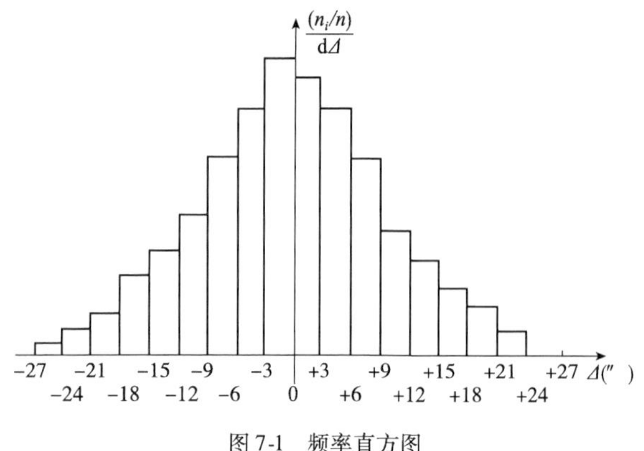

图 7-1　频率直方图

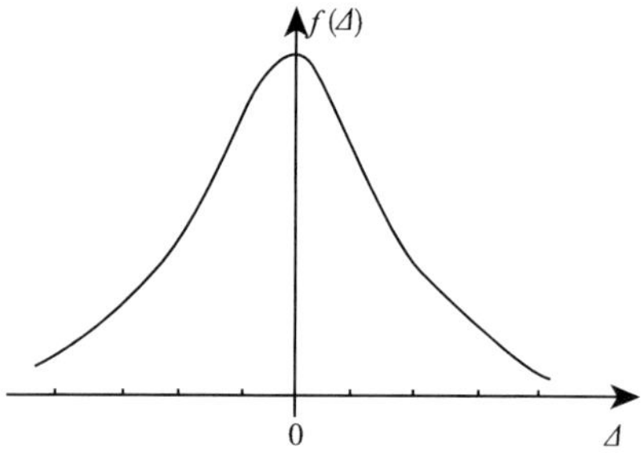

f(Δ)
0
Δ

图 7-2　误差分布曲线

正态分布曲线的数学方程为：

$$f(\Delta) = \frac{1}{\sqrt{2\pi\sigma}} e^{-\frac{\Delta^2}{2\sigma^2}} \tag{7-3}$$

式中：π——圆周率（$\pi = 3.1416$）；

e——自然对数的底（$e = 2.7183$）；

σ——标准差；标准差的平方 σ^2 为方差。

方差为偶然误差平方的理论平均值：

$$\sigma^2 = \lim_{n\to\infty} \frac{\Delta_1^2 + \Delta_2^2 + \cdots + \Delta_n^2}{n} = \lim_{n\to\infty} \frac{[\Delta\Delta]}{n} \tag{7-4}$$

标准差为：

$$\sigma = \pm \lim_{n\to\infty} \sqrt{\frac{[\Delta\Delta]}{n}} \tag{7-5}$$

第三节　观测值的算术平均值及改正值

在实际测量工作中，只有极少数观测量的理论值或真值是可以预知的，一般情况下，由于测量误差的影响，观测量的真值是很难测定的。为了提高观测值的精度，测量上通常采用有限的多余观测，通过计算观测值的算术平均值 $\bar{x}$ 来代替观测量的真值 X，用改正数 v_i 代替真误差 Δ_i，以解决实际问题。

一、算术平均值

在等精度观测条件下，对某未知量进行了 n 次观测，其观测值分别为：l_1、l_2…l_n，将这些观测值取算术平均值 $\bar{x}$，作为该量的最可靠值，称为该量的"最或是值"：

$$\bar{x} = \frac{l_1 + l_2 + \cdots + l_n}{n} = \frac{[l]}{n} \tag{7-6}$$

多次获得观测值而取算术平均值的合理性与可靠性，可以通过偶然误差的特性来证明。

设某一量的真值为 X，对此量进行 n 次观测，得到的观测值为 l_1、l_2…l_n，在每次观测中产生的真误差为 Δ_1、Δ_2…Δ_n，则由式(7-1)有：

$$
\left.\begin{aligned}
\Delta_1 &= X - l_1 \\
\Delta_2 &= X - l_2 \\
&\vdots \\
\Delta_n &= X - l_n
\end{aligned}\right\} \tag{7-7}
$$

将上等式相加,并除以 n 得到:

$$
\frac{[\Delta]}{n} = X - \frac{[l]}{n} \tag{7-8}
$$

根据偶然误差的第(4)个特性,当观测次数无限增多时,$\frac{[\Delta]}{n}$就会趋近于零,即$\lim\limits_{n\to\infty}\frac{[\Delta]}{n} = 0$,从而有:$\frac{[l]}{n} = X$。

也就是说,当观测次数无限增多时,观测值的算术平均值 $\bar{x}$ 趋近于该量的真值 X。但是在实际测量中,不可能对某一量进行无限次观测。因此,就把有限个观测值的算术平均值作为该量的最或是值。

二、观测值的改正数

算术平均值 $\bar{x}$ 与观测值 $l_i(i=1,2,\cdots,n)$之差,称为观测值的改正数 v_i:

$$
\left.\begin{aligned}
v_1 &= \bar{x} - l_1 \\
v_2 &= \bar{x} - l_2 \\
&\vdots \\
v_n &= \bar{x} - l_n
\end{aligned}\right\} \tag{7-9}
$$

将上等式相加得到:

$$
[v] = n\bar{x} - [l]
$$

结合式(7-6)则有:

$$
[v] = n\frac{[l]}{n} - [l] = 0 \tag{7-10}
$$

由此可见,一组观测值取算术平均值后,其改正数之和恒等于零。这一公式可以作为计算中的校核之用。

第四节　评定观测值精度的标准

在等精度的观测条件下,若偶然误差较集中于零附近,可以认为其误差分布的离散度小,表明该组观测质量较好,也就是观测精度高;反之,认为其误差分布离散度大,表明该组观测质量较差,也就是观测精度低。所谓精度,就是指误差分布的离散程度。衡量离散程度的大小,可用精度来衡量,衡量精度的指标有多种,我国目前采用的有以下几种。

一、中　误　差

为了统一衡量在一定观测条件下观测结果的精度,取标准差 σ 作为依据是比较理想的。不同的 σ 对应着不同形状的分布曲线,σ 越小,曲线越陡,σ 越大,曲线越缓,σ 的大小能反映精度的高低,故多用标准差来衡量精度的高低。但是,在实际测量工作中,不可能对某一量做无限多次观测。因此,定义按有限次数观测值的真误差求得标准差 σ 的估值为“中误差”,通常以 m 表示。

1. 用真误差来确定中误差

在等精度观测条件下,对真值为 X 的某一量进行 n 次观测,其观测值为 l_1、$l_2 \cdots l_n$,则每次观测中产生的真误差为 Δ_1、$\Delta_2 \cdots \Delta_n$,取各真误差平方的平均值的平方根,作为观测值的中误差,即:

$$m = \pm\sqrt{\frac{\Delta_1^2 + \Delta_2^2 + \cdots + \Delta_n^2}{n}} = \pm\sqrt{\frac{[\Delta\Delta]}{n}} \tag{7-11}$$

【例 7-1】 对 10 个三角形的三个内角进行两组观测,根据两组观测值的偶然误差(三角形的角度闭合差),求得中误差,如表 7-2 所示。

按观测值的真误差计算中误差 表 7-2

次序	第一组观测			第二组观测		
	观测值 l_i (° ′ ″)	真误差 Δ_i (″)	$\Delta\Delta$	观测值 l_i (° ′ ″)	真误差 Δ_i (″)	$\Delta\Delta$
1	180 00 03	−3	9	180 00 00	0	0
2	180 00 02	−2	4	179 59 59	+1	1
3	179 59 58	+2	4	180 00 07	−7	49
4	179 59 56	+4	16	180 00 02	−2	4
5	180 00 01	−1	1	180 00 01	−1	1
6	180 00 00	0	0	179 59 59	+1	1
7	180 00 04	−4	16	179 59 52	+8	64
8	179 59 57	+3	9	180 00 00	0	0
9	179 59 58	+2	4	179 59 57	+3	9
10	180 00 03	−3	9	180 00 01	−1	1
Σ		24	72		24	130
中误差	$m_1 = \pm\sqrt{\frac{[\Delta\Delta]}{n}} = \pm\sqrt{\frac{72}{10}} = \pm 2''.7$			$m_2 = \pm\sqrt{\frac{[\Delta\Delta]}{n}} = \pm\sqrt{\frac{130}{10}} = \pm 3''.6$		

由计算得出,第二组观测值的中误差 m_2 大于第二组观测值的中误差 m_1,说明第二组观测值相对来说精度较低。

2. 用观测值的改正数来确定中误差

在实际测量工作中,观测值的真位 X 往往是不知道。因此,真误差 Δ_i 也无法求得,此时,就不能用式(7-11)求中误差。而是通过计算观测值的算术平均值 $\bar{x}$ 来代替观测量的真值 X,用观测值的改正数 v_i 代替真误差 Δ_i。在此情况下,中误差的计算公式为(在此不做推导):

$$v_i = \bar{x} - l_i \quad (i = 1, 2 \cdots n)$$

$$m = \pm\sqrt{\frac{[vv]}{n-1}} \tag{7-12}$$

【例 7-2】 对于某一水平角,在等精度的条件下进行了 5 次观测,求其算术平均值及观测值的中误差,如表 7-3 所示。

按观测值的改正数计算中误差 表 7-3

观测次序	观测值 l_i (° ′ ″)	改正数 v_i (″)	vv	计算算术平均值 $\bar{x}$ 和中误差 m
1	35 42 49	−4	16	算术平均值：$\bar{x}=\frac{[l]}{n}=35°42'45''$ 观测值中误差：$m=\pm\sqrt{\frac{[vv]}{n-1}}=\pm\sqrt{\frac{60}{4}}=\pm3''.9$
2	35 42 40	+5	25	
3	35 42 42	+3	9	
4	35 42 46	−1	1	
5	35 42 48	−3	9	
Σ		0	60	

二、容 许 误 差

由偶然误差的第一特性得到，在等精度的观测条件下，偶然误差的绝对值不会超过某一极限值。实践表明：在大量同精度观测的一组误差中，误差 Δ 落在$(-\sigma,+\sigma)$、$(-2\sigma,+2\sigma)$、$(-3\sigma,+3\sigma)$的概率分别为：

$$P(-\sigma<\Delta<+\sigma)\approx68.3\%$$
$$P(-2\sigma<\Delta<+2\sigma)\approx95.4\%$$
$$P(-3\sigma<\Delta<+3\sigma)\approx99.7\%$$

可见，绝对值大于三倍中误差的偶然误差出现的概率仅有 0.3%，绝对值大于两倍中误差的偶然误差出现的概率约占 4.6%，因此通常以两倍中误差作为偶然误差的极限值 $\Delta_{限}$，并称为极限误差或容许误差。即：

$$\Delta_{限}=2m \tag{7-13}$$

在测量工作中，如某观测量的误差超过了容许误差，就可以认为它是错误的，其观测值应舍去重测。

三、相 对 误 差

衡量观测值精度的高低，有时单靠中误差还不能完全表达测量结果的好坏。例如，用钢尺丈量 100m 和 200m 的两段距离，中误差均为 ±2cm。虽然它们的中误差相同，但考虑到丈量的长度不同，两者精度并不相同。因此，当观测量的精度与观测量本身大小相关时，则应该采用相对误差来衡量测量精度的高低。

相对误差是用误差的绝对值与观测值之比来衡量精度高低的指标，是个无名数，在实际应用中一般将比值的分子化为 1，用 $1/N$ 表示。

即：
$$K=\frac{|m|}{L}=\frac{1}{L/|m|}=\frac{1}{N} \tag{7-14}$$

式中：K——相对误差；

m——观测误差（中误差）；

L——观测量的值；

N——相对误差分母。

相对误差分母 N 越大，精度越高。如对于上述两段距离，其相对误差分别是：

$$K_1 = \frac{0.02}{100} = \frac{1}{5000}$$

$$K_2 = \frac{0.02}{200} = \frac{1}{10000}$$

这也说明第二段距离的丈量结果比第一段的丈量结果精度高。

需要注意的是:相对误差是无量纲数,而真误差、中误差、容许误差是带有测量单位的数值。

第五节　误差传播定律及应用

上一节介绍对于某一量(例如一个角度、一段距离)进行多次观测,从而计算其观测值中误差或相对误差的方法。但是,在测量工作中,有一些需要知道的量并非直接观测得到,而是根据与直接观测值的函数关系求得,因此称这些量为观测值的函数。例如,两点间的水平距离 D 分为 n 段来丈量,各段量得的长度分别为 d_1、$d_2 \cdots d_n$,即 $D = d_1 + d_2 + \cdots + d_n$。又如,用尺子在 1∶1000 的地形图上量得两点间的距离 d,其相应的实地距离 $D = 1000d$,则 D 是 d 函数等。由于观测值中含有误差,使函数受其影响也含有误差,称之为误差传播。解决观测值中误差与其函数中误差的关系的定律称为误差传播定律。

一、线性函数的中误差

设有线性函数:

$$Z = k_1 x_1 \pm k_2 x_2 \pm \cdots \pm k_n x_n \tag{7-15}$$

式中:k_1、$k_2 \cdots k_n$——任意常数;

x_1、$x_2 \cdots x_n$——独立观测值。

当各独立观测值 x_1、$x_2 \cdots x_n$ 含有真误差 Δ_1、$\Delta_2 \cdots \Delta_n$ 时,函数 Z 必将产生真误差 Δz。

设各独立观测值 x_1、$x_2 \cdots x_n$ 的中误差为 m_1、$m_2 \cdots m_n$,则函数 Z 的中误差为 m_Z,可导出(推导从略):

$$m_Z^2 = (k_1 m_1)^2 + (k_2 m_2)^2 + \cdots + (k_n m_n)^2 \tag{7-16}$$

即观测值函数中误差的平方,等于常数与相应观测值中误差乘积的平方和。

也可以写成:

$$m_Z = \pm \sqrt{(k_1 m_1)^2 + (k_2 m_2)^2 + \cdots + (k_n m_n)^2} \tag{7-17}$$

【例 7-3】 在比例尺为 1∶500 的地形图上,量得 A、B 两点间的距离 $d = 134.7\text{mm}$,图上量距的中误差 $m_d = \pm 0.2\text{mm}$。求 A、B 两点实地距离 D 及其中误差 m_D。

解:由题意知,实地距离 D 与图上量距 d 间的函数关系为:

$D = Md = 500d$(M 为比例尺分母,是一个常数),根据式(7-15)此时线性函数简化成为简单的倍数函数,结合式(7-16)或式(7-17)得到:

$$D = 500d = 500 \times 134.7\text{mm} = 67.35\text{m}$$

$$m_D = \pm M m_d = \pm 500 \times 0.2\text{mm} = \pm 0.1\text{m}$$

则这段距离及其中误差可以写成为:

$$D = 67.35\text{m} \pm 0.1\text{m}$$

【例 7-4】 在三角形 ABC 中,对 $\angle A$ 和 $\angle B$ 进行了观测,其观测的中误差 m_A 和 m_B 分别为 $\pm 3''$ 和 $\pm 4''$,试推算 $\angle C$ 的中误差 m_C。

解:因三角形的内角和为180°,故有

$$\angle C = 180° - (\angle A + \angle B) = 180° - \angle A - \angle B$$

根据式(7-15),此时线性函数简化成为简单的差函数,结合式(7-16)或式(7-17)并因180°为常数,没有误差,得到:

$$m_C = \pm\sqrt{m_A^2 + m_B^2} = \pm\sqrt{3^2 + 4^2} = \pm 5''$$

【例7-5】 对某一量 X 进行了 n 次等精度观测,各次观测中误差为 m,求其算术平均值的中误差 M。

解:算术平均值可以写成为

$$\bar{x} = \frac{l_2 + l_2 + \cdots + l_2}{n} = \frac{1}{n}l_1 + \frac{1}{n}l_2 + \cdots + \frac{1}{n}l_n$$

根据式(7-15),结合式(7-16)或式(7-17)得到:

算术平均值的中误差

$$M = \sqrt{\left(\frac{1}{n}m_1\right)^2 + \left(\frac{1}{n}m_2\right)^2 + \cdots + \left(\frac{1}{n}m_n\right)^2}$$

由于进行的等精度观测,各次观测中误差均为 m。由此得到按观测值的中误差计算算术平均值的中误差的公式:

$$M = \pm\frac{m}{\sqrt{n}} = \frac{1}{\sqrt{n}}m \tag{7-18}$$

由此可见,算术平均值的中误差是观测值中误差的 $1/\sqrt{n}$。

二、一般函数的中误差

设有一般函数:

$$Z = f(x_1, x_2 \cdots x_n) \tag{7-19}$$

式中:$x_1, x_2 \cdots x_n$——独立观测值。

当各独立观测值 x_1、$x_2 \cdots x_n$ 含有真误差 Δ_1、$\Delta_2 \cdots \Delta_n$ 时,函数 Z 必将产生真误差 Δz。

设各独立观测值 x_1、$x_2 \cdots x_n$ 的中误差为 m_1、$m_2 \cdots m_n$,则函数 Z 的中误差为 m_Z,可导出(推导从略):

$$m_Z^2 = \left(\frac{\partial f}{\partial x_1}\right)^2 m_1^2 + \left(\frac{\partial f}{\partial x_2}\right)^2 m_2^2 + \cdots + \left(\frac{\partial f}{\partial x_n}\right)^2 m_n^2 \tag{7-20}$$

即一般函数中误差的平方等于该函数对每个观测值取偏导数后与相应观测值中误差乘积的平方之和。

【例7-6】 如图7-3所示,用仪器测得图示斜距 $L = 1278.44\text{m} \pm 10\text{mm}$,竖直角 $\alpha = 23°12'18'' \pm 6''$,量得仪器高 $i = 1.454\text{m} \pm 2\text{mm}$,觇标高 $l = 1.565 \pm 2\text{mm}$。试求 AB 间距离 D_{AB}、高差 h_{AB} 的中误差 $m_{D_{AB}}$、$m_{h_{AB}}$。

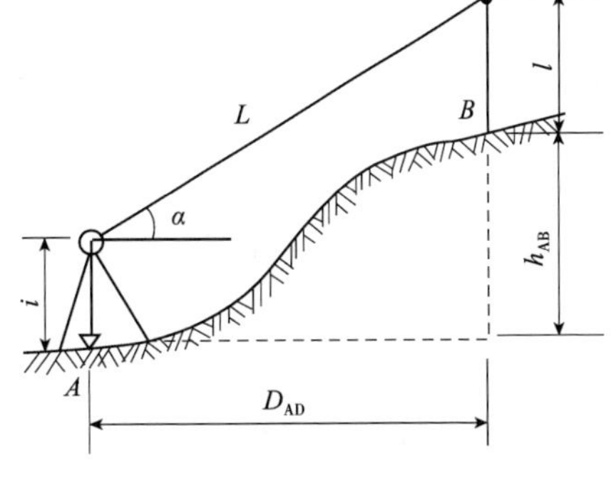

图7-3 求平距及高差

解:由题图按几何关系可得:

$$D_{AB} = L \cdot \cos\alpha$$

$$h_{AB} = L \cdot \sin\alpha + i - l$$

根据式(7-19),结合式(7-20)得到:

$$m_{D_{AB}}^2 = \left(\frac{\partial D_{AB}}{\partial L}\right)^2 m_L^2 + \left(\frac{\partial D_{AB}}{\partial \alpha}\right)^2 (m_\alpha/\rho)^2$$

$$= \cos^2\alpha \times m_L^2 + L^2\sin^2\alpha \times m_\alpha^2/\rho^2$$

$$= \cos^2 23°12'18'' \times 0.01^2 + 1278.44^2 \times \sin 23°12'18'' \times 6^2/206265^2$$

$$= 2.99 \times 10^{-4}\mathrm{m}^2$$

$$m_{D_{AB}} = \pm\sqrt{2.99 \times 10^{-4}} = \pm 0.017\mathrm{m}$$

$$m_{h_{AB}}^2 = \left(\frac{\partial h_{AB}}{\partial L}\right)^2 m_L^2 + \left(\frac{\partial h_{AB}}{\partial \alpha}\right)^2 (m_\alpha/\rho)^2 + \left(\frac{\partial h_{AB}}{\partial i}\right)^2 m_i^2 + \left(\frac{\partial h_{AB}}{\partial l}\right)^2 m_l^2$$

$$= \sin^2\alpha \times m_L^2 + (L \cdot \cos\alpha)^2 (m_\alpha/\rho)^2 + m_i^2 + m_l^2$$

$$= \sin^2 23°12'18'' \times 0.01^2 + (1278.44 \times \cos 23°12'18'')^2 (6/206265)^2 + 0.002^2 + 0.002^2$$

$$= 1.1917 \times 10^{-3}\mathrm{m}^2$$

$$m_{h_{AB}} = \pm\sqrt{1.1917 \times 10^{-3}} = \pm 0.0345\mathrm{m}$$

三、误差传播定律应用示例

应用误差传播定律,可以为实际测量成果的精度及其限差的规定提供理论依据。

下面以水准测量的高差中误差为例进行讨论。

设用水准测量的方法测定 A、B 两点间的高差,中间共设有 n 个测站,则 A、B 间高差等于各测站高差之代数和,即:

$$h_{AB} = h_1 + h_2 + \cdots + h_n$$

设每一站高差中误差均为 $m_{站}$,则得到 h_{AB}的中误差 $m_{h_{AB}}$为:

$$m_{h_{AB}} = \pm\sqrt{n} \cdot m_{站} \tag{7-21}$$

即水准测量的高差中误差与测站数的平方根成正比。

若水准路线设在平坦地区,测站间的距离 d 大致相等,设 A、B 间的距离为 L,则测站数为 $n = L/d$,将其代入式(7-21)得:

$$m_{h_{AB}} = \pm\sqrt{\frac{L}{d}} \cdot m_{站} = \frac{m_{站}}{\sqrt{d}} \cdot \sqrt{L} \tag{7-22}$$

如果取 $L = 1\mathrm{km}$,则 1km 水准测量的中误差为:$\mu = m_{站}/\sqrt{d}$,代入式(7-22)得:

$$m_{h_{AB}} = \mu \cdot \sqrt{L} \tag{7-23}$$

即水准测量的高差中误差与距离 L 的平方根成正比(L 以公里为单位)。

所以,规范规定水准测量的高差闭合差的容许值,均以测站 n 或水准路线长度 L 的平方根为变数来取值。

思考题与习题

1. 什么叫测量误差?产生测量误差的原因有哪些?

2. 什么叫系统误差?什么叫偶然误差?在测量中应如何消除或减弱其对测量结果的影响?

3. 偶然误差具有哪些特性?

4. 何谓观测条件?什么叫等精度观测和非等精度观测?试举例说明。

5. 什么叫多余观测？多余观测有什么实际意义？

6. 什么叫中误差？什么叫相对误差？中误差和相对误差分别在什么情况下使用？

7. 什么叫容许误差？为什么容许误差规定为中误差的 2 倍或 3 倍？

8. 就表 7-4 所列误差来源，分析判定误差的性质（指系统误差或偶然误差），并简述消除或减小误差的方法。

测量误差性质与处理方法 表 7-4

测量工作	误 差 名 称	误差的性质
钢尺量距	尺长不准	
	定线不准	
	尺弯曲	
	温度变化的影响	
	拉力不匀	
	读数不准	
	测钎投点不准	
水准测量	存在有视差	
	附合气泡不居中	
	水准尺不直	
	前、后视距不等	
	估读毫米数不准	
	水准尺下沉	
	水准仪下沉	
	水准管轴不平行于视准轴	
	地球曲率	
水平角测量	对中不准	
	仪器未完全整平	
	目标倾斜	
	瞄准误差	
	读数不准	
	照准部偏心	
	水准管轴不垂直于竖轴	
	水平度盘刻划不均	

9. 设有一正方形建筑物，量得其一边长为 a，其中误差 $m_a = \pm 3\text{mm}$，求周长的中误差？若以相同精度测量其四边，各边的中误差均为 ±3mm，则周长的中误差又为多少？

10. 在三角形 ABC 中（图 7-4），$\angle A$ 的中误差为 $m_A = \pm 30''$，$\angle B$ 的中误差为 $m_B = \pm 20''$，则 $\angle C$ 的中误差 m_C 为多少？由 A 角平分线 AO 与 B 角平分线 BO 和 AB 组成的三角形 ABO，则 $\angle O$ 的中误差 m_O 为多少？

11. 采用两次仪器高法进行水准测量，每次读数包含瞄准误差、估读误差以及气泡居中不

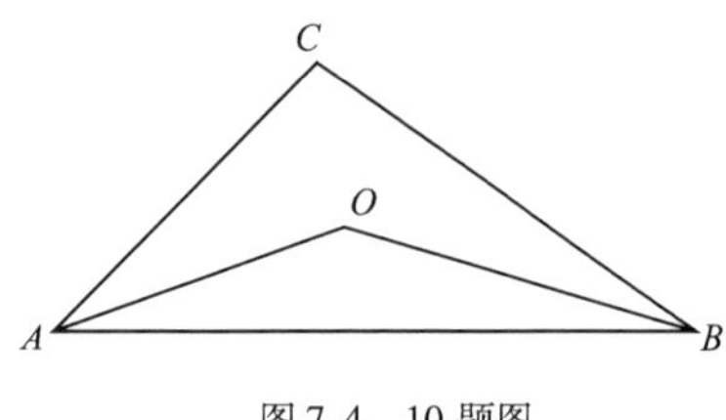

图 7-4　10 题图

准误差，它们数值分别是 $m_{瞄}=1.1\text{mm}$，$m_{估}=2.5\text{mm}$，$m_{气}=1.5\text{mm}$，试求：

（1）一次仪器高测定高差 h_1 的中误差 m_{h_1}。

（2）两次仪器高测得高差之差 Δh 的中误差 $m_{\Delta h}$。

（3）测站高差平均值 h 中误差 m_h。

12. 对某段距离用钢尺丈量 6 次，观测值列于表 7-5。计算其算术平均值 $\bar{x}$、算术平均值的中误差 $m_{\bar{x}}$ 及其相对中误差 K。

钢尺量距记录计算表　　表 7-5

次序	观测值 l(m)	Δl(cm)	改正数 v(cm)	vv	计算 $\bar{x}$、$m_{\bar{x}}$、K
1	246.52				
2	246.48				
3	246.56				
4	246.46				
5	246.40				
6	246.58				

13. 对于某一矩形场地，量得其长度 $a=156.34\text{m}\pm0.10\text{m}$，宽度 $b=85.27\text{m}\pm0.05\text{m}$，计算该矩形场地的面积 P 及其中误差 m_P。

第八章　小区域控制测量

第一节　控制测量及其等级

在测量工作中，为了限制误差的累积与传播，满足测图和施工的精度需要，使分区的测图能拼接成整体，或使整体的工程能分区施工放样，就必须遵循测量工作的基本原则，即"从整体到局部"、"先控制后碎部"。也就是说，在做局部测量或碎部测量以前，先要进行整体的控制测量。控制测量是指在整个测区范围内，选定若干个具有控制作用的点（称为控制点），设想用直线连接相邻的控制点，组成一定的几何图形（称为控制网），用精密的测量仪器和工具进行外业测量，获得相应的外业资料，并根据外业资料，用准确的计算方法确定控制点的平面位置和高程的工作，以期统一全测区的测量工作。

控制测量分为平面控制测量和高程控制测量。本教材结合公路工程控制测量进行介绍。

一、平面控制测量及等级

测定控制点平面位置（平面坐标 x、y）的工作，称为平面控制测量。常规平面控制测量按照控制点之间组成几何图形的不同，主要有导线控制测量（导线测量）和三角控制测量（三角测量）。

如图 8-1 所示，控制点 1、2、3、4 等连成折线图形，测量各折线边长和两相邻边的夹角，通过计算就可以获得它们之间的相对平面位置。这种形成折线的控制点称为导线点，进行的控制测量工作称为导线控制测量。

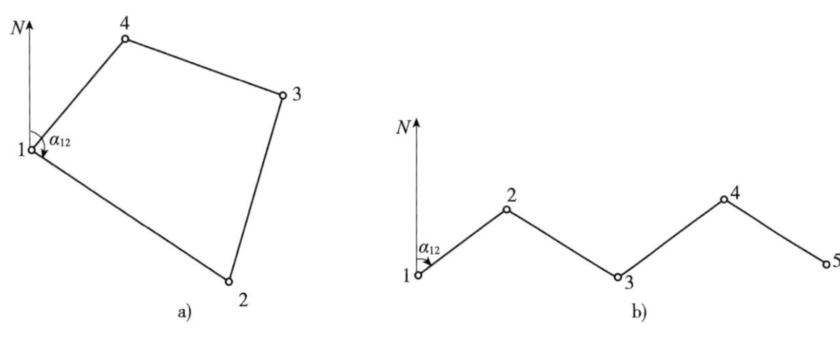

图 8-1　导线

图 8-2 的控制点 A、B、C、D、E、F 等组成相互邻接的三角形，观测所有三角形的内角，并至少测量其中一条边的长度（例如图 8-2 的 AB 边）作为起算边，通过计算同样可以得到它们之间的相对平面位置。这种形成三角形的控制点称为三角点，构成的控制网称为三角网，进行的测量工作称为三角控制测量。该部分内容本书不做介绍。

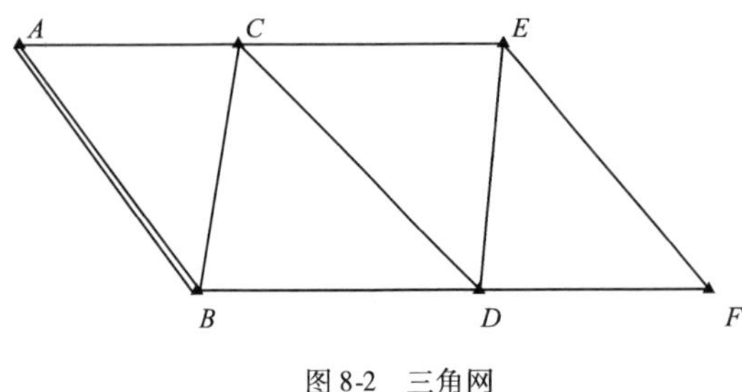

图 8-2　三角网

平面控制测量除了采用经典的导线测量和三角测量之外，随着科技的日新月异，卫星大地测量的方法也逐渐成熟起来。目前，最常用的是 GPS 卫星全球定位系统，20 世纪 80 年代末，我国开始应用 GPS 定位技术在全国范围内建立控制网，并已逐渐成为布设控制网的主要方法。

在全国范围内布设的平面控制网，称为国家平面控制网。国家平面控制网采用逐级控制、分级布设的原则。按其精度分成一、二、三、四等。其中，一等网精度最高，逐级降低。而控制点的密度则是一等网最小，逐级增大。

如图 8-3 所示，一等三角网一般称为一等三角锁，它是在全国范围内，沿经纬线方向布设的，是国家平面控制网的骨干，除了用作扩展低等级平面控制网的基础之外，还为测量学科研究地球的形状和大小提供精确数据。二等三角网布设于一等三角锁环内，是国家平面控制网的全面基础。三、四等网是二等网的进一步加密，以满足测图和各项工程建设的需要。在某些局部地区，如果采用三角测量困难时，也可用同等级的导线测量代替。如图 8-4 所示，其中一、二等导线测量，又称为精密导线测量。

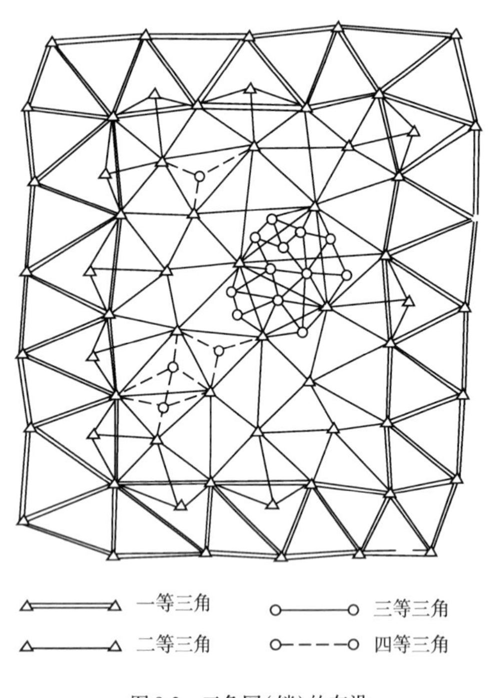

图 8-3　三角网（锁）的布设

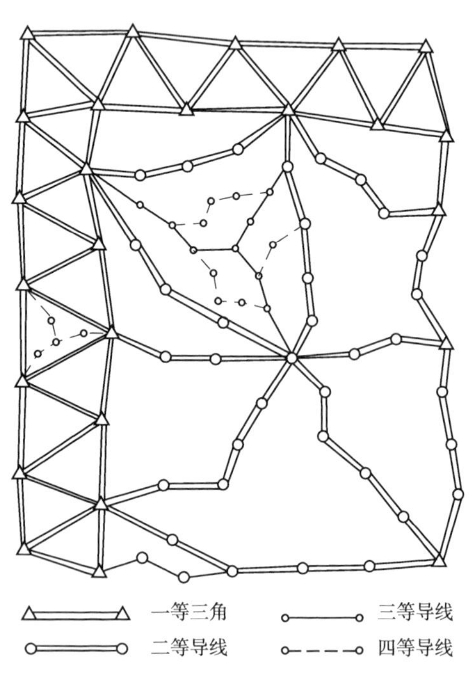

图 8-4　导线网的布设

在较小区域（一般不超过 15km²）范围内建立的控制网，称为小区域控制网。用于工程的平面控制测量一般是建立小区域平面控制网，它可根据工程的需要采用不同等级的平面控制。《公路勘测规范》（JTG C10—2007）规定：公路工程平面控制测量，应采用 GPS 测量、导线测量、三角测量或三边测量方法进行。其等级依次为二等、三等、四等、一级和二级，各等级的技术指标均有相应的规定。对于各级公路和桥梁、隧道平面控制测量的等级，不得低于表 8-1 的规定。

公路工程平面控制测量等级选用 表 8-1

高架桥、路线控制测量	多跨桥梁总长 L(m)	单跨桥梁 L_K(m)	隧道贯通长度 L_G(m)	测 量 等 级
—	$L \geq 3000$	$L_K \geq 500$	$L_G \geq 6000$	二等
—	$2000 \leq L < 3000$	$300 \leq L_K < 500$	$3000 \leq L_G < 6000$	三等
高架桥	$1000 \leq L < 2000$	$150 \leq L_K < 300$	$1000 \leq L_G < 3000$	四等
高速、一级公路	$L < 1000$	$L_K < 150$	$L_G < 1000$	一级
二、三、四级公路	—	—	—	二级

各级平面控制测量,其最弱点点位中误差均不得大于 ±5cm,最弱相邻点相对点位中误差均不得大于 ±3cm,最弱相邻点边长相对中误差不得大于表 8-2 的规定。

平面控制测量精度要求 表 8-2

测 量 等 级	最弱相邻点边长相对中误差	测 量 等 级	最弱相邻点边长相对中误差
二等	1/100000	一级	1/20000
三等	1/70000	二级	1/10000
四等	1/35000		

二、高程控制测量及等级

测定控制点高程的工作,称为高程控制测量。根据采用测量方法的不同,高程控制测量分为水准测量和三角高程测量。

国家高程控制网的建立主要采用精密水准测量的方法,其按精度分为一、二、三、四等。如图 8-5 所示是国家水准网布设示意图,一等水准网是国家最高级的高程控制骨干,它除用作扩展低等级高程控制的基础以外,还为科学研究提供依据;二等水准网为一等水准网的加密,是国家高程控制的全面基础;三、四等水准网为在二等网的基础上进一步加密,直接为各种测区提供必要的高程控制。

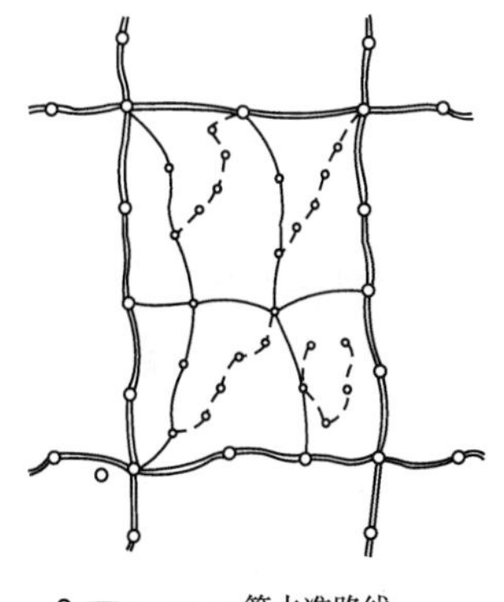

图 8-5 水准网的布设

用于工程的小区域高程控制网,亦应根据工程施工的需要和测区面积的大小,采用分级建立的方法。对于公路工程,《公路勘测规范》(JTG C10—2007)规定:公路高程系统宜采用“1985 年国家高程基准”,同一个公路项目应采用同一个高程系统,并应与相邻项目高程系统相衔接。高程控制测量应采用水准测量或三角高程测量的方法进行。其等级依次为二等、三等、四等和五级,各等级的技术要求均有相应的规定。对于各级公路及构造物的高程控制测量等级,不得低于表 8-3的规定。

公路工程高程控制测量等级选用 表 8-3

高架桥、路线控制测量	多跨桥梁总长 L(m)	单跨桥梁 L_K(m)	隧道贯通长度 L_G(m)	测量等级
—	$L \geq 3000$	$L_K \geq 500$	$L_G \geq 6000$	二等
—	$1000 \leq L < 3000$	$150 \leq L_K < 500$	$3000 \leq L_G < 6000$	三等
高架桥,高速、一级公路	$L < 1000$	$L_K < 150$	$L_G < 3000$	四等
二、三、四级公路	—	—	—	五等

各等级路线高程控制网最弱点高程中误差不得大于 ±25mm，用于跨越水域和深谷的大桥、特大桥的高程控制网最弱点高程中误差不得大于 ±10mm，每公里观测高差中误差和附合(环线)水准路线长度应小于表 8-4 的规定。当附合(环线)水准路线长度超过规定时，应采用双摆站的方法进行测量，但其长度不得大于表 8-4 中规定的两倍。每站高差较差应小于基辅(黑红)面高差较差的规定(表 8-16)。一次双摆站为一单程，取其平均值计算的往返较差、附合(环线)闭合差应小于相应限差的 0.7 倍。

高程控制测量的技术要求 表 8-4

测量等级	每公里高差中数中误差(mm)		附合或环线水准路线长度(km)	
	偶然中误差 M_Δ	全中误差 M_W	路线、隧道	桥梁
二等	±1	±2	600	100
三等	±3	±6	60	10
四等	±5	±10	25	4
五等	±8	±16	10	1.6

第二节 导线测量

将测区内的相邻控制点用直线连接，而构成的连续折线，称为导线。这些转折点(控制点)称为导线点。相邻导线点间的距离，称为导线边长。相邻导线边之间的水平角，称为转折角。导线测量是依次测定各导线边长和各转折角，根据起算数据，推导各边的坐标方位角，进而求得各导线点的平面坐标。

一、导线的布设形式

根据测区的不同情况和要求，导线的布设有三种形式。

1. 闭合导线

从一个已知高级点出发，经过了若干导线点以后，又回到原已知高级点，这样的导线称为闭合导线。如图 8-6 所示，导线从已知高级控制点 B(或称为 1)和已知方向 AB 出发，经过 2、3、4、5…点，最后又回到起点 B(或称为 1)，形成一个闭合的多边形。闭合导线本身具有严密的几何条件，因此可以对观测成果进行一定的检核，通常用于面积较宽阔的独立地区。

2. 附合导线

从一个已知高级控制点出发，经过了若干个导线点以后，附合到另一个已知高级控制点上，这样的导线称为附合导线。如图 8-7 所示，导线从一已知的高级控制点 A(或称为 1)和已知方向 BA 出发，经过了 2、3、4…点，最后附合到另一个已知的高级控制点 C(或称为 n)上，形成一条连续的折线。由于其本身的已知条件，该形式同样具有对观测成果的检核作用，通常用于带状地区做首级控制，广泛地应用于公路、铁路和水利等工程。

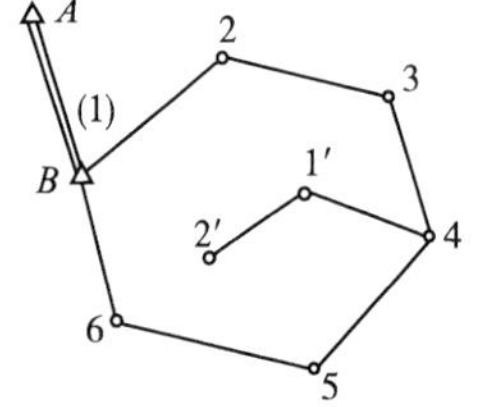

图 8-6 闭合导线(4—1′—2′为支导线)

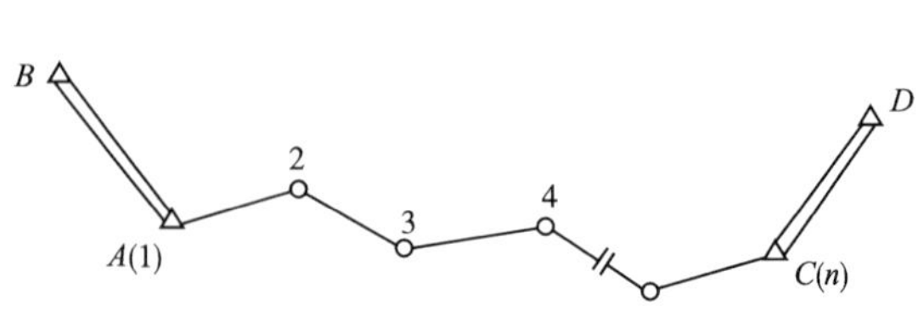

图 8-7 附合导线

3. 支导线

从一个已知点出发，经过 1 ~2 个导线点后，既不回到原起始点，也不附合到另一个已知点上，这样的导线称为支导线，如图 8-6 中的 4—1′—2′就是一条支导线，其中的 4 点作为闭合导线的点，在闭合导线计算时可求得其坐标，故在支导线中作为已知点，1′点和 2′点是支导线点。由于支导线缺乏已知条件，无法进行检核，故其边数一般不宜超过 2 条，不得超过 4 条，它仅适用于图根控制补点使用。

二、导线测量的技术要求

公路工程的导线按精度由高到低的顺序划分为：三等、四等、一级和二级四个等级，其主要技术要求列于表 8-5 中。

导线测量的主要技术要求 表 8-5

等级	附(闭)合导线长度(km)	平均边长(km)	边数	每边测距中误差(mm)	单位权中误差(″)	导线全长相对闭合差	方位角闭合差(″)
三等	≤18	2.0	≤9	≤ ±14	≤ ±1.8	≤1/52000	$\leq 3.6\sqrt{n}$
四等	≤12	1.0	≤12	≤ ±10	≤ ±2.5	≤1/35000	$\leq 5.0\sqrt{n}$
一级	≤6	0.5	≤12	≤ ±14	≤ ±5.0	≤1/17000	$\leq 10\sqrt{n}$
二级	≤3.6	0.3	≤12	≤ ±11	≤ ±8.0	≤1/11000	$\leq 16\sqrt{n}$

注：1. 表中 n 为测站数。

2. 以测角中误差为单位权中误差。

3. 导线网节点间的长度不得大于表中长度的 0.7 倍。

三、导线测量的外业工作

导线测量的外业工作主要包括：踏勘选点及建立标志、测距、测角和联测。各项工作均应按相关规定完成。

1. 踏勘选点及建立标志

在选点时，首先调查收集测区已有的地形图和控制点的成果资料，一般是先在中比例尺(1∶10000 ~1∶100000)的地形图上进行控制网设计。根据测区内已有的国家控制点或测区附近其他工程部门建立的可资利用的控制点，确定与其联测的方案及控制网点位置。在布网方案初步确定后，可对控制网进行精度估算，必要时需对初定控制点做调整。然后到野外去踏勘、核对、修改和落实点位。如需测定起始边，起始边位置应优先考虑。如果测区没有以前的地形资料，则需详细踏勘现场，根据已知控制点的分布、地形条件以及测图和施工需要等具体情况，合理拟定导线点的位置。

控制点位置的选定应满足相应工程的基本要求。例如，对于公路工程应满足中华人民共和国行业标准《公路勘测规范》(JTG C10—2007)之规定。公路导线控制网应满足以下平面控制网设计的一般要求和导线测量布设要求。

1)平面控制网设计的一般要求

(1)路线平面控制网的设计，应首先在地形图上进行控制网点位的选择，在其基础上进行现场踏勘并确定点位。

(2)路线平面控制网，宜首先布设首级控制网，然后再加密路线平面控制网。

(3)构造物平面控制网可与路线平面控制网同时布设，亦可在路线平面控制网的基础上进行。当分步布设时，布设路线平面控制网的同时，应考虑沿线桥梁、隧道等构造物测设的需要，在大型构造物的两侧至少应分别布设1对相互通视的首级平面控制点。

(4)平面控制点相邻点间平均边长应参照表8-5中所列平均边长执行。四等及四等以上平面控制网中相邻点之间距离不得小于500m，一、二级平面控制网中相邻点之间距离在平原、微丘区不得小于200m，重丘、山岭区不得小于100m，最大距离不应大于平均边长的2倍。

(5)路线平面控制点宜沿路线前进方向布设，路线平面控制点到路线中心线的距离应大于50m，宜小于300m，每一点至少应有一相邻点通视。特大型构造物每一端应埋设2个以上平面控制点。

(6)点位的位置应便于加密、扩展，易于保存、寻找，同时便于测角、量距及地形图测量和中桩放样。

(7)构造物控制网宜布设成四边形，应以构造物一端路线控制网中的一个点为起算点，以该点到另一路线控制点的方向为起始方向，并利用构造物另一端路线控制网中的一个点为检核点。

2)导线测量的布设要求

(1)各级导线应尽量布设成直伸形状。

(2)点位的布设应满足下列测距边的要求。

测距边应选在地面覆盖物相同的地段，不宜选在烟囱、散热塔、散热池等发热体的上空。测线上不应有树枝、电线等障碍物，测线应离开地面或障碍物1.3m以上。测线应避开高压线等强电磁场的干扰，并宜避开视线后方反射物体。

导线点选定后，应在相应位置建立标志，并按一定顺序编号。标志的制作、尺寸规格、书写及埋设均应符合相应等级的要求。为便于今后查找，还应量出导线点至附近明显地物的距离，现场绘制草图，注明尺寸，称为点之记。

2. 测距

测距是指测定导线中各边长的工作。《公路勘测规范》(JTG C10—2007)规定：一级及以上导线的边长，应采用光电测距仪(按表8-6选用)施测。二级导线的边长，可采用普通钢尺进行测量。光电测距的主要技术要求应符合表8-7的要求。普通钢尺丈量导线边长的主要技术要求应符合表8-8的要求。

光电测距仪的选用 表8-6

测距仪精度等级	每公里测距中误差 m_D(mm)	适用的平面控制测量等级
I级	$m_D \leq \pm 5$	所有等级
II级	$\pm 5 < m_D \leq \pm 10$	三、四等，一、二级
III级	$\pm 10 < m_D \leq \pm 20$	一、二级

光电测距的主要技术要求 表8-7

导线等级	观测次数		每边测回数		一测回读数间较差(mm)	单程各测回较差(mm)	往返较差
	往	返	往	返			
三等	≥1	≥1	≥3	≥3	≤5	≤7	$\leq\sqrt{2}(a+b\cdot D)$
四等	≥1	≥1	≥2	≥2	≤7	≤10	
一级	≥1	—	≥2	—	≤7	≤10	
二级	≥1	—	≥1	—	≤12	≤17	

注：1. 测回是指照准目标一次，读数4次的过程。

2. 表中 a 为固定误差，b 为比例误差系数，D 为水平距离(km)。

普通钢尺丈量导线边长的主要技术要求 表 8-8

定向偏差（mm）	每尺段往返高差之差（cm）	最小读数（mm）	三组读数之差（mm）	同段尺长差（mm）	外业手簿计算取值（mm）		
					尺长	各项改正	高差
≤5	≤1	1	≤3	≤4	1	1	1

注：每尺段指 2 根同向丈量或单尺往返丈量。

3. 测角

导线的转折角有左角和右角之分，以导线为界，按编号顺序方向前进，在前进方向左侧的角称为左角；在前进方向右侧的角称为右角。在闭合导线中，一般均测其内角，闭合导线若按逆时针方向编号，其内角均为左角；反之均为右角。在附合导线中，可测其左角亦可测其右角（在公路测量中一般测右角），但全线要统一。水平角观测的主要技术要求应符合表 8-9的规定。

水平角观测的主要技术要求 表 8-9

测量等级	经纬仪型号	光学测微器两次重合读数差	半测回归零差	同一测回中 $2c$ 较差	同一方向各测回间较差	测回数
三等	DJ_1	≤ 1	≤ 6	≤ 9	≤ 6	≥6
	DJ_2	≤ 3	≤ 8	≤ 13	≤ 9	≥10
四等	DJ_1	≤ 1	≤ 6	≤ 9	≤ 6	≥4
	DJ_2	≤3	≤8	≤13	≤9	≥6
一级	DJ_2	—	≤ 12	≤ 18	≤ 12	≥2
	DJ_6	—	≤ 24	—	≤ 24	≥4
二级	DJ_2	—	≤ 12	≤ 18	≤ 12	≥1
	DJ_6	—	≤ 24	—	≤ 24	≥3

注：当观测方向的垂直角超过 ±3°时，该方向的 $2c$ 较差可按同一观测时间段内相邻测回进行比较。

4. 联测

导线联测是指新布设的导线与周围已有的高级控制点的联系测量，以取得新布设导线的起算数据，即起始点的坐标和起始边的方位角。常用的联测方法有：导线法、测角交会法和距离交会法。

1）导线法

如果沿路线方向有已知的高级控制点，导线可直接与其连接，共同构成闭合导线或附合导线。图 8-8a）为附合导线，图 8-8b）为闭合导线，A、B、C、D 为已知的高级控制点，1、2、3、4、5 为新布设导线点，则导线联测为测定连接角（水平角）β_1、β_2 和连接边 D_1、D_2。连接角和连接边的测量与上述的导线的测距、测角方法相同。

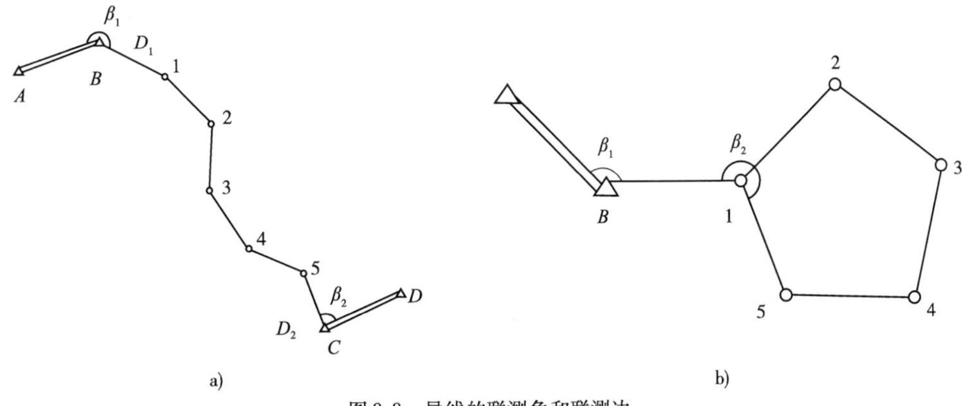

图 8-8 导线的联测角和联测边

2）测角交会法和距离交会法

该方法将在本章的第四节中介绍。

四、经纬仪导线测量的成果处理

导线测量的内业工作的目的，是根据已知的起算数据和外业的观测资料，通过对误差进行必要的调整，最后计算出各导线点的平面坐标。

内业计算前，应仔细全面地检查导线测量的外业记录，检查数据是否齐全，有无记错、算错，是否符合精度要求，起算数据是否准确。然后绘出导线草图，并把各项数据标注在图中的相应位置，如图8-10所示。

1. 闭合导线的近似平差计算

现以图8-9所示的图根导线为例，介绍闭合导线内业计算的步骤，具体运算过程及结果参见表8-10。

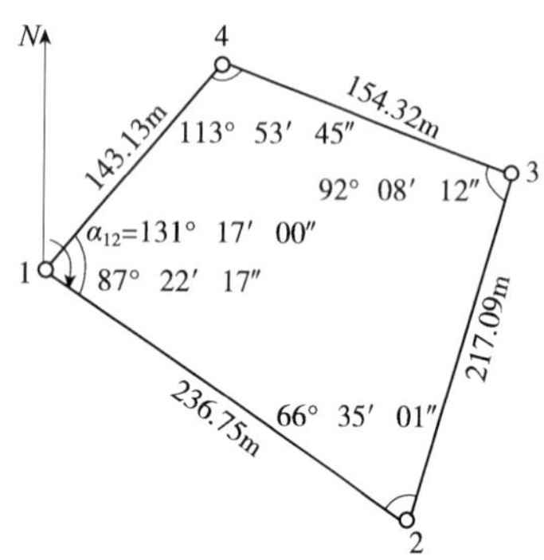

图8-9　闭合导线草图

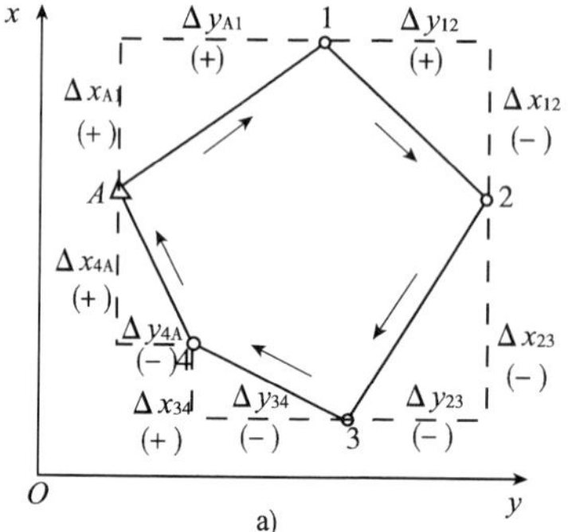

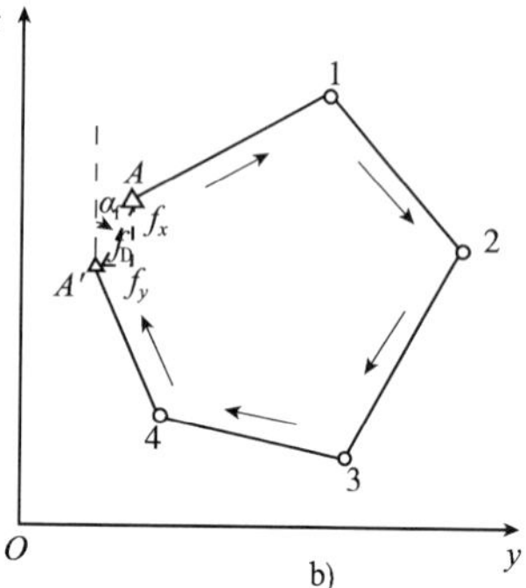

图8-10　闭合导线坐标增量及闭合差

计算前，首先将导线草图中的点号、角度的观测值、边长的量测值以及起始边的方位角、起始点的坐标等填入“闭合导线坐标计算表”中，如表8-10中的第1栏、第2栏、第6栏、第5栏的第一项、第10、14栏的第一项所示。然后按以下步骤进行计算：

1）角度闭合差的计算与调整

闭合导线在几何上是一个 n 边形，其内角和的理论值为：

$$\Sigma\beta_{理} = (n-2)\times180° \tag{8-1}$$

而在实际观测过程中，由于不可避免地存在着误差的原因，使得实测多边形的内角和不等于上述的理论值，二者的差值称为闭合导线的角度闭合差，习惯以 f_β 表示。即有：

$$f_\beta = \Sigma\beta_{测} - \Sigma\beta_{理} = \Sigma\beta_{测} - (n-2)\times180° \tag{8-2}$$

式中：$\beta_{理}$——转折角的理论值；

$\beta_{测}$——转折角的外业观测值。

各等级导线角度闭合差的容许值 $f_{\beta容许}$ 列于表8-5中。若 $f_\beta > f_{\beta容许}$，则说明角度闭合差超限，不满足精度要求，应返工重测直到满足精度要求；若 $f_\beta \leqslant f_{\beta容许}$，则说明所测角度满足精度要求，在此情况下，可将角度闭合差进行调整。由于各角观测均在相同的观测条件下进行，故可认为各角产生的误差相等。因此，角度闭合差调整的原则是：将 f_β 以相反的符号平均分配到各观测角中，若不能均分，一般情况下，将余数分配给短边的夹角，即各角度的改正数为：

$$v_\beta = -f_\beta/n$$

闭合导线坐标计算

表 8-10

点号	转折角观测值(° ′ ″)	角度改正数(″)	改正后角值(° ′ ″)	坐标方位角(° ′ ″)	边长(m)	纵坐标增量(Δx) 计算值(m)	纵坐标增量(Δx) 改正数(cm)	纵坐标增量(Δx) 改正后值(m)	横坐标增量(Δy) 计算值(m)	横坐标增量(Δy) 改正数(cm)	横坐标增量(Δy) 改正后值(m)	纵坐标 x (m)	横坐标 y (m)	点号
1	2	3	4	5	6	7	8	9	10	11	12	13	14	15
1												500.00	500.00	1
				131 17 00	236.75	−156.20	−3	−156.23	+177.91	−8	+177.83			
2	66 35 01	+11	66 35 12									343.77	677.83	2
				17 52 12	217.09	+206.62	−3	+206.59	+66.62	−8	+66.54			
3	92 08 12	+11	92 08 23									550.36	744.37	3
				290 00 35	154.32	+52.80	−2	+52.78	−145.00	−6	−145.06			
4	113 53 45	+11	113 53 56									603.14	599.31	4
				223 54 31	143.13	−103.12	−2	−103.14	−99.26	−5	−99.31			
1	87 22 17	+12	87 22 29									500.00	500.00	1
				131 17 00										
2														2
Σ	359 59 15	+45	360 00 00		751.29	+0.10	−0.10	0.00	+0.27	−0.27	0.00			

辅助计算

$f_\beta = \sum\beta_{测} - \sum\beta_{理} = 359°59'15'' - 360°00'00'' = -45''$

$f_{\beta容} = \pm 60\sqrt{4}'' = \pm 120''$ $(f_\beta < f_{\beta容})$

$f_x = \sum\Delta x = +0.1(m)$； $f_y = \sum\Delta y = +0.27(m)$； $f_D = \sqrt{f_x^2 + f_y^2} = 0.29(m)$

$K = \frac{f_D}{\sum D} = \frac{0.29}{751.29} \approx \frac{1}{2500}$

$K_{容} = \frac{1}{2000}$ $(K < K_{容})$

附图：

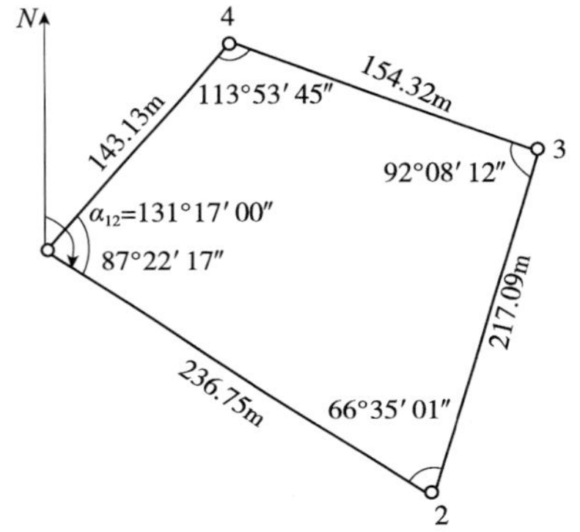

N
4
3
2
154.32m
143.13m
217.09m
236.75m
113°53′45″
92°08′12″
66°35′01″
87°22′17″
α_{12}=131°17′00″

则各转折角调整以后的值(又称为改正值)为:

$$\beta = \beta_{测} + v_{\beta} \tag{8-3}$$

调整后的内角和必须等于理论值,即 $\Sigma\beta = (n-2) \times 180°$。

2)导线边坐标方位角的推算

根据起始边的已知坐标方位角及调整后的各内角值,由简单的几何运算推导便可得出,前一边的坐标方位角 $\alpha_{前}$ 与后一边的坐标方位角 $\alpha_{后}$ 的关系式:

$$\alpha_{前} = \alpha_{后} \pm \beta \mp 180° \tag{8-4}$$

在具体推算时要注意如下几点:

(1)上式中的“$\pm\beta\mp 180°$”项,若 β 角为左角,则应取“$+\beta - 180°$”;若 β 角为右角,则应取“$-\beta + 180°$”。

(2)若用公式推导出来的 $\alpha_{前} < 0°$,则应对其加上 360°;若 $\alpha_{前} > 360°$,则应对其减去 360°,使各导线边的坐标方位角在 0° ~ 360°的取值范围内。

(3)起始边的坐标方位角最后也能推算出来,其推算值应与原已知值相等,否则推算过程有误。

3)坐标增量的计算

一导线边两端点的纵坐标(或横坐标)之差,称为该导线边的纵坐标(或横坐标)增量,习惯以 Δx(或 Δy)表示。

设 i、j 为两相邻的导线点,量测两点之间的边长为 D_{ij},已根据观测角调整后的值推出了坐标方位角为 α_{ij},则由三角几何关系,可计算出 i、j 两点之间的坐标增量(在此称为观测值)$\Delta x_{ij测}$ 和 $\Delta y_{ij测}$ 分别为:

$$\begin{aligned} \Delta x_{ij测} &= D_{ij} \cdot \cos\alpha_{ij} \\ \Delta y_{ij测} &= D_{ij} \cdot \sin\alpha_{ij} \end{aligned} \tag{8-5}$$

4)坐标增量闭合差的计算与调整

因闭合导线从起始点出发经过若干个导线点以后,最后又回到了起始点,显然,其坐标增量之和的理论值为零,如图 8-10a)所示。

即

$$\begin{aligned} \Sigma \Delta x_{ij理} &= 0 \\ \Sigma \Delta y_{ij理} &= 0 \end{aligned} \tag{8-6}$$

但是,实际上从式(8-5)可以看出,坐标增量由边长 D_{ij} 和坐标方位角 α_{ij} 计算而得,尽管坐标方位角经过角度闭合差的调整以后已能闭合,但是边长还存在误差,从而导致坐标增量带有误差,即坐标增量的实测值之和 $\Sigma \Delta x_{ij测}$ 和 $\Sigma \Delta y_{ij测}$ 一般情况下不等于零,这就是坐标增量闭合差,通常以 f_x 和 f_y 表示,如图 8-10b)所示,即:

$$\begin{aligned} f_x &= \Sigma \Delta x_{ij测} \\ f_y &= \Sigma \Delta y_{ij测} \end{aligned} \tag{8-7}$$

由于坐标增量闭合差存在,根据计算结果绘制出来的闭合导线图形不能闭合,如图 8-10b)所示,此不闭合的缺口距离,称为导线全长闭合差,通常以 f_D 表示。按几何关系,用坐标增量闭合差可求得导线全长闭合差 f_D:

$$f_D = \sqrt{f_x^2 + f_y^2} \tag{8-8}$$

导线全长闭合差 f_D 是随着导线的长度增大而增大,所以,导线测量的精度是用导线全长相对闭合差 K(即导线全长闭合差 f_D 与导线全长 ΣD 之比值)来衡量的,即:

$$K = \frac{f_D}{\Sigma D} = \frac{1}{\Sigma D / f_D} \tag{8-9}$$

导线全长相对闭合差 K 通常用分子是 1 的分数形式表示，不同等级的导线全长相对闭合差的容许值 $K_{容}$ 列于表 8-5 中，用时可查阅。

若 $K \leqslant K_{容}$ 表明测量结果满足精度要求，则可将坐标增量闭合差反符号后，按与边长成正比的方法分配到各坐标增量上去，得到各纵、横坐标增量的改正值，以 ΔX_{ij} 和 ΔY_{ij} 表示：

$$\Delta X_{ij} = \Delta x_{ij测} + v_{\Delta x_{ij}}$$
$$\Delta Y_{ij} = \Delta y_{ij测} + v_{\Delta y_{ij}} \tag{8-10}$$

上式中的 $v_{\Delta x_{ij}}$、$v_{\Delta y_{ij}}$ 分别称为纵、横坐标增量的改正数，且有：

$$v_{\Delta x_{ij}} = -\frac{f_x}{\sum D}D_{ij}$$
$$v_{\Delta y_{ij}} = -\frac{f_y}{\sum D}D_{ij} \tag{8-11}$$

5）导线点坐标计算

根据起始点的已知坐标和改正后的坐标增量 ΔX_{ij} 和 ΔY_{ij}，即可按下列公式依次计算各导线点的坐标：

$$x_j = x_i + \Delta X_{ij}$$
$$y_j = y_i + \Delta Y_{ij} \tag{8-12}$$

同样，用上式最后可以推导出起始点的坐标，推算值应与已知值相等，以此可检核整个计算过程是否有误。

2. 附合导线的近似平差计算

附合导线的内业计算步骤和前述的闭合导线的计算步骤基本相同，所不同的是二者的角度闭合差及坐标增量闭合差的计算方法不一样。下面主要介绍这两点不同。

1）角度闭合差的计算

附合导线首尾各有一条已知坐标方位角的边，如图 8-7 中的 BA 边和 CD 边，这里称之为始边和终边，由于外业工作已测得导线各个转折角的大小，所以，可以根据起始边的坐标方位角及测得的导线各转折角，由式（8-4）推算出终边的坐标方位角。这样导线终边的坐标方位角有一个原已知值 $\alpha_{终}$ 还有一个由始边坐标方位角和测得的各转折角推算值 $\alpha'_{终}$。由于测角存在误差的原因，导致两个值不相等，两个值之差即为附合导线的角度闭合差 f_β，即

$$f_\beta = \alpha'_{终} - \alpha_{终} = \alpha_{始} - \alpha_{终} \pm \sum\beta \mp n \times 180° \tag{8-13}$$

上式中的 $\alpha'_{终}$ 请参考式（8-4）导出。

2）坐标增量闭合差的计算

附合导线的首尾各有一个已知坐标值的点，如图 8-7 中的 A 点和 C 点，这里称之为始点和终点。附合导线的纵、横坐标增量之代数和，在理论上应等于终点与始点的纵、横坐标差值，即：

$$\sum \Delta x_{ij理} = x_{终} - x_{始}$$
$$\sum \Delta y_{ij理} = y_{终} - y_{始} \tag{8-14}$$

但是由于量边和测角有误差，因此根据观测值推算出来的纵、横坐标增量之代数和：$\sum \Delta x_{ij测}$ 和 $\sum \Delta y_{ij测}$，与上述的理论值通常是不相等的，二者之差即为纵、横坐标增量闭合差：

$$f_x = \sum \Delta x_{ij测} - (x_{终} - x_{始})$$
$$f_y = \sum \Delta y_{ij测} - (y_{终} - y_{始}) \tag{8-15}$$

上式中的 $\Delta x_{ij测}$ 和 $\Delta y_{ij测}$ 的计算方法参见式（8-5）。

表 8-11 为附合导线坐标计算全过程的一个算例，供参考。

附合导线坐标计算

表 8-11

点号	转折角观测值 (° ′ ″)	角度改正数(″)	改正后角值 (° ′ ″)	坐标方位角 (° ′ ″)	边长 (m)	纵坐标增量(Δx) 计算值 (m)	纵坐标增量(Δx) 改正数 (cm)	纵坐标增量(Δx) 改正后值 (m)	横坐标增量(Δy) 计算值 (m)	横坐标增量(Δy) 改正数 (cm)	横坐标增量(Δy) 改正后值 (m)	纵坐标 x (m)	横坐标 y (m)	点号
1	2	3	4	5	6	7	8	9	10	11	12	13	14	15
B														*B*
				215 36 45										
A	95 27 23	−20	95 27 03									513.26	258.17	*A*
				131 03 48	171.29	−112.52	+5	−112.47	+129.15	−4	+129.11			
1	121 17 58	−20	121 17 38									400.79	387.28	1
				72 21 26	212.38	+64.37	+6	+64.43	+202.39	−4	+202.35			
2	209 57 16	−21	209 56 55									465.22	589.63	2
				102 18 21	167.92	−35.79	+5	−35.74	+164.06	−4	+164.02			
3	142 03 19	−21	142 02 58									429.48	753.65	3
				64 21 19	181.21	+81.46	+5	+81.51	+169.67	−4	+169.63			
C	157 08 22	−21	157 08 01									510.99	923.28	*C*
				41 29 20										
D														*D*
Σ	725 54 18	−103	725 52 35		739.80	−2.48	+21	−2.27	+665.27	−16	+665.11			

辅助计算

$\alpha'_{CD} = \alpha_{BA} + 5\times180° + \sum\beta_{测}$

$= 41°31'03''$

$f_\beta = \alpha'_{CD} - \alpha_{CD}$

$= 41°31'03'' - 41°29'20''$

$= +1'43'' = +103''$

$f_{\beta容} = \pm 60\sqrt{5}'' = \pm 134''$ （$f_\beta < f_{\beta容}$）

$f_x = \sum\Delta x_{测} - (x_C - x_A)$

$= -2.48 - (510.99 - 513.26) = -0.21\text{m}$

$f_x = \sum\Delta y_{测} - (y_C - y_A)$

$= +665.27 - (923.28 - 258.17) = +0.16\text{m}$

$f_D = \sqrt{f_x^2 + f_y^2} = 0.26\text{m}$

$K = \dfrac{f_D}{\sum D} \approx \dfrac{1}{2800}$ $K_{容} = \dfrac{1}{2000}$ （$K < K_{容}$）

附图：

第三节　GPS 测　量

公路建设是我国投资巨大的基础事业，随着交通运输事业的发展，公路建设工程日益增多和等级的不断提高，特别是高等级公路，由于线路长、构造物多以及测量、施工要求质量高、时间紧。尽管在工程测量中采用了电子全站仪等先进的设备，但是传统的测量方法受横向通视条件的限制，加上方法的局限性，作业效率不高等原因，已不能满足新的要求。为此，迫切需要高精度、快速度、低费用、不受地形通视等条件限制、布设灵活的控制测量方法。GPS 系统在这些方面充分显示了它的优越性，因此在公路建设中得到了广泛的应用。

一、GPS 控制网的分级

对于公路工程，根据公路、桥梁及隧道等构造物的特点及不同要求，GPS 控制网分为二等、三等、四等、一级和二级共五个等级。

GPS 网的精度要求，主要取决于网的用途。精度指标通常以网中相邻点之间的弦长误差表示，其精度按下式计算：

$$\sigma = \sqrt{a^2 + (bd)^2} \tag{8-16}$$

式中：σ——网中的相邻点间的弦长标准差，mm；

a——与 GPS 接收机有关的固定误差，mm；

b——比例误差，mm/km；

d——相邻点间的距离，km。

GPS 基线测量的中误差应小于按式(8-16)计算的标准差，各等级控制测量固定误差 a、比例误差 b 的取值应符合表 8-12 的规定。计算 GPS 测量大地高差的精度时，a、b 可放宽至 2 倍。

GPS 测量的主要技术要求　　表 8-12

测量等级	固定误差 a(mm)	比例误差 b(mm/km)
二等	≤5	≤1
三等	≤5	≤2
四等	≤5	≤3
一级	≤10	≤3
二级	≤10	≤5

同其他测量一样，GPS 测量的具体实施也包括外业和内业两个工序。外业工作主要包括：选点、建立观测标志、野外观测以及外业成果质量检核等；内业工作主要包括 GPS 测量的技术设计、测后数据处理以及技术总结等。

二、GPS 控制网的网形设计

GPS 网的技术设计是一项基础工作，应根据网的技术要求进行。在公路测量中，GPS 控制网的布设应根据公路等级、沿线地形地物、作业时卫星状况、精度要求等因素进行综合设计，并编制技术设计书(或大纲)。根据网的用途，通过设计应当明确精度指标和网的图形。

GPS 网的图形设计核心是如何高质量低成本地完成既定的测量任务，通常进行 GPS 网设计时必须顾及测站选址、卫星选择、用户接收机设备装置和后勤保障等因素。当网点位置和接收机台数确定后,网的设计主要体现在观测时间的确定、图形的构造以及每个测站点观测的次数等。

1. GPS 网的设计要求

GPS 控制网设计除满足平面控制网设计的一般要求(参见本章第二节第三部分内容),还应满足下列要求要求。

(1)点位不应选在大功率发射台或高压线附近,距离高压线不应小于 100m,距离大功率发射台不宜小于 400m。

(2)点位应避开由于地面或其他目标反射所引起的多路径干扰的位置。

(3)高度角为 15°的上方,应无妨碍通视的障碍物。

(4)GPS 控制网应同附近等级高的国家控制网点联测,联测点数应不少于 3 个,并力求分布均匀,而且能覆盖本控制网范围。当 GPS 控制网较长时,应增加联测点数量。

(5)同一公路工程项目的 GPS 控制网分为多个投影带时,在分带交界附近宜同国家平面控制点联测。

(6)二、三、四等 GPS 控制网应采用网连式、边连式布网;一、二级 GPS 控制网可采用点连式布网。GPS 控制网中不应出现自由基线。

(7)GPS 控制网由非同步 GPS 观测边构成多边形闭合环或附合路线时,其边数应符合表 8-13的规定。

公路 GPS 控制网闭合环或附合路线边数的规定 表 8-13

测量等级	二等	三等	四等	一级	二级
闭合环或附合路线的边(条)数	≤6	≤8	≤10	≤10	≤10

点位选定以后,应按公路前进方向顺序编号,并在编号前冠以"GPS"字样和等级。当新点与原有点重合时,应采用原有点名。同一个 GPS 控制网中严禁有相同的点名。选定的点位应标注于地形图上,同时填写 GPS"点之记",绘制测站环视图和 GPS 网选点图。

为了固定点位,以便长期利用 GPS 测量成果和进行重复观测,GPS 网点选定后一般应设置具有中心标志的标石,以精确标志点位。点的标石和标志必须稳定、坚固,以利于长久保存和利用,点的标志一般采用埋石方法。

2. GPS 网的基本图形的选择

根据 GPS 测量的不同用途,GPS 网的独立观测边应构成一定的几何图形。图形的基本形式如下:

1)三角形网

如图 8-11 所示,GPS 网中的三角形边由独立观测边组成。根据常规平面测量已经知道,这种图形的几何结构强,具有良好的自检能力,能够有效地发现观测成果的粗差,以保障网的可靠性。同时,经平差后网中相邻点间基线向量的精度分布均匀。

但是,这种网形的观测工作量大,当接收机数量较少时,将使观测工作的总时间大为延长。因此,通常只有当网的精度和可靠性要求较高时,才单独采用这种图形。

2)环形网

环形网由若干含有多条独立观测边的闭合环组成,如图 8-12 所示。这种网形与导线网相似,其图形的结构强度不及三角形网。而环形网的自检能力和可靠性,与闭合环中所含基线边的数量有关。闭合环中的边数越多,自检能力和可靠性就越差。所以,根据环形网的不同精度要求，以限制闭合环中所含基线边的数量。

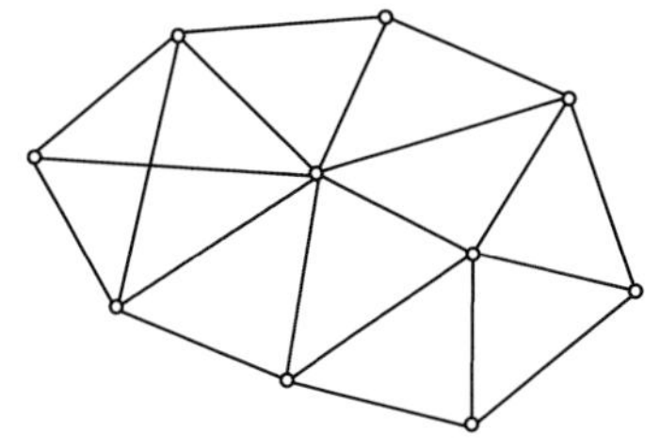

图 8-11 三角形网

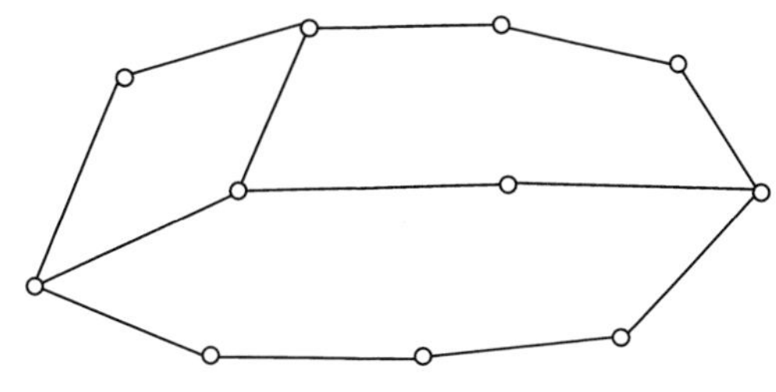

图 8-12 环形网

环形网观测工作量较三角形网为小，也具有较好的自检能力和可靠性。但由于网中非直接观测的边（或称间接边）的精度要比直接观测的基线边低，所以网中相邻点间的基线精度分布不够均匀。

作为环形网的特例，在实际工作中还可按照网的用途和实际情况采用附合线路，这种附合线路与前述的附合导线相类似。采用这种图形，附合线路两端的已知基线向量必须具有较高的精度。此外，附合线路所含有的基线边数也有一定的限制。

三角形网和环形网是控制测量和精密工程测量中普遍采用的两种基本图形。在实际中，根据情况也可采用两种图形的混合网形。

3）星形网

星形网的几何图形，如图 8-13 所示。

星形网的几何图形简单，但其直接观测边之间，一般不构成闭合图形，所以检核能力差。由于这种网形在观测中一般只需要两台 GPS 接收机，作业简单，因此在快速静态定位和准动态定位等快速作业模式中，大都采用这种网形。它被广泛用于工程测量、地籍测量和碎部测量等。

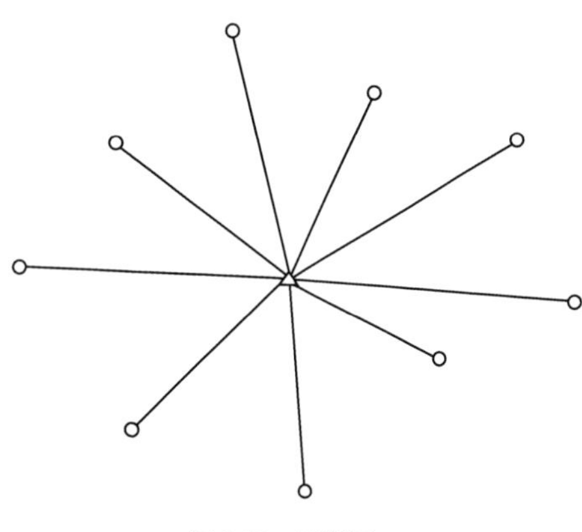

图 8-13 星形网

三、GPS 测量的观测工作

GPS 测量的观测工作主要包括天线安置、观测作业、观测记录以及观测数据的质量判定等。

1. 天线安置

天线的妥善安置是实现精密定位的重要条件之一。其安置工作一般应满足以下要求：

（1）静态相对定位时，天线安置应尽可能利用三脚架，并安置在标志中心的上方直接对中观测，对中误差不得大于 1mm。在特殊情况下，方可进行偏心观测，但归心元素应精密测定。

（2）天线底板上的圆水准器气泡必须严格居中。

（3）天线的定向标志线应指向正北，并顾及当地磁偏角的影响，以减弱相位中心偏差的影响。定向的误差依定位的精度要求不同而异，一般不应超过 $\pm(3^\circ \sim 5^\circ)$。

（4）雷雨天气安置天线时，应注意将其底盘接地，以防止雷击。

天线安置后，应在各观测时段的前后，各量取天线高一次。量测的方法按仪器的操作说明进行。两次量测结果之差不应超过 ±3mm，并取其平均值。

这里的天线高,是指天线的相位中心至观测点标志中心顶端的铅垂距离。一般分为上、下两段,上段是从相位中心至天线底面的距离,此为常数,由厂家给出;下段是从天线底面至观测点标志中心顶端的距离,由观测者现场测定。天线高的量测值为上、下两段距离之和。

2. 观测作业

在观测工作开始之前,接收机一般须按规定经过预热和静置。

观测作业的主要内容是捕获 GPS 卫星信号,并对其进行跟踪、处理和量测,以获取所需的定位信息和观测数据。

使用 GPS 接收机进行作业的具体操作步骤和方法,随接收机的类型和作业模式不同而异。而且随着接收设备硬件和软件的不断改善,操作方法也将有所变化,自动化水平将不断提高。因此,具体操作步骤和方法可按随机操作手册进行。

无论采用何种接收机,GPS 测量的主要技术要求应符合表 8-14 的规定。

GPS 测量的主要技术要求 表 8-14

项目 \ 测量等级		二等	三等	四等	一级	二级
卫星高度角(°)		≥15	≥15	≥15	≥15	≥15
时段长度	静态定位(min)	≥240	≥90	≥60	≥45	≥40
	快速静态(min)	—	≥30	≥20	≥15	≥10
平均重复设站数(次/每点)		≥4	≥2	≥1.6	≥1.4	≥1.2
同时观测有效卫星数(个)		≥4	≥4	≥4	≥4	≥4
点位几何图形强度因子(GDOP)		≤6	≤6	≤6	≤6	≤6

在外业观测工作中,应注意以下事项:

(1)当确认外接电源电缆及天线等各项连接无误后,方可接通电源,启动接收机。

(2)开机后,接收机的有关指示和仪表数据显示正常时,方可进行自测试和输入有关测站和时段控制信息。

(3)接收机在开始记录数据后,用户应注意查看有关观测卫星数据、卫星号、相位测量残差、实时定位结果及其变化、存储介质记录等情况。

(4)在观测过程中,接收机不得关闭并重新起动;不准改变卫星高度角的限值;不准改变天线高。

(5)每一观测时段中,气象资料一般应在时段始末及中间各观测记录一次。当时段较长时,应适当增加观测次数。

(6)观测站的全部预定作业项目,经检查均已按规定完成,而且记录与资料均完整无误后,方可迁站。

3. 观测记录

在外业观测过程中,所有的观测数据和资料均须完整记录。

记录可通过以下两种途径完成:

1)自动记录

观测记录由接收设备自动完成,记录在存储介质(如数据存储卡)上,其主要内容包括:

(1)载波相位观测值及相应的观测历元。

(2)同一历元的测码伪距观测值。

(3)GPS 卫星星历及卫星钟差参数。

(4)实时绝对定位结果。

(5)测站控制信息及接收机工作状态信息。

2)手工记录

手工记录是指在接收机启动前及观测过程中,由操作者随时填写的测量手簿。其中,观测记事栏应记载观测过程中发生的重要问题、问题出现的时间及其处理方式。为了保证记录的准确性,测量手簿必须在作业过程中随时填写,不得事后补记。观测记录是 GPS 定位的原始数据,是后续数据处理的唯一依据,每日观测结束后,应将外业数据文件及时转存到存储介质上,不得做任何剔除或删改。

观测任务结束后,必须及时在测区对观测数据进行检核,确保准确无误后,才能进行平差计算和数据处理。GPS 计算应采用相应软件进行,本教材不作介绍。

第四节　交会法定点

在进行平面控制测量时,如果控制点的密度不能满足测图或工程的要求时,则需要进行控制点加密。控制点的加密经常采用交会法进行单点(或双点)加密。

交会法定点分为:测角交会和测边交会两种方法。

一、测 角 交 会

测角交会又分为:前方交会、侧方交会和后方交会三种。

如图 8-14a)所示,分别在两个已知点 A 和点 B 上安置经纬仪测出图示的水平角 α 和 β,从而根据几何关系求算出 P 点的平面坐标的方法,这种方法称为前方交会。侧方交会与前方交会所不同的是:所测的两个角中有一个是在未知点上测的。如图 8-14b)所示,分别在一个已知点(例如 A 点)和待定坐标的控制点 P 上安置经纬仪,测出图示的水平角 α 和 γ,从而求算出 P 点的平面坐标的方法称为侧方交会。如图 8-14c)所示,仅在待定坐标的控制点 P 上安置经纬仪,分别照准三个已知点(图中的 A、B、C 三点)测出图示的水平角 α 和 β,并根据已知点坐标,求算出 P 点的平面坐标的方法,称为后方交会。

本节仅介绍图 8-14a)所示的前方交会。

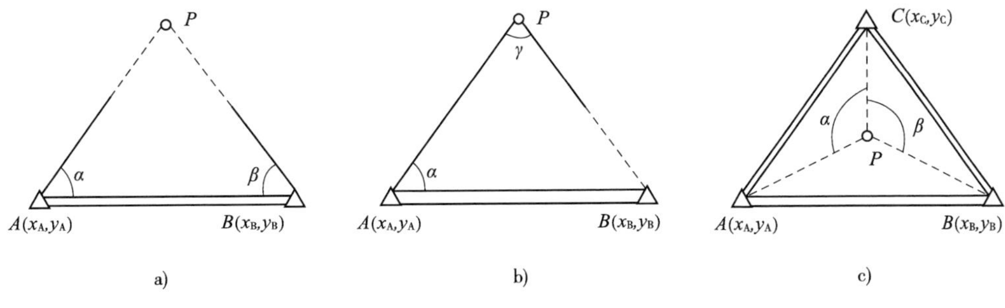

图 8-14　交会定点

设已知 A 点的坐标为 x_A、y_A,B 点的坐标为 x_B、y_B。分别在 A、B 两点处设站,测出图示的水平角 α 和 β,则未知点 P 的坐标可按以下的方法进行计算。

1. 按导线推算 P 点的坐标

(1)用坐标反算公式计算 AB 边的坐标方位角 α_{AB} 和边长 D_{AB}:

$$\alpha_{AB} = \arctan\frac{y_B - y_A}{x_B - x_A}$$
$$D_{AB} = \sqrt{(x_B - x_A)^2 + (y_B - y_A)^2} \tag{8-17}$$

(2)计算 AP、BP 边的方位角 α_{AP}、α_{BP} 及边长 D_{AP}、D_{BP}:

$$\alpha_{AP} = \alpha_{AB} - \alpha$$
$$\alpha_{BP} = \alpha_{AB} \pm 180^\circ \mp \beta$$
$$D_{AP} = \frac{D_{AB}}{\sin\gamma}\sin\beta \tag{8-18}$$
$$D_{BP} = \frac{D_{AB}}{\sin\gamma}\sin\alpha$$

式中,$\gamma = 180^\circ - \alpha - \beta$,而且应有:$\alpha_{AP} - \alpha_{BP} = \gamma$(可用作检核)。

(3)按坐标正算公式计算 P 点的坐标:

$$x_P = x_A + D_{AP} \cdot \cos\alpha_{AP}$$
$$y_P = y_A + D_{AP} \cdot \sin\alpha_{AP} \tag{8-19}$$

或

$$x_P = x_B + D_{BP} \cdot \cos\alpha_{BP}$$
$$y_P = y_B + D_{BP} \cdot \sin\alpha_{BP} \tag{8-20}$$

由式(8-19)和式(8-20)计算的 P 点坐标理应相等,可用作校核。由于计算中存在小数位的取舍,可能有微小差异,可取其平均值。

2. 按余切公式(变形的戎洛公式)计算 P 点的坐标

略去推导过程,P 点的坐标计算公式为:

$$x_P = \frac{x_A \cdot \cot\beta + x_B \cdot \cot\alpha + (y_B - y_A)}{\cot\alpha + \cot\beta}$$
$$y_P = \frac{y_A \cdot \cot\beta + y_B \cdot \cot\beta - (x_B - x_A)}{\cot\alpha + \cot\beta} \tag{8-21}$$

在利用式(8-21)计算时,三角形的点号 A、B、P 应按逆时针顺序排列,其中 A、B 为已知点,P 为未知点。

为了校核和提高 P 点精度,前方交会通常是在三个已知点上进行观测,如图 8-15 所示,测定 α_1、β_1 和 α_2、β_2,然后由两个交会三角形各自按式(8-21)计算 P 点坐标。因测角误差的影响,求得的两组 P 点坐标不会完全相同,其点位较差为:$\Delta D = \sqrt{\delta_x^2 + \delta_y^2}$,其中 δ_x、δ_y 分别为两组 x_p、y_p 坐标值之差。当 $\Delta D \leqslant 2 \times 0.1M$(mm)($M$ 为测图比例尺分母)时,可取两组坐标的平均值作为最后结果。

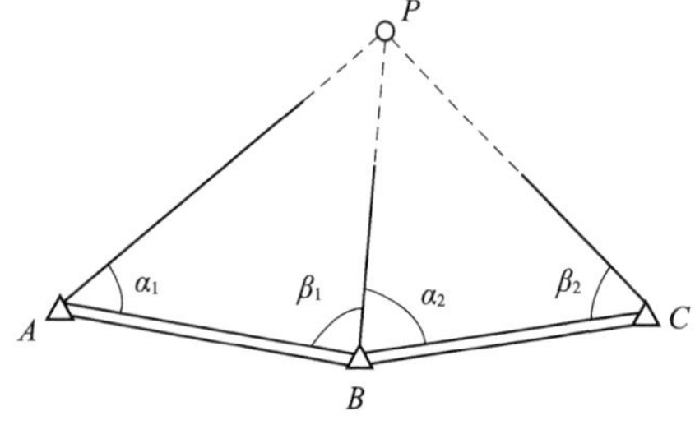

图 8-15　三点前方交会

在实际应用中,具体采用哪一种交会法进行观测,需要根据现场的实际情况而定。为了提高交会的精度,在选用交会法的同时,还要注意交会图形的好坏。一般情况下,当交会角(要加密的控制点与已知点所呈的水平角,例如图 8-14a)中的$\angle APB$)接近于 90°时,其交会精度最高(在此不作推导)。

二、距 离 交 会

如图 8-16 所示,在求算要加密控制点 P 的坐标时,也可以采用测量出图示边长 a 和 b,然后利用几何关系,求算出 P 点的平面坐标的方法,这种方法称为距离(测边)交会法。与测角交会一样,距离交会也能获得较高的精度。由于全站仪和光电测距仪在公路工程中的普遍采用,这种方法在测图或工程中已被广泛的应用。

在图 8-16 中 A、B 为已知点,测得两条边长分别为 a、b,则 P 点的坐标可按下述方法计算。

首先利用坐标反算公式计算 AB 边的坐标方位角 α_{AB}和边长 s:

$$\alpha_{AB} = \arctan\frac{y_B - y_A}{x_B - x_A}$$
$$s = \sqrt{(x_B - x_A)^2 + (y_B - y_A)^2} \tag{8-22}$$

根据余弦定理可求出$\angle A$:

$$\angle A = \cos^{-1}\left(\frac{s^2 + b^2 - a^2}{2bs}\right)$$

而:
$$\alpha_{AP} = \alpha_{AB} - \angle A$$

于是有:

$$x_P = x_A + b \cdot \cos\alpha_{AP}$$
$$y_P = y_A + b \cdot \sin\alpha_{AP} \tag{8-23}$$

以上是两边交会法。工程中为了检核和提高 P 点的坐标精度,通常采用三边交会法,如图 8-17 所示。三边交会观测三条边,分两组计算 P 点坐标进行核对,最后取其平均值。

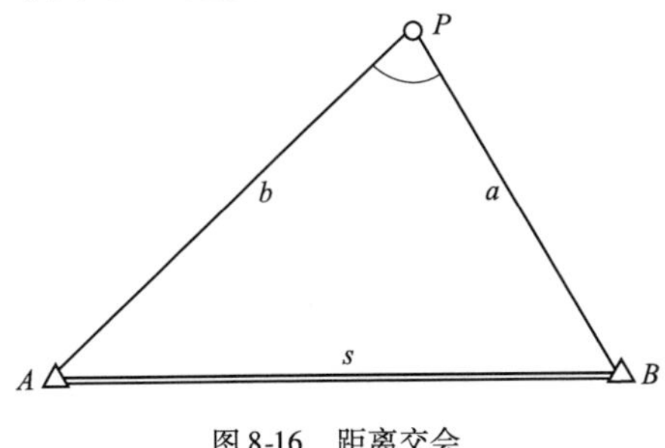

图 8-16　距离交会

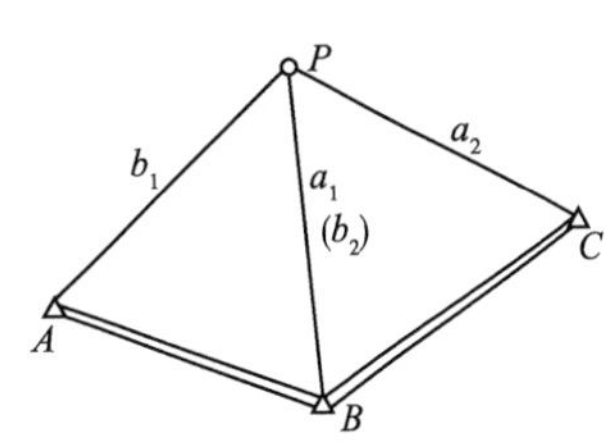

图 8-17　三边距离交会

第五节　高程控制测量

控制测量除了要完成平面控制测量外,还要进行高程控制测量。高程控制测量应采用水准测量或三角高程测量的方法进行。同一项目应采用同一高程系统,并应与相邻项目高程系统相衔接。

一、水 准 测 量

1. 水准测量的技术要求

对于公路工程,各级公路及构造物的高程控制测量等级不得低于表 8-3 的规定。各等级水准测量的主要技术要求和观测的主要技术要求列于表 8-15 和表 8-16 中。

水准测量的主要技术要求 表 8-15

等级	每公里高差中数中误差(mm)		附合或环线水准路线长度(km)		往返较差、附合或环线闭合差(mm)		检测已测测段高差之差(mm)
	偶然中误差 M_Δ	全中误差 M_W	路线、隧道	桥梁	平原、微丘	山岭、重丘	
二等	±1	±2	600	100	$\leqslant 4\sqrt{l}$	$\leqslant 4\sqrt{l}$	$\leqslant 6\sqrt{L_i}$
三等	±3	±6	60	10	$\leqslant 12\sqrt{l}$	$\leqslant 3.5\sqrt{n}$ 或 $\leqslant 15\sqrt{l}$	$\leqslant 20\sqrt{L_i}$
四等	±5	±10	25	4	$\leqslant 20\sqrt{l}$	$\leqslant 6.0\sqrt{n}$ 或 $\leqslant 25\sqrt{l}$	$\leqslant 30\sqrt{L_i}$
五等	±8	±16	10	1.6	$30\sqrt{l}$	$\leqslant 45\sqrt{l}$	$\leqslant 40\sqrt{L_i}$

注:计算往返较差时,l 为水准点间的路线长度(km);计算附合或环线闭合差时,l 为附合或环线的路线长度(km)。n 为测站数;L_i 为检测测段长度(km),小于 1km 时按 1km 计算。

水准测量观测的主要技术要求 表 8-16

等级	仪器类型	水准尺类型	视线长(m)	前后视较差(m)	前后视累积差(m)	视线离地面最低高度(m)	基辅(黑红)面读数差(mm)	基辅(黑红)面高差之差(mm)
二等	$DS_{0.5}$	铟瓦	≤50	≤1	≤3	≥0.3	≤0.4	≤0.6
三等	DS_1	铟瓦	≤100	≤3	≤6	≥0.3	≤1.0	≤1.5
	DS_2	双面	≤75				≤2.0	≤3.0
四等	DS_3	双面	≤100	≤5	≤10	≥0.2	≤3.0	≤5.0
五等	DS_3	单面	≤100	≤10	—	—	—	≤7.0

2. 水准测量的实施

水准测量所使用的仪器应符合下列规定:水准仪的视准轴与水准管的夹角 i,在作业开始的第一周内应每天测定一次,i 角稳定后每隔 15 天测定一次,其值不得大于 20″;水准尺上的米间隔平均长与名义长之差,对于线条式铟瓦标尺不应大于 0.1mm,对于区格式木质标尺不应大于 0.5mm。

水准测量的方法应符合表 8-17 的规定。

水准测量的观测方法 表 8-17

测量等级	观测方法		观测顺序
二等	光学测微法	往返	后—前—前—后
	中丝读数法		
三等	光学测微法		
	中丝读数法		
四等	中丝读数法	往	后—后—前—前
五等	中丝读数法	往	后—前

下面以一个测站为例,介绍中丝读数法观测的程序,其记录与计算参见表 8-18。

水准测量观测记录计算表 表 8-18

自:__________ 测至:__________ 天气:______________ 观测者:____________

时间:______________________ 成像:______________ 记录者:____________

测点编号	点号	后尺 上丝 下丝	前尺 上丝 下丝	方向及尺号	水准尺读数		黑+K−红	平均高差	备注
		后视距 视距差 d	前视距 Σd		黑面	红面			
		(1) (2) (9) (11)	(4) (5) (10) (12)	后 前	(3) (6) (15)	(8) (7) (16)	(14) (13) (17)	(18)	
1	BM_1 $-ZD_1$	1.426 0.995 42.1 +0.1	0.801 0.371 43.0 +0.1	后 106 前 107	1.211 0.586 +0.625	5.998 5.273 +0.725	0 0 0	+0.6250	K 为尺常数,如: K106 = 4.787, K107 = 4.687 已知: BM_1 高程为 H_1 = 56.345m
2	ZD_1 $-ZD_2$	1.812 1.296 51.6 −0.2	0.570 0.052 51.8 −0.1	后 107 前 106	1.554 0.311 +1.243	6.241 5.097 +1.144	0 +1 −1	+1.2435	
3	ZD_2 $-ZD_3$	0.889 0.507 38.2 +0.2	1.713 1.333 38.0 +0.1	后 106 前 107	0.698 1.523 −0.825	5.486 6.210 −0.724	−1 0 −1	−0.8254	
4	ZD_3 $-A$	1.891 1.525 36.6 −0.2	0.758 0.390 36.8 −0.1	后 107 前 106	1.708 0.574 +1.134	6.395 5.361 +1.034	0 0 0	+1.1340	
本页校核	Σ[(3)+(8)] − Σ[(6)+(7)] = 29.291 − 24.935 = +4.356 Σ[(15)+(16)] = +4.356; Σ(18) = +2.1780; 2Σ(18) = +4.356 由此可见满足:Σ[(3)+(8)] − Σ[(6)+(7)] = Σ[(15)+(16)] = 2Σ(18) Σ(9) − Σ(10) = 169.5 − 169.6 = −0.1 = 末站(12) 总视距 = Σ(9) + Σ(10) = 339.1(m)								

1)一个测站的观测顺序

(1)照准后视尺黑面,分别读取上、下、中三丝读数,并记为(1)、(2)、(3)。

(2)照准前视尺黑面,分别读取上、下、中三丝读数,并记为(4)、(5)、(6)。

(3)照准前视尺红面,读取中丝读数,并记为(7)。

(4)照准后视尺红面,读取中丝读数,并记为(8)。

上述四步观测,简称为"后—前—前—后(黑—黑—红—红)",这样的观测步骤可消除或减弱仪器或尺垫下沉误差的影响。对于四等水准测量,规范允许采用"后—后—前—前(黑—红—黑—红)"的观测步骤,这种步骤比上述的步骤要简便些。

2)一个测站的计算与检核

(1)视距的计算与检核。

后视距(9) = [(1) - (2)] ×100m

前视距(10) = [(4) - (5)] ×100m　　三等不大于75m，四等不大于100m

前、后视距差(11) = (9) - (10)　　三等不大于3m，四等不大于5m

前、后视距差累积(12) = 本站(11) + 上站(12)　　三等不大于6m，四等不大于10m

(2)水准尺读数的检核。

同一根水准尺黑面与红面中丝读数之差：

前尺黑面与红面中丝读数之差(13) = (6) + K - (7)

后尺黑面与红面中丝读数之差(14) = (3) + K - (8)　　三等不大于2.0mm，四等不大于3.0mm

(上式中的 K 为红面尺的起点数，一般为4.687m或4.787m)

(3)高差的计算与检核。

黑面测得的高差(15) = (3) - (6)

红面测得的高差(16) = (8) - (7)

校核：黑、红面高差之差(17) = (15) - [(16) ±0.100]

或(17) = (14) - (13)　　三等不大于3.0mm，四等不大于5.0mm

高差的平均值(18) = [(15) + (16) ±0.100]/2

在测站上，当后尺红面起点为4.687m，前尺红面起点为4.787m时，取+0.100，反之，取-0.100。

3)每页计算校核

(1)高差部分。在每页上，后视红、黑面读数总和与前视红、黑面读数总和之差，应等于红、黑面高差之和。

对于测站数为偶数的页：

$$\Sigma[(3)+(8)]-\Sigma[(6)+(7)]=\Sigma[(15)+(16)]=2\Sigma(18)$$

对于测站数为奇数的页：

$$\Sigma[(3)+(8)]-\Sigma[(6)+(7)]=\Sigma[(15)+(16)]=2\Sigma(18)\pm 0.100$$

(2)视距部分。在每页上，后视距总和与前视距总和之差应等于本页末站视距差累积值与上页末站视距差累积值之差。校核无误后，可计算水准路线的总长度。

$$\Sigma(9)-\Sigma(10)=\text{本页末站之}(12)-\text{上页末站之}(12)$$

$$\text{水准路线总长度}=\Sigma(9)+\Sigma(10)$$

3. 观测结果的重测和取舍

高程控制测量数字取位应符合表8-19的规定。

高程测量数字取位要求　　表8-19

测量等级	各测站高差(mm)	往返测距离总和(km)	往返测距离中数(km)	往返测高差总和(mm)	往返测高差中数(mm)	高程(mm)
各等	0.1	0.1	0.1	0.1	1	1

(1)观测结果超限必须进行重测。

(2)测站观测超限必须立即重测，否则从水准点或间歇点开始重测。

(3)测段往、返测高差较差超限必须重测，重测后应选用往、返测合格的成果。如重测结果与原测结果分别比较，较差均不超过限差时，取3次结果的平均值。

(4)每条水准路线按测段往返测高差较差、附合路线的环线闭合差计算的高差中误差 M_Δ

或高差中数全中误差 M_W 超限时，应先对路线上闭合差较大的测段进行重测。

M_Δ 和 M_W 按式(8-24)和式(8-25)计算。

$$M_\Delta = \pm\sqrt{\frac{1}{4n}\left[\frac{\Delta\Delta}{R}\right]} \tag{8-24}$$

$$M_W = \pm\sqrt{\frac{1}{N}\left[\frac{WW}{F}\right]} \tag{8-25}$$

式中：Δ——测段往返高差不符值，mm；

R——测段长，km；

n——测段数；

W——水准路线经过各项修正后的环线闭合差，mm；

N——水准环数；

F——水准环线周长，km。

二、三角高程测量

在丘陵地区或山区，由于地面高低起伏较大，或当水准点位于较高建筑物上，用水准测量作高程控制时困难大且速度也慢，甚至无法施用，这时可考虑采用三角高程测量。根据所采用的仪器不同，三角高程测量分为光电测距三角高程测量和经纬仪三角高程测量，目前大多采用光电测距三角高程测量。

1. 三角高程测量的原理

三角高程测量是根据地面上两点间的水平距离 D 和测得的竖直角 α 来计算两点间的高差 h。如图8-18所示，已知 A 点高程为 H_A，现欲求 B 点高程 H_B。则在 A 点安置经纬仪，同时量测出 A 点至经纬仪横轴的高度 i，称为仪器高。在 B 点立觇标，其高度为 l，称为觇高程。

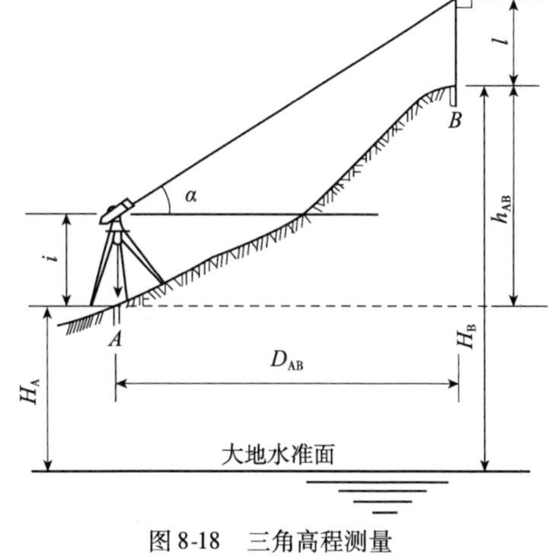

图8-18　三角高程测量

用望远镜的十字丝交点瞄准觇标顶端，测出竖直角 α，另外，若已知(或测出) A、B 两点间的水平距离 D_{AB}，则可求得 A、B 两点间的高差 h_{AB}：

$$h_{AB} = D_{AB} \cdot \tan\alpha + i - l \tag{8-26}$$

由此得到 B 点的高程为：

$$H_B = H_A + h_{AB} = H_A + D_{AB} \cdot \tan\alpha + i - l \tag{8-27}$$

具体应用上述公式时，要注意竖直角的正负号，当竖直角 α 为仰角时取正号，当竖直角 α 为俯角时取负号。

2. 三角高程测量的等级及技术要求

对于光电测距三角高程控制测量，一般分为两级，即四等和五等三角高程测量，它们可作为测区的首级控制。光电测距三角高程测量的主要技术要求和观测的主要技术要求应符合表8-20和表8-21的规定。对仪器和反射棱镜高度应使用仪器配置的测尺和专用测杆于测前、测后各测量1次，2次较差不得大于2mm。

光电测距三角高程测量的主要技术要求 表 8-20

测量等级	测回内同向观测高差较差(mm)	同向测回间高差较差(mm)	对向观测高差较差(mm)	附合或环线闭合差(mm)
四等	$\leqslant 8\sqrt{D}$	$\leqslant 10\sqrt{D}$	$\leqslant 40\sqrt{D}$	$\leqslant 20\sqrt{\Sigma D}$
五等	$\leqslant 8\sqrt{D}$	$\leqslant 15\sqrt{D}$	$\leqslant 60\sqrt{D}$	$\leqslant 30\sqrt{\Sigma D}$

注:D 为测距边长度,以 km 为单位。

光电测距三角高程测量观测的主要技术要求 表 8-21

等级	仪器	测距边测回数	边长(m)	垂直角测回数(中丝法)	指标差较差(″)	垂直角较差(″)
四等	DJ_2	往返均≥2	≤600	≥4	≤5	≤5
五等	DJ_2	≥2	≤600	≥2	≤10	≤10

3.地球曲率和大气折光的影响(球气两差改正数)

在三角高程测量时,一般情况下,需要考虑地球曲率和大气折光对所测高差的影响,即要进行地球曲率和大气折光的改正,简称球气两差改正。具体内容见第二章第七节的式(2-16)~式(2-18)。

球气两差在单向三角高程测量中,必须进行改正,即式(8-26)应写为:

$$h_{AB}=D_{AB}\cdot\tan\alpha+i-l+f \tag{8-28}$$

但对于双向三角高程测量(又称对向观测或直反觇观测,即先在已知高程的 A 点安置仪器,在另一 B 点立觇标,测得高差 h_{AB},称为直觇。然后再在 B 点安置仪器,A 点立觇标,测得高差 h_{BA},称为反觇)来说,若将直、反觇测得的高差值取平均值,可以抵消球气两差的影响,所以三角高程测量一般都用对向观测,而且宜在较短的时间内完成。

4.三角高程测量的施测方法

三角高程测量的观测与计算应按下述步骤进行:

(1)安置仪器于测站上,量出仪器高 i,觇标立于测点上,量出觇高程 l,读数至毫米(mm)。

(2)采用测回法观测竖直角 α,取平均值作为最后结果。

(3)采用对向观测,方法同前两步。

(4)应用式(8-26)和式(8-27)计算高差及高程。

以上观测与计算均应满足表 8-20、表 8-21 的要求。

思考题与习题

1.小区域控制测量中,导线的布设形式有哪几种?各适用于什么情况?选择导线点应注意哪些事项?导线的外业工作有哪几项?

2.经纬仪交会法定点有哪几种形式?试分别简述,并说明它们宜在什么情况下采用?

3.叙述三、四等水准测量一个测站的观测顺序,并说明如何记录?如何计算?要满足哪些要求?

4.在什么情况下宜采用三角高程测量?它如何观测、记录和计算?

5.简述应用 GPS 进行定点测量有哪些优越性?并说明 GPS 选点的基本要求。

6.GPS 定点测量中,网形设计的一般原则是什么?

7.GPS 定点测量中,基本网形有几种?各有什么特点?

8.简述 GPS 定点测量的操作步骤。

9.如图 8-19 所示,已知 AB 边坐标方位角为 $\alpha_{AB}=149°40'00''$,又测得 $\angle 1=168°03'14''$、$\angle 2=145°20'38''$,BC 边长为 236.02m,CD 边长为 189.11m。已知 B 点的坐标为:$x_B=5806.00$m,$y_B=9785.00$m,求 C、D 两点的坐标。

10. 如图 8-20 所示的闭合导线,已知 12 边的坐标方位角 $\alpha_{12}=46°57'02''$,1 点的坐标为 $x_1=540.38\text{m}$,$y_1=1236.70\text{m}$,外业观测边长和角度资料如图示,计算闭合导线各点的坐标。

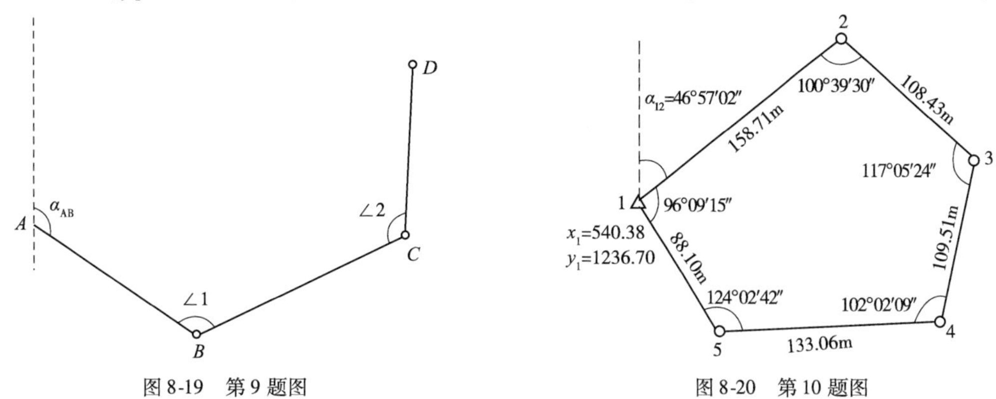

图 8-19　第 9 题图　　　　图 8-20　第 10 题图

11. 如图 8-21 所示的附合导线,已知起、终边的坐标方位角 $\alpha_{AB}=45°00'00''$,$\alpha_{CD}=283°51'33''$,B、C 两点的坐标分别为 $x_B=864.22\text{m}$,$y_B=413.35\text{m}$;$x_C=970.21\text{m}$,$y_C=986.42\text{m}$。外业观测的边长和角度资料如图示,计算附合导线 1、2、3 点的坐标。

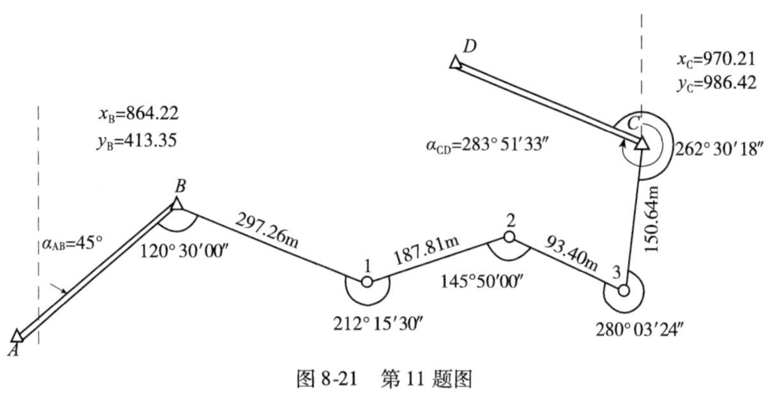

图 8-21　第 11 题图

12. 用前方交会测定 P 点的位置,如图 8-22 所示。已知点 A、B 的坐标及观测的交会角,计算 P 点的坐标值。

13. 用测边交会测定 P 点的位置,如图 8-23 所示。已知点 A、B 的坐标及观测边长,计算 P 点的坐标值。

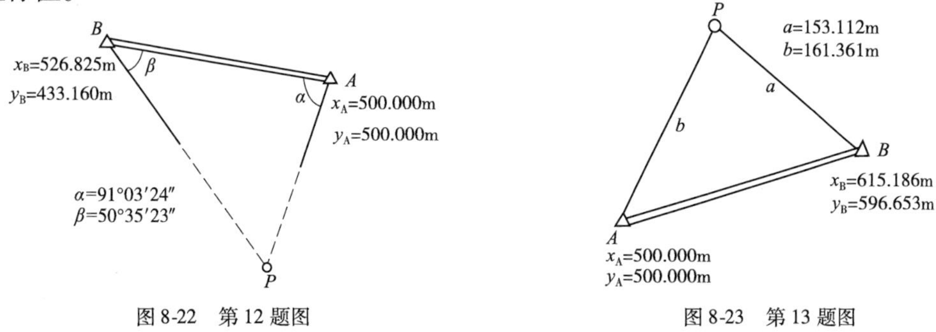

图 8-22　第 12 题图　　　　图 8-23　第 13 题图

14. A、B 两点间距为 375.11m,在 A 点观测 B 点的情况为:垂直角为仰角 $\alpha_A=+4°30'$,仪器高 $i_A=1.80\text{m}$;而在 B 点观测 A 点的情况为:垂直角为俯角 $\alpha_B=-4°18'$,仪器高 $i_B=1.40\text{m}$;求 A、B 两点间的高差(中丝读数均为相应的仪器高)。

第九章　大比例尺地形图测绘及应用

第一节　地形图的基本知识

地球表面是复杂多样的，在测量中将地球表面上天然和人工形成的各种固定物，称为地物。将地球表面高低起伏的形态，称为地貌。地物和地貌二者合称为地形。地形图的测绘就是将地球表面某区域内的地物和地貌按正射投影的方法和一定的比例尺，用规定的图式符号测绘到图纸上，这种表示地物和地貌平面位置和高程的图称为地形图；如果只测地物，不测地貌，即在测绘的图上只表示了地物的情况，而不表示地面的高低情况，这样的图称为平面图。地形图的测绘应遵循"从整体到局部"、"先控制后碎部"的原则，先根据测图的目的及测区的具体情况，建立平面及高程控制网，然后在控制点的基础上进行地物和地貌的碎部测量。碎部测量是利用平板仪、光电测距照准仪、经纬仪以及全站仪等测量仪器以相应的方法，在某一控制点（测站）上测绘地物轮廓点和地面起伏点的平面位置和高程，并将其绘制在图纸上的工作。

一、测图比例尺

比例尺是地形测量中的必备工具。它是指图上两点间直线的长度 d 与其相对应在地面上的实际水平距离 D 之比，其表示形式分为数字比例尺和图示比例尺两种。

1. 比例尺的表示方法

1）数字比例尺

数字比例尺以分子为1、分母为整数的分数表示，即：

$$\frac{d}{D}=\frac{1}{\frac{D}{d}}=\frac{1}{M}\qquad \text{或写成：}\quad 1:M \tag{9-1}$$

式中：M——比例尺分母。

分母 M 数值越大，则图的比例尺就越小；反之，M 越小比例尺就越大，图面表示的内容就越详细。

数字比例尺一般写成如1∶500、1∶1000、1∶2000等形式。

2）图示比例尺

如图9-1所示，常用图示比例尺为直线比例尺。图中表示的为1∶1000的直线比例尺，取1cm长度为基本单位，从直线比例尺上可直接读得基本单位的1/10，可以估读到1/100。图示比例尺一般绘于图纸的下方，它和图纸一起复印或蓝晒，因此用它量取图上的直线长度，可以消除图纸伸缩变形的影响。

2. 地形图按比例尺分类

我国把地形图按比例尺大小划分为大、中、小三种比例尺地形图。

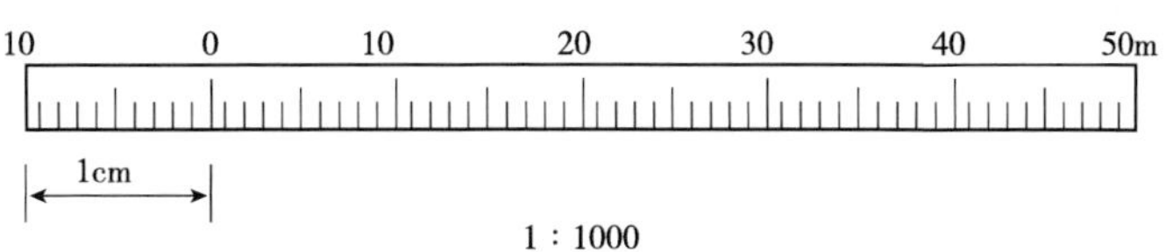

图 9-1　图示比例尺

1)大比例尺地形图

通常把 1∶500、1∶1000、1∶2000 和 1∶5000 比例尺的地形图,称为大比例尺地形图。对于大比例尺地形图的测绘,传统测量方法是利用经纬仪或平板仪进行野外测量;现代测量方法是利用电磁波测距仪、光电测距照准仪或全站仪,从野外测量、计算到内业一体化的数字化成图测量,它是在传统方法的基础上建立起来的。

公路、铁路、城市规划、水利设施等工程上普遍使用大比例尺地形图。

2)中比例尺地形图

把 1∶10000、1∶25000、1∶50000、1∶100000 的地形图称为中比例尺地形图。中比例尺地形图一般采用航空摄影测量或航天遥感数字摄影测量方法测绘,一般由国家测绘部门完成。

3)小比例尺地形图

把小于 1∶100000 的如 1∶20 万、1∶25 万、1∶50 万、1∶100 万等的地形图称为小比例尺地形图。小比例尺地形图一般是以比其大的比例尺地形图为基础,采用编绘的方法完成。

1∶1 万、1∶2.5 万、1∶5 万、1∶10 万、1∶25 万、1∶50 万和 1∶100 万的比例尺地形图,被确定为国家基本比例尺地形图。

3. 比例尺精度

正常情况,人们用肉眼在图纸上能分辨的最小长度为 0.1mm,即在图纸上当两点间的距离小于 0.1mm 时,人眼就无法再分辨。因此把相当于图纸上 0.1mm 的实地水平距离称为地形图的比例尺精度(表 9-1)。即:

$$\text{比例尺精度} = 0.1M(\text{mm})$$

式中:M——比例尺分母。

比 例 尺 精 度　　表 9-1

测图比例尺	1∶500	1∶1000	1∶2000	1∶5000	1∶10000
比例尺精度(m)	0.05	0.1	0.2	0.5	1.0

比例尺精度的概念对测图和用图都具有十分重要的意义。其一:根据测图的比例尺,确定实地量距的最小尺寸;例如用 1∶1000 的比例尺测图时,实地量距只需量到大于 0.1m 的尺寸,因为即使量得再精细,在图上也无法表示出来。其二:根据要求,选用合适的比例尺。例如,在测图时要求在图上能反映出地面上 5cm 的细节,则由比例尺精度可知所选用的测图比例尺不应小于 1∶500。

二、地形图的图外注记

标准地形图在图外注有图名、图号、接合图表、比例尺、外图廓、坐标格网、三北方向线以及坡度尺等内容。

1. 图名、图号和接合图表

1)图名

一幅地形图的名称(图名),一般用图幅中最具有代表性的地名、景点名、居民地或企事业单位名称命名,图名标在图的上方正中位置。如图 9-2 所示,其图名为水集镇。

2)图号

为便于储存、检索和使用系列地形图,每张地形图除有图名外,还编有一定的图号,图号是该图幅相应分幅方法的编号,图号标在图名和上图廓线之间。如图 9-2 所示,其图号为:121.0 ~110.0。

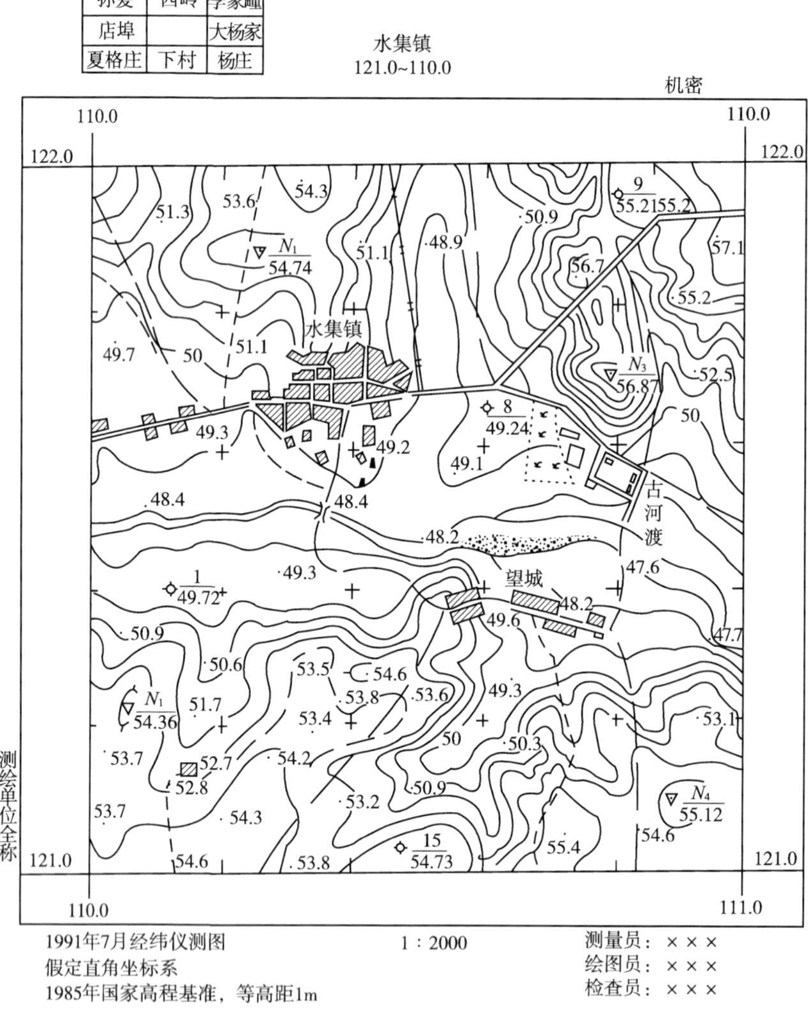

图 9-2 地形图的图名、图号和接合图表

地形图的分幅和编号有两种方法:一种是按经纬线划分为梯形分幅并编号;另一种是按坐标格网划分为正方形与矩形分幅并编号。前者用于中小比例尺的国家基本图的分幅,后者用于工程建设上大比例尺地形图的分幅。

现仅介绍按坐标格网划分为正方形分幅与编号的方法。

在各种工程建设中,大比例尺地形图按坐标格网划分为正方形图幅,对于 1∶5000 比例尺的地形图为 40cm ×40cm,其他比例尺 1∶2000、1∶1000、1∶500 均采用 50cm ×50cm 图幅。现将以上四种比例尺的地形图的图幅大小、实地测图面积等列于表 9-2 中。

按正方形分幅的不同比例尺图幅 表 9-2

比例尺	图幅大小（cm）	图廓边的实地长度（m）	图幅实地面积（km^2）	一幅 1∶5000 图中包含该比例尺图幅数（幅）
1∶5000	40×40	2000	4	1
1∶2000	50×50	1000	1	4
1∶1000	50×50	500	0.25	16
1∶500	50×50	250	0.0625	64

正方形图幅是以 1∶5000 图为基础，采用图幅西南角点的坐标公里数编号，纵坐标 x 在前，横坐标 y 在后。

如图 9-3 所示，该图幅西南角坐标 $x=20000\text{m}$，$y=30000\text{m}$，故其 1∶5000 比例尺地形图的编号为：20-30。

按一幅 1∶5000 图中包含该比例尺图幅数。将一幅 1∶5000 的地形图作四等分，便得到四幅 1∶2000 比例尺的地形图，分别以 Ⅰ、Ⅱ、Ⅲ、Ⅳ 表示，图幅中左上角为 Ⅰ、右上角为 Ⅱ、左下角为Ⅲ、右下角为Ⅳ。其图的编号可在 1∶5000 图编号后加上各自的代号 Ⅰ、Ⅱ、Ⅲ、Ⅳ 作为 1∶2000 图的编号，例如，图中左下角打阴影为：20-30-Ⅲ。依次类推，一幅1∶2000图又可分成四幅 1∶1000图；一幅1∶1000图再可分成四幅 1∶500 图，其后附加各自的代号均为罗马字 Ⅰ、Ⅱ、Ⅲ、Ⅳ。在图 9-3 中，1∶1000 的图幅（打阴影）编号为 20-30-Ⅱ-Ⅰ，而 1∶500 图幅（打阴影）编号为20-30-Ⅰ-Ⅰ-Ⅰ。

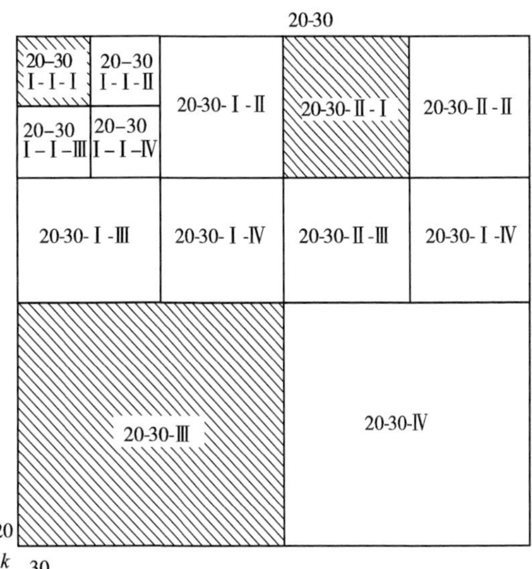

图 9-3 正方形分幅与编号

当测区较小时，也可根据工程条件和要求，采用自然序数编号或行列编号法，也可采用其他编号法。总之，应本着从实际出发，根据测图、用图和管理方便以及用图单位的要求灵活运用。

3）接合图表

接合图表是表示本图幅与四邻图幅的邻接关系的图表，表上注有邻接图幅的图名或图号，它绘在本幅图的上图廓的左上方，如图 9-2 所示。

2. 图廓和坐标格网

1）图廓

地形图都有内外图廓，内图廓线较细，是图幅的范围线，绘图必须控制在该范围线以内；外图廓线较粗，主要是对图幅起装饰作用。

2）坐标格网

矩形图幅的内廓线亦是坐标格网线，在内外图廓之间和图内绘有坐标格网交点短线，图廓的四角注记有该角点的坐标值。梯形图幅的内廓线是经纬线，图廓的四角注有经纬度，内外图廓间还有分图廓，分图廓绘有经差和纬差，用 1′间隔的黑白分度带表示，只要把分图廓对边相应的分度线连接，就构成了经、纬差各为 1′的地理坐标格网。梯形图幅内还有 1km 的直角坐标格网，称其为公里坐标格网。内图廓和分图廓之间注有公里格网坐标值，如图 9-4a）所示。

3. 三北方向线

在中、小比例尺地形图的下图廓外偏右处，绘有真子午线、磁子午线和坐标纵轴线这三个北方向线之间的角度关系图，称为三北方向线。绘制时，真子午线应垂直下图廓边，如图 9-4b）所示。该图幅中，磁偏角为 9°50′（西偏）；坐标纵轴线偏于真子午线以西 0°05′；而磁子午线偏于坐标纵线以西 9°45′。利用该关系图，可对图上任一方向的真方位角、磁方位角和坐标方位角三者间做相互换算。

4. 直线比例尺和坡度比例尺

在下图廓正下方注记测图的数字比例尺，在数字比例尺的下方绘制直线比例尺，如图 9-4c）所示，以便图解距离，消除图纸伸缩的影响。

对于梯形图幅，在其下图廓偏左处，绘有坡度比例尺，如图 9-4d）所示，用以图解地面坡度和倾角。它按下式制成：

$$i = \tan\alpha = \frac{h}{d \cdot M} \qquad 即:d = \frac{h}{i \cdot M} \tag{9-2}$$

式中：i——地面坡度；

α——地面倾角；

h——两点间的高差；

d——两点间的水平距离；

M——测图比例尺分母。

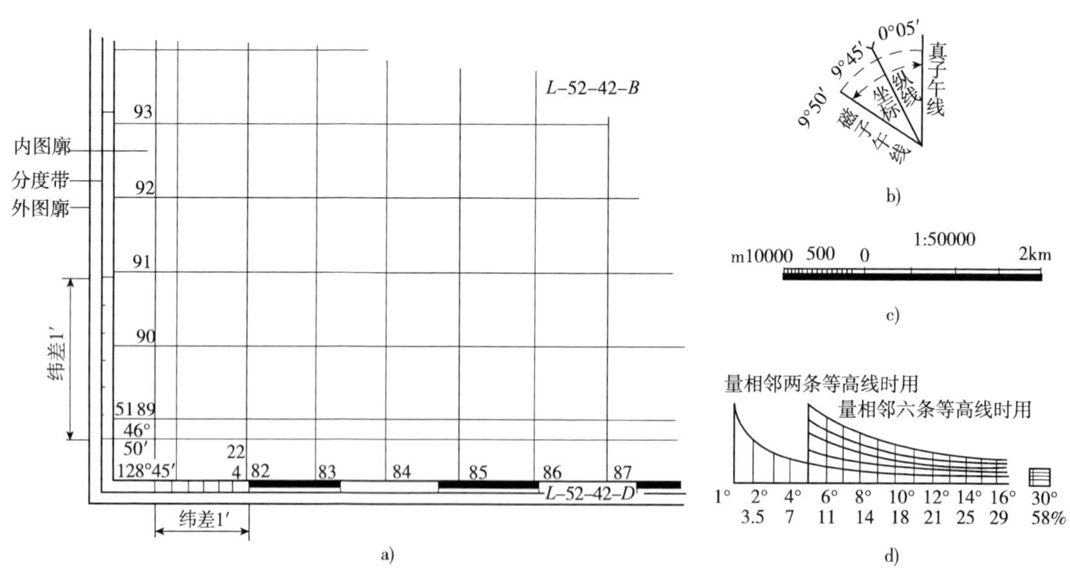

图 9-4 地形图的图廓和图外注记

使用时，利用分规量出相邻两点间的水平距离，在坡度比例尺上即可读取地面坡度 i。

除了上述注记外，图上还注记有测图时间、测图方法、测图所用的坐标系统、高程系统以及测绘单位和测绘者等说明。

第二节　地物和地貌在图上的表示方法

为了便于测图和用图，用各种简明、准确、易于判断实物的图形或符号，将实地的地物和地貌在图上表示出来，这些符号统称为地形图图式。地形图图式由国家测绘机关统一制定并颁布。它是测绘和使用地形图的重要依据。表 9-3 所列是国家测绘局颁发的《地形图图式》中的部分常用地物和地貌符号。

图式中的符号有三类：地物符号、地貌符号和注记符号。

地 形 图 图 例　　表 9-3

编号	符号名称	图　例
1	坚固房屋 4-房屋层数  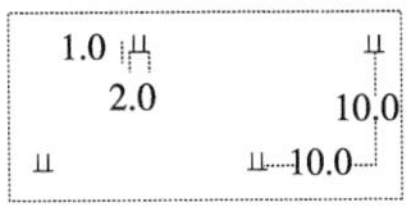	坚4　1.5
2	普通房屋 2-房屋层数 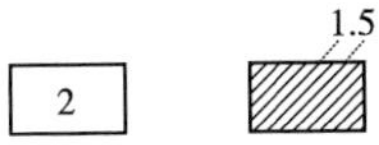 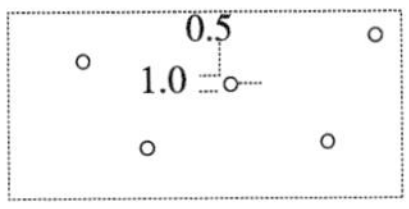	2　1.5
3	窑洞 1-住人的 2-不住人的 3-地面下的 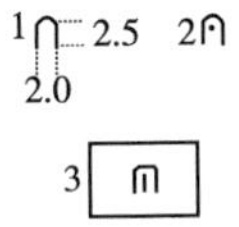 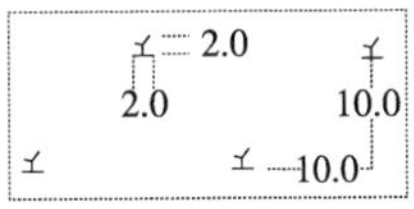	1　2.5　2　2.0　3
4	台阶 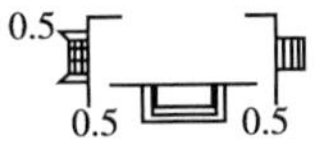 	0.5　0.5　0.5
5	花圃 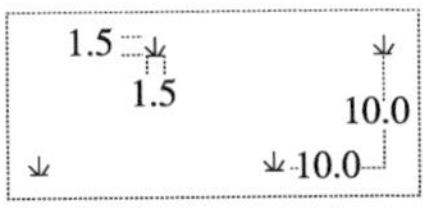 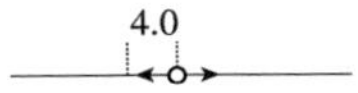	1.5　1.5　10.0　10.0
6	草地 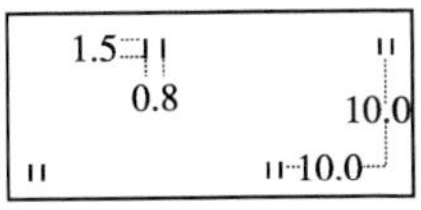 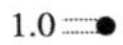	1.5　0.8　10.0　10.0
7	经济作物地 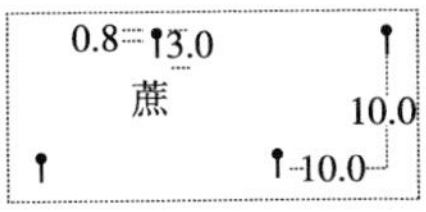 	0.8　3.0　蔗　10.0　10.0
8	水生经济作物地	3.0　藕　0.5
9	水稻田	0.2　2.0　10.0　10.0
10	旱地	1.0　2.0　10.0　10.0
11	灌木林	0.5　1.0
12	菜地	2.0　2.0　10.0　10.0
13	高压线	4.0
14	低压线	4.0
15	电杆	1.0
16	电线架	
17	砖、石及混凝土围墙	10.0　0.5　0.3　10.0
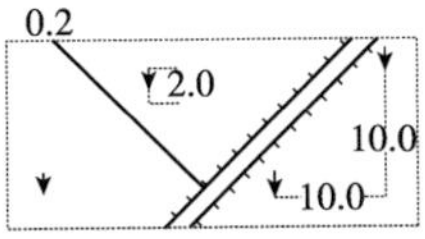 18	土围墙	10.0　0.5
19	栅栏、栏杆	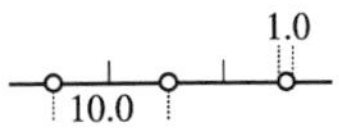 1.0　10.0
20	篱笆	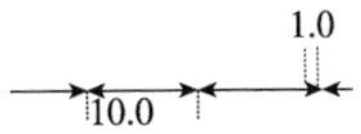 1.0　10.0
21	活树篱笆	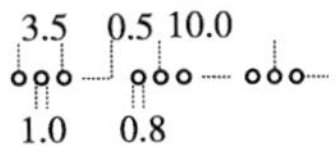 3.5　0.5　10.0　1.0　0.8

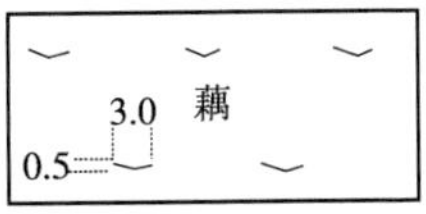

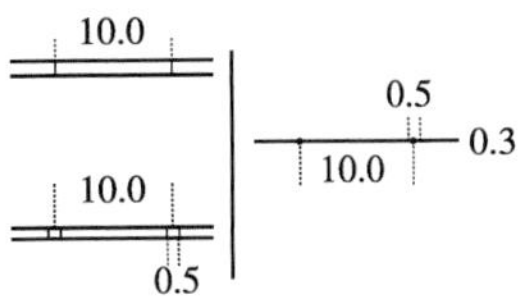

续上表

编号	符号名称	图　例
22	沟渠 1-有堤岸的 2-一般的 3-有沟堑的 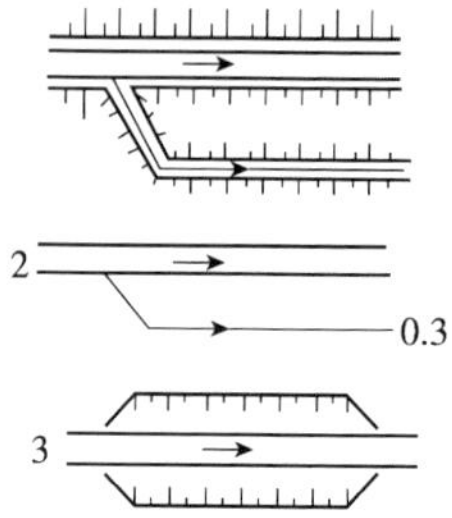 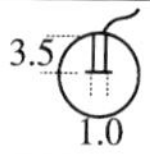	2　0.3 3
23	公路 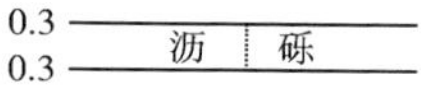 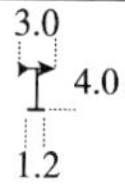	0.3　沥｜砾 0.3
24	简易公路 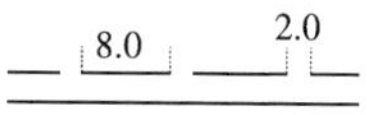 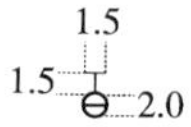	8.0　2.0
25	大车路 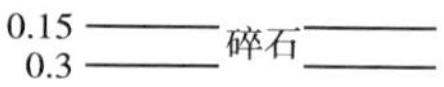 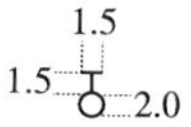	0.15　碎石 0.3
26	小路 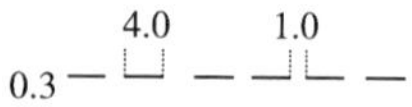 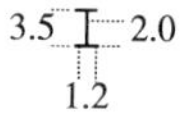	4.0　1.0 0.3
27	三角点 凤凰山-点名 394.468 高程 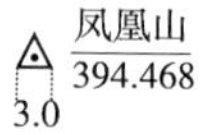 	凤凰山 394.468 3.0
28	图根点 1-埋石的 2-不埋石的 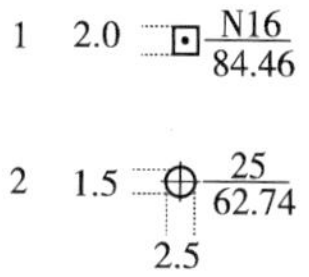 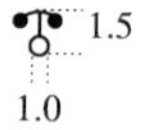	1　2.0　N16 / 84.46 2　1.5　25 / 62.74 2.5
29	水准点	2.0　Ⅱ京石5 / 32.804
30	旗杆	1.5 4.0　1.0 1.0
31	水塔	2.0 3.0　1.0 1.2
32	烟囱	3.5 1.0
33	气象站(台)	3.0 4.0 1.2
34	消火栓	1.5 1.5　2.0
35	阀门	1.5 1.5　2.0
36	水龙头	3.5　2.0 1.2
37	钻孔	30　1.0
38	路灯	1.5 1.0
39	独立树 1-阔叶 2-针叶	1.5 1　3.0 0.7 2　3.0 0.7
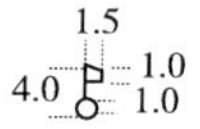 40	岗亭、岗楼	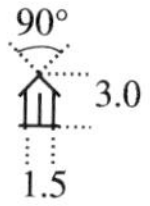 90° 3.0 1.5
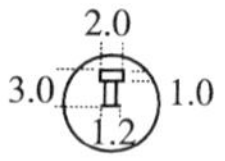 41	等高线 1-首曲线 2-计曲线 3-间曲线	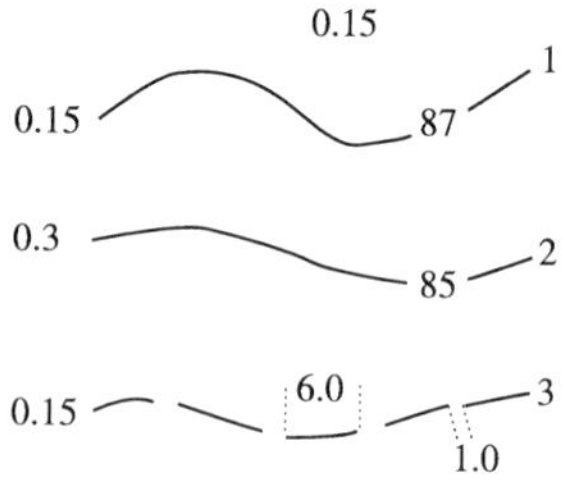 0.15 0.15　87　1 0.3　85　2 0.15　6.0　3 1.0

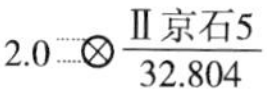

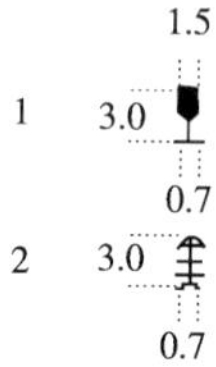

一、地物在图上的表示方法

地物在地形图中是用地物符号来表示的。地物符号按其特点又分为:比例符号、半比例符号和非比例符号三种。有些占地面积较大(以比例尺精度衡量)的地物,如地面上的房屋、桥、旱田、湖泊、植被等地物可以按测图比例尺缩小,用地形图图式中的规定符号绘出,称为比例符号;而有些地物由于占地面积很小,如三角点、导线点、水准点、水井、旗杆等按比例缩小无法在图上绘出,只能用特定的、统一尺寸的符号表示它的中心位置,这样的符号称为非比例符号;对于有些呈线状延伸的地物,如铁路、公路、管线、河流、渠道、围墙、篱笆等,其长度能按测图比例尺缩绘,但其宽度则不能,这样的符号称为半比例符号。

在不同比例尺的地形图上表示地面上同一地物,由于测图比例尺的变化,所使用的符号也会变化。某一地物在大比例尺地形图上用比例符号表示,而在中、小比例尺地形图上则可能就变成为非比例符号或半比例符号。

二、地貌在图上的表示方法

在地形图上表示地貌的方法有多种。目前，最常用的表示地面高低起伏变化的方法是等高线法，所以等高线是常见的地貌符号。但对梯田、峭壁、冲沟等特殊的地貌，不便用等高线表示时，可根据《地形图图式》绘制相应的符号。

1. 等高线的概念

地面上高程相等的相邻各点连接的闭合曲线，称为等高线。如图 9-5 所示，设想有一座小岛在湖泊中，开始时水面高程为 40m，则水面与山体的交线即为 40m 的等高线；若湖泊水位不断升高，达到 60m 时，则山体与水面的交线为 60m 的等高线；依次类推，直到水位上升到 100m 时，淹没山顶而得 100m 的等高线。然后把这些实地的等高线沿铅垂方向投影到水平面上，并按规定的比例尺缩小绘在图纸上，就得到与实地形状相似的等高线。显然，图上的等高线形态，决定于实地山头的形态，陡坡则等高线密，缓坡则等高线疏。所以，可从图上等高线的形状及分布来判断实地地貌的形态。

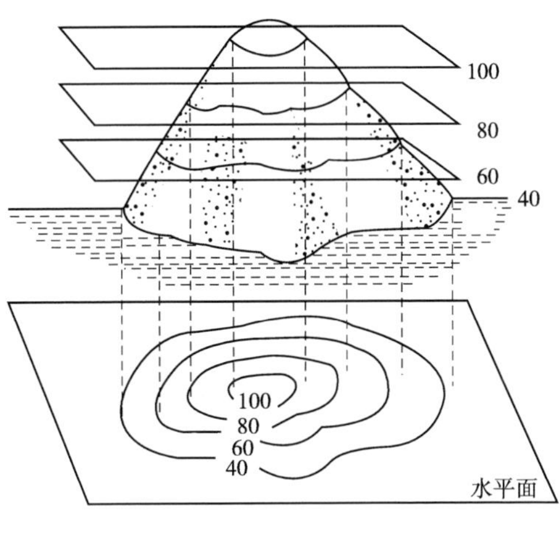

图 9-5　等高线

2. 等高距和等高线平距

相邻两等高线间的高差称为等高距，用 h 表示。在同一幅地形图上只能有一个等高距，通常按测图的比例尺和测区地形类别，确定测图的基本等高距，见表 9-4。

地形图基本等高距　　表 9-4

地形类别	不同比例尺的基本等高距(m)			
	1:500	1:1000	1:2000	1:5000
平原	0.5	0.5	1.0	1.0
微丘	0.5	1.0	2.0	2.0
重丘	1.0	1.0	2.0	5.0
山岭	1.0	2.0	2.0	5.0

相邻两等高线间的水平距离称为等高线平距，用 d 表示。它随实地地面坡度的变化而改变。h 与 d 的比值就是地面坡度 i，即：

$$i = \frac{h}{d} \times 100\% \tag{9-3}$$

3. 等高线的种类

为了充分表示出地貌的特征以及用图的方便，等高线按其用途分为四类，如图 9-6 所示（图中只画出一部分）。

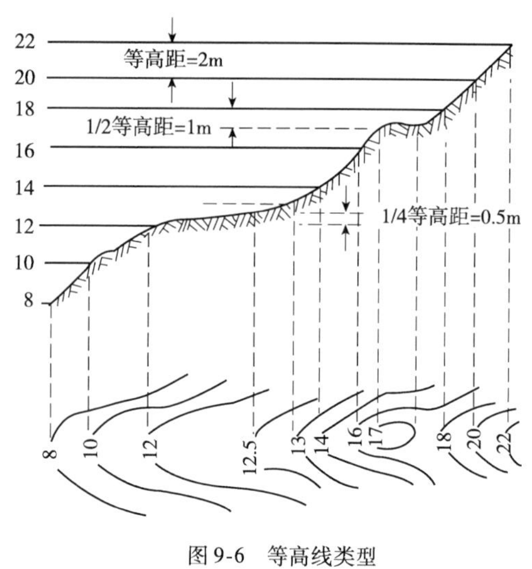

图 9-6 等高线类型

(1)基本等高线(又称首曲线),即按基本等高距测绘的等高线。

(2)加粗等高线(又称计曲线),为易于识图,逢五逢十(指基本等高距的整五或整十倍),即每隔四条首曲线加粗一条等高线,并在其上注记高程值。

(3)半距等高线(又称间曲线),在个别地方的地面坡度很小,用基本等高距的等高线不足以显示局部的地貌特征时,可按1/2 基本等高距用长虚线加绘半距等高线。

(4)1/4 等高线(又称为助曲线),在半距等高线与基本等高线之间,以1/4 基本等高距再进行加密,而且用短虚线绘制的等高线。

4.典型地貌的等高线

地貌的情况复杂多样,就其形态而言,可归纳为以下几种典型类型:

1)山头与洼地

凸出而高于四周的高地称为山,大的称为山岳,小的称为山丘。山的最高点称为山顶,四周高、中间低的地形称为洼地。如图 9-7a)、b)所示,分别为山头与洼地的等高线,这二者的等高线形状完全相同,其特征为一簇闭合曲线。为了区分起见,可在其等高线上加绘示坡线或标出各等高线处的高程。示坡线是垂直于等高线指向低处的短线。高程注记一般由低向高。

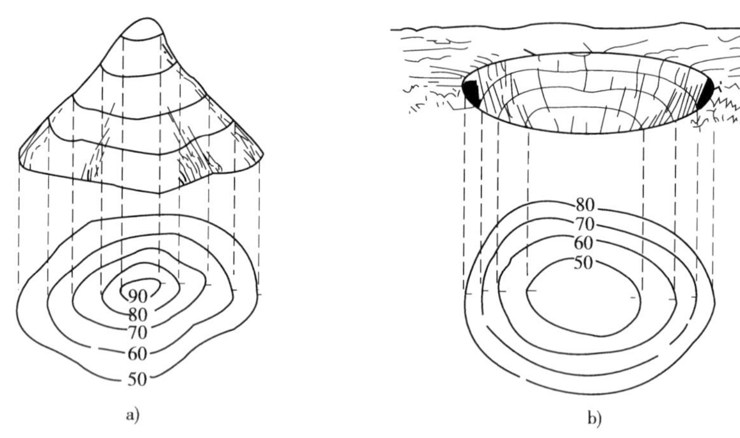

图 9-7 山头与洼地及其等高线

2)山脊与山谷

山的凸棱由山顶延伸到山脚称为山脊,两山脊之间的凹部称为山谷。如图 9-8a)、b)所示,它们的等高线形状呈 U 字形,其中山脊的等高线的 U 字凸向低处,山谷的等高线的 U 字凸向高处。山脊最高点连成的棱线称为山脊线,又称为分水线;山谷最低点连成的棱线称为山谷线,又称为集水线。山脊线和山谷线统称为地性线,不论山脊还是山谷线,它们都要与等高线垂直正交。在一般工程设计中,要考虑地面水流方向、分水、集水等问题,因此,山脊线和山谷线在地形图测绘和应用中具有重要的意义。

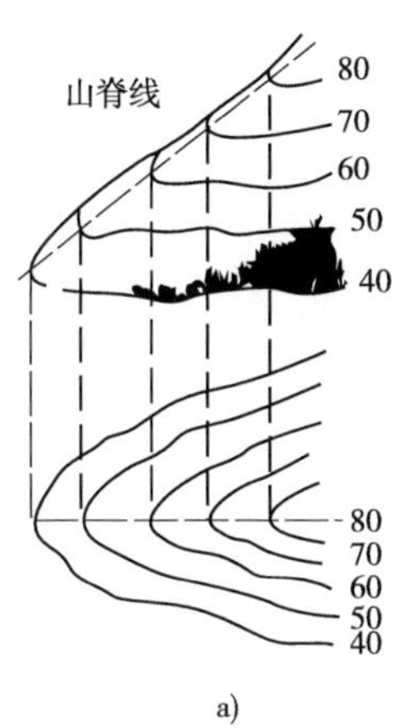

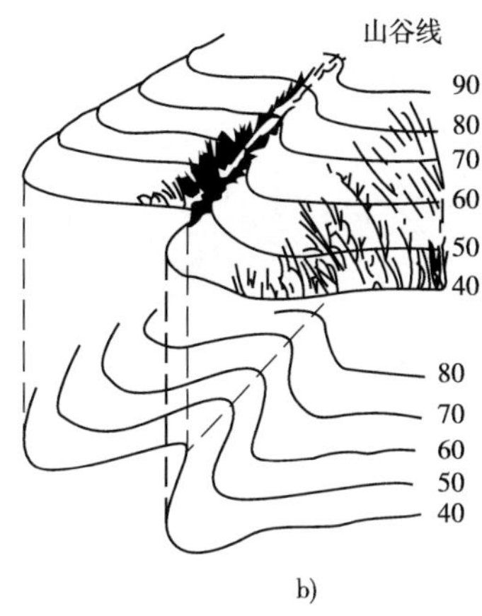

图 9-8　山脊线与山谷线及其等高线

3）鞍部

相对的两个山脊和山谷会聚处的马鞍形地形，称为鞍部，又称为垭口。如图 9-9 所示，为两个山顶之间的马鞍形地貌，用两簇相对的山脊和山谷的等高线表示。鞍部在山区道路的选用中是一个关键点，越岭道路常需经过鞍部。

4）悬崖

山的侧面称为山坡，上部凸出，下部凹入的山坡称为悬崖。图 9-10 所示为悬崖的等高线，其凹入部分投影到水平面上后与其他等高线相交，俯视时隐蔽的等高线用虚线表示。

5）峭壁

近于垂直的山坡称为峭壁或称为绝壁、陡崖等。如图 9-11 所示，为峭壁的等高线，这种地形的等高线一般配合有特定的符号（如该图的锯齿形的断崖符号）来完成。

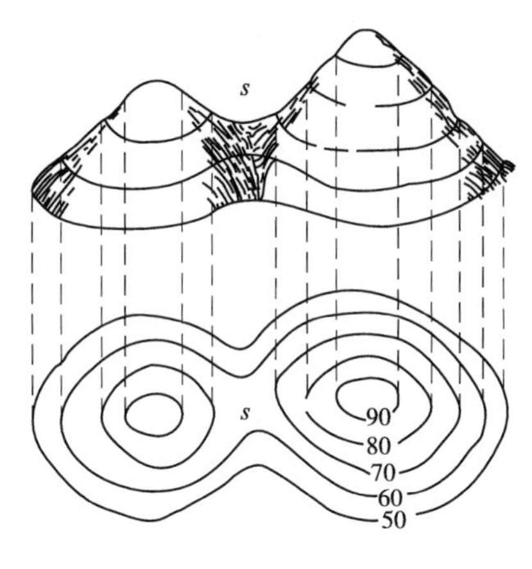

图 9-9　鞍部及其等高线

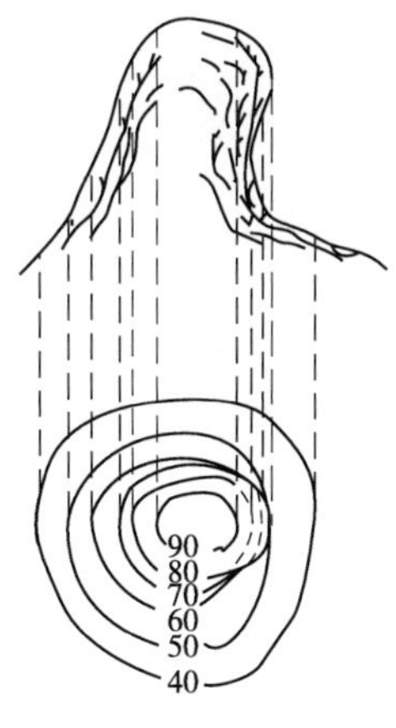

图 9-10　悬崖及其等高线

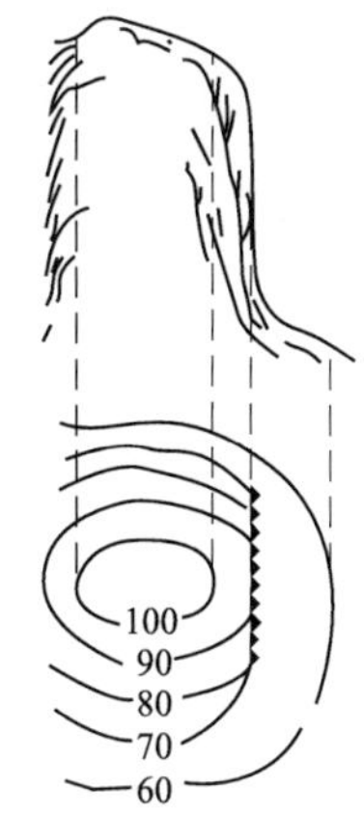

图 9-11　峭壁及其等高线

6）其他

地面上由于各种自然和人为的原因而形成了多种新的形态，如冲沟、陡坎、崩崖、滑坡、雨裂、梯田坎等。这些形态用等高线难以表示，绘图时可参照《地形图图式》规定的符号配合使用。

识别上述典型地貌的等高线表示方法以后，就基本能够认识地形图上用等高线表示的复杂地貌。图 9-12 所示为某一地区综合地貌及其等高线地形图，读者可对照识别。

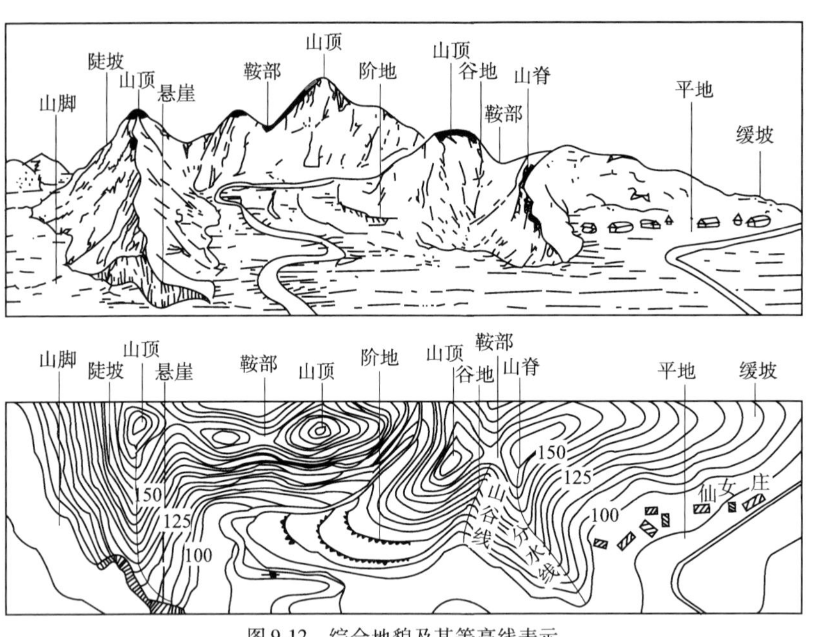

图 9-12　综合地貌及其等高线表示

5. 等高线的特征

为了掌握等高线表示地貌的规律，便于测绘等高线，必须了解等高线的如下特征：

(1)在同一等高线上所有各点的高程都相等。

(2)每一条等高线都必须成一闭合曲线，因图幅大小限制或遇到地物符号时可以中断，但要绘画到图幅或地物边，不能在图中中断。

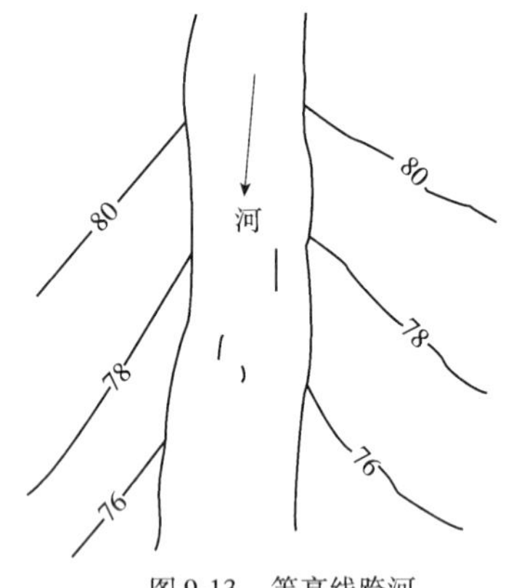

图 9-13　等高线跨河

(3)在同一幅地形图上等高距是相同的，因此，等高线密度越大（平距越小），表示地面坡度越陡；反之，等高线密度越小（平距越大），表示地面坡度越缓；等高线密度相同（平距相等）表示坡度均匀。

(4)山脊线、山谷线都要和等高线垂直相交。

(5)等高线跨越河流时，不能直穿而过，要渐渐折向上游，过河后渐渐折向下游，如图 9-13 所示。

(6)等高线通常不能相交或重叠，只有在绝壁和悬崖处才会重叠或相交，如图 9-10 所示。

三、注　　记

为了表明地物的种类和特征，除用相应的符号表示外，还需配合一定的文字和数字加以说明，称为注记，如楼房的结构和层数、地名、路名、单位名、河流名称和水流方向、水深、流速以及等高线的高程和散点的高程等。

第三节　大比例尺地形图传统测绘方法

一、测图前的准备工作

在地形测图前，首先收集控制点成果，再到野外踏勘了解控制点完好情况和测区地形概况。检查校正仪器，准备测图工具，最后拟定作业计划。在图纸上展绘图廓、坐标格网和图根控制点。

1. 图纸的准备

地形图使用的图纸，必须坚韧、伸缩性小、不渗水。为减小变形，可将图纸裱糊在不变形的图板上。目前，我国已广泛采用聚酯薄膜代替传统的绘图纸。这种薄膜伸缩性小，透明度好、不怕潮湿、不易被虫蛀，易于携带和保存，着墨后还可直接晒蓝和制版，但聚酯薄膜图纸易燃、有折痕后不易消除，因此在测图、使用和保管时应加注意。

为了测绘、保管和使用上的方便，地形图使用的图纸图幅尺寸一般采用 50cm × 50cm、40cm ×40cm 和 40cm ×50cm 等几种。

2. 坐标格网的绘制

要将控制点展绘在图纸上，首先要精确绘制 10cm × 10cm 直角坐标格网。绘制坐标格网有多种方法，下面介绍直尺对角线法，即用比较精确的直尺按对角线法进行。

如图 9-14 所示，按下述步骤绘制：

(1)在购置的图纸上，用铅笔较轻的绘制两条对角线，两线交点为 M。

(2)由交点 M 以适当长度(可按图幅尺寸估计)在对角线上截取等距的 A、B、C、D 四点。

(3)用直线连接 A、B、C、D 四点，得到一个矩形。

(4)从 A、D 两点起各沿 AB、DC 方向，每隔 10cm 准确地定一点；从 A、B 两点起沿 AD、BC 方向每隔 10cm 准确地定一点。连接对边的对应点，即可绘出坐标格网。

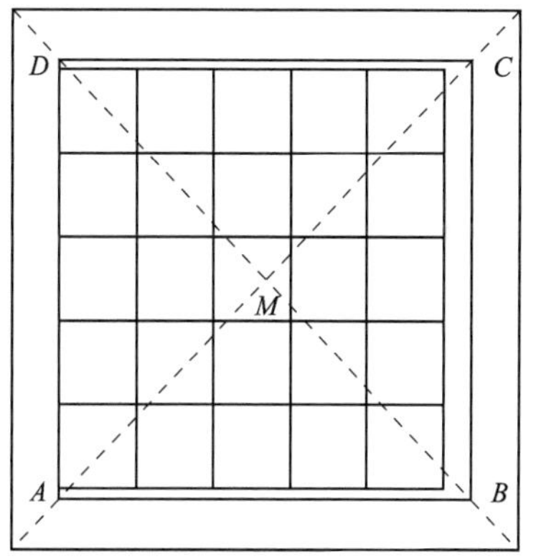

图 9-14　直尺对角线法绘制坐标格网

不论采用哪种方法绘制坐标格网，都必须进行精度检查。首先将直尺边沿方格的对角线放置，各方格的交点应在同一条直线上，如不在同一直线上，其偏离值不应大于 0. 2mm；对角线长误差和图廓边长误差应不大于 0. 3mm。格网线粗细及刺孔直径不大于 0. 1mm，格网绘完后，除保留格网线外，把其余辅助线全部擦干净。

另外，目前市场上有已印刷好坐标格网的聚酯薄膜销售，这样的坐标格网薄膜只需进行精度检验。使用它可简化测图的准备工作。

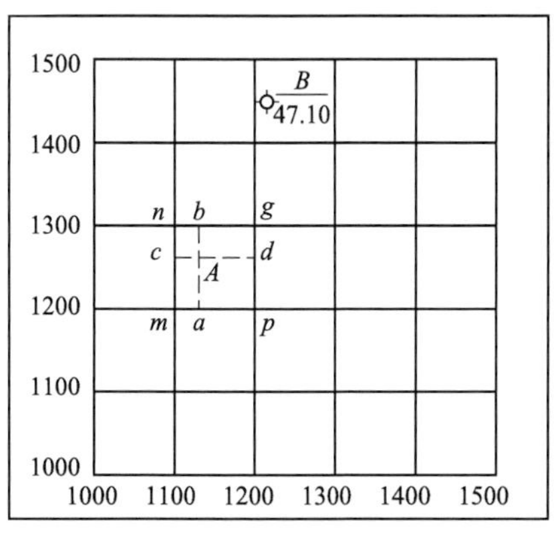

图 9-15　控制点的展绘

3. 展绘控制点

1)展绘方法

根据测区的大小、范围以及控制点的坐标和测图比例尺，对测区进行分幅，再依据控制点的坐标值展绘图根控制点。展点时先确定图根点所在的方格，如控制点坐标为：$x = 1268.15$m、$y = 1134.62$m，则可确定它所在的方格为 $mngp$，如图 9-15 所示，再根据被展绘的点与 m 点的坐标差定出 a、b、c、d，即从 m、p 点用测图比例尺分别向上量 68. 15m 得 c、d 两点，再从 m、n 点分别向右量 34. 62m 得 a、b 两点，连接 ab 和 cd 两条线的交点就是要展点的位置。用同样的方法，将其他控制点展绘在图纸上。

2)精度检查

控制点展绘结束后,应进行精度检查,即用比例尺在图纸上量取相邻控制点之间的距离,然后和已知的距离比较,其最大误差在图纸上不应超过 0.3mm,否则,控制点应重新展绘,直至满足要求为止。

当控制点的平面位置展绘在图纸上后,还应在点的右侧画一短横线,上方注明点号,下方注明点的高程,如图 9-15 的 *B* 点,这样就完成了测图前的准备工作。

二、碎部点的选择

碎部点又称地形点,它指的是地物和地貌的特征点。碎部点的选择直接关系到测图的速度和质量。选择碎部点的根据是测图比例尺及测区内地物和地貌的状况。碎部点应该选在能反映地物和地貌特征的点上。

对于地物,其特征的点为地物的轮廓线和边界线的转折或交叉点。例如,建筑物、农田等面状地物的棱角点和转角点;道路、河流、围墙等线形地物交叉点,电线杆、独立树、井盖等点状地物的几何中心等。由于实测中有些地物形状极不规则,一般规定主要地物凸凹部分在图上大于 0.4mm(在实地应为 0.4*M*mm,*M* 为比例尺分母)时均应表示出来;若小于 0.4mm,则可用直线连接。

对于地貌,其特征点为地性线上的坡度或方向变化点。地性线主要有:山脊线(分水线)、山谷线(集水线)、坡缘线(山腰线)、坡麓线(山脚线)以及最大坡度线(流水线)等。地貌形态尽管各不相同,但地貌的表面都要可以近似地看成是由各种坡面组成的。只要选择这些地性线和轮廓线上的转折点和棱角点(包括坡度转折点、方向转折点、最高点、最低点以及连接相邻等坡段的点),就能把不同走向、不同坡度随地貌变化的地性线,用等坡度线段测绘出来,以这样的等坡线段勾绘等高线,就能形象地把地貌描绘地形图上。

为了保证测图质量,即使在地面坡度无明显变化处,也应测绘一定数量的碎部点,一般规定:在图纸上碎部点间的最大间距不应超过表 9-5 的规定。碎部点到测站点的距离可采用视距法或光电测距法,最大测距长度应符合表 9-5 的规定。

地形图上高程注记点间距与测距最大长度 表 9-5

测图比例尺	地形图上高程注记点间距(m)	测距最大长度(m)	
		视距法	光电测距法
1:500	≤15	≤80	≤240
1:1000	≤30	≤120	≤360
1:2000	≤50	≤200	≤600
1:5000	≤100	≤300	≤900

三、地形测图方法

地形测量(又称为碎部测量)是以图根控制点为测站点,测定控制点周围碎部点的平面位置和高程后,按比例符号或现行地形图图式中规定的图式符号绘制地形图。

测定碎部点的方法,包括极坐标法、直角坐标法、角度交会法、距离交会法和距离角度交会法等。通常,用得最多的是极坐标法,它是把某个控制点作为测站中心(极点),通过照准另一个控制点作为起始方向(极轴),再分别瞄准周围其他碎部点,测定其相对于起始方向的水平角(极角),测定测站到碎部点的距离(极距),这样就能确定测站周围碎部点的平面位置。其他方法多用于地物的辅助测量,例如对隐蔽的或不宜观测的地物碎部点,常常把已经测定的碎部点作为基准,利用直角坐标法、角度交会法、距离交会法等再去测定。下面介绍经纬仪测绘(记)法。

碎部测量时,只需用盘左或者盘右一个状态,无须进行多余观测,这样竖盘指标差无法用盘左、盘右取平均来消除,因此必须对竖盘指标差进行严格检验校正,然后按下述步骤进行观测:

1)安置仪器

如图 9-16 所示,在测站点 A(已展绘到图纸上的控制点)安置经纬仪,量取仪器高 i,盘左照准控制点 B(已展绘到图纸上的控制点),则以 AB 方向作为起始方向,使水平度盘读数为:0°00′00″。为保证测量的精度,再照准立在控制点 C 点上的标尺,观测水平角 $\angle BAC$,用视距法测定 C 点高程。与控制测量成果进行比较,角度差不应大于 ±1.5′,高程差不应大于 1/5 等高距。然后把裱有图纸的绘图板架在测站旁,连接图上 a、b,用细针把半圆仪(图 9-17)通过零刻划线上的小孔钉在 a 点处。图上 a、b 点分别为地面上 A、B 点在图纸上的展绘点,均为已测定的控制点。

图 9-16　经纬仪测图

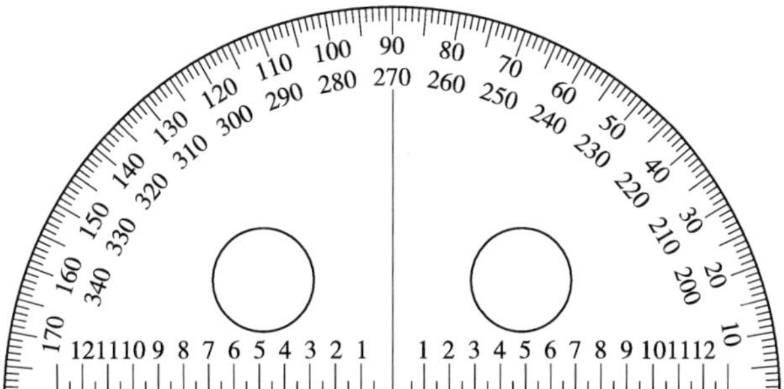

图 9-17　半圆仪

2)观测

首先跑尺员应与观测员密切配合,商定跑尺路线和范围,高效率地在碎部点上立尺,以便于绘图。观测员用经纬仪照准立于碎部点的标尺，读取水平盘读数或直接读取水平角、视距间隔、中丝读数、竖盘读数或直接读取竖直角，分别记入表9-6中。每次读取竖盘读数以前，必须保证竖盘指标水准管气泡居中。观测20左右个碎部点后，应当检查起始方向，归零差不得大于±1.5′。另外，如果能使每次中丝读数l等于仪器高i，可以简化计算。

地形测量记录计算表 表9-6

测站点：A；后视点：B；仪器高$i=1.45$m；指标差$x=0$；测站点高程$H_A=243.76$m

碎部点	视距间隔 n(m)	中丝读数 l(m)	竖盘读数 (° ′)	竖直角值 (° ′)	$i-l$ (m)	高差h (m)	水平角值β (° ′)	水平距离 D(m)	高程 H(m)	备注
1	0.380	1.45	93 28	−3 28	0	−2.29	175 38	37.9	241.47	
2	0.375	1.45	93 00	−3 00	0	−1.96	278 45	37.4	241.80	
3										

3）展绘碎部点

绘图员根据记录员及计算出的测站至碎部点的水平角和水平距离（计算方法参见第四章中视距测量一节），见表9-6，用半圆仪展绘碎部点。首先在半圆仪上找到与所测水平角相等的刻划线，并将此刻划线与ab方向线重合，然后根据所测水平距离和测图比例尺在半圆仪直径边上截取测站点至碎部点的图上距离，即得碎部点在图上的位置。这里需要特别注意的是：半圆仪上有两排角度值（0°～180°和180°～360°），而直径边也可以看成是两个半径边。因此，在展绘碎部点时，绘图员面对ab方向，当水平角在0°～180°之间时，采用右半径边量取图上距离；当水平角在180°～360°之间时，必须采用左半径边量取图上距离。最后将碎部点的高程标注在该点位的右侧，同时还要避免与地物符号重叠，也不要注在图廓外。

绘图员应边展点边对照实地情况，按图式规定的地物、地貌符号绘图。

如果将经纬仪观测数据只作记录和画草图，而到室内根据记录数据和草图绘地形图，这种方法称为经纬仪测记法。此法操作简单，外出时间短，任务紧迫时，可分组进行，缺点是室内绘图不能对照实地及时发现问题，因此，成图后应到现场核对。

四、地形图的绘制

地形图的绘制包括地物、地貌的绘制。

1.地物的绘制

绘图前应对整个测区和各测站周围的地物分布、地貌特征进行仔细观察，做到心中有数。测图过程中，当所测地物的特征点数能够描绘出地物完整图形时，应立即勾绘地物轮廓线，并用规范的图式符号或文字标明地物类别和名称。做到随测随绘，逐渐展绘局部以至全幅的地物图。

2.地貌（等高线）的绘制

在测定地貌点的同时，应把同一坡度线上的点轻轻勾连出来，从而形成一条条地性线（如山脊线和山谷线），并随时在同一坡度的两点间插绘等高点，标注高程值，如图9-18所示。设地面某局部范围的地貌特征点的位置和高程已经测定，在图上连接等坡度线上相邻的特征点ba、bc、bd、be等，其中实线为山谷线，虚线为山脊线，据此可参照实际地貌情况勾绘等高线。等高线的勾绘方法很多，下面仅介绍内插法法中的解析法和目估法。

1）解析法

下面以图9-18所示中的ba为例，介绍内插法绘制等高线的做法。

若已知 ab 在图上的平距 D、高差 h，以 1m 的等高距绘制等高线。由图可知，ab 线上应有 144m、145m、146m、147m 和 148m 共 5 根等高线穿过。第一根 144m 等高线与 a 点高差为 0.9m，最后一根 148m 等高线与 b 点高差为 0.5m。只要先确定距 a 点高差为 0.9m，距 b 点高差为 0.5m 对应平距的点位，再等分剩下的线段，就可确定所有等高线通过 ab 上的点了。

根据等坡线上平距与高差成正比的关系，可求得高程为 H 的等高点到 a 点的平距 d 为：

$$d = \frac{D}{148.5 - 143.1} \times (H - 143.1)$$

由上式可得各等高线穿过 ab 线的点的位置，如图 9-18b）所示。同理，可得到等高线穿过其他地性线上的点。参照实地，将不同地性线高程相等的点就近用曲线连接起来，即得到要绘制的等高线，如图 9-18c）所示。

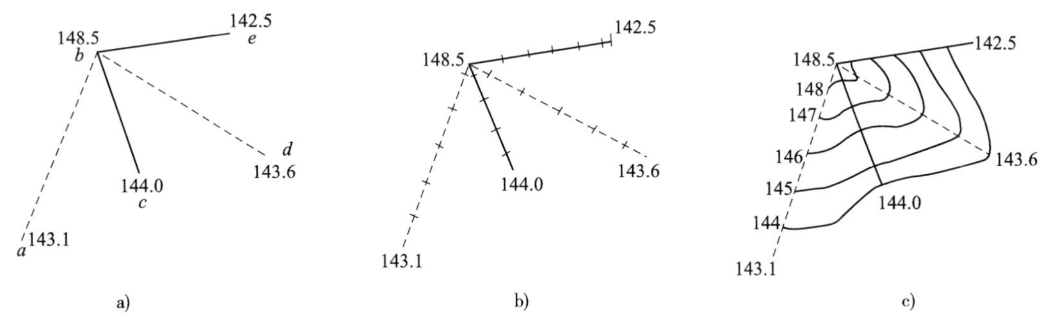

图 9-18　解析法绘制等高线

2）目估法

在实际作业中，一般不进行解析计算，而是根据这一原理用目估的方法勾绘等高线。以图 9-19 中 A、B 两点间为例，说明目估法勾绘等高线的步骤。

（1）定有无：确定两碎部点间有无等高线通过，即 AB 之间“有”。

（2）定根数：确定两碎部点间有几根等高线通过，即 AB 之间有 63、64、65、66 四条等高线通过。

（3）定两端：确定两碎部点间首尾两条等高线通过的位置，即 AB 之间 63、66 两条等高线通过的位置。

（4）平分中间：在确定出首尾两条等高线通过的位置后，再将这两条等高线之间距离按等高线间隔数进行平分，即在定出 63、66 两条等高线位置后，再将两者间进行三等分，得出 64、65 的位置。

（5）连线：勾绘出相邻点之间等高线的通过位置后，用光滑曲线将高程相同的相邻点连接起来，即成等高线。

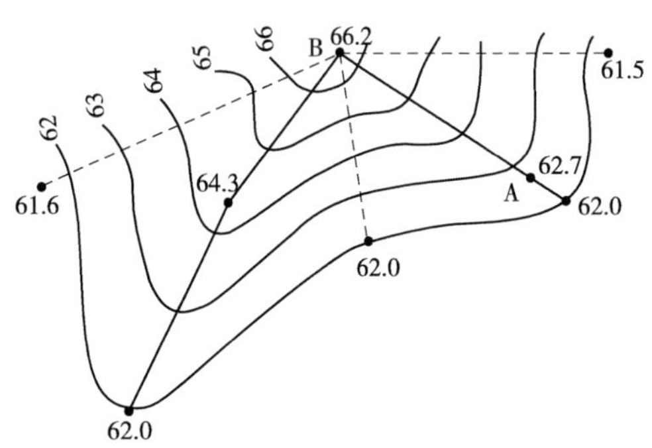

图 9-19　目估法勾绘等高线

五、地形图的检查、拼接与整饰

为了保证地形测图的质量，在地形图测绘完结以后，必须对地形图进行全面的检查，然后进行拼接和整饰。

1. 地形图的检查

地形图测完后，首先由作业组自检，然后由作业组之间互检或由质量监督门抽检，检查的方式包括：图面检查、野外巡查和设站检查。

1）图面检查

主要检查控制点的分布、展绘是否符合规范；地物、地貌的位置和形状绘制的是否正确；图式符号使用的是否符合规定；等高线的高程和地形点的高程是否存在矛盾；名称注记是否有遗漏或错误。一旦发现问题，先检查记录、计算和展绘有无错误，如果不是由于记录、计算和展绘所造成的错误，则不得随意修改，待野外检查后再确定。

2）野外巡查

将地形图带到现场与实际地形对照，核对地物和地貌的表示是否清晰合理，检查是否存在遗漏、错误等。对图面检查发现的疑问必须重点检查。如果等高线表示的与实际地貌略有差异，可立即修改，重大错误必须用仪器检查后再修改。

3）设站检查

检查在图面和野外检查时发现的重大疑问，找出问题后再进行修改。对漏测、漏绘的，补测后填入图中。另外，为评判测图的质量，还应重新设站，挑选一定数量的点进行观测，其精度应符合表9-7的规定，仪器抽查量不应少于测图总量的10%。

地形图的精度 表9-7

图上地物点的点位中误差（mm）		等高线插值的高程中误差			
主要地物	一般地物	平原区	微丘区	重丘区	山岭区
≤±0.6	≤±0.8	$\leqslant\frac{1}{3}H_d$	$\leqslant\frac{1}{2}H_d$	$\leqslant\frac{2}{3}H_d$	$\leqslant 1H_d$

注：表中主要地物是指外廓明显的坚固建筑物；H_d为基本等高距。

2. 地形图拼接

经质量检查后的原图要进行拼接。由于测量误差的影响，相邻图幅拼接时，接图边上的地物和等高线一般会出现接边差，如图9-20所示。若拼接边偏差小于表9-7规定值的$2\sqrt{2}$倍时，两幅图才可以拼接；若超过此限值，必须用仪器检查、纠正图上的错误后再拼接。

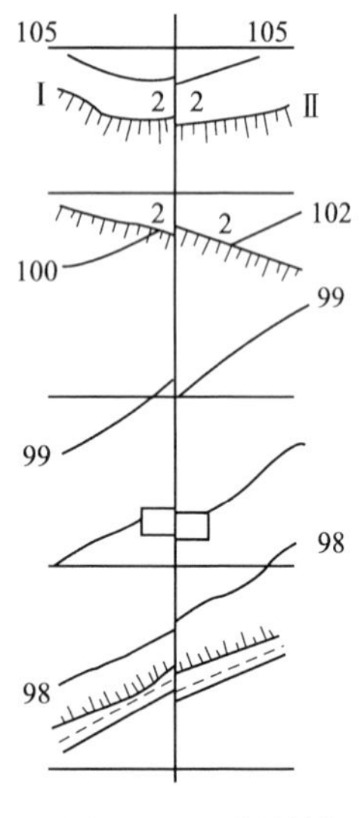

图9-20 地形图拼接

拼接时，用宽5cm的透明纸作为接边纸，先蒙在相邻的某幅图上，将要拼接图边的坐标格网线、图边的地物轮廓线、表示地貌的等高线等用铅笔透绘在透明纸上。再将透明纸蒙在要拼的另幅图边上，使透明纸与底图的坐标格网线对齐，透绘地物轮廓、地貌的等高线。若接边差不超限，则在透明纸上用彩色笔平均分配，纠正接边差，并将接图边上纠正后的地物、地貌位置，用针刺于相邻的接边图上，以此修正图内的地物和地貌。

3. 地形图的整饰

拼接后的原图需要进行清绘和整饰，使图面清晰、整洁、美观，以便验收和原图保存。整饰的顺序是："先图内后图外，先地物后地貌，先注记后符号"。

具体做法是擦去多余的线条，如坐标格网线，只保留交点处纵横

1.0cm 的“+”字;靠近内图廓保留 0.5cm 的短线,擦去用实线和虚线表示的地性线,擦去多余的碎部点,只保留制高点、河岸重要的转折点、道路交叉点等重要的碎部点。

加深地物轮廓线和等高线,加粗计曲线并在计曲线上注记高程,注记高程的数字应成列,字头朝向高处。按照图式规范要求填注符号和注记,各种文字注记,标在适当位置,一般要求字头朝北,字体端正。在等高线通过注记和符号时,必须断开。

最后应按照图式要求,绘制图廓,填写图名、图号、比例尺、等高距、坐标及高程系统、图例、施测单位、测量者、测量日期等。

第四节　大比例尺数字测图

传统的图解法测图过程中,点位的精度由于刺点、绘图以及图纸伸缩变形等因素的影响有较大的降低,而且工序多、劳动强度大、质量管理难。特别是在当今的信息时代,纸质地形图已难以承载更多的图形信息,图纸更新也极为不便,难以适应经济建设的需要。随着科学技术的进步和计算机技术的迅猛发展及其向各个领域的渗透,以及电子全站仪和 GPS-RTK 等先进测量仪器和技术的广泛应用,数字测图技术得到了突飞猛进的发展,并以高自动化、全数字化、高精度的显著优势逐步取代了传统的图解测图的方法。

一、数字测图的概念

20 世纪 70 年代起,随着光电测距和计算机技术在测绘领域的广泛应用,产生了全站型电子速测仪及计算机辅助成图系统,两者结合逐步形成了一套从野外数据采集到内业制图,实现了全过程数字化的大比例尺地形测图方法,即所谓野外数字测图技术,简称为数字化测图。数字化测图实质上是一种全解析计算机辅助测图方法,它使得地形测量成果不再仅仅是绘制在图纸上的地形图,而是以计算机存储介质为载体的,可供计算机传输、处理、多用户共享的数字地形信息。利用数字地形图可以生成电子地图和数字地面模型(DTM)。更具深远意义的是,数字地形信息作为地理空间数据的基本信息之一,已成为地理信息系统(GIS)的重要组成部分。

数字测图的基本原理是采集地面上的地物、地貌要素的三维坐标以及描述其性质与相互关系的信息,然后录入计算机,借助于计算机绘图系统的处理,显示、输出与传统地形图表现形式相同的地形图。其中,将地物、地貌要素转换为数字信息这一过程称为数据采集。计算机绘图系统是用专业的数字化地形图编辑成图软件,通过人机交互的方式,或录入计算机识别的信息,自动将野外采集的数据编辑成地形图。

二、数字测图系统的组成

数字化测图系统是以计算机为核心,在外接输入、输出设备和软件的支持下,对空间数据及相关属性信息进行采集、输入、处理、绘图、输出、管理的测绘系统。数字化测图系统主要由地形数据采集系统、数据处理与成图系统、图形输出设备三部分组成。其工作流程为:地形数据采集—数据处理与成图—成果与图形输出。

1. 数据采集系统

数据采集的目的是获取数字化成图所必需的数据信息,包括描述地形图实体的空间位置和形状所必需的点的坐标和连接方式,以及地形图实体的地理属性。数据采集主要有两大类方法：外业采集和内业采集。外业采集就是在野外完成地形图的数据采集工作，主要用全站仪、GPS－RTK等测量仪器进行，借助于电子手簿、全站仪存储器或掌上电脑的帮助，将测量数据（一般为测点坐标）传入计算机，供进一步处理；内业数据采集主要是指对已有地形图的数字化，包括手扶跟踪数字化和扫描数字化，分别用数字化仪和扫描仪配合数字化软件完成。目前，很多原图数字化软件已经具有相当高的自动化程度，使用起来也非常方便。

2. 数据处理与成图系统

数据处理与成图系统是指对野外直接采集到的点位信息和属性信息进行编辑处理，生成数字地形图的计算机软件系统。在这个系统中，电子计算机是进行数据采集、存储、处理的基本设备，而专业的数字化成图软件则是系统的核心，其功能大体上可以分为数据输入、编辑处理、成图输出三大块，其中主要部分是各类地形图元素编辑处理工具。在我国，由于测量规范、文字注记、图示符号与国外存在一定差异，因此占据市场的测绘成图软件均是国产软件。其中具有代表性的有南方测绘仪器公司基于AutoCAD的CASS系统、清华山维自主开发的EPSW系统等。

3. 图形输出设备

图形输出设备指绘图仪、图形显示器、投影仪等数字化地形图显示、打印输出设备。

三、数字测图的特点

大比例尺数字测图较之传统的平板仪或经纬仪的白纸测图方法，具有明显的经济技术优势，主要体现在以下几个方面：

1. 测图劳动强度低、效率高

传统测图方式是手工作业，外业测量人工读数、记录、计算、绘图，劳动强度大、作业效率低。数字测图时，观测员采用全站仪观测，只需照准目标按键确定，观测数据记录、解算、存储即自动完成，作业轻松快捷；绘图员则跟随棱镜记录定位点的几何信息及属性信息，不再像传统方法那样需要远距离观察绘图，简单而不易出错。内业工作方面，测量数据自动传输、展绘，并且电脑编辑成图，较之传统的手工绘图，劳动强度显著降低。

2. 成果能满足数字化、信息化时代的需求

以矢量格式保存的数字地形图，包含的信息量大，并具有编辑修改、存储、处理、传输方便和能供多用户共享的优势。在应用方面，数字地图不仅可以方便快捷地提取点位坐标、两点距离、方位、地块面积、土石方量等信息，供工程计算（计算机辅助设计）使用，同时也是GIS（地理信息系统）建库必备的基础资源，满足了信息化时代对数字地理信息的要求。

3. 点位精度高，精度与比例尺无关

传统的经纬仪白纸测图，定位点平面位置的精度受到定点测量误差、测点展绘误差两方面因素的影响，并且随着测点到测站距离的加大，误差增长迅速。而在数字测图中，测距、测角精度很高，测点精度与测点距离关系不大，计算机自动展点，因而精度远高于传统方法。此外，虽然数字化测图也分比例尺，也要借助于绘图仪输出传统形式的纸质图，但是其应用是在计算机上进行的，各种几何元素的量算工作并非在纸面上进行，从这个意义上讲，精度与测图比例尺无关。

4. 成果便于保存与更新

数字测图的成果是以数据文件的形式存入计算机存储介质的，因此便于保存、复制和传输，不像纸质地图会因为纸张变形而影响精度。当地形、地物发生变化时，只需根据局部修测

数据编辑处理，很快便可以得到更新的图，其速度快、费用低的优势是传统纸质地形图无法比拟的，从而可以确保地形图的可靠性和现势性。

5. 数据利用率高

传统地形图在地形复杂、地物众多的地方，会产生图幅内地形、地物符号过多而无法容纳的问题，即图形元素超出了负载量。为此，解决的方法是对该测图范围加大图幅幅面（扩大测图比例尺），或者测绘时省略部分次要地形、地物。因为一次测绘过程只能实现单一的目的，所以资料利用率较低。数字地形图将不同的地图元素分别存放在不同的文件或同一文件的不同单元中，用户根据不同的用途，选择不同的方式进行图层组合显示，使得地形图主题清晰，并且能在计算机显示器上无级缩放阅览。所以，从这个意义上讲，数字地图的信息存储不再存在负载量的问题，测量工作采集数据时，可根据需要进行，不必考虑比例尺因素。

6. 易于发布和实现远程传输

对于传统地形图来说，实时发布和远程传输是难以实现的。然而，对于数字地形图产品，随着网络技术和通信技术的不断发展以及网上地形图发布系统的逐步完善，通过计算机网络实现地形图产品的实时发布和远程传输已经成为可能。

四、数字测图的基本原理

全站仪数字化测图是由全站仪在野外采集数据并传输给计算机，通过计算机对野外采集的地形信息进行识别、检索、连接和调用图式符号，并编辑生成数字地形图，再发出指令由绘图仪自动绘出地形图。数字化地形测量野外采集的每一个地形点信息，必须包括点位信息和绘图信息。点位信息是指地形点点号及其三维坐标值，可通过全站仪实测获取。点的绘图信息是指地形点的属性以及测点间的连接关系。地形点属性是指地形点属于地物点还是地貌点，地物又属于哪一类，用什么图式符号表示等。测点的连接信息则是指点的点号以及连接线型。在数字化地形测量中，为了使计算机能自动识别，对地形点的属性通常采用编码方法来表示。只要知道地形点的属性编码以及连接信息，计算机就能利用绘图系统软件，从图式符号库中调出与该编码相对应的图式符号，连接并生成数字地形图。

五、全站仪数字化测图的作业模式

全站仪数字化测图根据设备的配置和作业人员的水平，一般有数字测记和电子平板测图两种作业模式。

（1）数字测记模式用全站仪测量，电子手簿记录，对复杂地形配画人工草图，到室内将测量数据由记录器传输到计算机，由计算机自动检索编辑图形文件，配合人工草图进一步编辑、修改、自动成图。该模式在测绘复杂的地形图、地籍图时，需要现场绘制包括每一碎部点的草图，但其具有测量灵活，系统硬件对地形、天气等条件的依赖性较小，可由多台全站仪配合一台计算机、一套软件生产，易形成规模化等优点。

（2）电子平板测绘模式用全站仪测量，用加装了相应测图软件的便携机（电子平板）与全站仪通信，由便携机实现测量数据的记录，解算、建模，以及图形编辑、图形修正，实现了内外业一体化。该测图模式现场直接生成地形图，即测即显，所见即所得。但便携机在野外作业时，对阴雨天、暴晒或灰尘等条件难以适应，另外把室内编辑图的工作放在外业完成会增加测图成本。目前，具有图数采集、处理等功能的掌上电脑取代便携机的袖珍电子平板测图系统，解决了系统硬件对外业环境要求较高的问题。

六、全站仪测图的基本作业过程

1. 信息编码

地形图的图形信息包括所有与成图有关的各种资料，如测量控制点资料、解析点坐标、各种地物的位置和符号、各种地貌的形状、各种注记等。常规测图方法是随测随绘，手工逐个绘制每一个符号是一项繁重的工作。进行数字化测图时，必须对所测碎部点和其他地形信息进行编码，即先把各种符号按地形图图式的要求预先做好，并按地形编码系统建立符号库存于计算机中。使用时，只需按位置调用相应的符号，使其出现在图上指定的位置，如此进行符号注记，快速简便。信息编码按照《基础地理信息要素分类与代码》(GB/T 13923—2006)进行。地形信息的编码由4部分组成：大类码、小类码、一级代码、二级代码，分别用1位十进制数字顺序排列。第一大类码是测量控制点，又分为平面控制点、高程控制点、GPS点和其他控制点四个小类码，编码分别为11、12、13和14。小类码又分为若干一级代码，一级代码又分若干二级代码。如小三角点是第3个一级代码，5s小三角点是第1个二级代码，则小三角点的编码是113，5s小三角点的编码是1131(表9-8)。

1:500、1:1000、1:2000 地形图要素分类与代码(部分)　　表9-8

代　码	名称	代　码	名　称	代　码	名　称
1	测量控制点	2	居民地和垣栅	9	植被
11	平面控制点	21	普通房屋	91	耕地
111	三角点	211	一般房屋	911	稻田
1111	一等	…	……	…	……
…	……	214	破坏房屋	914	菜地
1114	四等	…	……	……	……
115	导线点	23	房屋附属设施	93	林地
1151	一级	231	廊	931	有林地
…	……	2311	柱廊	9311	用材林
1153	三级	…	……	…	……

2. 连接信息

数字化地形测量野外作业时，除采集点位信息、地形点属性信息外，还要记录编码、点号、连接点和连接线型四种信息。当测点是独立地物时，只要用地形编码来表明它的属性即可，而一个线状或面状地物，就需要明确本测点与何点相连，以何种线型相连。接线型是测点与连接点之间的连线形式，有直线、曲线、圆弧和独立点四种形式，分别用1、2、3、0或空白为代码。如图9-21所示，测量一条小路，假设小路的编码为632，其记录格式见表9-9，表中略去了观测值，点号同时也代表测量碎部点的顺序。

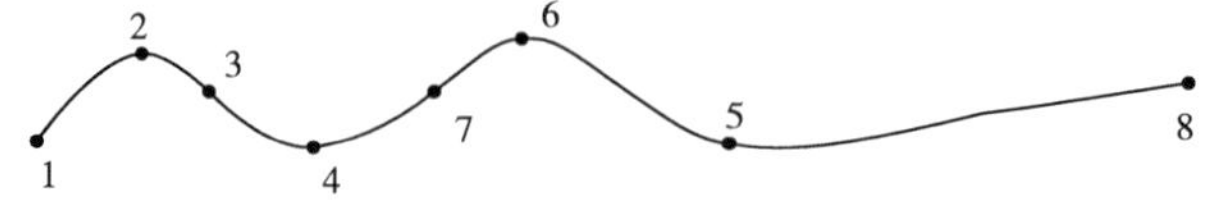

图9-21　数字化测图的记录

数字化测图记录表　　表 9-9

单　元	点　号	编　码	连 接 点	连接线型
第一单元	1	632	1	2
	2	632		
	3	632		
	4	632		
第二单元	5	632	5	2
	6	632		
	7	632	4	
第三单元	8	632	5	1

3. 野外数据采集与输入

全站仪采集数据的步骤大致是：

(1)在测点上安置全站仪并输入测站点坐标(X、Y、H)及仪器高。

(2)照准定向点并使定向角为测站点至定向点的方位角。

(3)待测点立棱镜并将棱镜高由人工输入全站仪,输入一次以后,其余测点的棱镜高则由程序默认(即自动填入原值),只有当棱镜高改变时,才需重新输入。

4. 逐点观测

逐点观测,只需输入第一个测点的测量顺序号,其后测一个点,点号自动累加 1,一个测区内点号是唯一的,不能重复。

5. 信息记录

输入地形点编码,并将有关数据和信息记录在全站仪的存储设备或电子手簿上(在数字测记模式下)。在电子平板测绘模式下,则由便携机实现测量数据和信息的记录。

6. 数据处理

将野外实测数据输入计算机,成图系统首先将三维坐标和编码进行初处理,形成控制点数据、地物数据、地貌数据,然后分别对这些数据分类处理,形成图形数据文件,包括带有点号和编码的所有点的坐标文件和含有所有点的连接信息文件。

因为全站仪能实时测出点的三维坐标,在测图时某些图根点测量与碎部点测量是同步进行的,控制点数据处理软件完成对图根点的计算、绘制和注记。

地物的绘制主要是绘制符号,软件将地物数据按地形编码分类。比例符号的绘制主要依靠野外采集的信息;非比例符号的绘制是利用软件中的符号库,按定位线和定位点插入符号;半比例符号的绘制则要根据定位线或朝向调用软件的专用功能完成。

七、地形图的编辑与输出

绘图程序根据输入的比例尺、图廓坐标、已生成的坐标文件和连接信息文件,按编码分类,分层进入地物(如房屋、道路、水系、植被等)和地貌等各层,进行绘图处理,生成绘图命令,并在屏幕上显示所绘图形,根据实际地形地貌情况对屏幕图形进行必要的编辑、修改,生成修改后的图形文件。

数字化地形图输出形式可采用绘图机绘制地形图、显示器显示地形图、磁盘存储图形数据、打印机输出图形等,具体用何种形式应视实际需要而定。

将实地采集的地物地貌特征点的坐标和高程，经过计算机处理，自动生成不规则的三角网（TIN），建立起数字地面模型（DEM）。该模型的核心目的是用内插法求得任意已知坐标点的高程。据此可以内插绘制等高线和断面图，为水利、道路、管线等工程设计服务，还能根据需要随时取出数据，绘制任何比例尺的地形原图。

全站仪数字化测图方法的实质是用全站仪野外采集数据，计算机进行数据处理，并建立数字立体模型和计算机辅助绘制地形图，这是一种高效率、减轻劳动强度的有效方法，是对传统测绘方法的革新。

第五节　地形图的应用

由于地形图全面、客观地反映了地面的地形情况，因此它是工程建设中不可缺少的重要资料，被广泛应用于各种工程建设中。利用地形图可以完成下列工作：

一、求点的坐标

如图 9-22 所示，欲求 A 点的坐标，可利用图廓坐标格网的坐标值来求出。首先找出 A 点所在方格的西南角坐标 $x_0=5200\text{m}$，$y_0=1200\text{m}$。然后通过 A 点作出坐标格网的平行线 ab、cd，再按测图比例尺（1∶2000）量取 aA 和 cA 的长度，则：

$$\begin{aligned} x_A &= x_0 + cA \\ y_A &= y_0 + aA \end{aligned} \tag{9-4}$$

若精度要求较高，应考虑到图纸伸缩的影响，则需量取 ab、cd 的长度。从理论上讲：$ab=cd=l$，l 为坐标格网边长（理论值一般为 10cm）对应的长度。由于图纸伸缩，以及量测长度有一定误差，上式一般不成立，则 A 点的坐标应按下式计算：

$$\begin{aligned} x_A &= x_0 + \frac{l}{cd} \times cA \\ y_A &= y_0 + \frac{l}{ab} \times aA \end{aligned} \tag{9-5}$$

例如：在图 9-22 中，根据比例尺量出 $aA=80.4\text{m}$，$cA=135.2\text{m}$，$ab=200.2\text{m}$，$cd=200.4\text{m}$。已知坐标格网边长的名义长度为 $l=200\text{m}$，则根据式（9.5）可得 A 点坐标：

$$x_A = 5200 + \frac{200}{200.4} \times 135.2 = 5334.9\text{m}$$

$$y_A = 1200 + \frac{200}{200.2} \times 80.4 = 1280.3\text{m}$$

二、求两点间的水平距离

求图 9-22 中两点的水平距离，有以下两种方法：

1. 解析法

在图 9-22 中，欲求 A、B 两点的水平距离，先按式（9-4）或式（9-5）分别求出 A、B 两点的坐标值 x_A、y_A 和 x_B、y_B。然后用下式计算 A、B 两点的水平距离：

$$D_{AB} = \sqrt{(x_B - x_A)^2 + (y_B - y_A)^2} \tag{9-6}$$

由此算得的水平距离不受图纸伸缩的影响。

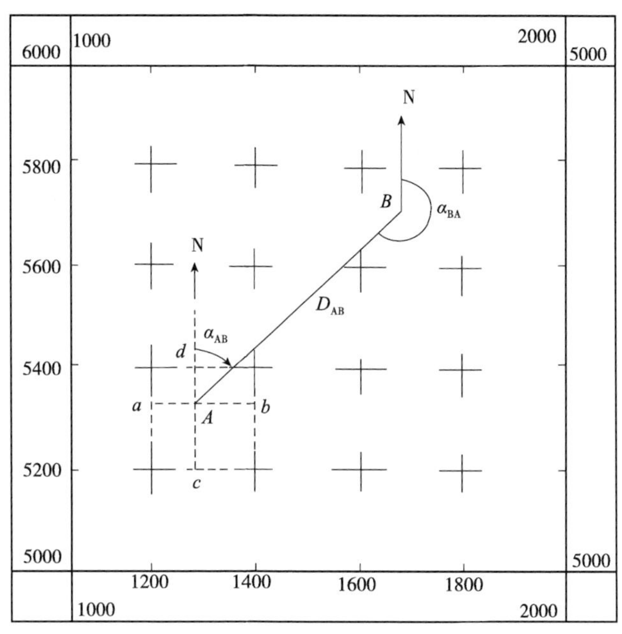

1：2000

图 9-22　确定点的坐标

2. 图解法

图解法即在图上直接量取 A、B 两点的长度，或用卡规卡出 AB 线段的长度，再与图示比例尺比量即可得出 AB 间水平距离。

三、确定直线的方位角

1. 解析法

如图 9-22 所示，欲求 AB 直线的坐标方位角，可按式(9-4)或式(9-5)分别求出 A、B 两点的坐标，再利用坐标反算求得坐标方位角：

$$\alpha_{AB} = \arctan \frac{y_B - y_A}{x_B - x_A} \tag{9-7}$$

2. 图解法

图解法即在图上直接量取角度。分别过 A、B 两点作坐标纵轴的平行线，然后用量角器分别量取 AB、BA 的坐标方位角 α_{AB} 和 α_{BA}。此时，若两角相差 180°，可取此结果为最终结果，否则取两者平均值作为最终结果。

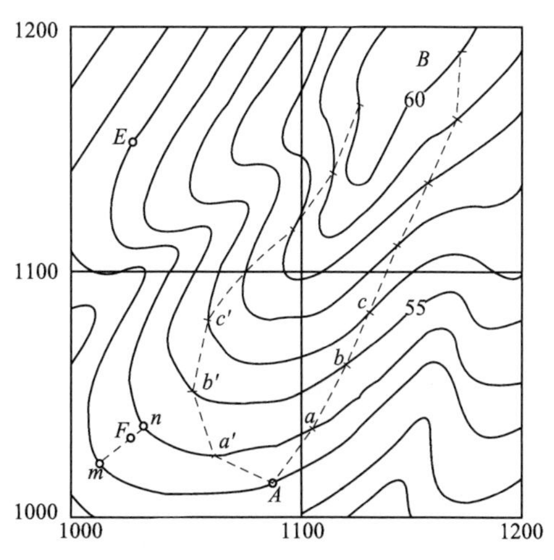

图 9-23　确定点的高程及选定等坡路线

四、求点的高程

在地形图上求任何一点的高程，都可根据等高线和高程注记来完成。如果所求点恰好位于某一根等高线上，则该点的高程就等于该等高线的高程。如图 9-23 所示中 E 点的高程为 54m。

如果所求点位于两根等高线之间时，则可以按比例关系求得其高程。如图 9-23 中的 F 点位于 53m 和 54m 两根等高线之间，可通过 F 点作一大致与两根等高线相垂直的直线，交两根等高线于 m、n 两点，从图上量得 $mn=d$，$mf=s$，设等高线的等高距为 h（该图 $h=1$m），则 F 点的高程为：

$$H_{\mathrm{F}}=H_{\mathrm{m}}+\frac{s}{d}\times h \tag{9-8}$$

式中：H_{m}——m 点的高程（在图中为 53m）。

五、求直线的坡度

地面上两点的高差与其水平距离的比值称为坡度，通常用 i 表示。欲求图上直线的坡度，可按前述的方法求出直线段的水平距离 D 与高差 h，再由下式计算其坡度：

$$i=\frac{h}{D}=\frac{h}{d\cdot M} \tag{9-9}$$

式中：d——图上两点间的长度；

M——测图比例尺分母。

坡度常用百分率（%）或千分率（‰）表示，通常直线段所通过的地形有高低起伏，是不规则的，因而所求的直线坡度实际为平均坡度。

六、按坡度限值选定最短路线

在山地或丘陵地区进行道路、管线等工程设计时，常遇到坡度限值的问题，为了减小工程量，降低施工费用，要求在不超过某一坡度限值 i 的条件下选择一条最短线路，如图 9-23 所示，在比例尺为 1∶1000 的地形图上，等高线的等高距为 1m，需从 A 点到高地 B 点选出一条最短路线，要求坡度限制为 4%。为了满足坡度限值的要求，先按式（9-9）求出符合该坡度限值的两等高线间的最短平距为：

$$D=\frac{h}{i}=\frac{1\mathrm{m}}{4\%}=25\mathrm{m}$$

也可用：

$$d=\frac{h}{i\cdot M}=\frac{1\mathrm{m}}{4\%\times 1000}=2.5\mathrm{cm}$$

按地形图的比例尺 1∶1000，用两脚规截取实地 25m 对应于的图上长度为：25/1000 = 2.5cm，然后在地形图上以 A 点（高程为 53m）为圆心，以 2.5cm 长为半径作圆弧，圆弧与高程为 54m 的等高线相交，得到 a 点；再以 a 点为圆心，用同样的方法截交高程为 55m 等高线，得到 b 点；依此进行，直至 B 点；然后将相邻点连接，便得到 4% 的等坡度路线为：$A—a—b—c\cdots B$。在该图上，按同样方法尚可沿另一方向定出第二条路线 $A—a'—b'—c'\cdots B$，可以作为一个比较方案。

七、按一定的方向绘制纵断面图

所谓路线纵断面图，是指过一指定方向（路线方向）的竖直面与地面的交线，它反映了在这一指定方向上地面的高低起伏形态。

在进行道路等工程设计时，为了合理地设计竖向曲线和坡度，或为了对工程的填挖土石方进行概算，则需要了解线路上地面的起伏情况，这时可根据地形图中的等高线来绘制纵断面图。

如图 9-24a）所示，要了解 A、B 之间的起伏情况，在地形图上作 A、B 两点的连线，与各等高线相交，各交点的高程即各等高线的高程，而各交点的平距可在图上用比例尺量得。作地形纵断面图(图 9-24b),先在毫米方格纸上画出两条相互垂直的轴线,以横轴 Ad 表示平距,以纵轴 AH 表示高程。然后在地形图上量取 A 点至各交点及地形特征点(例如 a、b 等点)的平距,并把它们分别转绘在横轴上,以相应的高程作为纵坐标,得到各交点在断面上的位置。连接这些点,即得到 AB 方向上的地形断面图。

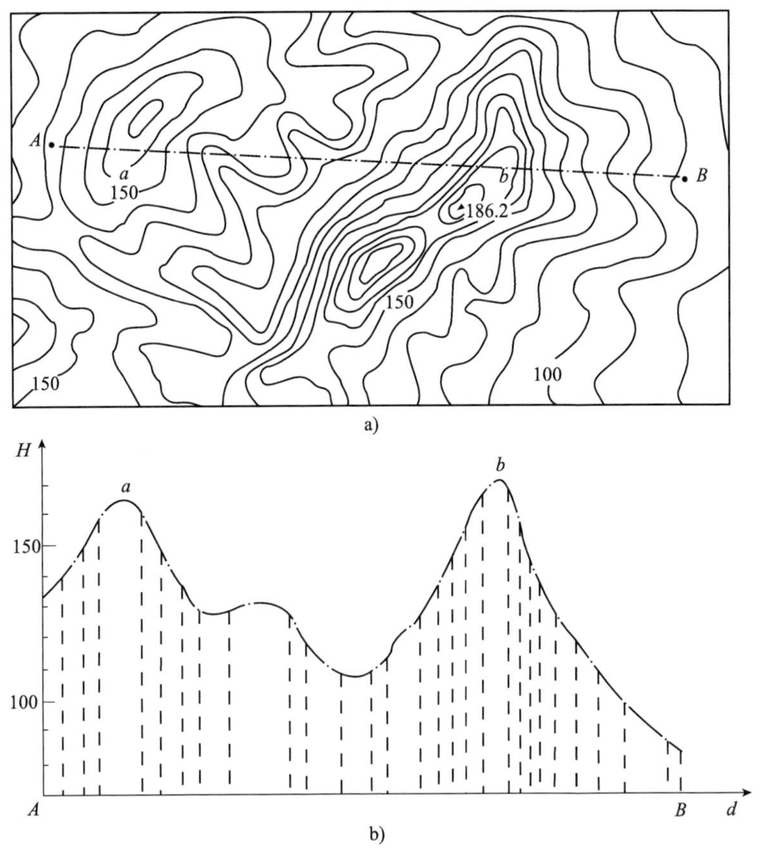

图 9-24 纵断面图的绘制

为了更明显地表示地面的高低起伏情况,纵断面图上的高程比例尺一般比平距比例尺大 10 倍。

八、确定汇水面积

当修筑铁路、公路要跨越河流或山谷时,就必须建造桥梁或涵洞。桥梁、涵洞的大小与形式结构,都要取决于这个地区的水流量,而水流量又是根据汇水面积来计算的,所谓汇水面是指降雨时有多大面积的雨水汇集起来,并通过设计的桥涵排泄出去。

由于雨水是在山脊线(又称分水线)处向其两侧山坡分流,所以汇水面积边界线是由一系列的山脊线连接而成的。如图 9-25 所示,一条公路经过一山区,拟在 A 处架桥或修涵洞,要确定汇水面积。由图中可以看到山脊线 AB、BC、CD、DE、EF、FG、GH、HA(图 9-25 中虚线连接)所围成

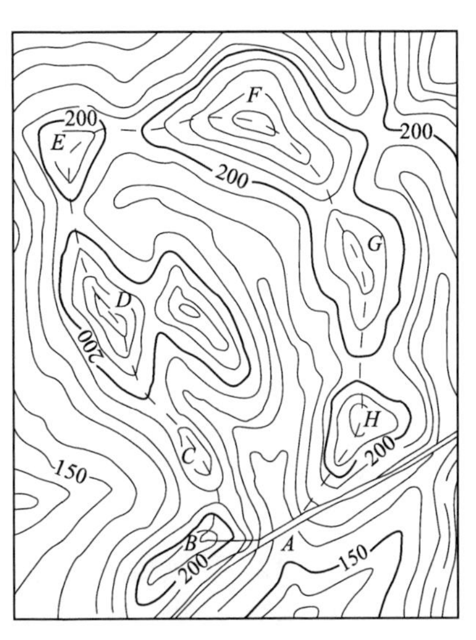

图 9-25 确定汇水面积

的区域，就是通过桥涵 A 的汇水区，此区域的面积为汇水面积。求出汇水面积后，再依据当地的水文气象资料，便可求出流经 A 点处的水量。

九、公路勘测中地形图的应用

道路的路线以平、直较为理想，实际上，由于地形和其他原因的限制，要达到这种理想状态是很困难的。为了选择一条经济而合理的路线，必须进行路线勘测，路线勘测一般分为初测和定测两个阶段。

路线勘测是一个涉及面广、影响因素多、政策性和技术性都很强的工作。在路线勘测之前，要做好各种准备工作。首先要收集与路线有关的规划统计资料以及地形、地质、水文和气象等资料，然后进行分析研究，在地形图上初步选择路线走向，利用地形图对山区和地形复杂、外界干扰多、牵涉面大的段落进行重点研究。如路线可能沿哪些溪流，越哪些垭口；路线通过城镇或工矿区时，是穿过、靠近、还是避开而以支线连接等。研究时，应进行多种方案的比较。

初测是根据上级批准的计划和基本确定的路线走向、控制点和路线等级标准而进行的外业调查勘测工作。通过初测，要求对路线的基本走向和方案做进一步的论证比较，概略地拟定中线位置，提出切合实际的初步设计方案和修建方案，确定主要工程的概略数量，为编制初步设计和设计概算提供所需的全部资料。因此，在指定的范围内若有现势性强的大比例尺地形图和测量控制网，初测时，就可直接利用，利用该地形图编制路线各方案的带状地形图和纵断面图；若没有现势性很强的大比例尺地形图，就应先布设导线，测量路线各方案的带状地形图和纵断面图；收集沿线水文、地质等有关资料，为纸上定线、编制比较方案的初步设计提供依据。根据初步设计，选定某一方案，即可转入路线的定测工作。

定测是具体核定路线方案，实地标定路线，进行路线详细测量，实地布设桥涵等构造物，并为编制施工图收集资料。在选定设计方案的路线上进行中线测量、纵断面和横断面测量，以便在实地定出路线中线位置和绘制路线的纵横断面图，对布设桥涵等构造物的局部地区，还应提供或测绘大比例尺地形图，这些图件和资料为路线纵坡设计、工程量计算等道路的技术设计提供了详细的测量资料。

由此可见，地形图在道路勘测中所起的重要作用。

地形图的应用还有许多方面，如场地平整时填挖边界的确定和土方量计算、征迁用地等，在此不一一列举。

思考题与习题

1. 什么是地形图？什么是平面图？二者有何区别？
2. 什么是比例尺？什么是比例尺精度？二者有何关系？比例尺精度有何应用？
3. 试述正方形图幅的分幅与编号方法。
4. 什么是等高线？等高线有哪几种类型？如何区别？
5. 按地貌形态而言，可归纳为哪几种典型的地貌？其等高线有何特点？
6. 叙述等高线的特征。
7. 测图前有哪些准备工作？
8. 如何合理有效地选择地物和地貌的特征点？碎部点的密度是如何确定的？
9. 何谓地物？地物一般分为哪两大类？什么是比例符号、非比例符号、半比例(线型)符号和注记符号？各在什么情况下应用？

10. 大平板仪安置包括哪几项工作？如何进行？

11. 简述经纬仪测绘法测地形图的主要步骤。

12. 如何进行地形图的检查、整饰和拼接？

13. 图 9-26 是所测得的地形点高程，按等高距为 5m，勾绘等高线。

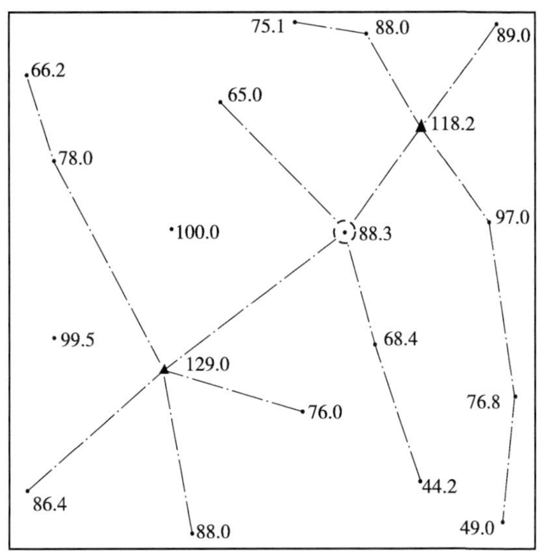

图 9-26　第 13 题图

14. 如图 9-27 所示，为某一地区的等高线地形图，图中单位均为 m，试用解析法解决下列问题：

(1) 求 A、B 两点的坐标及 AB 连线的方位角。

(2) 求 C 点的高程及 AC 连线的坡度。

(3) 从 A 点到 B 点定出一条地面坡度 $i=5.0\%$ 的路线。

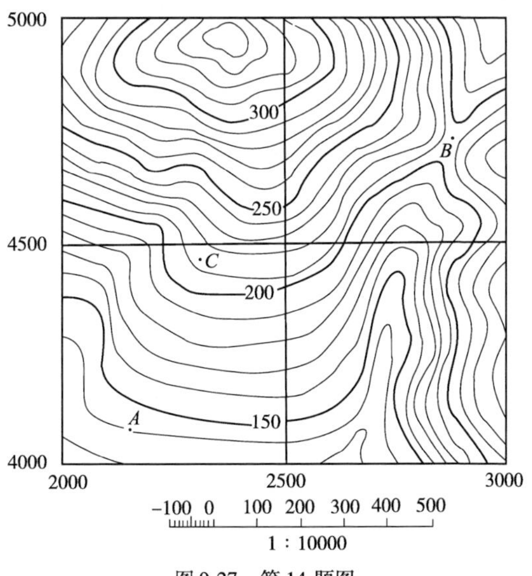

图 9-27　第 14 题图

第十章 道路中线测量

道路工程一般由路基、路面、桥涵、隧道以及各种附属设施等构成。无论是公路，还是城市道路，平面线型均要受到地形、地物、水文、地质以及其他因素的限制而改变路线方向。为保证行车舒适、安全，并使路线具有合理的线型，在直线转向处必须用曲线连接起来，这种曲线称为平曲线。平曲线包括圆曲线和缓和曲线两种。圆曲线是具有一定半径的圆的一部分，即一段圆弧，它又分为单曲线、复曲线、回头曲线等。缓和曲线是直线和圆曲线之间加设的一段曲线，其曲率半径由无穷大逐渐变化为圆曲线半径。

由上述分析可知，路线中线是由直线和平曲线两部分组成。道路中线测量是通过直线和平曲线的测设，将道路中心线的平面位置用木桩具体地标定在现场，并测定路线的实际里程。道路中线测量是公路工程测量中的关键性工作，它是测绘纵、横断面图和平面图的基础（图 10-1），是公路设计、施工和后续工作的依据。

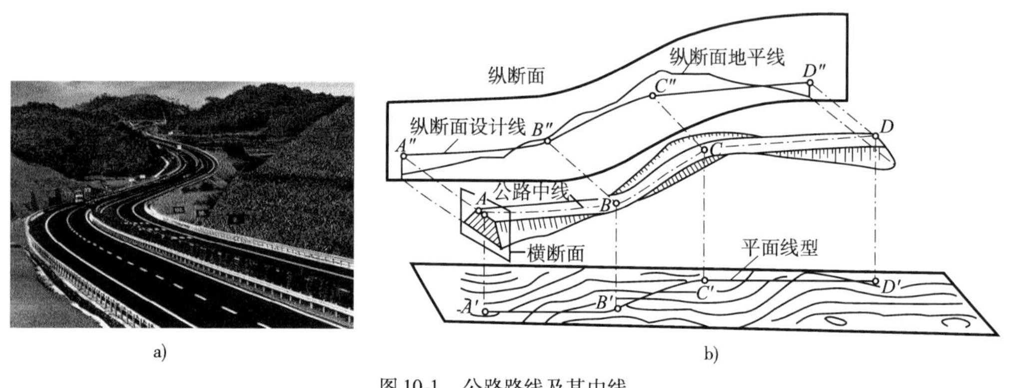

图 10-1 公路路线及其中线

第一节 定线测量

要进行道路中线测量，必须先进行定线测量，即在现场标定交点和转点。所谓交点是指路线改变方向的转折点，通常以 JD_i 表示，它是中线测量的控制点。而转点是指当相邻两交点之间距离较长或互不通视时，需要在其连线或延长线上定出的一点或数点，以供交点、测角、量距或延长直线瞄准之用，通常以 ZD_i 表示。

目前，公路工程上常用的定线测量方法有纸上定线和现场定线两种。《公路勘测规范》（JTG/T C10—2007）规定：不管是纸上定线还是现场定线，均应根据专业调查需要，进行路线放线。

一、纸上定线

纸上定线是先在实地布设导线，测绘大比例尺地形图（通常为 1∶1000 或 1∶2000 的地形图），在地形图上定出路线的位置，再到实地放线，把交点的位置在实地上标定下来。一般可采用以下两种方法。

1. 放点穿线法

放点穿线法是纸上定线放样时常用的方法，它是以初测时测绘的带状地形图上就近的导线点为依据，按照地形图上设计的路线与导线之间的角度和距离关系，在实地将路线中线的直线段测设出来，然后将相邻直线延长相交，定出交点桩的位置。具体测设步骤如下：

1）放点

简单易行的放点方法有支距法和极坐标法两种。在地面上测设路线中线的直线部分，只需定出直线上若干个点，就可确定这一直线的位置。如图 10-2 所示，欲将纸上定出的两段直线 JD_3—JD_4 和 JD_4—JD_5 测设于地面，只需在地面上定 1、2、3、4、5、6 等临时点即可。

这些临时点可选择支距点，即垂直于初测导线边垂足为导线点的直线与纸上所定路线的直线相交的点，如 1、2、4、6 点；亦可选择初测导线边与纸上所定路线的直线相交的点，如 3 点；或选择能够控制中线位置的任意点，如 5 点，为便于检查核对，一条直线应选择三个以上的临时点。这些点一般应选在地势较高、通视良好、距初测导线点较近、便于测设的地方。临时点选定之后，即可在地形图上用比例尺和量角器量取点所用的距离和角度，如图 10-2 中距离 l_1、l_2、l_3…l_6 和角度 β。然后绘制放点示意图，表明点位和数据，作为放点的依据。

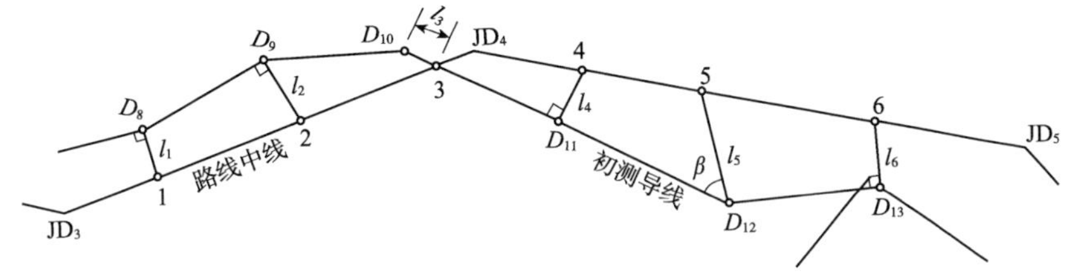

图 10-2　初测导线与纸上所定路线

放点时，在现场找到相应的初测导线点。临时点如果是支距点，可用支距法放点，步骤为：用经纬仪和方向架定出垂线方向，再用皮尺量出支距 l 定出点位。如果是任意点，则用极坐标法放点，步骤为：将经纬仪安置在相应的导线点上，拨角 β 定出临时点方向，再用皮尺量距 l 定出点位。

2）穿线

由于图解数据和测量误差的影响，在图上同一直线上的各点放到地面后，一般均不能准确位于同一直线上。如图 10-3 所示，为在图纸上某一直线段上选取的 1、2、3、4 点，放样到现场的情况，显然所放四点是不共线的。这时可根据实地情况，采用目估或经纬仪法穿线，通过比较和选择定出一条能尽可能多地穿过或靠近临时点的直线 AB，在 A、B 或其方向线上打下两个或两个以上的方向桩，随即取消临时点，这种确定直线位置的工作称为穿线。

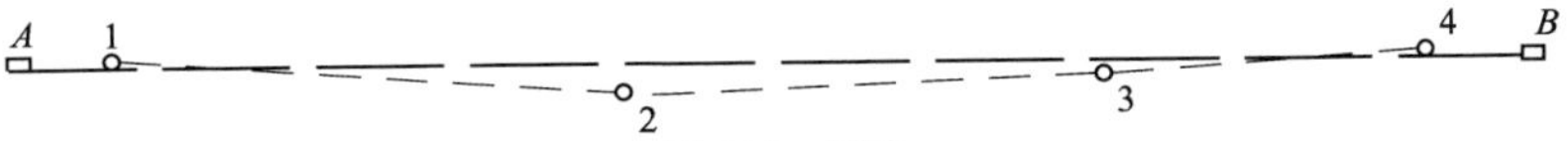

图 10-3　穿线

3）交点

当相邻两直线 AB、CD 在地面上定出后，即可延长直线进行交会定出交点（JD）。如图 10-4所示，按下述操作步骤进行：

（1）将经纬仪安置于 B 点，盘左瞄准 A 点，倒转望远镜沿视线方向，在交点（JD）的概略位置前后，打下两个木桩，俗称“骑马桩”，并沿视线方向用铅笔在两桩顶上分别标出 a_1 和 b_1。

（2）盘右仍瞄准 A 点后，再倒转望远镜，用与上述同样的方法在两桩顶上又标出 a_2 和

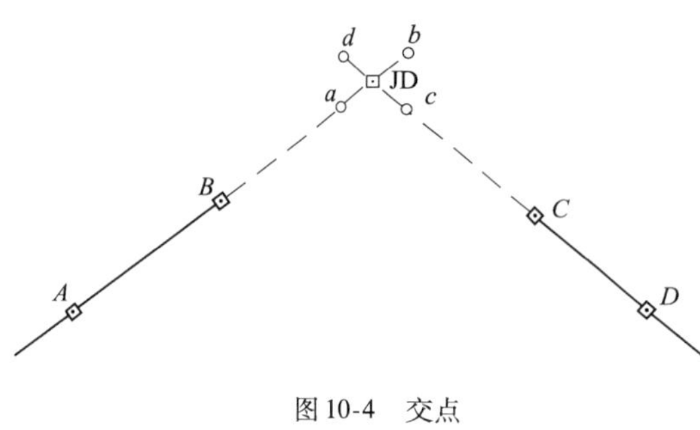

图 10-4　交点

b_2点。

(3)分别取 a_1 与 a_2、b_1 与 b_2 的中点并钉上小钉得 a 和 b 两点。

(4)用细线将 a、b 两点连接。

这种以盘左、盘右两个盘位延长直线的方法称为正倒镜分中法。

(5)将仪器置于 C 点，瞄准 D 点，仍按上述(1)、(2)、(3)步，同法定出 c 和 d 两点，拉上细线。

(6)在两条细线(ab、cd)相交处打下木桩，并在桩顶钉以小钉，便得到交点(JD)。

2. 拨角放线法

这种方法是先在地形图上量算出纸上所定路线的交点坐标，反算相邻交点间的直线长度、坐标方位角以及转折角。然后在野外将仪器置于中线起点或已确定的交点上，拨出转角，测设直线长度，依次定出各交点的位置。

如图 10-5 所示，N_1、N_2…为初测导线点，在 N_1 点安置经纬仪，瞄准 N_2 点，拨水平角 β_1，量出距离 S_1，由此便可定出交点 JD_1。然后在 JD_1 上安置经纬仪，瞄准 N_1 点，拨水平角 β_2，量出距离 S_2，便可定出交点 JD_2。以同样的方法，将经纬仪安置于 JD_2，瞄准 JD_1，拨水平角量出距离定出交点 JD_3。同法依次定出其他交点。

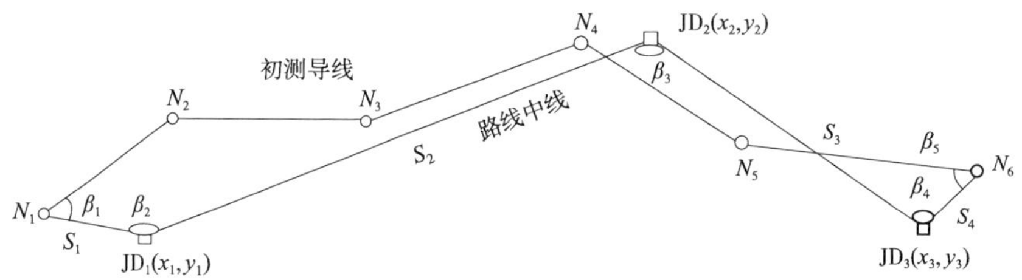

图 10-5　拨角放线法定线

这种方法工作效率高，适用于测量导线点较少的线路，缺点是拨角放线的次数越多，误差累计也越大，故每隔一定距离(一般每隔 3 ~ 5 个交点)，应将测设的中线与测图导线联测，以检查拨角放线的质量，然后重新以初测导线点开始放出以后的交点。检查满足要求，可继续观测。否则，应查明原因，并予以纠正。

二、现 场 定 线

对于受条件限制或地形、方案简单的低等级公路，可以采用直接在现场标定交点的方法，即根据既定的技术标准，结合地形、地质等条件，在现场反复比较，直接定出路线交点的位置。这种方法不需测地形图，比较直观，但当两相邻的交点间距离较长或互不通视时，需要设置转点。

1. 在两交点间设转点

如图 10-6 所示，设 JD_5、JD_6 为互不通视的两相邻交点，ZD′为目估定出的转点位置。将经纬仪置于 ZD′上，用正倒镜分中法延长直线 JD_5—ZD′至 JD_6'，如 JD_6' 与 JD_6 重合或偏差 f 在路线容许移动的范围内，则转点位置即为 ZD′，此时应将 JD_6 移至 JD_6' 并在桩顶钉上小钉表示交点位置。

当偏差f超过容许范围或JD_6为死点，不许移动时，则需重新设置转点。设e为ZD′应横向移动的距离，仪器在ZD′处，用视距测量方法测出距离a、b，则：

$$e = \frac{a}{a+b}f \tag{10-1}$$

将ZD′沿偏差f的相反方向横移e至ZD。将仪器移至ZD，延长直线JD_5—ZD看是否通过JD_6或偏差f是否小于容许值。否则，应再次设置转点，直至符合要求为止。

2. 在两交点延长线设转点

如图10-7所示，设JD_8、JD_9互不通视，ZD′为其延长线上转点的目估位置。仪器置于ZD′处，盘左瞄准JD_8，在JD_9附近标出一点，盘右在瞄准JD_8，在JD_9附近处又标出一点，取两次所标点的中点得JD'_9。若JD'_9和JD_9重合或偏差f在容许范围内，即可将JD'_9代替JD_9作为交点，ZD′即作为转点。若偏差f超出容许范围或JD_9为死点，不许移动，则应调整ZD′的位置。

$$e = \frac{a}{a-b}f \tag{10-2}$$

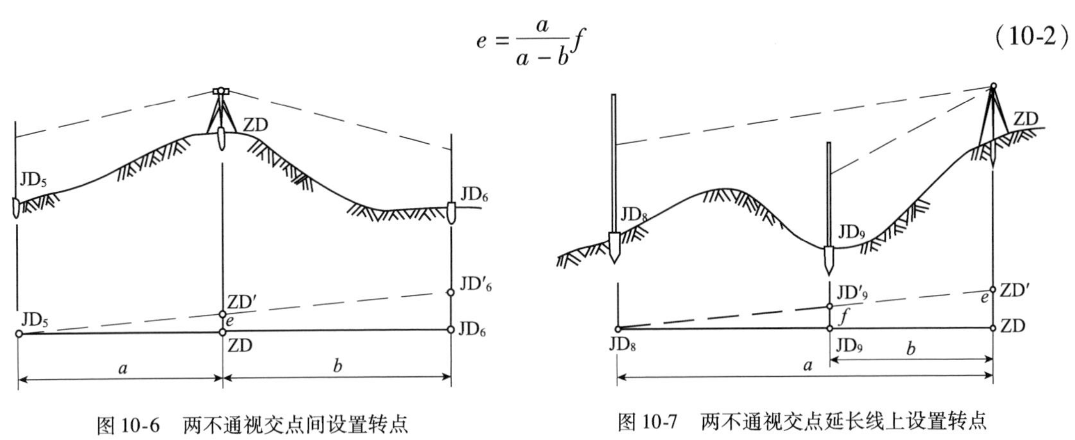

图10-6　两不通视交点间设置转点

图10-7　两不通视交点延长线上设置转点

将ZD′沿偏差f的相反方向横移e至ZD，然后将仪器移至ZD，重复上述方法，直至f小于容许值为止，最后将转点ZD和交点JD_9用木桩标定在地面上。

第二节　路线转角的测定

定线测量完成后，就可进行标定直线与修定点位、测角与转角计算、平曲线要素计算、钉设平曲线中点方向桩、观测导线磁方位角并进行复核、视距测量、路线主要桩位固定等。

一、标定直线与修正点位

对于相互通视的交点，如果定线测量无误，根本不存在点位修正问题，一般可以直接引用。但是当交点间相距较远或地形起伏较大，通过陡坎深沟时，为了便于中桩组穿线定向，测角组应负责用经纬仪在其间酌情插设若干个导向桩，供中桩穿线使用。

对于中间有障碍、互不通视的交点，虽然交点间定线时已设立了控制直线方向的转点桩。但由于选线大多采用花杆目测穿直线，所以实际上未必严格在一条直线上，因此就存在用经纬仪检查与标定直线或修正交点桩位的问题。在一般情况下，常将后视交点和中间转点作为固定点(因上述点位一旦变动，将直接影响后视点位转角，导致测量返工)，安置仪器于转点处，采用正倒镜分中法进行检查；如发现问题应查明原因，及时改正。

二、路线右角的测定与转角的计算

1. 路线右角的观测

按路线的前进方向，以路线中心线为界，在路线右侧的水平角称为右角，通常以 β 表示，如图 10-8 中的所示的 β_5、β_6，中线测量采用测回法测定。

上、下两个半测回所测角值的不符值视公路等级而定：高速公路、一级公路限差为 ±20″，满足要求取平均值，取位至 1″；二级及二级以下的公路限差为 ±60″，满足要求取平均值，取位至 30″（即 10″舍去，20″、30″、40″取为 30″，50″进为 1′）

2. 转角的计算

所谓转角是指路线由一个方向偏转为另一个方向时，偏转后的方向与原方向的夹角，通常以 α 表示，如图 10-8 所示。转角有左转、右转之分，按路线前进方向，偏转后的方向在原方向的左侧称为左转角，通常以 $\alpha_{左}$（或 α_Z）表示；反之为右转角，通常以 $\alpha_{右}$（或 α_Y）表示。转角是设置平曲线的必要元素，通常是通过测定路线的右角 β 计算求得的。

若 $\beta > 180°$ 为左转角，则 $\alpha_{左} = \beta - 180°$

若 $\beta < 180°$ 为右转角，则 $\alpha_{右} = 180° - \beta$ （10-3）

三、曲线中点方向桩的钉设

为便于设置曲线中点桩，在测角的同时，需将曲线中点方向桩（亦即分角线方向桩）钉设出来，如图 10-9 所示。分角线方向桩离交点距离应尽量大于曲线外距，以利于定向插点。一般转角越大，外距也越大，这样分角桩就应设置得远一点。

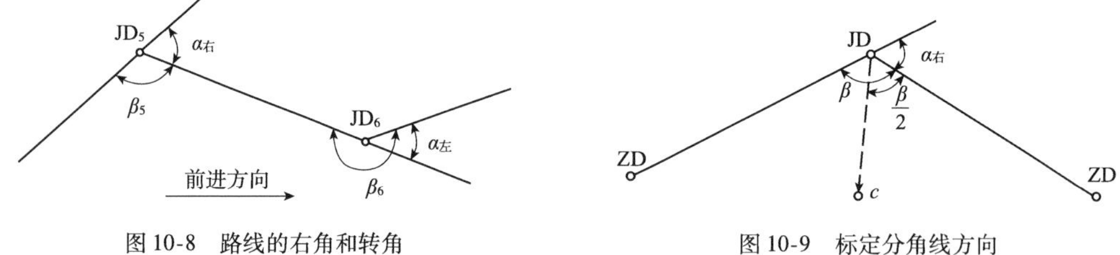

图 10-8　路线的右角和转角　　图 10-9　标定分角线方向

用经纬仪定分角线方向，首先就要计算出分角线方向的水平度盘读数，通常这项工作是测角之后在测角读数的基础上进行的（即保持水平度盘位置不变），根据测得右角的前后视读数，按下式即可计算出分角线方向的读数：

$$分角线方向的水平度盘读数 = \frac{1}{2}(前视读数 + 后视读数)$$

有了分角线方向的水平度盘读数，即可转动照准部使水平度盘读数为这一读数，此时望远镜照准的方向即为分角线方向（分角线方向应设在设置曲线的一侧，如果望远镜指向相反一侧，只需倒转望远镜）。沿视线指向插杆钉桩，即为曲线中点方向桩。

四、视 距 测 量

观测视距的目的，是用视距法测出相邻交点间的直线距离，以便提交给中桩组，供其与实际丈量距离进行校核。

视距测量的方法通常有两种：一种是利用测距仪或全站仪测量，这种方法是分别于交点和相邻交点（或转点）上安置棱镜和仪器，采用仪器的距离测量功能，从读数屏可直接读出两点间平距；另一种是利用经纬仪标尺测量，它是于交点和相邻交点（或转点）上分别安置经纬仪和标尺（水准尺或塔尺），采用视距测量的方法计算两点间平距。这里尤应指出的是，用测距仪或全站仪测得的平距可用来计算交点桩号，而用经纬仪所测得的平距，只能用作参考，来校核在中线测设中有无丢链现象（即校核链距）。

当交点间距离较远时，为了保证测量精度，可在中间加点采取分段测距方法。

五、磁方位角观测与计算方位角校核

观测磁方位角的目的，是为了校核测角组测角的精度和展绘平面导线图时检查展线的精度。路线测量规定，每天作业开始与结束须观测磁方位角，至少各一次，以便与根据观测值推算方位角校核，其误差不得超过2°，若超过规定，必须查明发生误差的原因，并及时予以纠正。若符合要求，则可继续观测。

磁方位角通常用森林罗盘仪观测，亦可用附有指北装置的仪器直接观测。

六、路线控制桩位固定

为便于以后施工时恢复路线及放样，对于中线控制桩，如路线起点桩、终点桩、交点桩、转点桩，大中桥位桩以及隧道起、终点桩等重要桩志，均须妥善固定和保护，以防止丢失和破坏。为此，应主动与当地政府联系协商保护桩志措施，并积极向当地群众宣传保护测量桩志的重要性，协助共同维护好桩志。

桩志固定方法应因地制宜地采取埋土堆、垒石堆、设护桩（亦称“栓桩”）。护桩方法很多，如距离交会法、方向交会法、导线延长法等，具体采用什么方法应根据实际情况灵活掌握。公路工程测量通常多采用距离交会法定位。护桩一般设三个，护桩间夹角不宜小于60°，以减少交会误差，如图10-10所示。

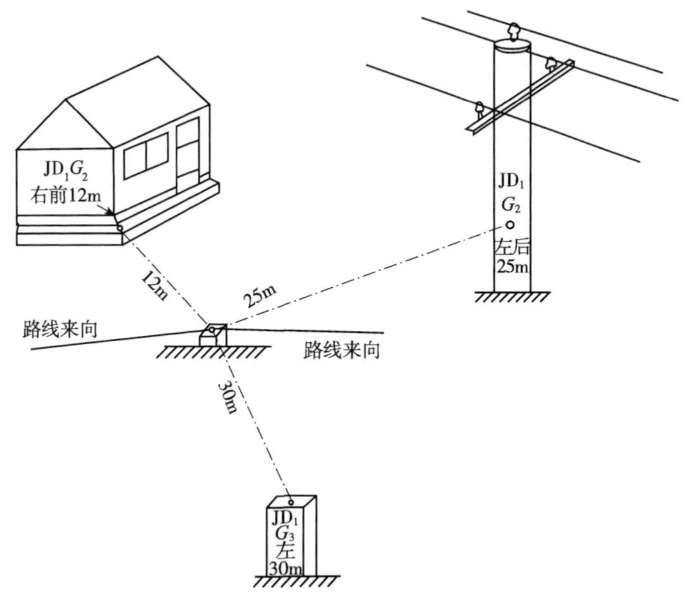

图10-10　距离交会法护桩

护桩应尽可能利用附近固定的地物点，如房基墙角、电杆、树木、岩石等设置。如无此条件，可埋混凝土桩或钉设大木桩。护桩位置的选择，应考虑不致为日后施工或车辆行人所毁坏。在护桩或在作为控制的地物上用红油漆画出标记和方向箭头,写明所控制的固定桩志名称、编号,以及距桩志的斜向距离,并绘出示意草图,记录在手簿上,供日后编制“路线固定护桩一览表”。

第三节 里程桩的设置

为了确定路线中线的具体位置和路线的长度,满足后续纵、横断面测量的需要,以及为以后路线施工放样打下基础,中线测量中必须由路线的起点开始每隔一段距离钉设木桩标志,其桩点表示路线中线的具体位置。桩的正面写有桩号,背面写有编号。桩号表示该桩点至路线起点的里程数。如某桩点距路线起点的里程为2456.257m,则桩号记为K2+456.257。编号反映桩间的排列顺序,宜按0~9为一组循环标注,以避免后续工作里程桩漏测。由于桩号即为里程数,故称里程桩。又因里程桩设在路线中线上,所以也称中桩。

一、里程桩的类型

里程桩可分为整桩和加桩两种。

1. 整桩

在公路中线中的直线段上和曲线段上,按相应规定要求桩距而设置的桩称为整桩。它的里程桩号均为整数,而且为要求桩距的整倍数。

《公路勘测规范》(JTG/T C10—2007)规定:路线中桩间距,不应大于表10-1的规定。

中桩间距 表10-1

直线(m)		曲线(m)			
平原、微丘	重丘、山岭	不设超高的曲线	$R>60$	$30<R<60$	$R<30$
50	25	25	20	10	5

注:表中R为平曲线半径(m)。

在实测过程中,为了测设方便,里程桩号应尽量避免采用零数桩号,一般宜采用20m或50m及其倍数。当量距至每百米及每公里时,要钉设百米桩及公里桩。

2. 加桩

加桩又分为地形加桩、地物加桩、曲线加桩、地质加桩、断链加桩和行政区域加桩等。

(1)地形加桩:沿路线中线在地面起伏突变处、横向坡度变化处以及天然河沟处等均应设置的里程桩。

(2)地物加桩:沿路线中线在有人工构造物处(如拟建桥梁、涵洞、隧道、挡土墙等构造物处;路线与其他公路、铁路、渠道、高压线、地下管道等交叉处,拆迁建筑物处、占用耕地及经济林的起终点处)均应设置的里程桩。

(3)曲线加桩:曲线上设置的起点、中点、终点桩等。

(4)地质加桩:沿路线在土质变化处及地质不良地段的起、终点处要设置的里程桩。

(5)断链加桩:由于局部改线或事后发现距离错误或分段测量中由于假设起点里程等原因,致使路线的里程不连续,桩号与路线的实际里程不一致,这种现象称为“断链”,为说明该情况而设置的桩,称为断链加桩。测量中,应尽量避免出现“断链”现象。

(6)行政区域加桩:在省、地(市)县级行政区分界处应加桩。

(7)改、扩建路加桩:在改、扩建公路地形特征点、构造物和路面面层类型变化处应加的桩。

加桩应取位至米,特殊情况下可取位至0.1m。

二、里程桩的书写及钉设

对于中线控制桩,如路线起、终点桩、公里桩、转点桩、大中桥位桩以及隧道起终点等重要桩,一般采用尺寸为5cm×5cm×30cm的方桩;其余里程桩一般多用(1.5~2)cm×5cm×25cm的板桩。

1. 里程桩的书写

所有中桩均应写明桩号和编号,在桩号书写时,除百米桩、公里桩和桥位桩要写明公里数外,其余桩可不写。另外,对于交点桩、转点桩以及曲线基本桩,还应在桩号之前标明桩号(一般标其缩写名称)。目前,我国公路工程上桩名采用汉语拼音的缩写名称,见表10-2。

路线主要标志桩名称表 表10-2

标志桩名称	简称	汉语拼音缩写	英文缩写	标志桩名称	简称	汉语拼音缩写	英文缩写
转角点	交点	JD	IP	公切点	—	GQ	CP
转点	—	ZD	TP	第一缓和曲线起点	直缓点	ZH	TS
圆曲线起点	直圆点	ZY	BC	第一缓和曲线终点	缓圆点	HY	SC
圆曲线中点	曲中点	QZ	MC	第二缓和曲线起点	圆缓点	YH	CS
圆曲线终点	圆直点	YZ	EC	第二缓和曲线终点	缓直点	HZ	ST

桩志一般用红色油漆或记号笔书写(在干旱地区或马上施工的路线也可用墨汁书写),书写字迹应工整醒目,一般应写在桩顶以下5cm范围内,否则将被埋于地面以下无法判别里程桩号。

2. 钉桩

新线桩志打桩,不要露出地面太高,一般以5cm左右能露出桩号为宜。钉设时,将写有桩号的一面朝向路线起点方向,如图10-11所示。对起控制作用的交点桩、转点桩以及一些重要的地物加桩,如桥位桩、隧道定位桩等,均应钉设方桩,将方桩钉至与地面齐平,桩顶钉一小铁钉表示点位。在距方桩20cm左右设置指示桩,上面书写桩的名称和桩号,字面朝向方桩。

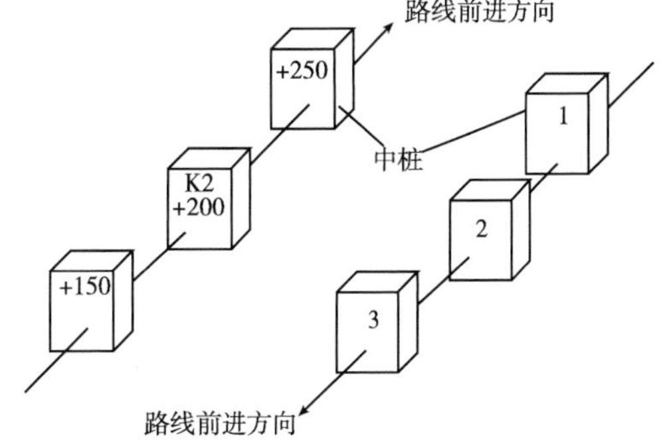

图10-11 桩号和编号方向

建桩志位于旧路上时,由于路面坚硬,不宜采用木桩,此时常采用大帽钢钉。钉桩时,一律打桩至与地面齐平,然后在路旁一侧打上指示桩,桩上注明距中线的横向距离及其桩号,并以箭头指示中桩位置。在直线上,指示桩应钉在路线的同一侧;交点桩的指示桩应在圆心和交点连线方向的外侧,字面朝向交点;曲线主点桩的指示桩均应钉在曲线的外侧,字面朝向圆心。

遇到岩石地段无法钉桩时，应在岩石上凿刻“⊕”标记，表示桩位并在其旁边写明桩号、编号等。在潮湿或有虫蚀地区，特别是近期不施工的路线，对重要桩位（如路线起、终点、交点、转点等）可改埋混凝土桩，以利于桩的长期保存。

第四节　圆曲线的测设

圆曲线是指具有一定半径的一段圆弧线，是路线转向常用的一种曲线形式。圆曲线的测设一般分以下两步进行。

首先测设曲线的主点，称为圆曲线的主点测设，即测设曲线的起点（称为直圆点，以 ZY 表示）、中点（称为曲中点，以 QZ 表示）和终点（称为圆直点，以 YZ 表示）。

然后在已测定的主点之间进行加密，按规定桩距测设曲线上的其他各桩点，称为曲线的详细测设。

一、圆曲线的主点测设

1. 圆曲线测设元素的计算

如图 10-12 所示，设交点（JD）的转角为 α，圆曲线半径为 R，则曲线的测设元素可按下列公式计算：

$$
\left.\begin{aligned}
&\text{切线长} && T=R\cdot\tan\frac{\alpha}{2}\\
&\text{曲线长} && L=R\cdot\alpha\\
& && \text{（式中，}\alpha\text{ 的单位应换算成 rad）}\\
&\text{外距} && E=\frac{R}{\cos\frac{\alpha}{2}}-R=R\left(\sec\frac{\alpha}{2}-1\right)\\
&\text{切曲差} && D=2T-L
\end{aligned}\right\}\qquad(10\text{-}4)
$$

2. 主点里程的计算

交点（JD）的里程由中线丈量中得到，根据交点的里程和计算的曲线测设元素，即可计算出各主点的里程。由图 10-12 可知：

即：

$$
\begin{aligned}
&\text{ZY 里程}=\text{JD 里程}-T\\
&\text{YZ 里程}=\text{ZY 里程}+L\\
&\text{QZ 里程}=\text{YZ 里程}-L/2\\
&\text{JD 里程}=\text{QZ 里程}+D/2\text{（校核）}
\end{aligned}
$$

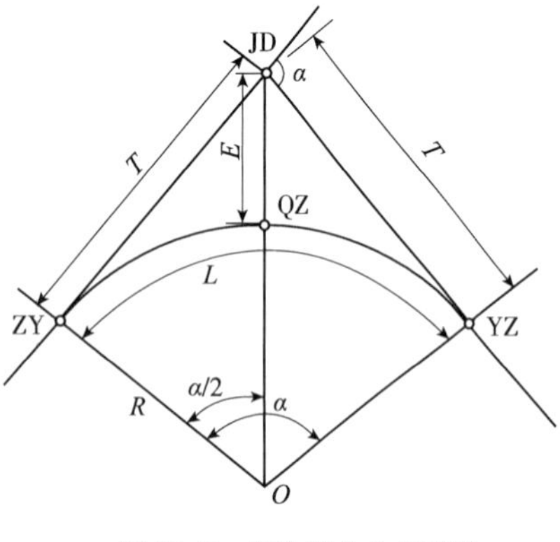

图 10-12　圆曲线的主点测设

【例 10-1】　已知某 JD 的里程为 K2 + 968.43，测得转角 $\alpha=34°12'$，圆曲线半径 $R=200$m，求曲线测设元素及主要里程。

解：曲线测设元素的计算：

由式（10-4）代入数据计算得：$T=61.53$m；$L=119.25$m；$E=9.25$m；$D=3.68$m。主点里程的计算：

由式（10-5）得：

JD 里程	K2 + 968. 43	
$-T$	-61.53	
ZY 里程	K2 + 906. 90	
$-L$	$+119.38$	
YZ 里程	K2 + 026. 28	(10-5)
$-L/2$	-59.69	
QZ 里程	K2 + 966. 59	
$+D/2$	$+1.84$	
JD 里程	K2 + 968. 43	

3. 主点的测设

圆曲线的测设元素和主点里程计算出后,便可按下述步骤进行主点测设:

(1)ZY 的测设:测设 ZY 时,将仪器置于交点 JD_i上,望远镜照准后一交点 JD_{i-1}或此方向上的转点,沿望远镜视线方向量取切线长 T,得 ZY,先插一测钎标志。然后用钢尺丈量 ZY 至最近一个直线桩的距离,如两桩号之差等于所丈量的距离或相差在容许范围内,即可在测钎处打下 ZY 桩。如超出容许范围,应查明原因,重新测设,以确保桩位的正确性。

(2)YZ 的测设:在 ZY 点测设完成后,转动望远镜照准前一交点 JD_{i+1}或此方向上的转点,往返丈量切线长 T,得 YZ 点,打下 YZ 桩。

(3)QZ 的测设:可自交点 JD_i沿分角线方向往返丈量外距 E,打下 QZ 桩。

二、圆曲线的详细测设

在圆曲线的主点设置后,即可进行详细测设。其桩距 l_0 应符合表 10-1 的规定。

按桩距 l_0 在曲线上设桩,通常有两种方法:

(1)整桩号法。将曲线上靠近起点(ZY)的第一个桩的桩号凑整成为 l_0 倍数的整桩号,而且与 ZY 点的桩距小于 l_0,然后按桩距 l_0 连续向曲线终点 YZ 设桩。这样设置的桩的桩号均为整桩。

(2)整桩距法。从曲线起点 ZY 和终点 YZ 开始,分别以桩距 l_0 连续向曲线中点 QZ 设桩。由于这样设置的桩的桩号一般为零数桩号,因此,在实测中应注意加设百米桩和公里桩。

目前,公路中线测量中一般均采用整桩号法。

圆曲线的详细测设方法很多,下面仅介绍两种常用方法。

1. 切线支距法

切线支距法又称直角坐标法,是以曲线 ZY 点(对于前半曲线)或 YZ 点(对于后半曲线)为坐标原点,以过 ZY 点或 YZ 点的切线为 x 轴,过原点的半径为 y 轴,按曲线上各点坐标 x、y 设置曲线上各点的位置。

如图 10-13 所示,设 p_i 为曲线上欲测设的点位,该点 ZY 点或 YZ 点的弧长为 l_i,φ_i 为 l_i 所对的圆心角,R 为圆曲线半径,则 P_i点的坐标按下式计算:

$$\left.\begin{aligned} x_i &= R \cdot \sin\varphi_i \\ y_i &= R \cdot (1-\cos\varphi_i) = x_i \cdot \tan\frac{\varphi_i}{2} \end{aligned}\right\} \quad (10\text{-}6)$$

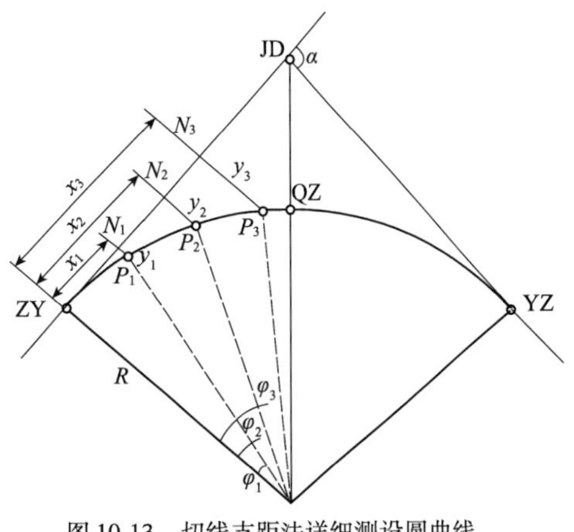

图 10-13　切线支距法详细测设圆曲线

$$\varphi_i = \frac{l_i}{R} \quad (\text{rad}) \tag{10-7}$$

【例 10-2】 在例 10-1 中,若采用切线支距法,并按整桩号设桩,试计算各桩坐标。

解:例 10-1 中已计算出主点里程(ZY 里程、QZ 里程、YZ 里程),在此基础上按整桩号法列出详细测设的桩号,并计算其坐标。具体计算见表 10-3。

切线支距法坐标计算表 表 10-3

桩　号	桩点至曲线起(终)点的弧长 l(m)	横坐标 x_i(m)	纵坐标 y_i(m)
ZY 桩:K2 +906.90	0	0	0
+920	13.10	13.09	0.43
+940	33.10	32.95	2.73
+960	53.10	52.48	7.01
QZ 桩:K2 +966.59	59.69	58.81	8.84
+980	46.28	45.87	5.33
K3 +000	26.28	26.20	1.72
+020	6.28	6.28	0.10
YZ 桩:K3 +026.28	0	0	0

切线支距法详细测设圆曲线,为了避免支距过长,一般是由 ZY 点和 YZ 点分别向 QZ 点施测,其测设步骤如下:

(1)从 ZY 点(或 YZ 点)用钢尺或皮尺沿切线方向量取 P_i点的横坐标 x_i得垂足 N_i。

(2)在垂足点 N_i上,用方向架或经纬仪定出切线的垂直方向,沿垂直方向量出 y_i,即得到待测定点 P_i。

(3)曲线上各点测设完毕后,应量取相邻各桩之间的距离,并与相应的桩号之差做比较,若较差均在限差之内,则曲线测设合格,否则应查明原因,予以纠正。

这种方法适用于平坦开阔地区,具有测点误差不累积的优点。

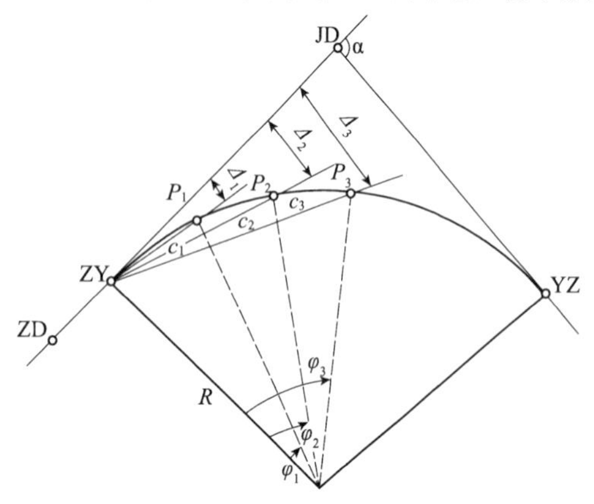

图 10-14 偏角法详细测设圆曲线

2. 偏角法

偏角法是以曲线起点(ZY)或终点(YZ)至曲线上待测设点 P_i的弦线与切线之间的弦切角(这里称为偏角)Δ_i 和弦长 c_i来确定 P_i点的位置。

如图 10-14 所示,根据几何原理,偏角 Δ_i 等于相应弧长所对的圆心角 φ_i 的一半,即 $\Delta_i = \varphi_i/2$。结合式(10-7),则:

$$\Delta_i = \frac{l_i}{2R}(\text{rad}) = \frac{l_i}{R}\frac{90°}{\pi} \tag{10-8}$$

式中:l_i——P_i点至 ZY 点(或 YZ 点)的曲线长度。

弦长 c 可按下式计算:

$$c = 2R\sin\frac{\varphi_i}{2} = 2R\sin\Delta_i \tag{10-9}$$

【例 10-3】 仍以例 10-1 为例,采用偏角法按整桩号设桩,计算各桩的偏角和弦长。

解:设曲线由 ZY 点向 YZ 点测设,计算内容及结果见表 10-4。

偏角法详细测设圆曲线测设数据计算表 表 10-4

桩　　号	桩点至 ZY 点的曲线长 l_i(m)	偏角值 Δ_i (°　′　″)	长弦 C_i (m)	短弦 c_i (m)
ZY 桩:K2 +906.90	0.00	00　00　00	0	0
+920	13.10	1　52　35	13.10	13.10
+940	33.10	4　44　28	33.06	19.99
+960	53.10	7　36　22	52.94	19.99
QZ 桩:K2 +966.59	59.69	8　33　00	59.47	6.59
+980	73.10	10　28　15	72.69	13.41
K3 +000	93.10	13　20　08	92.26	19.99
+020	113.10	16　12　01	111.60	19.99
YZ 桩:K3 +026.28	119.38	17　06　00	117.62	6.28

注:1. 用公式 $\Delta_i = l_i/2R$ 计算的偏角单位为弧度,应将其换算为度、分、秒。

2. 表中长弦指桩点至曲线起点(ZY)的弦长。

3. 短弦指相邻两桩点间的弦长。

测设方法如下:用偏角法详细测设圆曲线上各桩点,因测设距离的方法不同,分为长弦偏角法和短弦偏角法两种。前者测量测站至各桩点的距离(长弦 C_i),适合于用用全站仪;后者测量相邻各桩点之间的距离(短弦 c_i),适合于用经纬仪加钢尺。

仍按上例,具体测设步骤如下:

(1)安置经纬仪(或全站仪)于曲线起点(ZY)上,盘左瞄准交点(JD),将水平盘读数设置为 0°00′00″。

(2)转动照准部,使水平度盘读数为:+920 桩的偏角值 Δ_1 = 1°52′35″,然后从 ZY 点开始,沿望远镜视线方向量测出弦长 C_1 =13.10m,定出 P_1点,即为 K2 +920 的桩位。

(3)再继续转动照准部,使水平度盘读数为:+940 桩的偏角值 Δ_2 =4°44′28″,从 ZY 点开始,沿望远镜视线方向量测长弦 C_2 =33.06m,定出 P_2点;或从 P_1测设短弦 c_2 =19.99m 与水平度盘读数为偏角 Δ_2 时的望远镜视线方向相交而定出 P_2点。依此类推,测设 P_3、P_4…直至 YZ 点。

(4)测设至曲线终点(YZ)作为检核,继续水平转动照准部。使水平度盘读数为 Δ_{YZ} =17°06′00″,从 ZY 点开始,沿望远镜视线方向量测出长弦 C_{YZ} =117.62m,或从 K3 +020 桩测设短弦 c =6.28m,定出一点。此点如果与 YZ 不重合,其闭合差应符合表 10-5 所规定。

距离偏角测量闭合差 表 10-5

公路等级	纵向相对闭合差		横向闭合差(cm)		角度闭合差(″)
	平原、微丘	重丘、山岭	平原、微丘	重丘、山岭	
高速公路、一、二级公路	1/2000	1/1000	10	10	60
三级及三级以下公路	1/1000	1/500	10	15	120

另外,也可按 Δ_{QZ}和 C_{QZ}测设曲线中点(QZ)作为检核。

上例路线为右转角，当路线为左转时，由于经纬仪的水平度盘注记为顺时针增加，则偏角增大，而水平度盘的读数是减小的。此时应查表 10-4 的数据，采用经纬仪角度反拨的方法。即经纬仪安置于 ZY 点上，瞄准 JD，使水平度盘的读数为 00°00′00″（可理解为 360°00′00″），则瞄准 +920桩时，需拨偏角 $\Delta_1 = 01°52'35''$，此时水平度盘的读数应为 358°07′25″（由 360°00′00″ − 01°52′35″而得到），此拨角法称为角度反拨。依此类推，拨出其他桩的偏角，进行测设。

偏角法不仅可以在 ZY 点上安置仪器测设曲线，而且还可在 YZ 或 QZ 上安置仪器进行测设，也可以将仪器安置在任一点上测设。这是一种测设精度较高，适用性较强的常用方法。但在用短弦偏角法时，存在测点误差累积的缺点，所以宜采取从曲线两端向中点或自中点向两端测设曲线的方法。

第五节　虚　　交

由于受地物和地貌条件的限制，在圆曲线测设中，往往遇到各种各样的障碍，使得圆曲线的测设不能按前述方法进行，此时必须针对现场的具体情况，提出解决方法。

虚交是道路中线测量中常见的一种情形。它是指路线的交点（JD）处不能设桩，更无法安置仪器（如交点落入河中、深谷中、峭壁上和建筑物上等），此时测角、量距都无法直接按前述方法进行。有时交点虽可设桩和安置仪器，但因转角较大，交点远离曲线，也可做虚交处理，常用的处理方法有以下几种。

一、圆外基线法

如图 10-15 所示，路线交点落入河里不能设桩，这样便形成虚交点（JD），为此在曲线外侧沿两切线方向各选择一辅助点 A、B，将经纬仪分别安置在 A、B 两点测算出 α_a 和 α_b，用钢尺往返丈量得到 A、B 两点的距离 $\overline{AB}$，所测角度和距离均应满足规定的限差要求。由图 10-15可知：在由辅助点 A、B 和虚交点（JD）构成的三角形中，应用边角关系及正弦定理可得：

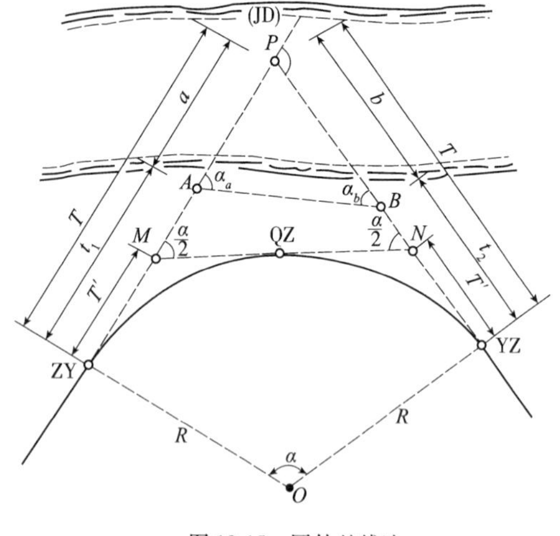

图 10-15　圆外基线法

$$\left.\begin{aligned}\alpha &= \alpha_a + \alpha_b \\ a &= \overline{AB}\frac{\sin\alpha_b}{\sin(180° - \alpha)} = \overline{AB}\frac{\sin\alpha_b}{\sin\alpha} \\ b &= \overline{AB}\frac{\sin\alpha_a}{\sin(180° - \alpha)} = \overline{AB}\frac{\sin\alpha_a}{\sin\alpha}\end{aligned}\right\} \quad (10\text{-}10)$$

根据转角 α 和选定的半径 R，即可算得切线长 T 和曲线长 L，再由 a、b、T，分别计算辅助点 A、B 至曲线起点 ZY 点和终点 YZ 点的距离 t_1 和 t_2：

$$\left.\begin{aligned}t_1 &= T - a \\ t_2 &= T - b\end{aligned}\right\} \quad (10\text{-}11)$$

式中，$T = R \cdot \tan\dfrac{\alpha_a + \alpha_b}{2}$。

如果计算出的 t_1 和 t_2 出现负值，说明曲线的 ZY 点或 YZ 点位于辅助点与虚交点之间。根据 t_1 和 t_2 即可定出曲线的 ZY 点和 YZ 点。A 点的里程得出后，曲线主点的里程亦可算出。

曲中点 QZ 的测设,可采用以下方法:

如图 10-15 所示,设 MN 为 QZ 点的切线,则:

$$T' = R \cdot \tan\frac{\alpha}{4} \tag{10-12}$$

测设时,由 ZY 和 YZ 点分别沿切线量出 T 得 M 点和 N 点,再由 M 点和 N 点沿 MN 或 NM 方向量出 T 得 QZ 点。

【例 10-4】 如图 10-15 所示,测得 $\alpha_a = 15°18'$,$\alpha_b = 18°22'$,$\overline{AB} = 54.68\text{m}$,选定半径 $R = 300\text{m}$,A 点的里程桩号为 K9 +048.53。试计算测设主点的数据及主点的里程桩号。

解:由 $\alpha_a = 15°18'$,$\alpha_b = 18°22'$得:$\alpha = \alpha_a + \alpha_b = 33°40' = 33.667°$

根据 $\alpha = 33.667°$,$R = 300\text{m}$,计算 T 和 L:

$$T = R \cdot \tan\frac{\alpha}{2} = 300 \times \tan\frac{33.667°}{2} = 90.77\text{m}$$

$$L = R \cdot \alpha \cdot \frac{\pi}{180°} = 300 \times 33.667° \times \frac{\pi}{180°} = 176.28\text{m}$$

又:

$$a = \overline{AB} \cdot \frac{\sin\alpha_b}{\sin\alpha} = 54.68 \times \frac{\sin 18.367°}{\sin 33.667°} = 31.08\text{m}$$

$$b = \overline{AB} \cdot \frac{\sin\alpha_a}{\sin\alpha} = 54.68 \times \frac{\sin 15.3°}{\sin 33.667°} = 26.03\text{m}$$

因此:

$$t_1 = T - a = 90.77 - 31.08 = 59.69\text{m}$$

$$t_2 = T - b = 90.77 - 26.03 = 64.74\text{m}$$

为测设 QZ 点,计算 T'如下:

$$T' = R \cdot \tan\frac{\alpha}{4} = 300 \times \tan\frac{33.667°}{2} = 44.39\text{m}$$

计算主点里程如下:

A 点里程	K9 +048.53
$-t_1$	-59.69
ZY 点里程	K8 +988.84
$+L$	$+176.28$
YZ 点里程	K9 +165.12
$-L/2$	-88.14
QZ 点里程	K9 +076.98

曲线三主点测定后,即可采用上一节的方法进行曲线的详细测设,在此亦不再赘述。

二、切 基 线 法

如图 10-16 所示,设定根据地形需要,曲线通过 GQ 点(GQ 点为公切点),则圆曲线被分为两个同半径的圆曲线,其切线长分别为 T_1和 T_2,过 GQ 点的切线 AB 称为切基线。

现场施测时,应根据现场的地形和路线的最佳位置,在两切线方向上选取 A、B 两点,构成切基线 AB,并量测 A、B 两点间的长度$\overline{AB}$,观测计算出角度 α_1 和 α_2。

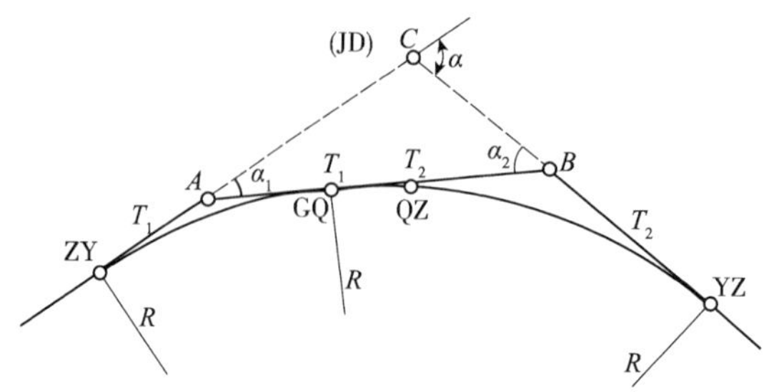

图 10-16　切基线法

因：

$$\left.\begin{aligned} T_1 &= R \cdot \tan\frac{\alpha_1}{2} \\ T_2 &= R \cdot \tan\frac{\alpha_2}{2} \end{aligned}\right\} \tag{10-13}$$

将以上两式相加得：　$\overline{AB} = T_1 + T_2$

整理后得：

$$R = \frac{T_1 + T_2}{\tan\frac{\alpha_1}{2} + \tan\frac{\alpha_2}{2}} = \frac{\overline{AB}}{\tan\frac{\alpha_1}{2} + \tan\frac{\alpha_2}{2}} \quad \text{（算至厘米）} \tag{10-14}$$

由式(10-14)求得 R 后，即可根据 R、α_1 和 α_2，利用式(10-4)求得 T_1、T_2 和 L_1、L_2，将 L_1 与 L_2 相加即得到圆曲线的总长 L。

现场测设时，在 A 点安置仪器，分别沿两切线方向量测长度 T_1，便得到曲线的起点 ZY 点和 GQ 点；在 B 点安置仪器，分别沿两切线方向量测长度 T_2，便得到曲线的起点 YZ 点和 GQ 点，以 GQ 点进行校核。

曲中点 QZ 可在 GQ 点处用切线支距法测设。由图 10-16 可知，GQ 点与 QZ 点之间的弧长为：

(1)当 QZ 点在 GQ 点之前时，弧长 $l = L/2 - L_1$。

(2)当 QZ 点在 GQ 点之后时，弧长 $l = L/2 - L_2$。

在运用切基线法测设时，当求得的曲线半径 R 不能满足规定的最小半径或不适合于地形时，说明切基线位置选择不当，可把已定的 A、B 点作为参考点进行调整，使其满足要求。

曲线三主点定出后，即可采用前述的方法进行曲线的详细测设。

三、弦 基 线 法

在某些地区，当曲线的交点无法测定，而已给定了曲线起点(或终点)的位置，在测设圆曲线时，可运用“同一圆弧段两端点弦切角相等”的原理，来确定曲线的终点(或起点)。连接曲线起、终点的弦线，称为弦基线。

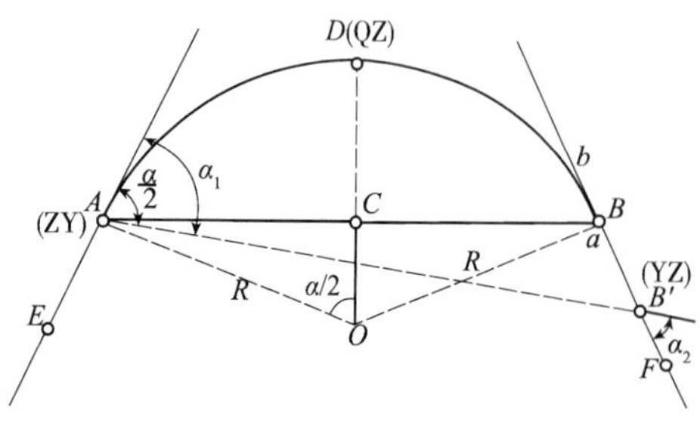

图 10-17　弦基线法

如图 10-17 所示，A 为给定的曲线起点，E 为后视方向上的一点，设 B' 点为曲线终点的初定位置，F 为其前视方向上的一点。具体测设曲线终点 B 的步骤如下：

将经纬仪安置于 B' 点上，通过对 A 点和 F 点的观测,求算出 α_2 的大小,并在 FB' 的延长线上估计 B 点位置的前后标出 a、b 两点,然后将经纬仪安置于 A(ZY)点上,通过对 E 点和 B' 点的观测,求算出 α_1 的大小,则此虚交的转角 $\alpha = \alpha_1 + \alpha_2$。

仪器在 A 点、后视 E 点或其方向上的交点(或转点),然后纵转望远镜(倒镜)拨出弦切角 $\alpha/2$,得弦基线的方向,该方向线与已设置的 ab 线的交点即为 B(YZ)点。量测出 AB 的长度 $\overline{AB}$,则曲线的半径 R 可按下式求得:

$$R = \frac{\overline{AB}}{2\sin\frac{\alpha}{2}} \tag{10-15}$$

为测设曲中点 QZ,可按下式求得 CD 的长度 $\overline{CD}$:

$$\overline{CD} = R \cdot \left(1 - \cos\frac{\alpha}{2}\right) = 2R\sin^2\frac{\alpha}{4} \tag{10-16}$$

从弦基线 AB 的中点 C 量出垂距 $\overline{CD}$,即可定出 QZ 点。

曲线的主点确定后,即可选用前述的方法进行详细测设。

第六节　缓和曲线的测设

车辆在行驶中,当从直线驶入圆曲线时,由力学知识可知车辆将产生离心力,由于离心力的作用,车辆有向曲线外侧倾斜的趋势,使得安全性和舒适感受到一定的影响,为了减少离心力的影响,曲线段的路面要做成外侧高、内侧低,呈单向横坡形式,此即弯道超高。超高不能在直线进入曲线段或曲线进入直线段突然出现或消失,以免使路面出现台阶,引起车辆振动,产生更大的危险。因此超高必须在一段长度内逐渐增加或减少,在直线段与圆曲线之间插入一段半径由无穷大逐渐减少至圆曲线半径 R(或在圆曲线段与直线段间插入一段由圆曲线半径 R 逐渐增大至无穷大)的曲线,这种曲线称为缓和曲线。带有缓和曲线的平曲线,其最基本形式由三部分组成,如图 10-18 所示,即由直线终点到圆曲线起点的缓和段,称为第一缓和段;由圆曲线起点到圆曲线终点的单曲线段,以及由圆曲线终点到下一段直线起点的缓和段,称为第二缓和段。因此,带有缓和曲线的平曲线的基本线型的主点有直缓点(ZH)、缓圆点(HY)、曲中点(QZ)、圆缓点(YH)和缓直点(HZ),见表 10-2。

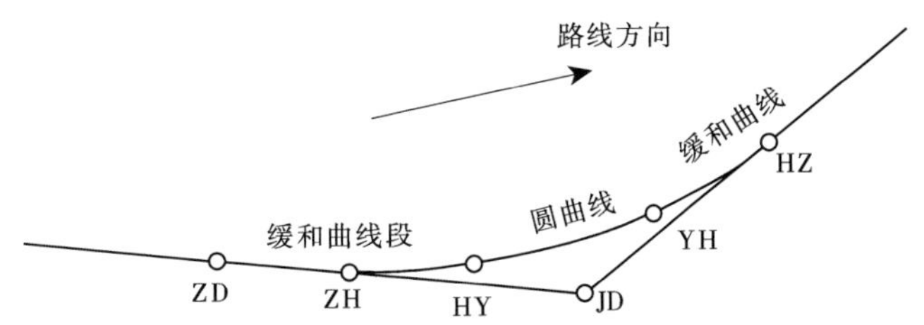

图 10-18　带有缓和曲线的平曲线基本线型

《公路工程技术标准》(JTG B01—2014)中规定:缓和曲线采用回旋曲线,亦称辐射螺旋线。

下面介绍带有缓和曲线的平曲线基本线型测设数据计算与测设方法。

一、缓和曲线公式

1. 基本公式

如图 10-19 所示，回旋线是曲率半径 ρ 随曲线长度 l 的增大而成反比地均匀减小的曲线，即在回旋线上任一点的曲率半径 ρ 为：

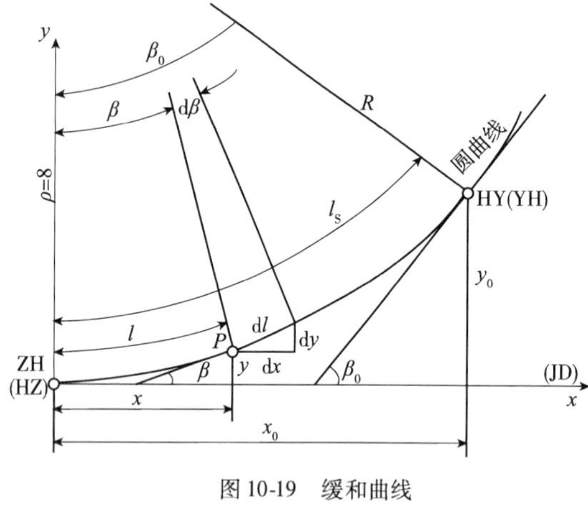

图 10-19 缓和曲线

$$\rho = \frac{c}{l} \text{或写成：} c = \rho \cdot l \tag{10-17}$$

式中：c——常数，表示缓和曲线曲率半径 ρ 的变化率，与行车速度有关。目前，我国公路采用：$c = 0.035v^3$（v 为计算行车速度，以km/h为单位）。

而在曲线上，c 值又可按以下方法确定，在第一缓和曲线终点即 HY 点（或第二缓和曲线起点 YH 点）的曲率半径等于圆曲线半径 R，即 $\rho = R$，该点的曲线长度即是缓和曲线的全长 l_s，由式(10-17)可得：

$$c = R \cdot l_s \tag{10-18}$$

而 $c = 0.035v^3$，故有缓和曲线的全长为：

$$l_s = \frac{0.035v^3}{R} \tag{10-19}$$

《公路工程技术标准》(JTG B01—2014)中规定：当公路平曲线半径小于设超高的最小半径时，应设缓和曲线。缓和曲线采用回旋曲线。缓和曲线的长度应根据其计算行车速度 v 求得，并尽量采用大于表 10-6 所列数值。

各级公路缓和曲线最小长度 表 10-6

公路等级	高速公路				一		二		三		四	
计算行车速度(km/h)	120	100	80	60	100	60	80	40	60	30	40	20
缓和曲线最小长度(m)	100	85	70	50	85	50	70	35	50	25	35	20

2. 切线角公式

缓和曲线上任一点 P 处的切线与曲线的起点(ZY)或终点(HZ)切线的交角 β 与缓和曲线上该点至曲线起点或终点的曲线长所对的中心角相等。为求切线角 β，可在曲率半径为 ρ 的 P 点处取一微分弧段 dl，其所对应的中心角 dβ 为：

$$\mathrm{d}\beta = \frac{\mathrm{d}l}{\rho} = \frac{l \cdot \mathrm{d}l}{c}$$

积分并结合式(10-18)得：

$$\beta = \frac{l^2}{2c} = \frac{l^2}{2Rl_s} \quad (\text{rad}) \tag{10-20}$$

当 $l = l_s$ 时，则缓和曲线全长 l_s 所对应中心角即为缓和曲线的切线角，亦称为缓和曲线角 β_0 为：

$$\beta_0 = \frac{l_s}{2R} \quad (\text{rad})$$

以角度表示为：

$$\beta_0 = \frac{l_s}{2R} \times \frac{180^\circ}{\pi} \tag{10-21}$$

3. 参数方程

如图 10-19 所示，设以缓和曲线的起点（ZH 点）为坐标原点，过 ZH 点的切线为 x 轴，半径方向为 y 轴，缓和曲线上任意一点 P 的坐标为 x、y，仍在 P 点处取一微分弧段 $\mathrm{d}l$，由图可知，微分弧段在坐标轴上的投影为：

$$\left.\begin{aligned} \mathrm{d}x &= \mathrm{d}l \times \cos\beta \\ \mathrm{d}y &= \mathrm{d}l \times \sin\beta \end{aligned}\right\} \tag{10-22}$$

将式中 $\cos\beta$、$\sin\beta$ 按级数展开为：

$$\cos\beta = 1 - \frac{\beta^2}{2!} + \frac{\beta^4}{4!} - \cdots$$

$$\sin\beta = \beta - \frac{\beta^3}{3!} + \frac{\beta^5}{5!} - \cdots$$

结合式（10-20），则式（10-22）可写成：

$$\mathrm{d}x = \left[1 - \frac{1}{2}\left(\frac{l^2}{2Rl_s}\right)^2 + \frac{1}{24}\left(\frac{l^2}{2Rl_s}\right)^4 - \cdots\right]\mathrm{d}l$$

$$\mathrm{d}y = \left[\frac{l^2}{2Rl_s} - \frac{1}{6}\left(\frac{l^2}{2Rl_s}\right)^3 + \frac{1}{1200}\left(\frac{l^2}{2Rl_s}\right)^5 - \cdots\right]\mathrm{d}l$$

积分后，略去高次项得：

$$\left.\begin{aligned} x &= l - \frac{l^5}{40R^2 l_s^2} \\ y &= \frac{l^3}{6Rl_s} - \frac{l^7}{336R^3 l_s^3} \end{aligned}\right\} \tag{10-23}$$

上式称为缓和曲线的参数方程。

当 $l = l_s$ 时，则第一缓和曲线的终点（HY）的直角坐标为：

$$\left.\begin{aligned} x_0 &= l_s - \frac{l_s^3}{40R^2} \\ y_0 &= \frac{l_s^2}{6R} - \frac{l_s^4}{336R^3} \end{aligned}\right\} \tag{10-24}$$

二、带有缓和曲线的平曲线的主点测设

1. 内移植 p 和切线增长值 q 的计算

如图 10-20 所示，当圆曲线加设缓和曲线段后，为使缓和曲线起点与直线段的终点相衔接，必须将圆曲线向内移动一段距离 p（称为内移植），这时曲线发生变化，使切线增长距离 q（称为切线增长值）。

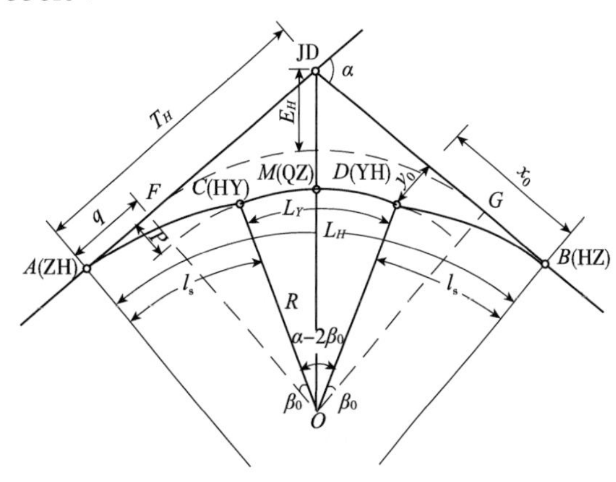

图 10-20　主点测设

圆曲线内移有两种方法：一种是圆心不动，半径相应减小；另一种是半径不变，而改

变圆心的位置。目前公路工程中，一般采用圆心不动、半径相应减小的平行移动方法，即未设缓和曲线时的圆曲线为 FG，其半径为 $(R+p)$ 插入两段缓和曲线 AC 和 DB 后，圆曲线内移，保留部分为 CDM 段，半径为 R，该段所对的圆心角为 $(\alpha-2\beta_0)$，在图 10-20 中，由几何关系可知：

$$R+p=y_0+R\cdot\cos\beta_0$$

$$q+R\cdot\sin\beta_0=x_0$$

即：

$$\left.\begin{aligned}p&=y_0-R(1-\cos\beta_0)\\q&=x_0-R\cdot\sin\beta_0\end{aligned}\right\}\tag{10-25}$$

将式(10-25)中的 $\cos\beta_0$、$\sin\beta_0$ 展开为级数，略去积分高次项并将式(10-21)中 β_0 和式(10-24)中的 x_0、y_0 代入后整理可得：

$$\left.\begin{aligned}p&=\frac{l_s^2}{24R}\\q&=\frac{l_s}{2}-\frac{l_s^3}{240R^2}\end{aligned}\right\}\tag{10-26}$$

2. 测设元素的计算

在圆曲线上增设缓和曲线后，要将圆曲线与缓和曲线作为一个整体考虑。如图 10-20 所示，当通过测算得到转角 α，并确定圆曲线半径 R 与缓和曲线长 l_s 后，即可按式(10-21)和式(10-26)求得切线角 β_0、内移值 p 和切线增长值 q，此时必须有 $\alpha\geqslant 2\beta_0$，否则无法设置缓和曲线，应重新调整 R 或 l_S，直至满足 $\alpha\geqslant 2\beta_0$，然后按下式计算测设元素：

$$\left.\begin{aligned}&\text{切线长} && T_H=(R+p)\cdot\tan\frac{\alpha}{2}+q\\&\text{曲线长} && L_H=R(\alpha-2\beta_0)\frac{\pi}{180^\circ}+2l_s\\&\text{其中，圆曲线长} && L_y=R(\alpha-2\beta_0)\frac{\pi}{180^\circ}\\&\text{外距} && E_H=(R+p)\cdot\sec\frac{\alpha}{2}-R\\&\text{切曲差} && D_H=2T_H-L_H\end{aligned}\right\}\tag{10-27}$$

3. 主点里程计算与测设

根据交点，已知里程和曲线的测设元素值，即可按下列算式计算各主点里程：

$$\left.\begin{aligned}&\text{直缓点} && \text{ZH 里程}=\text{JD 里程}-T_H\\&\text{缓圆点} && \text{HY 里程}=\text{ZH 里程}+l_s\\&\text{圆缓点} && \text{YH 里程}=\text{HY 里程}+L_Y\\&\text{缓直点} && \text{HZ 里程}=\text{YH 里程}+l_s\\&\text{曲中点} && \text{QZ 里程}=\text{HZ 里程}-L_H/2\\&\text{交点} && \text{JD 里程}=\text{QZ 里程}+D_H/2\text{（校核）}\end{aligned}\right\}\tag{10-28}$$

主点 ZH、HZ、QZ 的测设方法与圆曲线主点测设方法相同。HY、YH 点是根据缓和曲线终点坐标(x_0、y_0)用切线支距法测设。

三、带有缓和曲线平曲线的详细测设

1. 切线支距法

切线支距法是以 ZH 点或 HZ 点为坐标原点,以过原点的切线为 x 轴,过原点的半径为 y 轴,利用缓和曲线段和圆曲线段上的各点的坐标(x,y)测设曲线。在缓和曲线段上,各点坐标(x,y)可按缓和曲线的参数方程求得。即:

$$\left.\begin{aligned} x &= l - \frac{l^5}{40R^2 l_s^2} \\ y &= \frac{l^3}{6Rl_s} - \frac{l^7}{336R^3 l_s^3} \end{aligned}\right\} \tag{10-29}$$

在圆曲线上,各点的坐标可由图 10-21 按几何关系求得为:

$$\left.\begin{aligned} x &= R \cdot \sin\varphi + q \\ y &= R(1-\cos\varphi) + p \end{aligned}\right\} \tag{10-30}$$

式中:$\varphi = \dfrac{l - l_s}{R} \times \dfrac{180°}{\pi} + \beta_0(°)$;

l——该点至 ZH 点或 HZ 点的曲线长。

在计算出缓和曲线段上和圆曲线段上各点的坐标(x,y)后,即可按用切线支距法测设圆曲线的同样方法进行测设。

另外,圆曲线上各点也可以缓圆点 HY 或圆缓点 YH 为坐标原点,用切线支距法进行测设。此时,只要将 HY 或 YH 点的切线定出。如图 10-22 所示,计算出 T_d之长度后,HY 或 YH 点的切线即可确定。T_d可由下式计算:

$$T_d = x_0 - \frac{y_0}{\tan\beta_0} = \frac{2}{3}l_s + \frac{l_s^3}{360R^2} \tag{10-31}$$

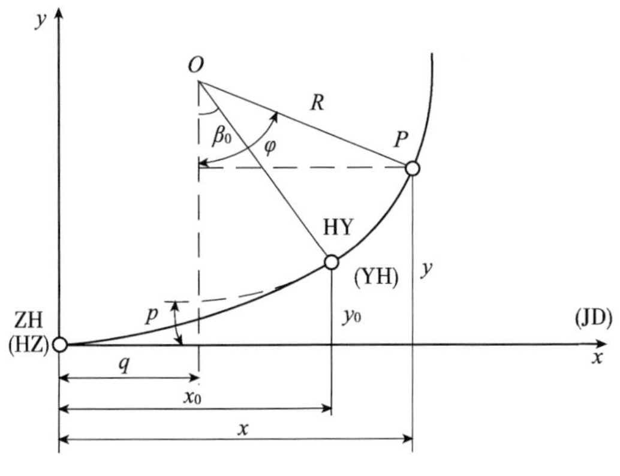

图 10-21 圆曲线上点的坐标

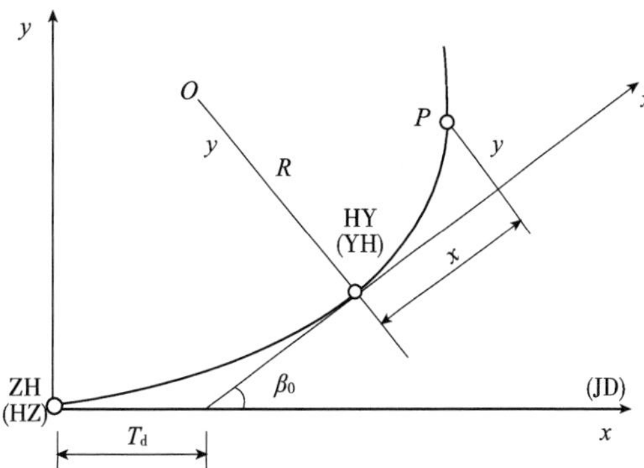

图 10-22 HY 或 YH 点的切线方向

2. 偏角法

用偏角法详细测设带有缓和曲线的平曲线时,其偏角应分为缓和曲线段上的偏角与圆曲线段上的偏角两部分进行计算。

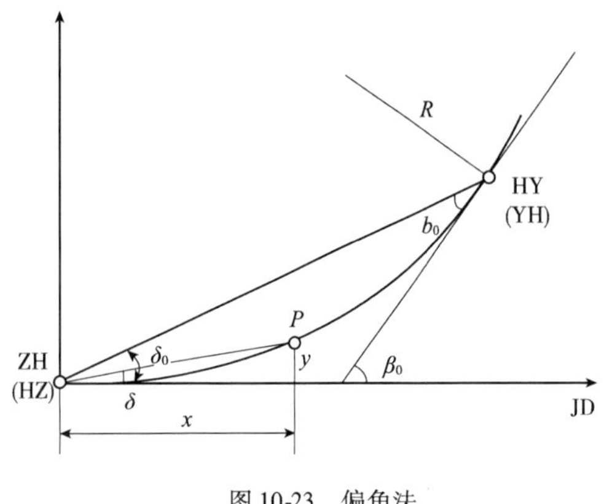

图 10-23　偏角法

1)缓和段上各点测设

对于测设缓和曲线段上的各点,可将经纬仪安置于缓和曲线的 ZH 点(或 HZ 点)上进行测设,如图 10-23 所示,设缓和曲线上任一点 P 的偏角值为 δ,由图可知:

$$\tan\delta = \frac{y}{x} \tag{10-32}$$

式中的 x、y 为 P 点的直角坐标,可由曲线参数方程式(10-29)求得,由此求得:

$$\delta = \tan^{-1}\frac{y}{x} \tag{10-33}$$

在实测中,因偏角 δ 较小,一般取:

$$\delta \approx \tan\delta = \frac{y}{x} \tag{10-34}$$

将曲线参数方程式(10-29)中 x、y 代入上式得(取第一项):

$$\delta = \frac{l^2}{6Rl_s} \tag{10-35}$$

在上式中,当 $l = l_s$ 时,得 HY 点或 YH 点的偏角值 δ_0,称之为缓和曲线的总偏角。即:

$$\delta_0 = \frac{l_s}{6R} \tag{10-36}$$

由于 $\beta_0 = \frac{l_s}{2R}$,所以得:

$$\delta_0 = \frac{1}{3}\beta_0 \tag{10-37}$$

由式(10-35)和式(10-36)并结合式(10-37)可得:

$$\delta = \left(\frac{l}{l_s}\right)^2\delta_0 = \frac{1}{3}\left(\frac{l}{l_s}\right)^2\beta_0 \tag{10-38}$$

在按式(10-35)或式(10-38)计算出缓和曲线上各点的偏角值后,采用与偏角法测设圆曲线同样的步骤进行缓和曲线的测设。由于缓和曲线上弦长 $c = l - \frac{l^5}{90R^2l_s^2}$,近似地等于相应的弧长,因而在测设时,弦长一般就取弧长值。

2)圆曲线段上各点测设

对于圆曲线段上各点的测设,应将仪器安置于 HY 或 YH 点上进行。这时,只要定出 HY 或 YH 点的切线方向,就可按前面所讲的无缓和曲线的圆曲线的测设方法进行。如图 10-23所示,关键是计算 b_0,显然有:

$$b_0 = \beta_0 - \delta_0 = \frac{2}{3}\beta_0 \tag{10-39}$$

求得 b_0后,将仪器安置于 HY 点上,瞄准 ZH 点,将水平度盘读数配置为 b_0(当曲线右转时,应配置为 $360° - b_0$)后,旋转照准部,使水平度盘的读数为 00°00′00″后倒镜,此时视线方向即为 HY 点的切线方向,然后按前述偏角法测设圆曲线段上各点。

3. 极坐标法

由于全站仪在公路工程中的广泛使用,极坐标法已成为曲线测设的一种简便、迅速、精确的方法。

用极坐标法测设带有缓和曲线的平曲线时,首先设定一个直角坐标系:一般以 ZH 或 HZ 点为坐标原点。以其切线方向为 x 轴,并且正向朝向交点 JD,自 x 轴正向顺时针旋转 90°为 y 轴正向。这时,曲线上任一点 P 的坐标(x_p,y_p)仍可按式(10-29)和式(10-30)计算。但当曲线位于 x 轴正向左侧时,y_p应为负值。

具体测设按下述方法进行:

如图 10-24 所示,在待测设曲线附近选择一视野开阔,便于安置仪器的点 A,将仪器安置于坐标原点 O 上,测定 OA 的距离 S 和 x 轴正向顺时针至 A 点的角度 α_{OA}(即直线 OA 在设定坐标系中的方位角),则 A 点的坐标为:

$$\left.\begin{aligned} x_A &= S \cdot \cos\alpha_{OA} \\ y_A &= S \cdot \sin\alpha_{OA} \end{aligned}\right\} \quad (10\text{-}40)$$

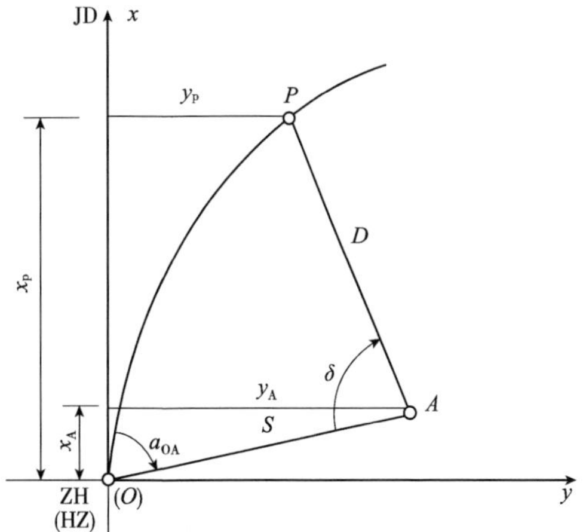

图 10-24　极坐标法

直线 AO 和 AP 在设定的坐标系中的方位角为:

$$\left.\begin{aligned} \alpha_{AO} &= \alpha_{OA} \pm 180° \\ \alpha_{AP} &= \tan^{-1}\frac{y_P - y_A}{x_P - x_A} \end{aligned}\right\} \quad (10\text{-}41)$$

则:

$$\left.\begin{aligned} \delta &= \alpha_{AP} - \alpha_{AO} \\ D_{AP} &= \sqrt{(x_P - x_A)^2 + (y_P - y_A)^2} \end{aligned}\right\} \quad (10\text{-}42)$$

在按上述算式计算出曲线上各点测设角度和距离后,将仪器安置在 A 点上,后视坐标原点,并将水平度盘配制为 00°00′00″,然后转动照准部,拨水平角 δ,便得到 A 点至 P 点的方向线,沿此方向线,测定距离 D_{AP}即得待测点 P 的地面位置,按此方法便可将曲线上各点的位置测定。

第七节　复曲线的测设

复曲线是由两个和两个以上不同半径的同向圆曲线和缓和曲线相互衔接而成的曲线。一般多用于地形较复杂的地区。

一、不设缓和曲线的复曲线

该种复曲线一般仅由两个不同半径的同向圆曲线相互衔接而成。

在测设时,必须先定出其中一个圆曲线的半径,该曲线称为主曲线,另一个圆曲线称为副曲线。副曲线的半径则是通过主曲线半径和测量的有关数据求得。

1. 切基线法测设复曲线

切基线法实际上是虚交切基线,只不过是两个圆曲线的半径不相等。如图 10-25 所示,主、副曲线的交点为 A、B，两曲线相接于公切点 GQ 点。将经纬仪分别安置于 A、B 两点，测算出转角 α_1、α_2，用测距仪或钢尺往返丈量得到 A、B 两点的距离$\overline{AB}$，在选定主曲线的半径 R_1后，即可按以下步骤计算副曲线的半径 R_2及测设元素：

（1）根据主曲线的转角 α_1和半径 R_1计算主曲线的测设元素 T_1、L_1、E_1、D_1。

（2）根据基线 AB 的长度$\overline{AB}$和主曲线切线长 T_1，计算副曲线的切线长 T_2。

$$T_2 = \overline{AB} - T_1 \tag{10-43}$$

（3）根据副曲线的转角 α_2和切线长 T_2计算副曲线半径 R_2。

$$R_2 = \frac{T_2}{\tan\dfrac{\alpha_2}{2}} \quad （计算至厘米） \tag{10-44}$$

（4）根据副曲线的转角 α_2和半径 R_2计算副曲线的测设元素 T_2、L_2、E_2、D_2。

（5）主点里程计算采用前述方法。

测设曲线时，由 A 沿切线方向向后量 T_1，得 ZY 点；沿 AB 方向向前量 T_1得 GQ 点；由 B 点沿切线方向向前量 T_2得 YZ 点。曲线的详细测设仍可用前述的有关方法。

2. 弦基线法测设复曲线

如图 10-26 所示，是利用弦基线法测设复曲线的示意图，设定 A、C 分别为曲线的起点和公切点，目的是确定曲线的终点 B。具体测设方法如下：

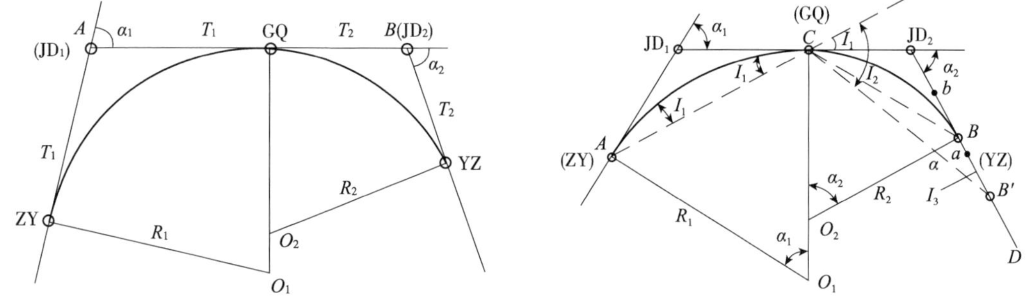

图 10-25　切基线法测设复曲线

图 10-26　弦基线法测设复曲线

（1）在 A 点安置仪器，观测弦切角 I_1，根据同弧段两端弦切角相等的原理，则得主曲线的转角为：$\alpha_1 = 2I_1$。

（2）设 B'点为曲线终点 B 的初测位置，在 B'点安置仪器观测出弦切角 I_3，同时在切线上 B 点的估计位置前后打下骑马桩 a、b。

（3）在 C 点安置仪器，观测出 I_2。由图可知，复曲线的转角 $\alpha_2 = I_2 - I_1 + I_3$。旋转照准部照准 A 点，将水平度盘读数配置为：00°00′00″后倒镜，顺时针拨水平角$(\alpha_1 + \alpha_2)/2 = (I_1 + I_2 + I_3)/2$，此时，望远镜的视线方向即为弦 CB 的方向，交骑马桩 a、b 的连线于 B 点，即确定了曲线的终点。

（4）用全站仪或钢尺往返丈量得到 AC 和 CB 的长度$\overline{AC}$、$\overline{CB}$，并由此计算主、副曲线的半径 R_1、R_2得：

$$\left.\begin{aligned} R_1 &= \frac{\overline{AC}}{2\sin\dfrac{\alpha_1}{2}} \\ R_2 &= \frac{\overline{CB}}{2\sin\dfrac{\alpha_2}{2}} \end{aligned}\right\} \tag{10-45}$$

(5)由求得的主、副曲线半径和测算的转角，分别计算主、副曲线的测设元素，然后仍按前述方法计算主点里程并进行测设。

二、设置有缓和曲线的复曲线

1. 中间不设缓和曲线而两边皆设缓和曲线的复曲线

如图10-27所示，设主、副曲线两端分别设有两段缓和曲线，其缓和曲线长分别为 l_{s1}、l_{s2}。为使两不同半径的圆曲线在原公切点（GQ）直接衔接，两缓和曲线的内移值必须相等，即：$P_{主} = P_{副} = P$。

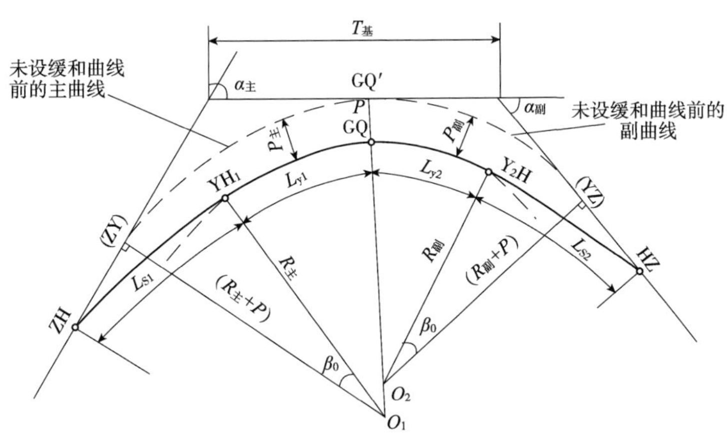

图10-27　两边皆设缓和曲线的复曲线

由前述式(10-18)并结合式(10-26)有：

$$
\begin{aligned}
C_1 &= R_{主} \cdot l_{s1} = R_{主} \cdot \sqrt{24R_{主} P} \\
C_2 &= R_{副} \cdot l_{s2} = R_{副} \cdot \sqrt{24R_{副} P}
\end{aligned} \tag{10-46}
$$

如果 $R_{主} > R_{副}$，则 $C_1 > C_2$。因此在选择缓和曲线长度时，必须使 $C_2 \geqslant 0.035v^3$。对于已选定的 l_{s2}，可得：

$$
l_{s2} = l_{s1} \cdot \sqrt{\frac{R_{副}}{R_{主}}} \tag{10-47}
$$

另外，图10-27中有如下的关系式：

$$
T_{基} = (R_{主} + P) \cdot \tan\frac{\alpha_{主}}{2} + (R_{副} + P) \cdot \tan\frac{\alpha_{副}}{2} \tag{10-48}
$$

测设时，通过测得的数据 $\alpha_{主}$、$\alpha_{副}$ 和 $T_{基}$ 以及根据要求拟定的数据 $R_{主}$、l_{s1}，采用式(10-48)反算 $R_{副}$，其中：$P = P_{主} = l_{s1}^2/24R_{主}$；采用式(10-47)反算副曲线缓和段长度 l_{s2}。

主、副曲线的半径、转角和缓和段长度均已设定的情况下，可按前述第六节中的方法进行测设元素以及主点里程的计算。

2. 中间设置有缓和曲线的复曲线

中间设置有缓和曲线的复曲线是指复曲线的两圆曲线间有缓和曲线段衔接过渡的曲线形式。一般在实地地形条件限制下，选定的主、副曲线半径相差悬殊超过1.5倍时采用。在实际工程测量中，应尽量避免采用这种曲线，故在此不做介绍。

第八节　回头曲线的测设

山区低等级公路，当路线跨越山岭时，为了克服距离短、高差大的展线困难，或跨越深沟，绕过山嘴时，路线方向需做较大转折，往往需要设置回头曲线。回头曲线一般有主曲线和两个副曲线组成。主曲线为一转角 α 接近、等于或大于 180°的圆曲线；副曲线在路线上、下线各设置一个，为一般圆曲线。在主、副曲线之间一般以直线连接。

下面介绍两种主曲线的测设方法。

一、切基线法

如图 10-28 所示，路线的转角接近于 180°，应设置回头曲线，设 DF、EG 分别为曲线的上线和下线，D、E 两点分别为副曲线的交点，主曲线的交点甚远，无法在现场得到。但在选线时，可确定出交点方向的定向点 F、G 点。在此情况下，如果能确定出曲线顶点（QZ 点）的切线 AB（AB 线在此称为顶点切基线），则问题就变得简单了，具体测设方法如下：

（1）根据现场的具体情况，在 DF、EG 两切线上选取顶点切基线 AB 的初定位置 AB'，其中 A 为定点、B'为初定点。

（2）将仪器安置于初定点 B' 上，观测出角 α_B，并在 EG 线上的 B 点的估计位置前后设置 a、b 两骑马桩。

（3）将仪器安置于 A 点，观测出角 α_A，则路线的转角 $\alpha = \alpha_A + \alpha_B$，后视定向点 F，反拨角值 $\alpha/2$，由此得到视线与骑马桩 a、b 连线的交点，即为 B 点的点位。

（4）量测出顶点切基线 AB 的长度$\overline{AB}$，并取 $T = \overline{AB}/2$，从 A 点沿 AD、AB 方向分别量测出长度 T，便定出 ZY 点和 QZ 点；从 B 点沿 BE 方向量测出长度 T，便定出 YZ 点。

（5）计算主曲线的半径 $R = T/\tan(\alpha/4)$。再由半径 R 和转角 α 求出曲线的长度 L，并根据 A 点的里程，计算出曲线的主点里程。

主点测设完成后，可用前述的方法进行详细测设。

二、弦基线法

如图 10-29 所示，设 EF、GH 分别为曲线的上、下线，E、H 为两副曲线的交点，F、G 为定向点，4 点均在选线时确定，如果能得到曲线起点（ZY）和终点（YZ）的连线 AB 线长度（AB 线称为弦基线），则问题亦可解决。具体测设方法如下：

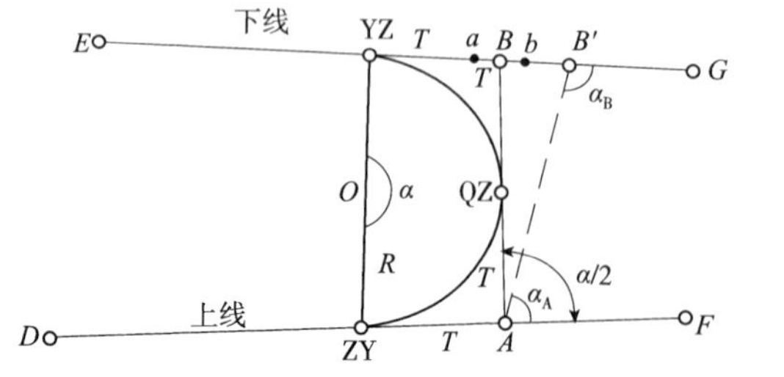

图 10-28　定点切基线法

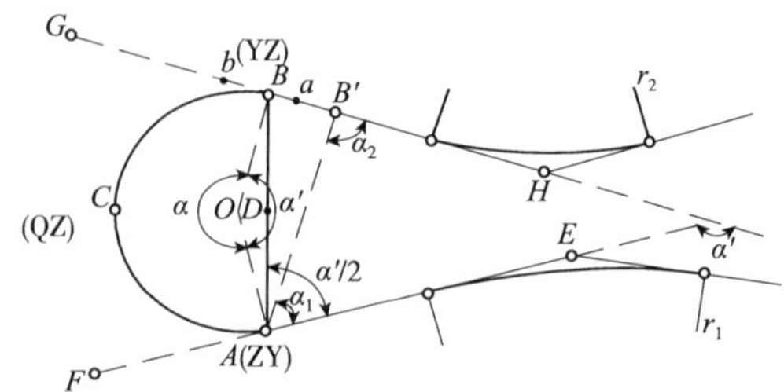

图 10-29　弦基线法

（1）根据现场的具体情况，在 EF、GH 两切线上选取弦基线 AB 的初定位置 AB'，其中 A（ZY 点）为定点、B'为初定点。

(2)将仪器安置于初定点 B' 上，观测出角 α_2，并在 GH 线上 B 点的概略位置前后，设置 a、b 两骑马桩。

(3)将仪器安置于初定点 A 点，观测出角 α_1，则 $\alpha' = \alpha_A + \alpha_2$。以 AE 为起始方向，反拨角值 $\alpha' / 2$，由此得到视线与骑马桩 a、b 连线的交点，即为 B(YZ)点的点位。

(4)量测出弦基线 AB 的长度$\overline{AB}$，按式(10-14)计算曲线的半径 R。

(5)由图可知，主曲线所对应的圆心角为 $\alpha = 360° - \alpha'$。根据 R 和 α 便可求得主曲线长度 L，并由 A 点的里程计算主点里程。

(6)曲线的中点(QZ)可按弦线支距法设置。

支距长：

$$DC = R \cdot \left(1 + \cos\frac{\alpha'}{2}\right) = 2R \cdot \cos^2\frac{\alpha'}{4} \tag{10-49}$$

测设时，从 AB 的中点向圆心作垂线，量测出 DC 的长度，即得曲线的中点 C(QZ)。

主点测设完成后，可用前述的方法进行详细测设。

第九节　道路中线逐桩坐标计算

目前，在高等级道路工程的设计文件中，要求编制中线逐桩坐标表。如果在中线测量时，采用红外测距仪或全站仪，也给测设带来诸多方便。

如图 10-30 所示，交点 JD 的坐标 X_{JD}、Y_{JD} 已经测定，路线导线的坐标方位角 A 和边长 S 按坐标反算求得。在选定各圆曲线半径 R 和缓和曲线长度 l_s 后，根据各桩的里程桩号，按下述方法即可求出相应的坐标值 X、Y。

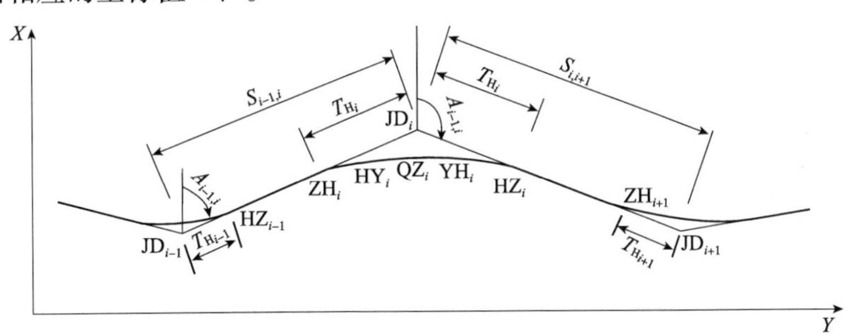

图 10-30　逐桩坐标计算

一、HZ 点(包括路线起点)至 ZH 点之间的中桩坐标计算

如图 10-30 所示，此段为直线，桩点的坐标按下式计算：

$$\left.\begin{aligned} X_i &= X_{HZ_{i-1}} + D_i \cos A_{i-1,i} \\ Y_i &= Y_{HZ_{i-1}} + D_i \sin A_{i-1,i} \end{aligned}\right\} \tag{10-50}$$

式中：$A_{i-1,i}$——路线导线 JD_{i-1} 至 JD_i 的坐标方位角；

D_i——桩点至 HZ_{i-1} 点的距离，即桩点里程与 HZ_{i-1} 点里程之差；

$X_{HZ_{i-1}}$、$Y_{HZ_{i-1}}$——HZ_{i-1} 的坐标，由下式计算：

$$\left.\begin{aligned} X_{HZ_{i-1}} &= X_{JD_{i-1}} + T_{H_{i-1}} \cos A_{i-1,i} \\ Y_{HZ_{i-1}} &= Y_{JD_{i-1}} + T_{H_{i-1}} \sin A_{i-1,i} \end{aligned}\right\} \tag{10-51}$$

式中：$X_{JD_{i-1}}$、$Y_{JD_{i-1}}$——交点 JD_{i-1}的坐标；

$T_{H_{i-1}}$——切线长。

ZH 点为直线的起点，除可按式(10-50)计算外，亦可按下式计算：

$$\left.\begin{aligned}X_{ZH_i} &= X_{JD_{i-1}} + (S_{i-1,i} - T_{H_i})\cos A_{i-1,i}\\ Y_{ZH_i} &= Y_{JD_{i-1}} + (S_{i-1,i} - T_{H_i})\sin A_{i-1,i}\end{aligned}\right\} \tag{10-52}$$

式中：$S_{i-1,i}$——路线导线 JD_{i-1}至 JD_i的边长。

二、ZH 点至 YH 点之间的中桩坐标计算

比较包括第一缓和曲线及圆曲线，可按切线支距公式先算出切线支距坐标 x、y，然后通过坐标变换将其转换为测量坐标 X、Y。坐标变换公式为：

$$[X_i Y_i] = \begin{bmatrix} X_{ZH_i} \\ Y_{ZH_i} \end{bmatrix} + \begin{bmatrix} \cos A_{i-1,i} & -\sin A_{i-1,i} \\ \sin A_{i-1,i} & -\cos A_{i-1,i} \end{bmatrix} \begin{bmatrix} x_i \\ y_i \end{bmatrix} \tag{10-53}$$

在运用式(10-53)计算时，当曲线为左转角时，应以 $y_i = -y_i$ 代入。

三、YH 点至 HZ 点之间的中桩坐标计算

此段为第二缓和曲线，仍可按切线支距公式先算出切线支距坐标，再按下式转换为测量坐标：

$$\begin{bmatrix} X_i \\ Y_i \end{bmatrix} = \begin{bmatrix} X_{HZ_i} \\ Y_{HZ_i} \end{bmatrix} - \begin{bmatrix} \cos A_{i,i+1} & -\sin A_{i,i+1} \\ \sin A_{i,i+1} & -\cos A_{i,i+1} \end{bmatrix} \begin{bmatrix} x_i \\ y_i \end{bmatrix} \tag{10-54}$$

当曲线为右转角时，应以 $y_i = -y_i$ 代入。

【例 10-5】 路线交点 JD_2的坐标：$X_{JD_2} = 2588711.270\text{m}$，$Y_{JD_2} = 20478702.880\text{m}$；$JD_3$的坐标：$X_{JD_3} = 2591069.056\text{m}$，$Y_{JD_3} = 20478662.850\text{m}$；$JD_3$的坐标：$X_{JD_4} = 2594145.875\text{m}$，$Y_{JD_4} = 20481070.750\text{m}$。$JD_3$的里程桩号为 K6 + 790.306，圆曲线半径 $R = 2000\text{m}$，缓和曲线长$l_s = 100\text{m}$。

1. 计算路线转角

$$\tan A_{32} = \frac{Y_{JD_2} - Y_{JD_3}}{X_{JD_2} - X_{JD_3}} = \frac{+40.030}{-2357.3786} = -0.016977792$$

$$A_{32} = 180° - 0°58'21''.6 = 179°01'38''.4$$

$$\tan A_{34} = \frac{Y_{JD_4} - Y_{JD_3}}{X_{JD_4} - X_{JD_3}} = \frac{+2407.900}{+3076.819} = 0.78259397$$

$$A_{34} = 38°02'47''.5$$

右角 $\beta = 179°01'38''.4 - 38°02'47''.5 = 140°58'50''.9$

$\beta < 180°$，为右转角

转角 $\alpha = 180° - 140°58'50''.9 = 39°01'09''.1$

2. 计算曲线测设元素

$$\beta_0 = \frac{l_s}{2R} \cdot \frac{180°}{\pi} = 1°25'56''.6$$

$$p = \frac{l_s^2}{24R} = 0.208$$

$$q = \frac{l_s}{2} - \frac{l_s^3}{240R^2} = 49.999$$

$$T_H = (R + p)\tan\frac{\alpha}{2} + q = 758.687$$

$$L_H = R(\alpha - 2\beta_0)\frac{\pi}{180°} + 2l_s = 1462.027$$

$$L_Y = R(\alpha - 2\beta_0)\frac{\pi}{180°} = 1262.027$$

$$E_H = (R + p) \cdot \sec\frac{\alpha}{2} - R = 122.044$$

$$D_H = 2T_H - L_H = 55.347$$

3.计算曲线主点里程

$$ZH = JD_3 - T_H = K6 + 790.306 - 758.687 = K6 + 031.619$$

$$HY = ZH + l_s = K6 + 031.619 + 100 = K6 + 131.619$$

$$YH = HY + L_Y = K6 + 131.619 + 1262.027 = K7 + 393.646$$

$$HZ = YH + l_s = K7 + 393.646 + 100 = K7 + 493.646$$

$$QZ = HZ - L_H/2 = K7 + 493.646 - 731.014 = K6 + 762.632$$

$$JD_3 = QZ + D_H/2 = K6 + 762.632 + 27.674 = K6 + 790.306\text{(校核)}$$

4.计算曲线主点及其他中桩坐标

ZH 点的坐标:

$$S_{23} = \sqrt{(X_{JD_3} - X_{JD_2})^2 + (Y_{JD_3} - Y_{JD_2})^2} = 2358.126$$

$$A_{23} = A_{32} = 180° = 359°01'38''.4$$

$$X_{ZH_3} = X_{JD_2} + (S_{23} - T_{H_3})\cos A_{23} = 2590310.479$$

$$Y_{ZH_3} = Y_{JD_2} + (S_{23} - T_{H_3})\sin A_{23} = 20478675.729$$

第一缓和曲线上的中桩坐标的计算:

如中桩 K6 +100 的支距法坐标为:

$$x = l - \frac{l^5}{40R^2 l_s^2} = 68.380$$

$$y = \frac{l^3}{6Rl_s} = 0.266$$

按式(10-53)转换坐标:

$$X = X_{ZH_3} + x\cos A_{23} - y\sin A_{23} = 2590378.854$$

$$Y = Y_{ZH_3} + x\sin A_{23} + y\cos A_{23} = 20478674.834$$

圆曲线部分的中桩坐标计算:

如中桩 K6 +500 的切线支距法坐标为:

$$x = R\sin\varphi + q = 465.335$$

$$y = R(1 - \cos\varphi) + p = 43.809$$

代入式(10-53)得 K6 +500 的坐标:

$$X = X_{ZH_3} + x\cos A_{23} - y\sin A_{23} = 2590776.491$$

$$Y = Y_{ZH_3} + x\sin A_{23} + y\cos A_{23} = 20478711.632$$

QZ 点坐标为(同 K6 +500 计算相同):

$$X_{QZ} = 2591666.257$$

$$Y_{QZ} = 20478778.562$$

HZ 点的坐标为:

$$X_{HZ_3} = X_{JD_3} + T_{H_3}\cos A_{34} = 2591666.530$$

$$Y_{HZ_3} = Y_{JD_3} + T_{H_3}\sin A_{34} = 20479130.430$$

YH 点的支距法坐标与 HY 点完全相同:

$$x_0 = 99.994$$

$$y_0 = 0.833$$

按式(10-54)转换坐标,并结合曲线为右转角,$y = -y_0$ 代入:

$$X_{YH_3} = X_{HZ_3} - x_0\cos A_{34} - y_0\sin A_{34} = 2591587.270$$

$$Y_{YH_3} = Y_{HZ_3} - x_0\sin A_{34} - (-y_0)\cos A_{34} = 20479069.460$$

第二缓和曲线上的中桩坐标计算:

如中桩 K7 +450 的支距法坐标为:

$$x = 43.646$$

$$y = 0.069$$

按式(10-54)转换坐标,y 以负值代入得:

$$X = 2591632.116$$

$$Y = 20479195.976$$

直线上的中桩坐标计算:

如 K7 +600,D =106.354,代入(10-50)得:

$$X = X_{HZ_3} + D\cos A_{34} = 2591750.285$$

$$Y = X_{HZ_3} + D\sin A_{34} = 20479195.976$$

思考题与习题

1. 道路中线测量的主要任务是什么?
2. 简述放点穿线法测设交点的步骤。
3. 什么是正倒镜分中法?简述正倒镜分中法延长直线的操作方法。
4. 什么叫道路中线测量中的转点?它与水准测量的转点有何不同?
5. 什么是路线的右角?什么是路线的转角?它们之间有何关系?如何区分左偏还是右偏?
6. 何谓里程桩,在中线的哪些地方应设置里程桩?
7. 怎样推算圆曲线的主点里程?圆曲线主点位置是如何测定的?
8. 何为整桩号法设桩?何谓整桩距法设桩?各有什么特点?
9. 切线支距法详细测设圆曲线的原理是什么?简述其操作步骤。
10. 简述偏角法测设圆曲线的操作步骤。
11. 偏角法详细测设圆曲线时,设转角为左偏,将仪器置于起点(ZY),后视切线方向(JD),此时测设曲线上点的偏角时正拨还是反拨?后视时水平度盘读数设置到多少度可使以后点的偏角计算更简便?

12. 何谓缓和曲线?设置缓和曲线有何作用?

13. 简述有缓和曲线段的平曲线上主点桩的测设方法和步骤。

14. 什么是虚交?道路中线测量中遇到虚交应如何解决?

15. 何谓复曲线?何谓回头曲线?简述顶点切基线测设回头曲线的步骤。

16. 简述用坐标法测设曲线的原理和方法。

17. 如何根据两点的坐标推算两点连线的方位角?

18. 如何根据路线导线边的方位角计算交点的转角?

19. 一测量员在路线交点 JD_6 上安置仪器,观测右角,测得后视读数为 42°18′24″,前视读数为 174°36′8″。问该弯道的转角是多少?是左转还是右转?若观测完毕后仪器度盘不动,分角线方向读数应是多少?

20. 已知弯道 JD_{10} 的桩号为 K5 + 119.99,右角 $\beta = 136°24'$,圆曲线半径 $R = 300$m,试计算圆曲线主点元素和主点里程,并叙述测设曲线上主点的操作步骤。

21. 在道路中线测量中,已知交点的里程桩号为 K3 + 318.46,测得转角 $\alpha_{左} = 15°28'$,圆曲线半径 $R = 600$m,若采用切线支距法并按整桩号法设桩,试计算各桩坐标,并说明测设方法。

22. 在道路中线测量中,设某交点 JD 的桩号为 K4 + 182.32,测得右偏角 $\alpha_{右} = 38°32'$,设计圆曲线半径 $R = 500$m,若采用偏角法按整桩号设桩,试计算各桩的偏角及弦长,并说明步骤。

23. 在道路中线测量中,已知交点的里程桩号为 K19 + 318.46,转角 $\alpha_{左} = 38°28'$,圆曲线半径 $R = 300$m,缓和曲线长 l_s 采用 75m,试计算该曲线的测设元素、主点里程,并说明主点的测设方法。

24. 某山岭区二级公路,已知 JD_1、JD_2、JD_3 的坐标分别为(40961.914、91066.103)、(40433.528,91250.097)、(40547.416,91810.392),JD_2 处的里程桩号为 K2 + 200.000,$R = 150$m,缓和曲线长为 40m,计算此曲线的主点坐标。

第十一章　路线的纵、横断面测量

路线定测阶段，在完成中线测量以后，还必须进行路线纵、横断面测量。路线纵断面测量又称为中线水准测量，它的任务是在道路中线测定之后，测定中线上各里程桩（简称中桩）的地面高程，并绘制路线纵断面图，用以表示沿路线中线位置的地形起伏状态，主要用于路线纵坡设计。横断面测量是测定中线上各里程桩处垂直于中线方向的地形起伏状态，并绘制横断面图，供路基设计、计算土石方数量以及施工放边桩之用。

为了保证测量精度，根据“从整体到局部、先控制后碎部”的原则，纵断面测量一般分两步进行：首先是沿路线方向设置水准点，并测定其高程，从而建立路线的高程控制，称为基平测量；然后是根据基平测量建立的水准点高程，分别在相邻的两个水准点之间进行水准测量，测定各里程桩的地面高程，称为中平测量。

对于公路高程系统的建立，宜采用“1985 年国家高程基准”，同一个公路项目应采用同一个高程系统，并应与相邻项目高程系统相衔接。不能采用同一系统时，应给定高程系统的转换关系。尽可能与国家水准点进行联测，以获得点的绝对高程，独立工程或三级以下公路联测有困难时，可采用假定高程。

第一节　基 平 测 量

一、路线水准点的设置

水准点是路线高程测量的控制点，在勘测和施工阶段以及竣工时，都要使用。在设置水准点时，根据需要和用途可布设永久性水准点和临时性水准点。一般规定，在路线的起终点、大桥两岸、隧道两端、垭口以及一些需要长期观测高程的重点工程附近，均应设置永久性水准点。在一般地区，应每隔一定的长度设置一个永久性水准点。为便于引测，还需沿路线方向布设一定数量的临时性水准点。

永久性水准点和临时性水准点的标志方法，可参阅水准测量一章的有关内容。

临时性水准点的密度，应根据地形和工程需要而定。一般情况下，水准点间距宜为 1 ~ 1.5km；山岭重丘区可根据需要适当加密，水准点点位应选在稳固、醒目、易于引测以及施工时不易遭受破坏的地方，水准点距路线中线的距离应大于 50m，宜小于 300m。

水准点一般以 BM_i 表示，为了避免混乱和便于寻找，应逐个编号，用红油漆连同符合（BM_i）一起写在水准点旁，水准点设置好后，将其距中线上某里程桩的距离、方位（左侧或右侧）以及与周围主要地物的关系等内容记在记录本上，以供外业结束后，编制水准点一览表和绘制路线平面图时之用。

二、基平测量的方法

进行基平测量时，首先应将起始水准点与附近国家水准点进行联测，以获取水准点的绝对高程，如有可能，应构成附合水准路线。当路线附近没有国家水准点或引测困难时，则可用气压计测得近似高程或参考地形图选定一个与实地高程接近的数值作为起始水准点的假定高程。

水准点高程的测定，是采用水准测量方法获得的。通常，采用一台水准仪在两个相邻的水准点间做往返观测，也可用两台水准仪做同向单程观测。具体观测方法及要求可参阅水准测量一章的有关内容，在此不再叙述。

各级公路及构造物的水准测量等级应按表8-2选用，并满足相应等级要求。

第二节　用水准仪进行中平测量

在完成基平测量以后，便可进行中平测量。目前公路工程中，广泛采用水准仪进行中平测量，以下介绍该方法的应用。

一、水准仪中平测量的一般方法

中平测量（又称中桩抄平），一般是以两个相邻水准点为一测段，从一个水准点开始，用视线高法（参见第二章内容），逐个测定中桩处的地面高程，直至附合到下一个水准点上。在每一个测站上，应尽量多地观测中桩，另外，还需在一定距离内设置转点。相邻两转点间所观测的中桩，称为中间点。由于转点起着传递高程的作用，为了削弱高程传递的误差，在测站上应先观测转点，后观测中间点。观测转点时，读数至毫米，视线长度一般应不大于100m。在转点上，水准尺应立于尺垫、稳固的桩顶或坚石上。观测中间点时，读数即中视读数可读至厘米，视线也可适当放长，立尺应在紧靠桩边的地面上。

如图11-1所示，若以水准点A为后视点（高程H_A已知），以B点为前视转点，K_i点为中间点。在施测过程中，将水准仪安置在测站上，首先观测立于A点的水准尺读数为a，然后再观测立于前视转点B点的水准尺读数为b，最后观测立于中间点K_i点上的水准尺上的读数为k，则可用视线高法求得前视转点B的高程H_B和中桩点的高程H_K：

$$\left.\begin{aligned}&\text{测站视线高} = \text{后视点高程}\ H_A + \text{后视读数}\ a\\&\text{前视转点}\ B\ \text{的高程}\ H_B = \text{视线高} - \text{前视读数}\ b\\&\text{中桩高程}\ H_K = \text{视线高} - \text{中视读数}\ k\end{aligned}\right\}\tag{11-1}$$

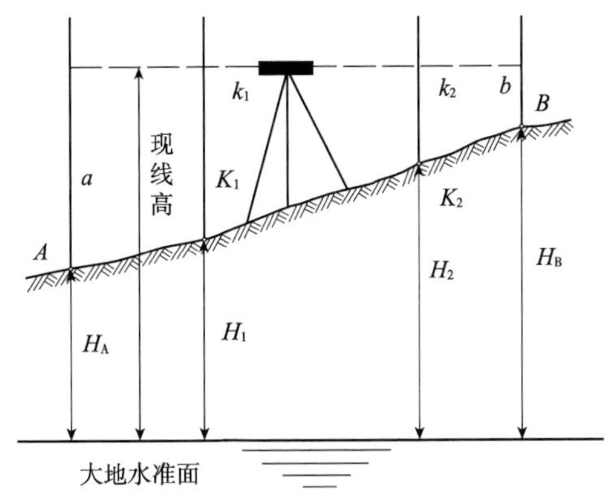

图11-1　视线高法测高程

中平测量的实施如图 11-2 所示，水准仪安置于 I 站，后视水准点 BM_1，前视转点 ZD_1，将两读数分别记入表 11-3 中相应的后视、前视栏内。然后观测 BM_1 和 ZD_1 间的中间点 K0 + 000、+020、+040、+060，并将读数分别记入相应的中视栏，并按式(11-1)分别计算 ZD_1 和各中桩点的高程，第一个测站的观测与计算完成。再将仪器搬至Ⅱ站，后视转点 ZD_1，前视转点 ZD_2，将读数分别记入相应后视、前视栏。然后观测两转点间的各中间点，将读数分别记入相应的中视栏，并计算 ZD_2 和各中桩点的高程，第二个测站的观测与计算完成。按上述方法继续向前观测，直至附合于水准点 BM_2。前视点高程及中桩处地面高程应用式(11-1)，按所属测站的视线高进行计算，参考表 11-1。

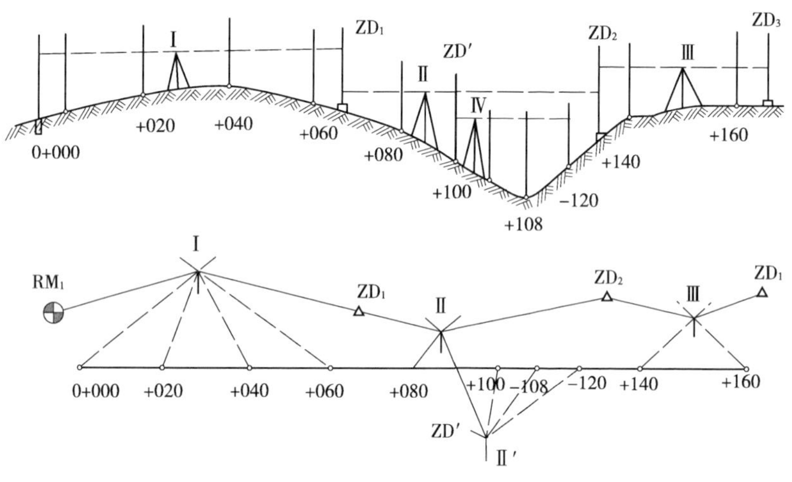

图 11-2　中平测量

中平测量记录计算表　　　　表 11-1

工程名称：________　　日期：________　　观测员：________

仪器型号：________　　天气：________　　记录员：________

测点	水准尺度数(m)			视线高(m)	测点高程(m)	备　注
	后视 a	中视 k	前视 b			
BM_1	2.317			106.573	104.256	基平测得
K0 + 000		2.16			104.41	
+020		1.83			104.74	
+040		1.20			105.37	
+060		1.43			105.14	
ZD_1	0.744		1.762	105.555	104.811	沟内分开测
+080		1.90			103.66	
ZD_2	2.116		1.405	106.266	104.150	

续上表

测点	水准尺度数(m)			视线高(m)	测点高程(m)	备　注
	后视 a	中视 k	前视 b			
+140		1.82			104.45	基平测得 BM_2 点高程为:104.795m
+160		1.79			104.48	
ZD_3			1.834		104.432	
…	…	…	…	…	…	
K1 +480		1.26			104.21	
BM_2			0.716		104.754	

复核:$\Delta h_{测} = 104.754 - 104.256 = 0.498(m)$

$\Sigma a - \Sigma b = (2.317 + 0.744 + 2.116 + \cdots) - (1.762 + 1.405 + 1.834 + \cdots + 0.716) = 0.498(m)$

说明高程计算无误

$f_h = 104.754 - 104.795 = -0.041(m) = -41(mm)$

$f_{h容} = 50\sqrt{L} = 50\sqrt{1.48} = 61mm$(按三级公路要求)

显然 $f_h < f_{h容}$,说明满足精度要求

中平测量只做单程观测。一测段结束后,应先计算中平测量测得的该段两端水准点高差,并将其与基平所测该测段两端水准点高差进行比较,两者之差,称为测段高差闭合差。测段高差闭合差应满足表 11-2 要求。若不满足要求,必须重测。

中桩高程测量精度　　表 11-2

公路等级	闭合差(mm)	两次测量之差(cm)
高速公路,一、二级公路	$\leqslant 30\sqrt{L}$	≤5
三级及三级以下公路	$\leqslant 50\sqrt{L}$	≤10

注:L 为高程测量的路线长度(km)。

二、跨越沟谷中平测量

中平测量遇到跨越沟谷时,由于沟坡和沟底钉有中桩,而且高差较大,按中平测量一般方法进行,要增加许多测站和转点,以致影响测量的速度和精度。为避免这种情况,可采用以下方法进行施测。

1. *沟内沟外分开测*

如图 11-3 所示,当采用一般方法测至沟谷边缘时,仪器置于测站 I,在此测站,应同时设两个转点,用于沟外测的 ZD_{16} 和用于沟内测的 ZD_A。施测时后视 ZD_{15},前视 ZD_{16} 和 ZD_A,分别求得 ZD_{16} 和 ZD_A 的高程。此后,以 ZD_A 进行沟内中桩点高程的测量,以 ZD_{16} 继续沟外测量。

测量沟内中桩时,仪器下沟安置于测站Ⅱ,后视 ZD_A,观测沟谷内两侧的中桩并设置转点 ZD_B。再将仪器迁至测站Ⅲ,后视转点 ZD_B,观测沟底各中桩,至此沟内观测结束。然后仪器置于测站Ⅳ,后视转点 ZD_{16},继续前测。

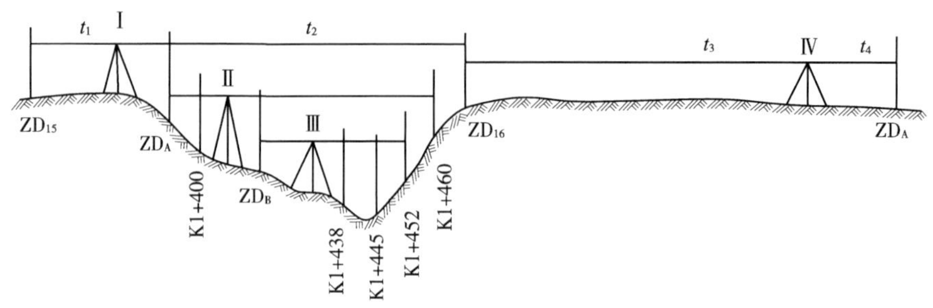

图 11-3　跨越沟谷中平测量

这种测法，使沟内、沟外高程传递各自独立，互不影响。沟内的测量不会影响到整个测段的闭合，但由于沟内的测量为支水准路线，缺少检核条件，故施测时应倍加注意。另外，为了减少Ⅰ站前、后视距不等所引起的误差，仪器置于Ⅳ站时，尽可能使 $l_3 = l_2$、$l_4 = l_1$ 或者 $l_3 + l_1 = l_2 + l_4$。

2. 接尺法

中平测量遇到跨越沟谷时，若沟谷较窄、沟边坡度较大，个别中桩处高程不便测量，可采用接尺的方法进行测量，如图 11-4 所示，用两根水准尺，一人扶 A 尺，另一人扶 B 尺，从而把水准尺接长使用。必须注意，此时的读数应为从望远镜内的读数加上接尺的数值。

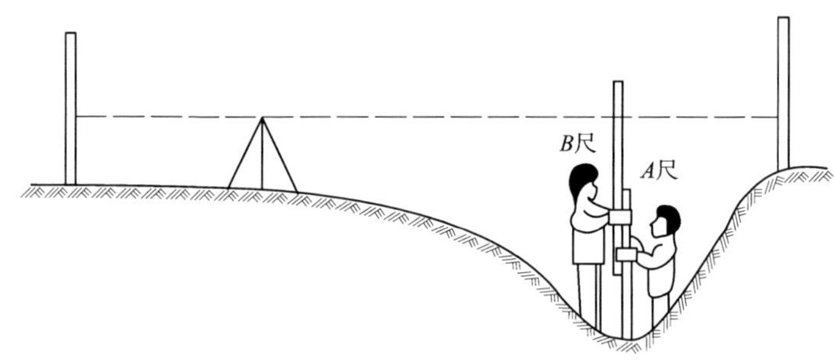

图 11-4　接尺法

利用上述方法测量时，沟内沟外分开测的记录须断开，另作记录；接尺要加以说明，以利于计算和检查，否则容易发生混乱和误会。

第三节　用全站仪进行中平测量

传统的中平测量方法是用水准仪测定中桩处地面高程，施测过程中测站多，特别是在地形起伏较大的地区测量，工作量相当繁重。全站仪由于具有三维坐标测量的功能，在中线测量中可以同时测量中桩高程（中平测量）。

全站仪中平测量是在中线测量时进行。仪器安置于控制点，利用坐标测设中桩点。在中桩位置定出后，即可测出该桩的地面高程。

如图 11-5 所示，设 A 点为已知控制点，B 点为待测高程的中桩点。将全站仪安置在已知高程的 A 点，棱镜立于待测高程的中桩点 B 点上，量出仪器高 i 和棱镜高 l，全站仪照准棱镜测出视线倾角 α。则 B 点的高程 H_B 为：

$$H_B = H_A + S \cdot \sin\alpha + i - l \tag{11-2}$$

式中：H_A——已知控制点 A 点高程；

H_B——待测高程的中桩点 B 点高程；

i——仪器高；

l——棱镜高；

S——仪器至棱镜斜距离；

α——视线倾角。

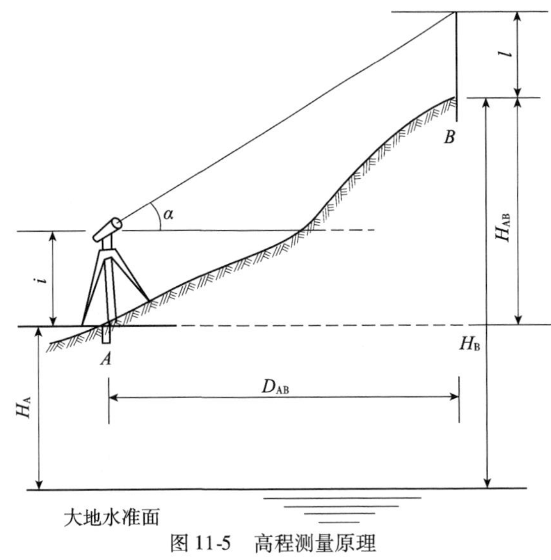

图 11-5　高程测量原理

在实际测量中，只需将安置仪器的 A 点高程 H_A、仪器高 i、棱镜高 l 以及棱镜常数直接输入全站仪，就可测得中桩 B 点高程 H_B。

该方法的优点是在中桩平面位置测设过程中直接完成中桩高程测量，而不受地形起伏及高差大小的限制，并能进行较远距离的高程测量。高程测量数据可从仪器中直接读取，或存入仪器并在需要时调入计算机处理。

第四节　路线的纵断面图

纵断面图是表示沿路线中线方向的地面起伏状态和设计纵坡的线状图，它反映出各路段纵坡的大小和中线位置处的填挖尺寸，是道路设计和施工中的重要文件资料。

一、纵断面图

如图 11-6 所示，在图的上半部，从左至右有两条贯穿全图的线。一条是细的折线，表示中线方向的实际地面线，它是以里程为横坐标、高程为纵坐标，根据中平测量的中桩地面高程绘制的。图中另一条是粗线，是包含竖曲线在内的纵坡设计线，是在设计时绘制的。此外，图上还注有水准点的位置和高程，桥涵的类型、孔径、跨数、长度、里程桩号和设计水位，竖曲线示意图及其曲线元素，同公路、铁路交叉点的位置、里程以及有关说明。

图的下部注有有关测量及纵坡设计的资料，主要包括以下内容：

1. 直线与曲线

根据中线测量资料绘制的中线示意图。图中路线的直线部分用直线表示；圆曲线部分用折线表示，上凸表示路线右转，下凸表示路线左转，并注明交点编号和圆曲线半径；带有缓和曲线的平曲线还应注明缓和段的长度，在图中用梯形折线表示。

2. 里程

根据中线测量资料绘制的里程数。为使纵断面清晰起见，图上按里程比例尺只标注百米桩里程（以数字 1 ~9 注写）和公里桩的里程（以 Ki 注写，如 K9、K10）。

3. 地面高程

根据中平测量成果填写相应里程桩的地面高程数值。

4. 设计高程

即设计出的各里程桩处的对应高程。

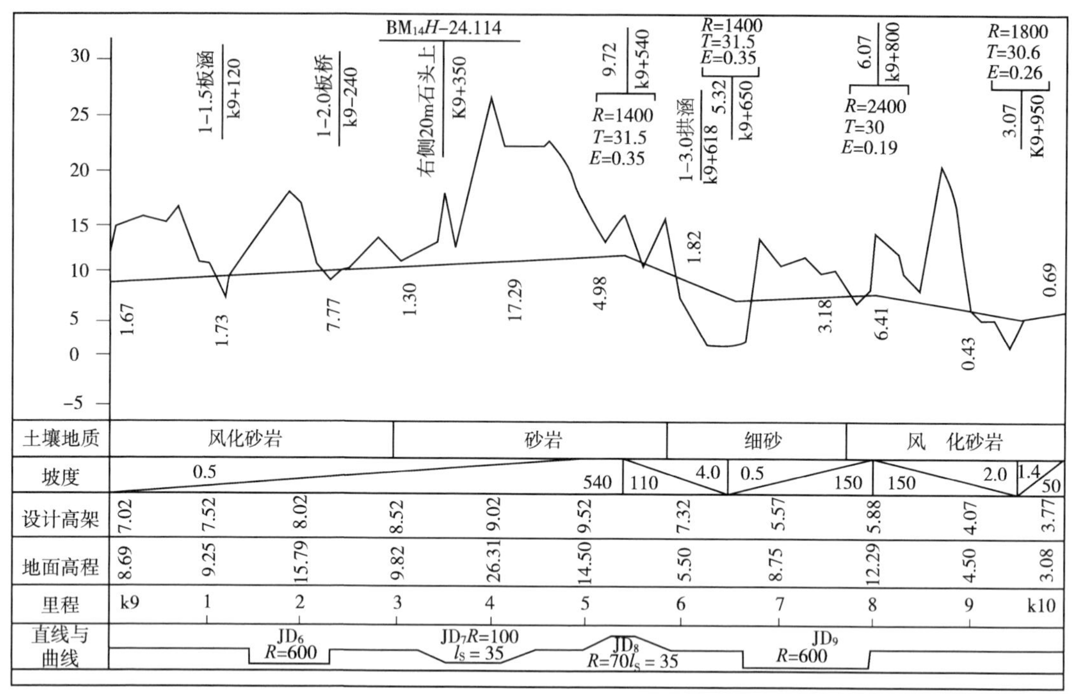

图 11-6　路线设计纵断面图

5. 坡度

从左至右向上倾斜的直线表示上坡(正坡),向下倾斜的表示下坡(负坡),水平的表示平坡。斜线或水平线上面的数字是以百分数表示的坡度的大小,下面的数字表示坡长。

6. 土壤地质说明

标明路段的土壤地质情况。

二、纵断面图的绘制

纵断面图的绘制一般可按下列步骤进行:

(1)按照选定的里程比例尺和高程比例尺(一般对于平原微丘区里程比例尺常用1∶5000或1∶2000,相应的高程比例尺为1∶500或1∶200;山岭重丘区里程比例尺常用1∶2000或1∶1000,相应的高程比例尺为1∶200或1∶100),打格制表,填写里程、地面高程、直线与曲线、土壤地质说明等资料。

(2)绘出地面线。首先选定纵坐标的起始高程,使绘出的地面线位于图上适当位置。一般是以10m整数倍数的高程定在5cm方格的粗线上,便于绘图和阅图。然后根据中桩的里程和高程,在图上按纵、横比例尺依次点出各中桩的地面位置,再用直线将相邻点一个个连接起来,就得到地面线。在高差变化较大的地区,如果纵向受到图幅限制时,可在适当地段变更图上高程起算位置,此时地面线将形成台阶形式。

(3)计算设计高程。当路线的纵坡确定后,即可根据设计纵坡和两点间的水平距离,由一点的高程计算另一点的设计高程。

设计坡度为 i,起算点的高程为 H_0,待推算点的高程为 H_P,待推算点至起算点的水平距离为 D,则:

$$H_P = H_0 + i \cdot D$$

式中,上坡时 i 为正,下坡时 i 为负。

(4)计算各桩的填挖尺寸。同一桩号的设计高程与地面高程之差,即为该桩处的填土高度(正号)或挖土深度(负号)。在图上,填土高度应写在相应点纵坡设计线之上,挖土深度则相反,也有在图中专列一栏注明填挖尺寸的。

(5)在图上注记有关资料,如水准点、桥涵、竖曲线等。

需要说明的是,目前在工程设计中,由于计算机应用的普及,路线纵断面图基本采用计算机绘制。

第五节 横断面测量

路线横断面测量是测定各中桩处垂直于中线方向上的地面起伏情况,然后绘制成横断面图,供路基、边坡、特殊构造物的设计、土石方的计算和施工放样之用。横断面测量的宽度由路基宽度和地形情况确定,一般应在公路中线两侧各测 15 ~ 50m。进行横断面测量首先要确定横断面的方向,然后在此方向上测定中线两侧地面坡度变化点的距离和高差。

一、横断面方向的标定

由于公路中线是由直线段和曲线段构成的,而直线段和曲线段上的横断面标定方法是不同的,现分述如下:

1. 直线段上横断面方向的测定

直线段横断面方向与路线中线垂直,一般采用方向架测定。如图 11-7 所示,将方向架置于待标定横断面方向的桩点上,方向架上有两个相互垂直的固定片,用其中一个固定片瞄准该直线段上任意一中桩,另一个固定片所指方向即为该桩点的横断面方向。

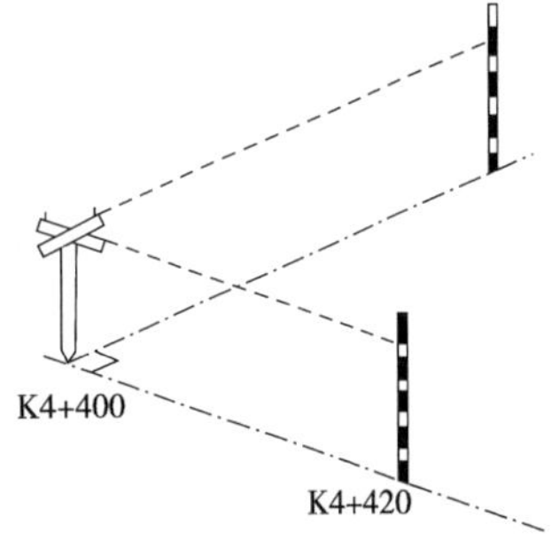

图 11-7 用方向架标定直线段上横断面方向

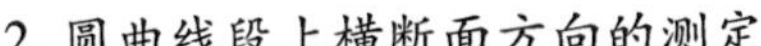

2. 圆曲线段上横断面方向的测定

圆曲线段上中桩点的横断面方向为垂直于该中桩点切线的方向。由几何知识可知,圆曲线上一点横断面方向必定沿着该点的半径方向。测定时,一般采用求心方向架法,即在方向架上安装一个可以转动的活动片,并有一固定螺旋可将其固定,如图 11-8 所示。

用求心方向架测定横断面方向,如图 11-9 所示,欲测定圆曲线上某桩点 1 的横断面方向,可按下述步骤进行:

(1)将求心方向架置于圆曲线的 ZY(或 YZ)点上,用方向架的一固定片 *ab* 照准交点(JD)。此时,*ab* 方向即为 ZY(或 YZ)点的切线方向,则另一固定片 *cd* 所指明方向即为 ZY(或 YZ)点横断面方向。

(2)保持方向架不动,转动活动片 *ef*,使其照准 1 点,并将 *ef* 用螺旋固定。

(3)将方向架搬至 1 点,用固定片 *cd* 照准圆曲线的 ZY(或 YZ)点,则活动片 *ef* 所指方向即为 1 点的横断面方向,标定完毕。

在测定 2 点横断面方向时,可在 1 点的横断面方向上插一花杆,以固定片 *cd* 照准花杆,*ab* 片的方向即为切线方向,此后的操作与测定 1 点横断面方向时完全相同,保持方向架不动,用活动片 *ef* 瞄准 2 点并固定。将方向架搬至 2 点,用固定片 *cd* 瞄准 1 点,活动片 *ef* 方向即为 2 点的横断面方向。

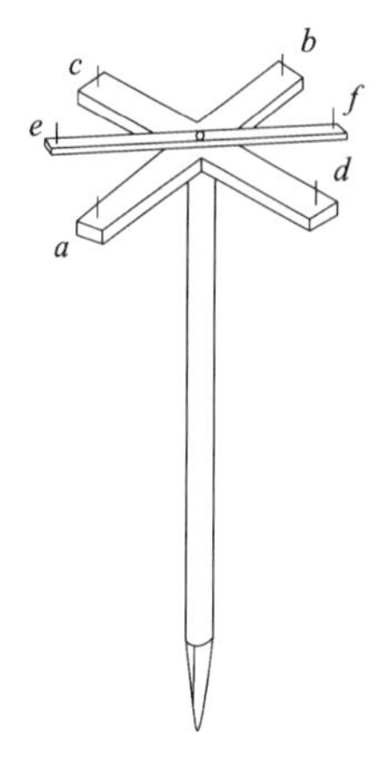

图 11-8 有活动片的方向架

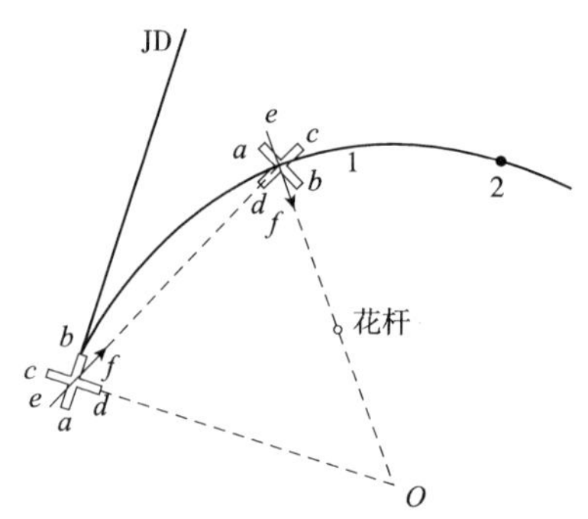

图 11-9 圆曲线段上横断面方向标定

如果圆曲线上桩距相同，在定出 1 点横断面方向后，保持活动片 *ef* 原来位置，将其搬至 2 点上，用固定片 *cd* 瞄准 1 点，活动片 *ef* 即为 2 点的横断面方向，圆曲线上其他各点的横断面方向亦可按照上述方法进行标定。

3. 缓和段上横断面方向的标定

缓和曲线段上一中桩点处的横断面方向是通过该点指向曲率半径的方向，即垂直于该点切线的方向。可采用下述方法进行标定：利用缓和曲线的弦切角 Δ 和偏角 δ 的关系：$\Delta = 2\delta$，定出中桩点处曲率切线的方向，有了切线方向，即可用带度盘的方向架或经纬仪标定出法线（横断面）方向。

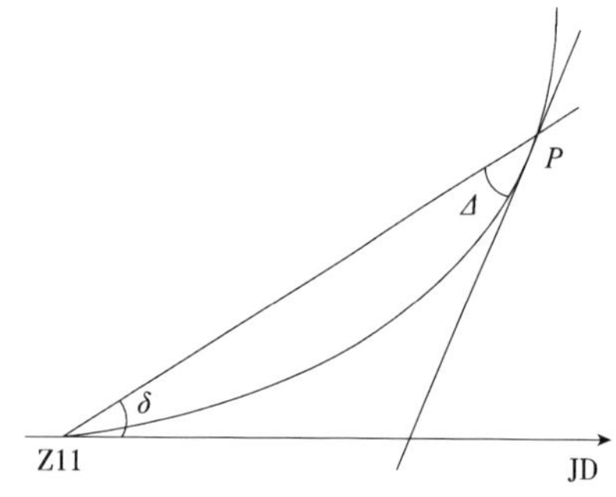

图 11-10 缓和段横断面方向标定

具体步骤如下：

如图 11-10 所示，P 点为待标定横断面方向的中桩点。

（1）按公式：

$$\delta = \left(\frac{l}{l_s}\right)^2 \delta_0 = \frac{1}{3}\left(\frac{l}{l_s}\right)^2 \beta_0$$

计算出偏角 δ，并由 $\Delta = 2\delta$ 计算弦切角 Δ。

（2）将带度盘的方向架或经纬仪安置于 P 点。

（3）操作方向架的定向杆或经纬仪的望远镜，照准缓和曲线的 ZH 点，同时使度盘读数为 Δ。

（4）顺时针转动方向架的定向杆或经纬仪的望远镜，直至度盘的读数为 90°（或 270°）。此时，定向杆或望远镜所指方向即为横断面方向。

二、横断面的测量方法

横断面测量中的距离、高差的读数取位至 0.1m，即可满足工程的要求。因此，横断面测量多采用简易的测量工具和方法，以提高工作效率，下面介绍几种常用的方法。

1. 标杆皮尺方法（抬杆法）

标杆皮尺法（抬杆法）是用一根标杆和一卷皮尺测定横断面方向上的两相邻变坡点的水平距离和高差的一种简易方法。如图 11-11 所示，要进行横断面测量，根据地面情况选定变坡点 1、2、3…。将标杆竖立于 1 点上，皮尺靠在中桩地面拉平，量出中桩点至 1 点的水平距离，而皮尺截于标杆的红白格数（通常每格为 0.2m）即为两点间的高差。测量员报出测量结果，以便绘图或记录，报数时通常省去“水平距离”四字，高差用“低”或“高”报出，例如，图示中桩点与1点间，报为“6.0m低1.6m”，记录如表11-3所示。同法，可测得1点与2点、2点与3点等的距离和高差。表11-3中按路线前进方向分左、右侧，以分数形式表示各测段的高差和距离，分子表示高差，正号为升高，负号为降低；分母表示距离。自中桩由近及远逐段测量与记录。

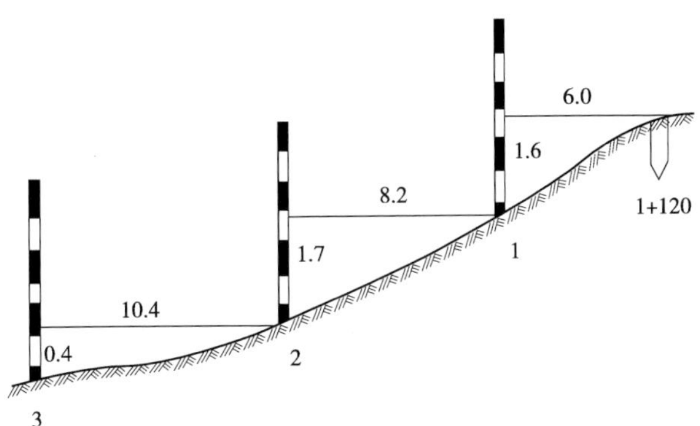

图11-11　抬杆法测横断面

抬杆法横断面测量记录表　　表11-3

左　　侧	里程桩号	右　　侧
…$\frac{-0.4}{10.4}$　$\frac{-1.7}{8.2}$　$\frac{-1.6}{6.0}$	K1+120	$\frac{+1.0}{4.8}$　$\frac{+1.4}{12.5}$　$\frac{-2.2}{8.6}$…
…	…	…

2.水准仪皮尺法

水准仪皮尺法是利用水准仪和皮尺，按水准测量的方法测定各变坡点与中桩点间的高差，用皮尺丈量两点的水平距离的方法。如图11-12所示，水准仪安置后，以中桩点为后视点，在横断面方向的变坡点上立尺进行前视读数，并用皮尺量出各变坡点至中桩的水平距离。水准尺读数准确到厘米，水平距离准确到分米，记录格式如表11-4所示。此法适用于断面较宽的平坦地区，其测量精度较高。

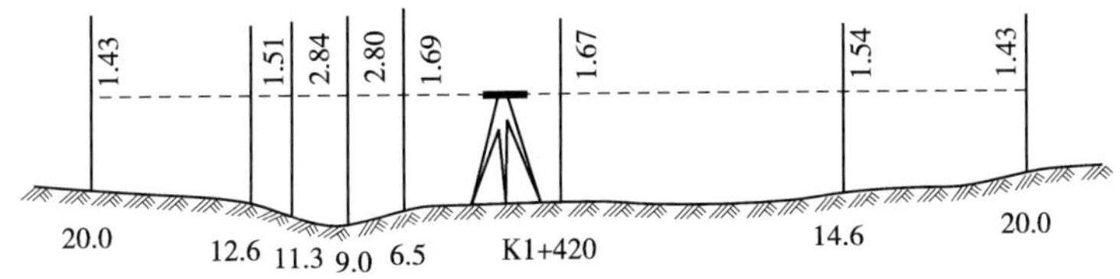

图11-12　水准仪皮尺法测横断面

3.经纬仪视距法

经纬仪视距法是指在地形复杂、山坡较陡的地段，采用经纬仪按视距测量的方法测得各变坡点与中桩点间的水平距离和高差的一种方法。施测时，将经纬仪安置在中桩点上，用视距法测出横断面方向上各变坡点至中桩的水平距离和高差。

高速公路，一、二级公路横断面测量应采用水准仪—皮尺法、经纬仪视距法，特殊困难地区和三级及三级以下公路可采用标杆皮尺法。检测限差应符合表11-5的规定。

水准仪皮尺法横断面测量记录计算表 表 11-4

桩　号	各变坡点至中桩点的水平距离(m)		后视读数(m)	前视读数(m)	各变坡点与中桩点间的高差(m)	备　注
K1 +420	左侧	0.00	1.67	—	—	
		6.5		1.69	-0.02	
		9.0		2.80	-1.13	
		11.3		2.84	-1.17	
		12.6		1.51	+0.15	
		20.0		1.43	+0.24	
	右侧	14.6		1.54	+0.13	
		20.0		1.43	+0.24	

横断面检测互差限差 表 11-5

公路等级	距　离　(m)	高　差　(m)
高速公路,一、二级公路	$L/100+0.1$	$h/100+L/200+0.1$
三级及三级以下公路	$L/50+0.1$	$h/50+L/100+0.1$

注:表中的 L 为测站点至中桩点的水平距离(m);h 为测点至中桩的高差。

第六节　横断面图的绘制

横断面图一般采取在现场边测边绘,这样既可省略记录工作,也能及时在现场核对、减少差错。如遇不便现场绘图的情况,须做好记录工作,带回室内绘图,再到现场核对。

横断面图的比例尺一般是 1:200 或 1:100,横断面图绘在厘米方格纸上,图幅为 350mm ×500mm,每厘米有一细线条,每 5cm 有一粗线条,细线间一小格是 1mm。

绘图时,以一条纵向粗线为中线,以纵线、横线相交点为中桩位置,向左右两侧绘制。先标注中桩的桩号,再用铅笔根据水平距离和高差,将变坡点点在图纸上,然后用小三角板将这些点连接起来,就得到横断面的地面线。显然一幅图上可绘多个断面图,一般规定,绘图顺序是从图纸左下方起,自下而上、由左向右,依次按桩号绘制。

目前,横断面绘图大多采用计算机,选用合适的软件进行绘制。

思考题与习题

1. 路线纵断面测量的任务是什么?
2. 简述路线纵断面测量的施测步骤。
3. 中平测量遇到跨沟谷时,应采用哪些措施进行施测? 采取这些措施的目的是什么?
4. 横断面测量的任务是什么?
5. 如何用求心方向架测定圆曲线上任意中桩处横断面方向?
6. 横断面测量的施测方法有哪几种?
7. 横断面测量的记录有何特点? 分述之。
8. 横断面测量的记录有何特点? 横断面的绘制方法是怎样的?

9. 在中平测量中，有一段跨沟谷测量如图 11-13 所示，试根据图上的观测数据设计表格完成中平测量的记录和计算。已知 ZD_2 的高程为 347. 426m。

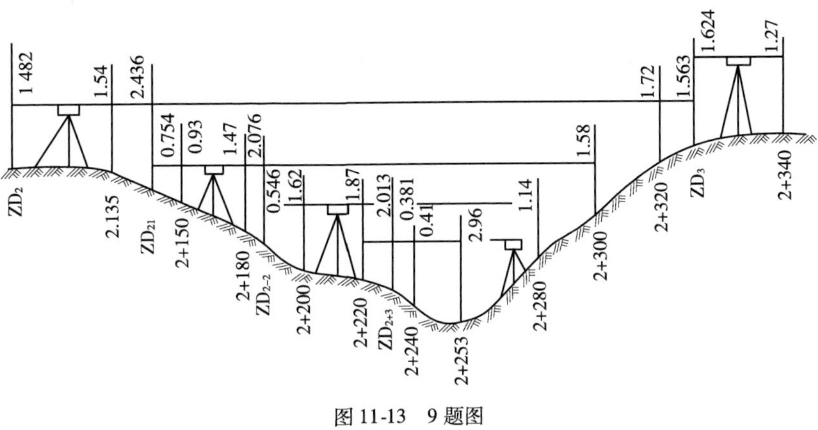

图 11-13　9 题图

第十二章 道路施工测量

第一节 公路施工放样的任务

在公路工程建设中，测量工作必须先行，施工测量就是将设计图纸中的各项元素按规定的精度要求准确无误地测设于实地，作为施工的依据；并在施工过程中进行一系列的测量工作，以保证施工按设计要求进行。施工测量俗称“施工放样”。

施工测量是保证施工质量的一个重要环节，公路施工测量的主要任务包括：

(1)研究设计图纸并勘察施工现场。根据工程设计的意图及对测量精度的要求，在施工现场找出定测时的各控制桩或点(交点桩、转点桩、主要的里程桩以及水准点)的位置，为施工测量做好充分准备。

(2)恢复公路中线的位置。公路中线定测后，一般情况要过一段时间才能施工，在这段时间内，部分标志桩被破坏或丢失。因此，施工前必须进行一次复测工作，以恢复公路中线的位置。

(3)测设施工控制桩。由于定测时设立及恢复的各中桩，在施工中都要被挖掉或掩埋，为了在施工中控制中线的位置，需要在不受施工干扰，便于引用，易于保存桩位的地方测设施工控制桩。

(4)复测、加密水准点。水准点是路线高程控制点，在施工前应对破坏的水准点进行恢复定测，为了施工中测量高程方便，在一定范围内应加密水准点。

(5)路基边坡桩的放样。根据设计要求，施工前应测设路基的填筑坡脚边桩和路堑的开挖坡顶边桩。

(6)路面施工放样。路基施工后，应测出路基设计高度，放样出铺筑路面的高程，作为路面铺设依据。在路面施工中，讲究层层放线、层层操平。层层放线是指每施工一层路面结构层都要放出该层的路面中心线和边缘线，有时为了精确作出路拱，还要放出路面左右高程各1/4的宽度线桩；层层操平是指每施工一层路面结构层都要对各控制的断面在其放样的标高控制位置处进行高程测定，以控制各层的施工高程。

另外，还包括对排水设施、附属设施等工程的放样。主要应放出边沟、排水沟、截水沟、跌水井、急流槽、护坡、挡土墙等的位置和开挖或填筑断面线等。

为做到放样尽可能准确，上述放样工作仍应遵循测量工作“先控制、后碎部、步步有校核”的基本原则。

第二节 施工测量的基本方法

任何构造物不外乎由点、线、面所构成，线型构造物的路基路面、独立实体结构的桥涵、隧道等，均由线条构成。根据点动成线、线动成面、面动成体的原理，施工测量的基本工作是根据已知点的位置（平面位置和高程），来确定未知点的位置，实质上是确定点间的相对位置或者确定点的绝对位置。

一、已知距离的放样

距离放样即在地面上测设某已知水平距离，就是在实地上一点开始，按给定的方向，量测出设计所需的距离定出终点。其方法有钢尺测距和全站仪测距。

1. 钢尺测距

钢尺丈量是一种传统的量距手段，目前在施工测量中仍为常用的方法，即从起点开始，按给定的方向和长度，用钢尺丈量出终点位置，地面有起伏时，须拉平钢尺丈量。为准确起见，应重复丈量，两次丈量之差在允许范围内时，取两次终点的平均位置定出终点。必要的情况下，应用检定过的钢尺，考虑尺长改正数、倾斜改正数和温度改正数，根据已知的水平距离 D，计算出地面上应量取的距离 D'，沿已知方向进行丈量，并检核。其计算公式为：

$$D' = D - \Delta L_1 - \Delta L_t - \Delta L_h \tag{12-1}$$

式中：ΔL_1——尺长改正数；

ΔL_t——温度改正数；

ΔL_h——倾斜（高差）改正数。

2. 全站仪测距

全站仪置于起点上，定出给定的方向，制动仪器，指挥立镜员，在视线方向上，终点的概略位置处设置棱镜，测出水平距离，然后与设计的水平距离进行比较，将差值通知立镜员，由立镜员在视线方向上用小钢尺进行改正，定出终点的准确位置，重新再进行观测、比较。直到观测所得水平距离与设计所需的水平距离相等（或差值在允许范围内），则可定出最终点的位置。

二、已知水平角的放样

水平角放样是根据一个已知方向 AB 和角顶点 A 的位置，按设计给定的水平值 β，把角的另一个方向 AC 在实地上标定出来，根据精度要求不同，通常采用如下两种方法：

1. 正倒镜分中法

当测设精度要求不高时，用盘左、盘右分别放样，然后取其平均位置的方法，称为正倒镜分中法。如图 12-1 所示，AB 为已知方向，在 A 点安置经纬仪，先以盘左位置瞄准 B 点，使水平度盘读数为 0°00′00″，松开制动螺旋，转动照准部，使水平度盘的读数为 β，在此方向上定出 C' 点；再纵转望远镜用盘右位置，以同样的方法，定出 C'' 点；然后取 $C'C''$ 之中点 C，则 $\angle BAC$ 就是要放样的水平角 β。

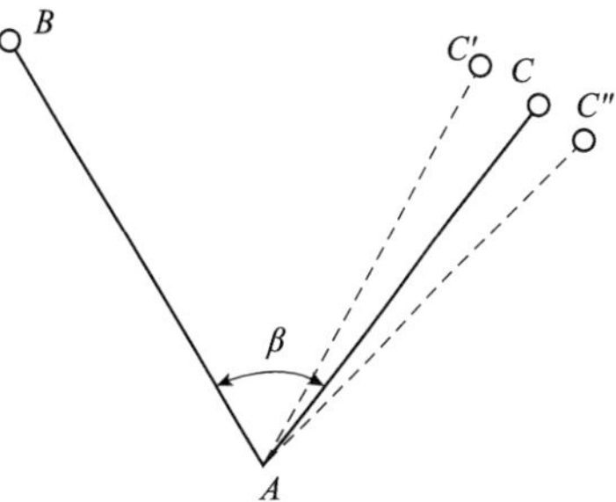

图 12-1 正倒镜分中法放样水平角

2. 垂线改正法

当放样精度要求较高时，可采用初放水平角 β' 与设计水平角 β 进行差值比较，并沿垂线方向进行改正的方法。如图 12-2 所示，先按正倒镜分中法初步放样，定出 $\angle BAC$，在用经纬仪观测 $\angle BAC$ 数个测回，在其限差内取其平均值 β' 作为初放水平角。$\beta - \beta' = \Delta\beta$，即可根据 AC 的长度和 $\Delta\beta$ 计算其垂直距离 $\overline{CC_1}$：

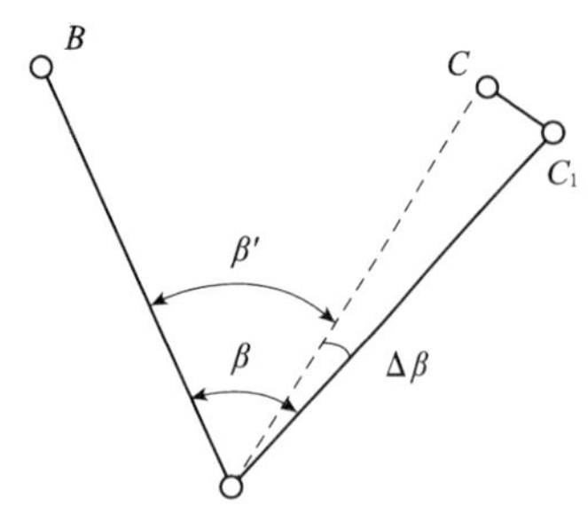

图 12-2　垂线改正法放样水平角

$$\overline{CC_1}=\overline{AC}\cdot\tan\Delta\beta\approx\overline{AC}\,\frac{\Delta\beta}{\rho''}$$

$$\rho''=206265'' \tag{12-2}$$

式中：$\Delta\beta$——角度差，″。

过 C 点作 AC 的垂线，在垂线方向上量出长度 $\overline{CC_1}$ 定出 C_1 点，则 $\angle BAC_1$ 即为放样的水平角 β。最后还应观测 $\angle BAC_1$，进行校核。

在计算中，若 $\Delta\beta$ 为正，则即 $\beta>\beta'$，则 C 应向角外面移动（图 12-2）改正点位；$\Delta\beta$ 为负，则 C 应向角里面移动改正点位。

三、已知高程的放样

已知高程放样是根据施工现场已有的水准点，用水准测量或三角高程测量的方法，将设计的高程测设到地面上。

1. 水准测量法

如图 12-3 所示，设已知水准点 BM_8 的高程为：$H_8=140.359$m，今欲放样 B 点的高程，使其为 $H_B=141.000$m。在 BM_8 与 B 点间安置水准仪，后视立在 BM_8 点上的水准尺得读数 $a=2.468$m 视线高为：

$$H_i=H_8+a=140.359+2.468=142.827$$

要使 B 点测设得高程为 H_B，则 B 点水准尺上读数应为：

$$b=H_i-H_B=142.827-141.000=1.827\text{m}$$

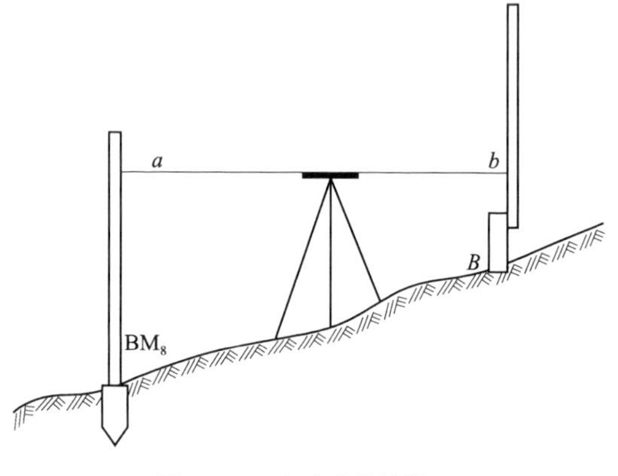

图 12-3　已知高程的放样

放样时，在 B 点徐徐打入木桩（或先打下木桩，靠近木桩侧面上、下移动水准尺），直至前视 B 点上所立水准尺的读数 b 恰好为 1.827m 时为止（或在先打下的木桩上沿尺底在木桩侧面划一水平标志线），即可得到放样的高程。

2. 三角高程法

采用三角高程测量的方法放样（已知高程）的具体操作如下（仍按上例）：

（1）将仪器（经纬仪或全站仪）安置于 BM_8 点上，量取仪器高 i。

（2）在 B 点立棱镜，量取棱镜高 l。

（3）测出 BM_8 与 B 点间的水平距离 D 和仪器视线的倾角 α，按公式：

$$H_B'=D\cdot\tan\alpha+i-l+f\text{（}f\text{ 为其两差改正数）}$$

计算此时 B' 点的高程，并与已知高程 $H_B=141.000$m 进行比较。

（4）改变棱镜的底端高（抬高或降低棱镜的底端），重复第（3）步，逐渐趋近，直至满足要求，棱镜底端位置即放样的高程。

四、已知坡度的放样

如图 12-4 所示，A、B 为设计坡度线的两端点，已知 A 点的高程 H_A，设计坡度为 i，则根据水平距离 D 可求出 B 点的设计高程：

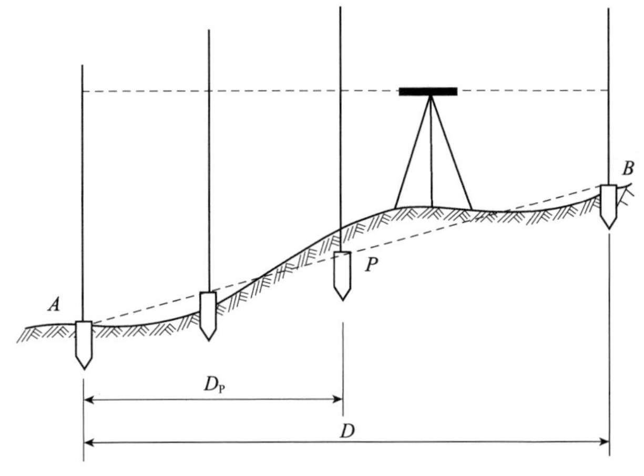

图 12-4　计算高程放样已知坡度

$$H_B = H_A + i \cdot D \tag{12-3}$$

A、B 之间任一点 P 的高程为：

$$H_P = H_A + i \cdot D_P \tag{12-4}$$

式中，i 在坡度上升时为正值，反之为负值。

当求出每一点的设计高程后，可参照已知高程的放样方法，放出每一点的高程，由此便可得到要放样出的已知坡度。

另外，还可用设置倾斜视线的测设方法，利用经纬仪或其他仪器测设已知坡度。如图 12-5所示，其步骤如下：

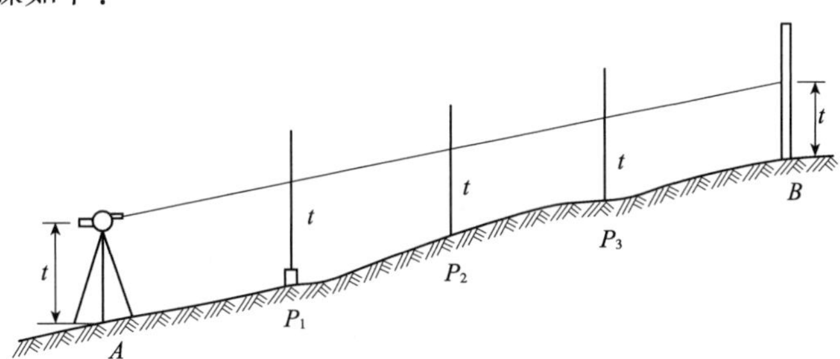

图 12-5　倾斜视线放样已知坡度

(1)先根据已知 A 点的高程 H_A，求出待放坡线终点 B 的高程 H_B，并用已知高程放样法，将 B 点的设计高程放样到现场。

(2)将经纬仪安置在 A 点，量出仪器高为 i，并在 B 点立尺。

(3)转动望远镜，使望远镜在 B 尺上的读数等于仪器高。此时，望远镜的倾斜视线与设计的坡度线平行，当中间各桩点 P_1、P_2…上的标尺读数都为 i 时，则各桩顶点的连线就是所需放样的已知坡度线。

第三节　点的平面位置测设

施工测量的工作很大程度上是通过将设计的已知点放到现场上来完成的，点的平面位置的测设方法，根据施工现场的特点以及采用手段的不同，可分为直角坐标法、极坐标法、角度交会法(方向线法)、距离交会法等。放样时，应根据控制网的形式、控制点的分布情况、地形条件以及放样精度,合理选用适当的测设方法。

一、直角坐标法

直角坐标法放样是在指定的直角坐标系中,通过待测点的坐标 x、y,来确定放样点的平面位置。在施工现场,通常是以导线边、施工基线或建筑物的主轴线为 x 轴;以某一个已在现场上标定出来的已知点为坐标原点。放样时从坐标原点开始,沿 x 轴方向用钢尺(或全站仪)量测出 x 值的垂足点,然后在得到的垂足点上安置经纬仪,设置 x 轴方向的垂线,并沿垂线方向量测出 y 值,即得放样点的平面位置。

二、极 坐 标 法

极坐标法是指在建立的极坐标系中,通过待测点的极径 D 和极角 β,来确定放样点的平面位置。此法适合于用全站仪测设。在施工现场通常是以导线边、施工基线点的或建筑物的主轴线为极轴;以某一已知点为极点。放样时先根据测设点的坐标和已知点的坐标,反算待测点到极点的水平距离 D(极径)和极点到测点方向的坐标方位角,再根据方位角求算出水平角 β(极角),然后由极径 D 和极角 β 进行点的放样,极径 D 和极角 β 称为放样数据。

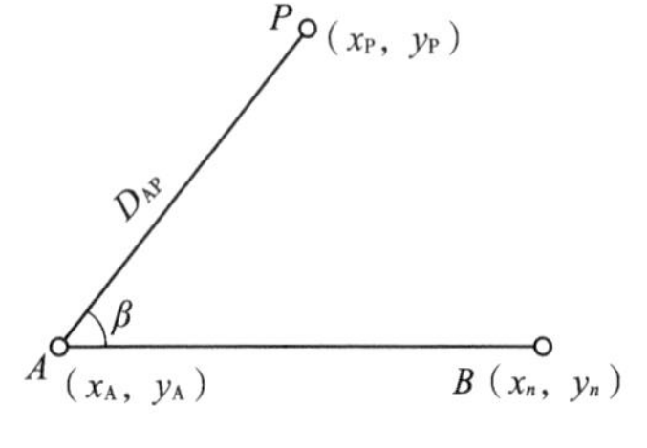

图 12-6 极坐标法放样点位

如图 12-6 所示,A、B 为现场已知点,其坐标分别为(x_A,y_A)、(x_B,y_B);P 点为测设点,其设计坐标为(x_P,y_P)。则:

$$\left.\begin{aligned}
&\alpha_{AB}=\arctan\frac{y_B-y_A}{x_B-x_A}\\
&\alpha_{AP}=\arctan\frac{y_P-y_A}{x_P-x_A}\\
&\beta=\alpha_{AB}-\alpha_{AP}\\
&D_{AP}=\frac{y_P-y_A}{\sin\alpha_{AP}}=\frac{x_P-x_A}{\cos\alpha_{AP}}=\sqrt{(y_P-y_A)^2+(x_P-x_A)^2}
\end{aligned}\right\}\qquad(12\text{-}5)$$

式中:α_{AB}——AB 方向的坐标方位角;

α_{AP}——AP 方向的坐标方位角;

β——AP 方向与 AB 方向所呈的水平角;

D_{AP}——P 点到 A 点的水平距离。

现场测设时,将仪器安置在 A 点,瞄准 B 点,测出计算的 β,并在此方向上量测出水平距离 D_{AP},即得点 P 的平面位置。

三、角度交会法

角度交会法是指在地面上通过测设两个或三个已知的角度,根据各角提供的视线交出点的平面位置的一种方法。该法又称为方向线法。

如图 12-7 所示 A、B、C 为三个现场已知点,其坐标分别为(x_A,y_A)、(x_B,y_B)、(x_C,y_C);P 点为测设点,其设计坐标为(x_P,y_P)。则同样可由式(12-5)用坐标反算公式求出 α_{AP}、α_{BP}、α_{CP} 及图示的放样数据 α_1、β_1、α_2、β_2。现场测设时,先定出 P 点的概略位置,打下一个桩顶面积为

10cm × 10cm 的大木桩。然后将仪器分别安置于 A、B、C 三点上，观测员根据放样数据拨相应的水平角，并指挥在大木桩顶面上标出 AP、BP 和 CP 的方向线 ap、bp、cp，三个方向交于一点，即为测设点 P 的位置。

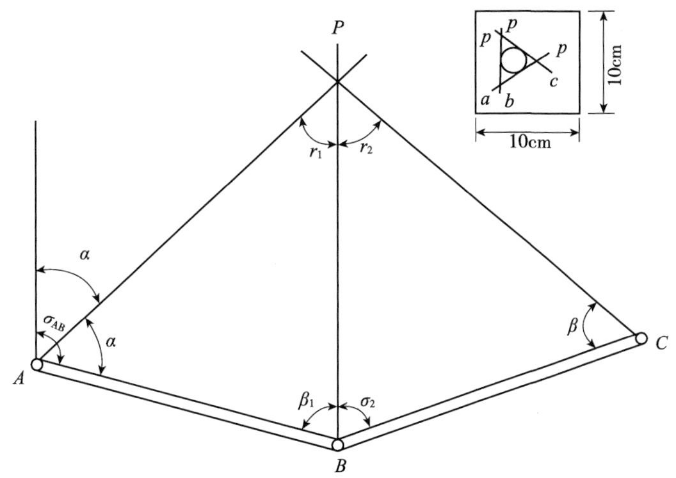

图 12-7　角度交会法放样点位

实际上，由于测量误差的原因，三方向线一般不会交于一点，而是形成一个示误三角形，当其边长不大于限差要求时，取三角形内切圆圆心作为 P 点的点位。示误三角形边长之限差视放样精度而定。

四、距离交会法

距离交会法是指在地面上测设两段或三段已知水平距离而交出点的平面位置的方法，该法适合于地面平坦、量距方便，而且控制点离测设点不超过一尺段的情况。实际中，分别以地面上的已知点为圆心、以各已知点与测设点间的水平距离为半径作圆弧，两圆弧或三圆弧的交点即为测设点的平面位置。

第四节　公路路线施工测量

道路施工测量就是利用测量仪器和设备，按照设计图纸中的各项元素（如道路平、纵、横元素），依据控制点或路线上的控制桩的位置，将道路的“样子”具体地标定在实地，以指导施工作业。道路施工测量主要包括：恢复路线中线、施工控制桩及路基边桩的测设、竖曲线的测设等内容。

一、恢复中线测量

从路线勘测结束到开始施工这阶段时间里，由于各种原因，往往有一部分勘测时所设的桩被破坏或丢失，为了保证施工的高效率性和准确性，必须在施工前根据定线条件及有关设计文件，对中线进行一次复核并将已被破坏或丢失的交点桩、里程桩等恢复，其方法与中线测量方法基本相同，在此不再赘述。

另外，对路线水准点除进行必要复核外，在某些情况下，还应增设一定数量的水准点，以满足施工需要。

二、施工控制桩放样

因道路施工时，必然将原测设的中桩挖掉或掩埋，为了在施工中能够有效地控制中桩的位置，就需要在不能被施工破坏、便于利用、引测、易于保存桩位的地方测设施工控制桩。常用的测设方法有以下两种。

1. 平行线法

平行线法是在实际的路基范围以外，测设两排平行于道路中线的施工控制桩，如图 12-8 所示。此法多用于地势平坦、直线段较长的地区。

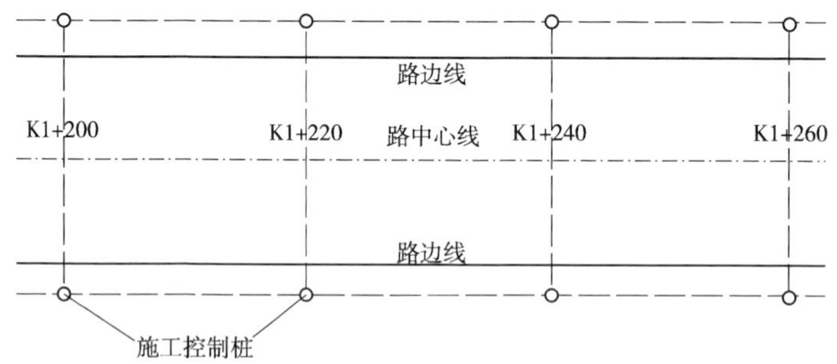

图 12-8　平行线法设置施工控制桩

2. 延长线法

延长线法是在路线转折处的中线延长线上或者在曲线中点与交点的连线的延长线上，测设两个能够控制交点位置的施工控制桩，如图 12-9 所示。控制桩至交点的距离应量出并作记录。此法多用于坡度较大和直线段较短的地区。

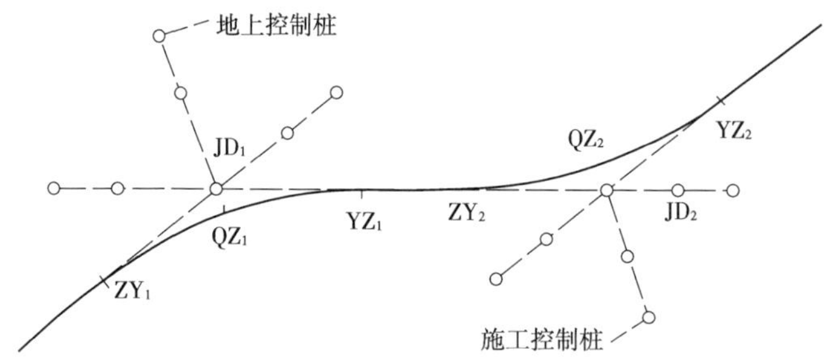

图 12-9　延长线法设置施工控制桩

三、竖曲线的放样

在路线纵坡变更处，考虑到行车的视距要求和行车的平稳，在竖直面内应用曲线衔接起来，这种曲线称为竖曲线，如图 12-10 所示，路线上有三条相邻的纵坡 i_1、i_2、i_3，在 i_1 和 i_2 之间，设置凸形竖曲线；在 i_2 和 i_3 之间设置凹形竖曲线。

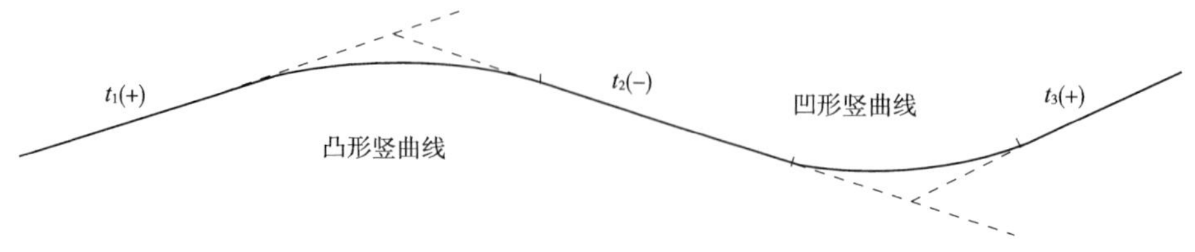

图 12-10　竖曲线

竖曲线一般采用圆曲线，这是因为在一般情况下，相邻坡度差都较小，而选用竖曲线的半径又较大，因此采用其他复杂曲线所得的结果，基本上与圆曲线相同。

如图 12-11 所示，两相邻纵坡的坡度分别为 i_1、i_2，由于 α 角很小，则竖曲线的坡度转角 α 为：

$$\alpha = i_1 - i_2 \tag{12-6}$$

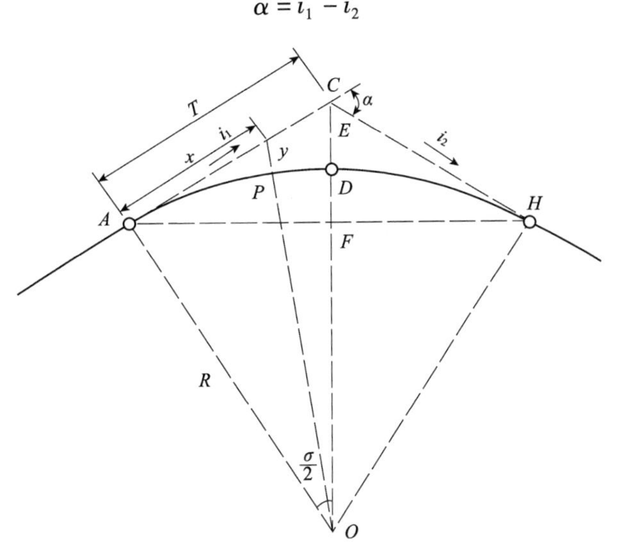

图 12-11　竖曲线测设元素计算

若设定竖曲线半径为 R，则竖曲线测设元素为：

$$\left.\begin{aligned} &\text{切线长} & T &= \frac{1}{2}R\,|i_1 - i_2| \\ &\text{曲线长} & L &= R\,|i_1 - i_2| \\ &\text{外距} & E &= \frac{T^2}{2R} \end{aligned}\right\} \tag{12-7}$$

又因 α 很小，故可认为 y 坐标轴与半径方向一致，y 值即是曲线上点与切线上的对应点的高程差，由图不难得到：

$$(R + y)^2 = R^2 + x^2$$

$$2R \cdot y = x^2 - y^2$$

因 y^2 与 x^2 相比，其值甚微，可略去不计，故有 $2R \cdot y = x^2$，即：

$$y = \frac{x^2}{2R} \tag{12-8}$$

求得高程差 y 后，即可按下式计算竖曲线上任一点 P 的高程 H_P，即：

$$H_P = H' \pm y$$

式中：H'——该点在切线上的高程，也就是该点在坡道线的高程；

y——该点的高程改正，当竖曲线为凸形曲线时，y 为负；反之为正。

计算出各点高程后，即可按高程放样的方法进行放样。

【例 12-1】　设某竖曲线半径 $R = 5000$m，相邻坡段的坡度 $i_1 = -1.114\%$，$i_2 = +0.154\%$，为凹形竖曲线，变坡点的桩号为 K1 +670.00，高程为 48.60m，如果曲线上每隔 10m 设置一桩，试计算竖曲线上各桩点的高程。

解：计算竖曲线元素，按上述式(12-7)可求得：

$$L=63.40\text{m} \qquad T=31.70\text{m} \qquad E=0.10\text{m}$$

则：起点桩号 = K1 +670.00 −31.70 = K1 +638.30

终点桩号 = K1 +638.30 +63.40 = K1 +701.70

起点高程 =48.60 +31.70 ×1.114% =48.95m

终点高程 =48.60 +31.70 ×0.154% =48.65m

按 $R=5000\text{m}$ 和相应的桩距，即可求得竖曲线上各桩的高程改正数 y_i，计算结果如表 12-1 所示。

竖曲线上桩点高程计算表 表 12-1

桩号	桩点至竖曲线起点或终点的平距 x(m)	高程改正值 y (m)	坡道高程 H' (m)	曲线高程 H (m)	备注
K1 +638.30	0.0	0.0	48.95	48.95	竖曲线起点
+650	11.7	0.01	48.82	48.83	$i_1=-1.114\%$
+660	21.7	0.05	48.71	48.76	
K1 +670	31.7	0.10	48.60	48.70	变坡点
+680	21.7	0.05	48.62	48.67	$i_2=+0.154\%$
+690	11.7	0.01	48.63	48.64	
+701.7	0.0	0.0	48.65	48.65	竖曲线终点

四、路基施工放样测量

路基可分为：路堤、路堑、半填半挖等多种形式。在公路施工测量中，应认真研究其特点，从中找出放样规律，为更好地工作奠定基础。

不同等级的公路，其路面形式、结构是不同的。高速公路、一级公路是汽车专用公路，通常用中央隔离带分为对向行驶的四车道（当交通量加大时，车道数可按双数增加）。二、三级公路一般在保证汽车正常运行的同时，允许自行车、拖拉机和行人通行，车道为对向行驶的双车道。四级公路一般情况采用 3.5m 的单车道路面和 6.5m 路基。当交通量较大时，可采用 6.0m 的双车道和 7.0m 的路基。

路基施工放样的主要工作包括：在地面中桩处标定填挖高度，在现场标定路基边桩的位置（通常称为路基边桩放样），边坡放样和将施工过程中难以保存的桩志移设于施工范围以外（通常称为移桩移点工作）等。

1. 中桩处填挖高度的标定

可参见前述已知高程放样有关内容，在此不再重复。

2. 路基边桩的放样

路基边桩的放样就是在地面上将每一个横断面的设计路基边坡线与地面相交的点测设出来，并用桩标定下来，作为路基施工的依据。常用的有以下几种方法：

1）图解法

直接在路基设计的横断面图上，量出中心桩至边桩的距离。然后到现场直接量取距离，定出边桩位置，此法一般用在填挖不大的地区。

2）解析法

根据路基设计的填挖高度、边坡率、路基宽度和横断面地形情况，先计算出路基中心桩至边桩的距离,然后到实地沿横断面方向量出距离,定出边桩的位置。对于平原地区和山区来说,其计算和测设方法是不同的,现分述如下:

(1)平坦地区路基边桩的测设。

①填方路基称为路堤,如图 12-12a)所示。路堤边桩至中心桩的距离为:

$$D=\frac{B}{2}+m\cdot h \tag{12-9}$$

②挖方路基称为路堑,如图 12-12b)所示。路堑边桩至中心桩的距离为:

$$D=\frac{B}{2}+s+m\cdot h \tag{12-10}$$

式中:B——路基设计宽度;

m——边坡率,1∶m 为路基边坡坡度;

h——填(挖)方高度;

s——路堑边沟顶宽。

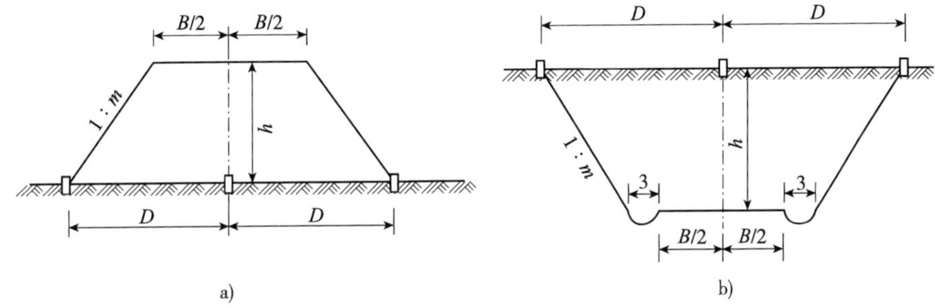

图 12-12 平坦地区路基边桩的测设

a)路堤;b)路堑

(2)山区地段路基边桩的测设。

在山区地面倾斜地段,路基边桩至中心桩的距离随着地面坡度的变化而变化。如图 12-13a)所示,路堤边桩至中心桩的距离为:

$$\left.\begin{aligned}&\text{斜坡下侧}\quad && D_{下}=\frac{B}{2}+m(h_{中}+h_{下})\\&\text{斜坡上侧}\quad && D_{上}=\frac{B}{2}+m(h_{中}-h_{上})\end{aligned}\right\} \tag{12-11}$$

如图 12-13b)所示,路堑边桩至中心桩的距离为:

$$\left.\begin{aligned}&\text{斜坡下侧}\quad && D_{下}=\frac{B}{2}+s+m(h_{中}-h_{下})\\&\text{斜坡上侧}\quad && D_{上}=\frac{B}{2}+s+m(h_{中}+h_{上})\end{aligned}\right\} \tag{12-12}$$

式中:$D_{上}$、$D_{下}$——斜坡下、上侧边桩至中桩的平距;

$h_{中}$——中桩处的地面填挖高度,亦为已知设计值;

$h_{上}$、$h_{下}$——斜坡上、下侧边桩处与中桩处的地面高差(均以其绝对值代入),在边桩未定出之前为未知数。

在实际放样过程中,应采用逐渐趋近法测设边桩。先根据地面实际情况,并参考路基横断面图,估计边桩的位置。然后测出该估计位置与中桩的平距 $D_{上}$、$D_{下}$以及高差 $h_{上}$、$h_{下}$并以此代入式(12-11)或式(12-12),若等式成立或在容许误差范围内,说明估计位置与实际位置相符,

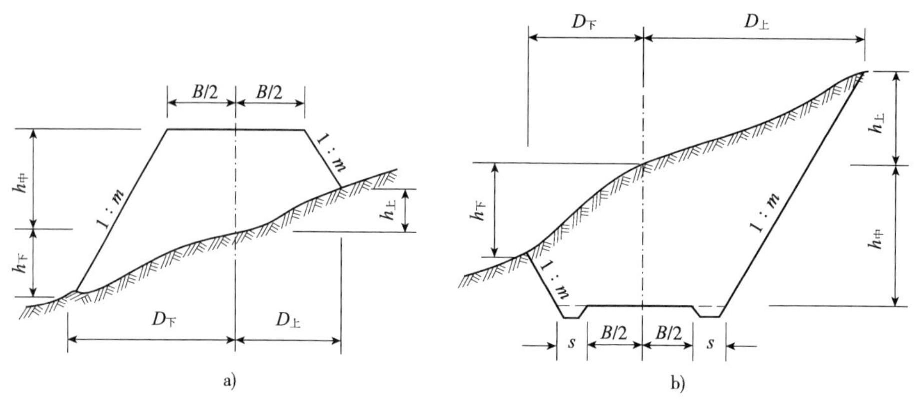

图 12-13　山区地段路基边桩的测设

即为边桩位置。否则,应根据实测资料重新估计边桩位置,重复上述工作,直至符合要求为止。

3. 边坡放样

有了边桩后,即可确定边坡的位置。可按下述方法测定:

1)路堤边坡放样

当填土高度较小(如填土小于 3m)时,可用长木桩、木板或竹竿标记填土高度,然后用细绳拉起,即为路堤外廓形,如图 12-14a)所示。

当路堤填土较高时,可采用分层填土、逐层挂线的方法进行边坡的放样,如图 12-14b)所示。

2)路堑边坡放样

路堑边坡放样一般采用两边桩外侧钉设坡度样板的方法,如图 12-14c)所示。

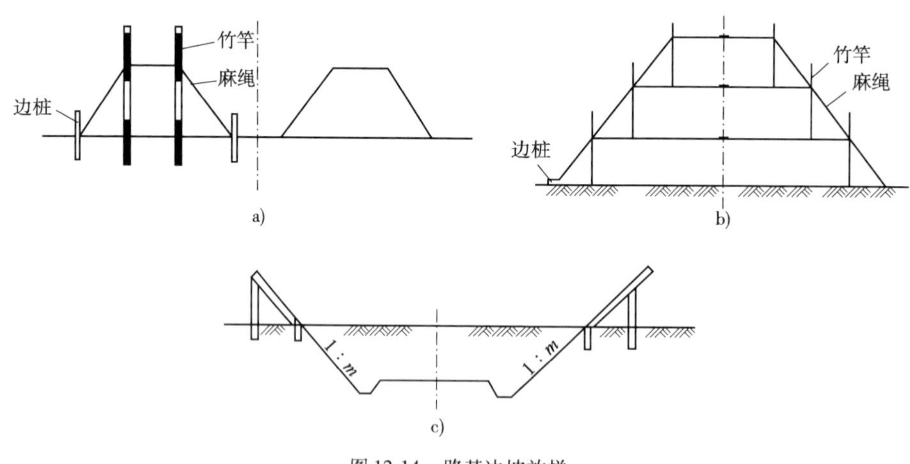

图 12-14　路基边坡放样

4. 路面放样

路面放样可分为路槽放样和路拱放样。当已知设计高程时,均可按已知高程放样方法进行。在此不再叙述。

思考题与习题

1. 什么是施工测量? 道路施工测量主要包括哪些内容?

2. 试述测设已知长度、已知水平角和已知高程的方法。

3. 已知点的平面位置测设有哪几种常用方法?

4. 叙述路基边坡放样的方法步骤。

5. 设某竖曲线半径 $R=3000\mathrm{m}$,相邻坡段的坡度 $i_1=+3.1\%$,$i_2=+1.1\%$,变坡点的桩号为 K16+770.00,高程为 396.67m,如果曲线上每隔 10m 设置一桩,试计算竖曲线上各桩点的高程。

第十三章　公路桥梁与隧道施工测量

第一节　概　　述

桥梁与隧道是公路的重要组成部分。在公路建设中，无论从投资比重、施工期限、技术要求等诸方面看，桥梁与隧道都处于十分重要的地位。尤其是一些大型或技术复杂的桥梁或隧道的修建，对于一条公路按时按质的建成通车具有很大的作用，甚至起着主要的控制作用。

一、我国公路桥梁与隧道分类

目前，我国公路桥涵分类是以跨径来进行划分的，隧道分类是以长度来进行划分的。现行《公路工程技术标准》(JTG B01—2014)的有关规定，见表13-1、表13-2。

桥梁涵洞分类　　表13-1

桥涵分类	多孔跨径总长 L(m)	单孔跨径 L_K(m)
特大桥	$L>1000$	$L_K>150$
大桥	$100\leqslant L\leqslant 1000$	$40\leqslant L_K\leqslant 150$
中桥	$30<L<100$	$20\leqslant L_K<40$
小桥	$8\leqslant L\leqslant 30$	$5\leqslant L_K<20$
涵洞		$L_K<5$

注：1. 单孔跨径系指标准跨径。

2. 梁式桥、板式桥和涵洞涵为多孔标准跨径的总长；拱式桥和涵洞涵为两岸桥台内起拱线间的距离；其他形式桥为桥面系车道长度。

3. 圆管涵及箱涵不论管径或跨径大小、孔数多少，均称为涵洞。

4. 标准跨径：梁式桥、板式桥和涵洞涵以两桥墩中线间距离或桥墩中线与台背前缘的距离为准；拱式桥和涵洞以净跨径为准。

隧道分类　　表13-2

隧道分类	特长隧道	长隧道	中隧道	短隧道
隧道长度 L(m)	$L>3000$	$3000\geqslant L>1000$	$1000\geqslant L>500$	$L\leqslant 500$

二、桥梁工程测量

桥梁工程测量主要包括桥位勘测和桥梁施工测量两部分。要经济合理的建造一座桥梁，首先要选好桥址。桥位勘测的目的就是为选择桥址和进行设计提供地形、水文以及地质资料，这些资料提供得越详细、全面，就越有利于选出最优的桥址方案和作出经济合理的设计。对于中小桥及技术条件简单、造价比较低廉的桥梁，其桥址位置往往服从于路线的走向，不需单独进行设计，而是包括在路线勘测之内。但对于特大桥梁或技术条件复杂的桥梁，由于其工程量大、造价高、施工期长，则桥位选择合理与否，对造价和使用条件都有极大的影响，所以路线的位置要服从桥梁的位置，为了能够选出最优的桥址，通常需要单独进行勘测。桥梁设计通常需要经过可行性论证、初步设计、施工图设计等几个阶段，各阶段要相应地进行不同的测量。在可行性论证阶段，并不单独进行测量工作，而应广泛收集已有的国家地形图。向有关部门索取1∶50000、1∶25000或1∶10000的地形图。同时，也要收集有关水文、气象、地质、农田水利、交通网规划、建筑材料等各项已有的资料，这样可以找出桥址的所有可比方案。

桥位勘测的主要工作包括：桥位控制测量（平面控制测量和高程控制测量）、桥位地形图测绘、桥轴线纵断面测量、桥轴线横断面测量、水文地质调查等。

在桥梁的建筑施工阶段，测量的主要任务是：

（1）对桥梁中线位置桩、三角网基准点（或导线点）水准点及其测量资料进行检查、核对，若发现桩点不足、不稳要或测量精度不符合要求时，应按规范要求补测、加固、移设或重新测校。

（2）根据施工条件补充水准点。

（3）测定桥墩、桥台的中心位置及墩、台的纵横轴线。

（4）测定并检查各施工部位的平面位置、高程、几何尺寸。

（5）测定锥坡、翼墙及导流构造物的位置等。

三、隧道工程测量

隧道工程测量主要包括隧道勘测和隧道施工测量。其中，隧道勘测的主要工作包括隧道方案的核查与落实、隧道洞顶及连接路线定测、横断面测量、洞外控制测量、地形测量、水工地质调查等。

隧道施工测量的主要任务是：

（1）地面控制测量：在地面上建立平面和高程控制网。

（2）联系测量：将地面上的坐标、方向和高程传到地下，建立地面地下统一坐标系统。

（3）地下控制测量：包括地下平面与高程控制测量。

（4）隧道放样测量：为指导开挖及衬砌，需根据隧道设计要求进行中线测设和高程放样测量。

在隧道施工中，尤其是山岭隧道，为了加快工程进度，一般都由隧道两端洞口进行对向开挖。长隧道施工中，往往在两洞口间增加如图13-1所示的平洞、斜井或竖井，以增加掘进工作面。在对向开挖的隧道贯通面上，中线不能吻合，这种偏差称为贯通误差。如图13-2所示贯通误差包括纵向误差Δt、横向误差Δu、高程误差Δh。其中，纵向误差仅影响隧道中线的长度，施工测量时比较容易满足设计要求，因此通常重点控制贯通面上的横向误差Δu、高程误差Δh。由于隧道施工的掘进方向在贯通之前无法通视，完全依据敷设支导线形式的隧道中心线或地下导线指导施工，若因施工测量的一时疏忽或错误引起对向开挖隧道不能正确贯通，就可能造成不可挽回的巨大损失。所以在工作应十分细致认真，应特别注意采取多种措施做好校核工作，避免发生错误。

为使桥梁与隧道施工测量工作顺利进行，测量人员必须重视测量工作，要有熟练的操作技能、良好的协作精神以及严格遵守测量规范的习惯。测量前必须做好必要的技术和组织准备工作；要熟悉设计文件、图纸和有关测设资料；要与监理单位办理好现场固定桩的交接工作；还应做好测量人员的分工、仪器的校验校正，并制订详细的测量工作计划和实施方案。

桥隧施工测量的技术要求应符合《公路桥涵施工技术规范》(JTG/T F50—2011)的规定。

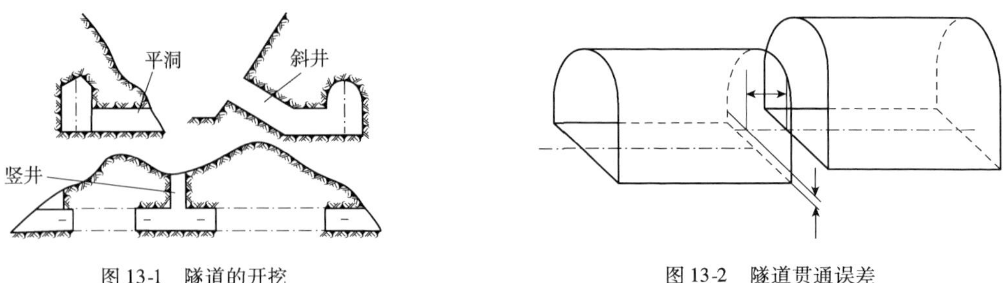

图 13-1　隧道的开挖

图 13-2　隧道贯通误差

第二节　桥梁施工控制测量

一、平面控制测量

1. 施工平面控制网的建立

桥位勘测阶段所建立的平面控制网,在精度方面能满足桥梁定线放样要求时,应予以复测利用,放样点位不足时,可予以补充。如原平面控制网精度不能满足施工定线放样要求,或原平面控制网基点桩已移动或丢失,必须建立施工平面控制网。施工平面控制网的布设,应根据总平面设计和施工地区的地形条件来确定,并应作为整个工程施工设计的一部分。布网时,必须考虑到施工的程序、方法以及施工场地的布置情况,可利用桥址地形图,拟定布网方案。

桥梁施工平面控制网的测量方法可以采用三角测量和 GPS 测量。

桥梁施工平面控制网,除了用以精密测定桥梁长度外,还要用它来放样各个桥墩的位置,保证上部结构与下部结构的正确连接,十分重要,为防止控制点的标桩被破坏,所布设的点位应画在施工设计的总平面图上,并教育工地上的所有人员注意保护。

较常用的几种三角网图形,如图 13-3 所示。使用时,应对具体情况做具体分析,因地制宜地选择一种。图形的选择主要取决于桥长(或河宽)、设计要求、仪器设备和地形条件。

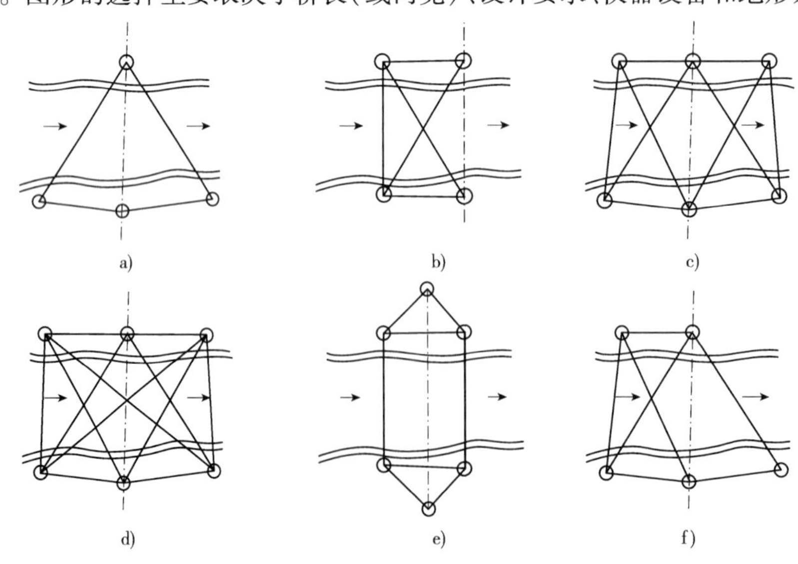

图 13-3　常用的三角网图形

三角网的布设除应满足三角测量本身的需要外,还应遵循以下原则:

1)三角点的设置

(1)构成三角网的各点,应便于采用前方交会法进行墩台放样,并使各点间能互相通视。

(2)桥轴线应作为三角网之一边。两岸中线上应各设一个三角点,使之与桥台相距不远,以便于计算桥梁轴线的长度,并利于墩台放样。

(3)三角点不可设置在可能被河水淹没、存储材料区、地下水位升降易使之移位处、车辆来往频繁及地势过低须建高塔架方能通视处。

(4)三角网的图形主要根据跨河桥位中线的长度而定,在满足精度的前提下,图形应力求简单,平差计算方便,并具有足够的强度。

(5)单三角形内任一夹角应大于30°且小于120°。

2)基线的设置

(1)基线位置的选择,应满足相应测距方法对地形等因素的要求,一般应设在土质坚实、地形平坦且便于准确丈量的地方,如有纵坡宜,在1/12~1/10之间,与桥轴线的交角宜小于90°或接近垂直。

(2)为提高三角网的精度,使其具有较多的校核条件,通常丈量两条基线,两岸各设一条。若地形不允许,亦可将两条基线设在同一岸。

(3)当采用电磁波测距仪测距时,其基线宜选在地面覆盖物相同的地段,而且基线上不应有树枝、电线等障碍物,应避开高压线等电磁场的干扰。

(4)基线长度一般不小于桥轴线长度的0.7倍,困难地段也不应小于0.5倍。

2. 控制网的技术要求

(1)桥梁平面控制测量等级应根据表8-1确定。

(2)桥梁三角控制网的技术要求,应符合表13-3和表13-4的规定。

桥位三角网技术要求 表13-3

测量等级	平均边长(km)	测角中误差(″)	起始边边长相对中误差	三角形闭合差(″)	测回数		
					DJ_1	DJ_2	DJ_6
二等	3.0	≤±1.0	≤1/250000	≤3.5	≥12	—	—
三等	2.0	≤±1.8	≤1/150000	≤7.0	≥6	≥9	—
四等	1.0	≤±2.5	≤1/100000	≤9.0	≥4	≥6	—
一级	0.5	≤±5.0	≤1/40000	≤15.0	—	≥3	≥4
二级	0.3	≤±10.0	≤1/20000	≤30.0	—	≥1	≥3

水平角方向观测法的技术要求 表13-4

测量等级	经纬仪型号	光学测微器两次重合读数差(″)	半测回归零差(″)	同一测回中2c较差(″)	同一方向各测回间较差(″)	测回数
二等	DJ_1	≤1	≤6	≤9	≤6	≥12
三等	DJ_1	≤1	≤6	≤9	≤6	≥6
	DJ_2	≤3	≤8	≤13	≤9	≥10
四等	DJ_1	≤1	≤6	≤9	≤6	≥4
	DJ_2	≤3	≤8	≤13	≤9	≥6

续上表

测量等级	经纬仪型号	光学测微器两次重合读数差(″)	半测回归零差(″)	同一测回中 2c 较差(″)	同一方向各测回间较差(″)	测回数
一级	DJ_2	—	≤12	≤18	≤12	≥2
	DJ_6	—	≤24	—	≤24	≥4
二级	DJ_2	—	≤12	≤18	≤12	≥1
	DJ_6	—	≤24	—	≤24	≥3

注:当观测方向的垂直角超过 ±3°时,该方向的 2c 较差可按同一观测时间段内相邻测回进行比较。

(3)GPS 测量控制网的设置精度和作业方法应符合《公路勘测规范》(JTG C10—2007)的规定(表 13-5)。基线测量的中误差应小于按公式(13-1)计算的标准差。

$$\sigma = \pm\sqrt{a^2 + (b \cdot d)^2} \tag{13-1}$$

式中:σ——标准差,mm;

a——固定误差,mm;

b——比例误差系数,mm/km;

d——基线长度,km。

GPS 控制网的主要技术指标 表 13-5

级　别	相邻点间平均边长 d(km)	固定误差 a(mm)	比例误差系数 b(mm/km)
二等	3.0	≤5	≤1
三等	2.0	≤5	≤2
四等	1.0	≤5	≤3
一级	0.5	≤10	≤3
二级	0.3	≤10	≤5

注:各级 GPS 控制网每对相邻点间最小距离不应小于平均距离的 1/2,最大距离不宜大于平均距离的 2 倍。

(4)桥梁轴线相对中误差应符合表 13-6 的规定。

桥梁轴线相对中误差 表 13-6

测 量 等 级	桥轴线相对中误差
二等	≤1/150000
三等	1/100000
四等	1/60000
一级	1/40000
二级	1/20000

但对精度有特殊要求的桥梁,其桥轴线和基线精度应按设计要求或另行规定。由于桥梁三角网的主要作用是确定桥长和放样桥墩,因此应分别根据桥梁架设误差和桥墩定位的精度要求来计算桥梁三角网的必要精度。为安全可靠起见,可采用其中较高者作为桥梁三角网的精度要求,亦可按桥轴线所需精度的 1.5 倍计算。

(5)采用光电测距仪测量基线时,光电测距仪应按表 13-7 选用,主要技术要求应符合表 13-8的规定。

光电测距仪的选用 表 13-7

测距仪精度等级	每公里测距中误差 m_D(mm)	适用的测量等级
Ⅰ级	$m_D \leqslant \pm 5$	二、三、四等,一、二级
Ⅱ级	$\pm 5 < m_D \leqslant \pm 10$	三、四等,一、二级
Ⅲ级	$\pm 10 < m_D \leqslant \pm 20$	一、二级

光电测距的主要技术要求 表 13-8

测量等级	观测次数		每边测回数		一测回读数间较差(mm)	单程各测回较差(mm)	往返较差
	往	返	往	返			
二等	≥1	≥1	≥4	≥4	≤5	≤7	$\leqslant\sqrt{2}(a+b\cdot D)$
三等	≥1	≥1	≥3	≥3	≤5	≤7	
四等	≥1	≥1	≥2	≥2	≤7	≤10	
一级	≥1	—	≥2	—	≤7	10	
二级	≥1	—	≥1	—	≤12	≤17	

注:1. 测回是指照准目标 1 次,读数 4 次的过程。

2. a-固定误差(mm),b-比例误差系数(mm/km),D-水平距离(km)。

(6)桥轴线直接丈量的测回数、基线丈量的测回数、用测距仪测量的测回数以及三角网水平观测的测回数,按表 13-8 中的规定执行。

二、高程控制测量

在桥梁施工阶段,除了建立平面控制,尚需建立高程控制,桥梁高程控制网就是在桥址附近设立一系列基本水准点和施工水准点,作为施工阶段高程放样以及桥梁营运阶段沉陷观测的依据。因此,在布设水准点时,点的密度及高程控制的精度,均应考虑这两方面的要求。布设水准点可由国家水准点引入,经复测后使用。桥梁高程控制网所采用的高程基准应与公路路线的高程基准相一致,一般应采用国家高程基准。

基本水准点是桥梁高程的基本控制点。为了获取可靠的高程起算数据,江河两岸的基本水准点应与桥址附近的国家高级水准点进行联测。通过跨河水准测量,将两岸高程联系起来,以此可检校两岸国家水准点有无变动,并从中选取稳固可靠、精度较高的国家水准点作为桥梁高程控制网的高程起算点。

基本水准点在桥梁施工期间用于墩、台的高程放样,在桥梁建成后作为检测桥梁墩、台沉陷变形的依据,因此需永久保留。基本水准点应选在地质条件好、地基稳定、使用方便、施工中不易破坏的地方。一般在正桥两岸桥头附近都应设置基本水准点,每岸至少应设置一个。如果引桥长于 1km 时,还应在引桥起、终点以及其他合适位置设立。由于桥梁各墩、台在施工中一般是由两岸较为靠近的水准点引测高程,为了确保两岸水准点高程的相对精度,应进行精密跨河水准测量。

为了满足桥梁墩、台施工高程放样的要求,应在基点的基础上设立若干施工水准点。基本水准点是永久性的,它既要满足施工要求,又要满足变形观测时永久使用要求。施工水准点只用于施工阶段,要尽量靠近施工地点,测量等级可略低于基本水准点。

无论是基点还是施工水准点,均要选在地基稳固、使用方便且不易破坏的地方。根据地形条件,使用期限和精度要求,埋设不同类型的标识。如果地面覆盖层较浅,可埋设普通混凝土、钢管标识或直接设置在岩石上的岩石标识；当地面覆盖层较厚且覆盖物较疏松时，则应埋设深层标识，如管柱标识、钻孔桩标识以及基岩标识等。无论采用何种类型的标识，均应在标识上嵌入不锈蚀的铜质或不锈钢凸形标志。标识埋设后不能立即用于水准测量，应有 10 ~ 15 天以上的稳定期，之后才能进行观测。

对于中小桥和涵洞工程，由于工期短、桥型简单、精度要求低于大桥，可以在桥位附近的建筑物上设立水准点，或者采用埋设大木桩作为施工辅助水准点，也可利用路线水准点，但必须加强复核，确保精度符合要求。

所有水准点，包括基本水准点和施工水准点，都应定期进行测量，检验其稳定性，以保证桥梁墩、台及其他施工高程放样测量的精度。在水准点标识埋设初期，检测的时间间隔宜短些，随着标识逐渐稳定，时间间隔可适当放长。

1）高程控制测量的技术要求

（1）桥梁的高程控制网应按《公路勘测规范》（JTG C10—2007）规定的实施。

（2）水准测量的高差偶然中误差 M_{Δ} 按照式（13-2）计算。

$$M_{\Delta} = \sqrt{\frac{1}{4n} - \frac{\Delta\Delta}{L}} \tag{13-2}$$

式中：M_{Δ}——高差偶然中误差，mm；

Δ——水准路线测段往返高差不符值，mm；

L——水准路线长度，km；

n——往返测的水准路线测段数。

（3）水准测量的高差全中误差 M_W 按照式（13-3）计算：

$$M_W = \sqrt{\frac{1}{N} \cdot \frac{WW}{L}} \tag{13-3}$$

式中：M_W——高差全中误差，mm；

W——闭合差，mm；

L——计算各闭合差时相应的路线长度，km；

N——附合路线或闭合路线环的个数。

当二、三等水准测量与国家水准点附合时，应进行正常水准面不平行修正。

（4）特大、大、中桥施工时设立的临时水准点，高程偏差（Δh）不得超过按式（13-4）计算的值：

$$\Delta h = \pm 20\sqrt{L} \quad (\text{mm}) \tag{13-4}$$

式中：L——水准点间距离，km。

对单跨跨径≥40m 的 T 形刚构、连续梁、斜拉桥等的偏差（Δh）不得超过按式（13-5）计算的值：

$$\Delta h_1 = \pm 10\sqrt{L} \quad (\text{mm}) \tag{13-5}$$

式中：L——水准点间距离，km。

在山丘区，当平均每公里单程测站多于 25 站时，高程偏差（Δh）不得超过按式（13-6）计算的值：

$$\Delta h_2 = \pm 4\sqrt{n} \quad (\text{mm}) \tag{13-6}$$

式中：n——水准点间单程测站数。

高程偏差在允许值以内时，取平均值为测段间高差，超过允许偏差时应重测。当水准路线跨越江河（或湖塘、宽沟、洼地、山谷等）时，应采用跨河水准测量方法校测。

2）跨河水准测量

跨河水准测量在桥梁高程控制测量中极为重要，应采用精密的方法测定。对于特大桥，一般采用倾斜螺旋法和经纬仪倾角法。当跨河视线短于500m，则可采用光学测微法。跨河视线短于300m的三、四等水准测量，也可采用水准仪直读法。

跨河水准测量路线，应选在桥址附近且河面最窄处。为了避免折光影响，水准视线不宜跨过沙滩及施工区密集的地方。观测时间及气候条件，应选在物镜成像最稳定的时刻。此外，根据跨河视线长度的不同，可采用单线过河或双线过河。当跨河视线短于300m时采用单线过河，超过300m时必须双线过河，并在两岸用等精度联测，形成跨河水准闭合环。

（1）选择跨河地点的原则。

①应尽可能选在桥址附近河面狭窄的地方，河中有洲渚应予利用，并使跨河视线最短。

②视线尽可能避开草丛、干丘、沙滩、芦苇的上方，以减弱大气折光的影响。

③河两岸仪器的水平视线，距水面的高度应接近相等。当跨河视线长度在300m以下时，视线距水面的高度应不小于2m；视线长度在300m以上时，视线距水面的高度应不小于3m。若视线高度不能满足上述要求时，须埋设高木桩并建造牢固的观测台。

④两岸仪器至水边的一段河岸，其距离应相等，地形、土质也应相似。同时，仪器位置应选在开阔、通风的地方，不能选在墙壁、石堆、山坡跟前。

⑤置镜点如设在较松软的土质上时，应设立稳固的支架，防止下沉，一般可打三个大木桩以支承脚架，必要时可用长木桩并建站台以提高视线。置尺点应设置木桩，木桩顶面直径应大于10cm，长度一般应不小于50cm，打入地下后，要求桩顶高于地面约10cm以上，并钉上圆帽钉。

（2）跨河水准测量的布设形式。

由于跨河水准的前视、后视的视线长度不能相等且相差很大，同时跨河视线又很长（数百米至几公里），因此仪器 i 角误差及地球曲率和大气折光误差对高差的影响将很大。为消除或减弱上述误差的影响，跨河水准测量应将仪器与水准尺在两岸的安置点位布设成平行四边形、等腰梯形或Z字形，如图13-4所示。

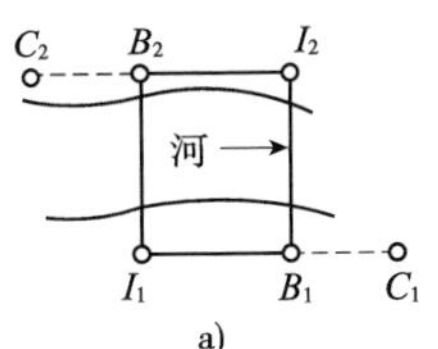

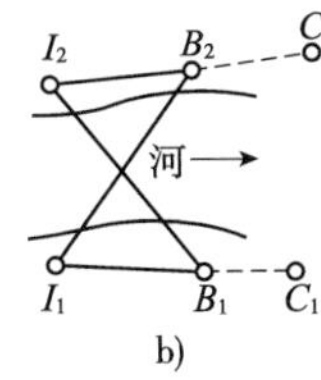

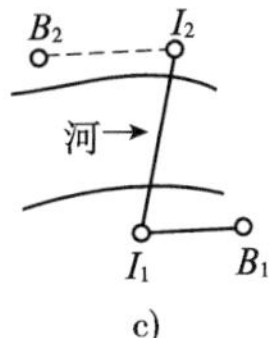

图13-4　跨河水准测量布设形式

当用两台仪器同时观测时，可采用图13-4a）、b）所示的形式。图中，I_1、I_2 分别为两岸的测站点，安置仪器；b_1、b_2 分别为两岸的立尺点，竖立水准尺。跨河视线，I_1b_2 与 I_2b_1 的长度应力求相等，岸上视线，I_1b_1 与 I_2b_2 的长度不得短于10m，而且应彼此相等。

当用一台仪器观测时，宜采用图13-4c）所示的形式。图中岸上视线，I_1b_1 与 I_2b_2 的长度应相等，并不得短于10m。此时，除 b_1、b_2 要立尺外，测站点，I_1、I_2 在观测中也要作为立尺点立尺。在 I_1、I_2 分别观测 b_1、I_2 两点高差、b_2、I_1 两点高差，在两岸以一般水准测量方法分别测出 b_2、I_2 两点高差，b_1、I_1两点高差，即可求得两立尺点 b_1、b_2间的高差。

立尺点应设置木桩，木桩顶面直径应大于 10cm，长度一般应不小于 50cm，打入地下后，桩顶应高出地面 10cm，并在其上钉圆帽钉。

为了传递高程和检核立尺点的高程是否发生变化，应在距跨河地点不远于 300m 的水准路线上埋设水准标识。

(3)跨河水准测量注意事项。

①跨河水准测量最好选在风力微弱、气温变化小的阴天进行。风力在四级以上或风由一岸吹向另一岸时，均不宜观测。

②如果是晴天，观测时间上午为日出后 1h 至上午 9 点半左右，下午为 15 点至日落前 1h。可根据地区季节情况适当调整。阴天时，只要成像清晰稳定，即可观测。

③观测前，应提前将仪器从箱中取出，以适应外界气温。观测时，要用白色测伞遮阳。

④水准尺要用支架撑稳，观测过程中圆水准气泡应严格居中，使尺处于铅垂位置。

⑤仪器在调换河岸时，不得碰动对光螺旋和目镜，以保证两次观测其对岸尺时望远镜视准轴不变。

⑥仪器调岸的同时，水准尺也应调岸，但当一对尺子的零点差之差不大时，则可只在全部测回进行一半时调换一次。

⑦跨河水准测量的全部测回，应平均安排在上午和下午进行。

⑧跨河水准测量前，立尺点应与水准路线上埋设的水准标识进行联测。在跨河水准测量进行过程中，应对其进行检测，以检查立尺点高程有无变动。

(4)跨河水准测量的方法。

跨河水准测量的方法有水准仪倾斜螺旋法、经纬仪倾角法、光学测微法、水准仪直读法、冰上水准测量法、静水面传递高程跨河水准测量法、激光水准仪法等几种。其中，水准仪倾斜螺旋法和经纬仪倾角法适用于任何跨河视线长度的跨河水准测量；光学测微法适用于跨河视线长度短于 500m 的跨河水准测量；水准仪直读法适用于三、四等水准路线跨越宽度在 300m 的跨河水准测量且能直接在水准尺上读数；冰上水准测量法适用于冰冻地区的河流在严寒季节进行的跨河水准测量。

第三节　桥梁轴线和墩台中心定位测量

一、桥梁中线测量

桥位中线(桥轴线)及其长度是用来作为设计与测设墩台位置的依据，所以测量桥位中线的目的，是控制中线的长度和方向，从而确保墩台位置的正确。因此，保证桥轴线测量的必要精度是十分重要的。

桥涵中线一般用 4 个(中小桥梁可只用 2 个，涵洞可用转角点桩代替)分设于两岸埋设牢固的桩标固定起来，如图 13-5 所示。选择其中位于地势较高河岸的一个桩标作为全部施工期内架设经纬仪核对墩台位置的依据。如果地势较低，不能在整个施工期内从此桩标上用仪器看到施工中墩台的顶面时，可以在此桩标上搭设坚固的塔架，并将标点位置引上塔架。

小桥和涵洞中线位置的桩间距离及墩间距离，可用钢尺直接丈量。

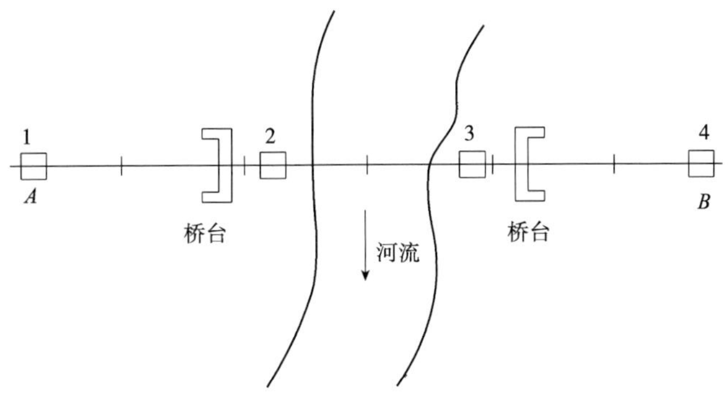

图 13-5　桥梁中线桩平面布置图

大、中桥中线位置桩间距离的检查校核以及墩台位置的放样，当有良好的丈量条件（例如，桥梁位于旱地、桥侧建有便桥、桥梁的浅滩部分或冬季河流封冻等）时，均应直接丈量。

当沿桥梁中线直接丈量有困难（例如，河面宽阔、常年有水、冬季不封冻等）或不能保证必要的精度时，各位置桩间与各墩台间的距离可用光电测距法（目前使用电子全站仪测量更为方便）、三角网法等。

对于直线桥梁，可以直接采用此三种方法中任一种进行测量；对于曲线桥梁，应结合曲线桥梁的轴线在曲线上的位置而定。

1. 直接丈量法

沿桥轴线方向，地势平坦、旱桥或河水较浅能够用钢尺直接丈量、可以通视时，可采取直接丈量法测量桥轴线长度。这种方法所用设备简单，精度也可靠，是一般中小桥施工测量中常用的方法。

为了保证施工期间的长度丈量精度和量距精度的一致性，在量距之前应对所用的钢尺进行严格的检定，取得尺长改正数 Δ_1。

用钢尺量距的方法如下：

(1)清理中线范围内场地。

(2)如沿中线两侧的地面平坦时，可在桩标上安置经纬仪，沿桥轴线 *AB* 方向用经纬仪定线，钉出一系列木桩如图 13-6 所示，桩的标志中心偏离直线最大不得超过 ±1cm，桩顶打至与地面齐平。为了便于丈量，桩间距应比钢尺的全长略为短一些（约 2cm）。

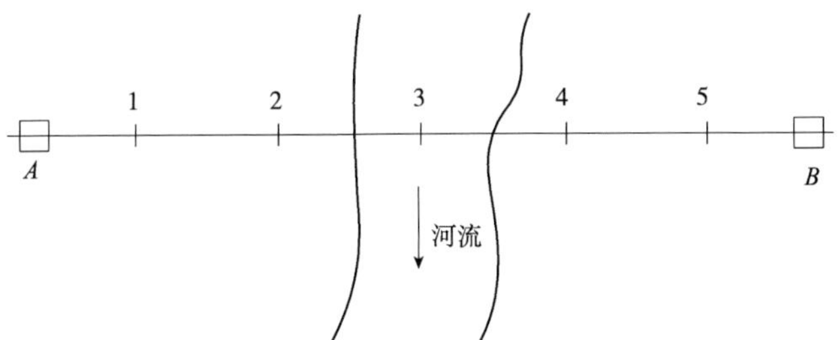

图 13-6　桥梁中线方向定线示意图

(3)用水准仪测出相邻桩顶间的高差，为了校核应测两次，读至毫米（mm），两次高差之差应不超过 2mm。

(4)丈量时应对钢尺施以标准拉力，每一尺段可连续测量三次，每次读数时均应变换钢尺的前后位置，以防差错。读数取至 0. 1mm，三次测量结果的较差不得超过 1 ~ 2mm。在测量距离的同时应记下当时的温度，以便进行温度改正。

(5)计算桥轴线长度。每一尺段的丈量结果应进行尺长改正 Δ_l，温度改正 Δ_t 以及倾斜改正 Δ_h。取各次丈量结果的平均值，即为桥轴线的长度。

(6)评定丈量的精度。

桥轴线的中误差为：

$$M = \pm\sqrt{\frac{[VV]}{n(n-1)}} \tag{13-7}$$

桥轴线的相对中误差为：

$$\frac{M}{L} = \frac{1}{K} \tag{13-8}$$

式中：L——桥轴线的平均长度；

V——桥轴线的平均长度与每次观测值之差；

n——丈量的次数。

丈量结果的相对中误差应满足估算精度的要求。

2. 光电测距法

光电测距时应在气象比较稳定，大气透明度好，附近没有光电信号干扰的情况下进行，而且应在不同的时间进行往返观测。观测时间的选择，应注意不要使反光镜镜面正对太阳的方向。

当照准方向时，待显示读数变化稳定后，测 3 ~ 4 次，取平均值，此平均值即为斜距。为了得到平距，还应读取垂直角，经倾斜改正后，即为单方向的水平距离观测值（如果用的是电子全站仪，可直接得到平距）。如果往返观测值之差在容许范围之内，则取往返观测值的平均值作为该边的距离观测值。

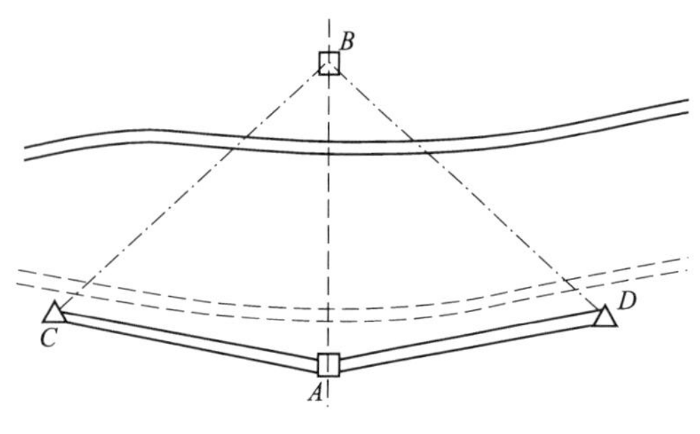

图 13-7　桥涵三角网图

3. 三角网法

采用直接丈量法有困难，或不能保证必要的精度时，可采用间接丈量法测定桥轴线，如图 13-7 所示。即把桥轴线作为三角网的一个连接边，测量基线长度 AC、AD，用三角测量的原理测量并解算，即可得出桥轴线的长度 AB。

二、桥梁墩台定位与墩台轴线测量

在桥梁施工测量中，最主要的工作是准确地定出桥梁墩、台的中心位置和它的纵横轴线，这些工作称为墩台定位。直线桥梁墩台定位所依据的原始资料为桥轴线控制桩的里程和墩、台中心的设计里程，根据里程算出它们之间的距离，按照这些距离即可定出墩、台中心的位置。曲线桥所依据的原始资料，除了控制桩及墩、台中心的里程外，尚有桥梁偏角、偏距及墩距或结合曲线要素计算出的墩、台中心的坐标值。

水中桥墩的基础施工定位时，由于水中桥墩基础的目标处于不稳定状态，在其上无法使测量仪器稳定，一般采用方向交会法；如果墩位在干枯或浅水河床上，可用直接定位法；在已稳固的墩台基础上定位，可以采用方向交会法、距离交会法、极坐标法或直角坐标法。

1. 直线桥梁墩台定位

位于直线段上的桥梁，其墩、台中心一般都位于桥轴线上。根据桥轴线控制桩 A、B

(图 13-8)及各墩、台中心的里程,即可求得其间的距离。墩位的测设,根据条件可采用直接丈量法、光电测距法或方向交会法。

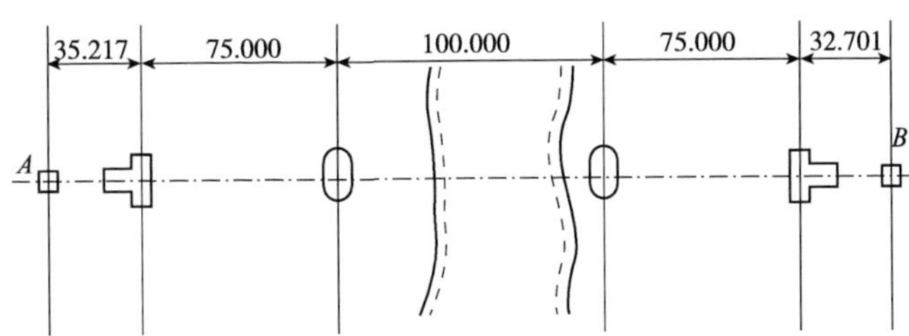

图 13-8　直线桥梁墩台直接丈量定位图(尺寸单位:m)

1)直接丈量法

当桥墩位于地势平坦、可以通视、人可以方便通过的地方且用钢尺可以丈量时,可采用这种方法,如图 13-8 所示。丈量前钢尺要检定,丈量方法与测定桥轴线相同。不同的只是此处是测设已知长度,在测设前应将尺长改正数、温度改正数以及倾斜改正数考虑在内,将已知长度转化为钢尺丈量长度。为了保证丈量精度,施测时的钢尺拉力应与检定时的钢尺拉力相同。

2)光电测距法

只要墩台中心处能安置反光镜,而且光电测距仪或全站仪和反光镜之间能通视,则用此法是迅速方便的。

采用测距仪测设时,应根据当时测出的气压、温度和测设距离,通过气象改正,得出测设的显示斜距。在测设出斜距并根据垂直角折算为平距后,与应有的(即设计的)平距进行比较,看两者是否相等。根据其差值前后移动反光镜,直至两者相符,则反光镜处即为要测设的墩位。

如果采用全站仪进行测设,由于全站仪可以测量水平距离并具备计算功能,因此通过设定仪器可以直接得出测距差值,具有速度快、效率高的特点。

3)方向交会法

方向交会法是利用三角网的数据,算出各交会角的角度,然后利用 3 台经纬仪从不同的点交会,即可得到桥墩台的位置。现介绍两种基本方法:

(1)一岸交会施测法,如图 13-9a)所示,在原设三角网中,已知基线 BC 和 BD 长度为 d、d_1、基线与桥轴线夹角为 θ_1 和 θ_2、基线上中线控制点 B 点至各墩、台的距离,则可计算出各交会角 α_i、β_i,将其制成图表供施工使用。

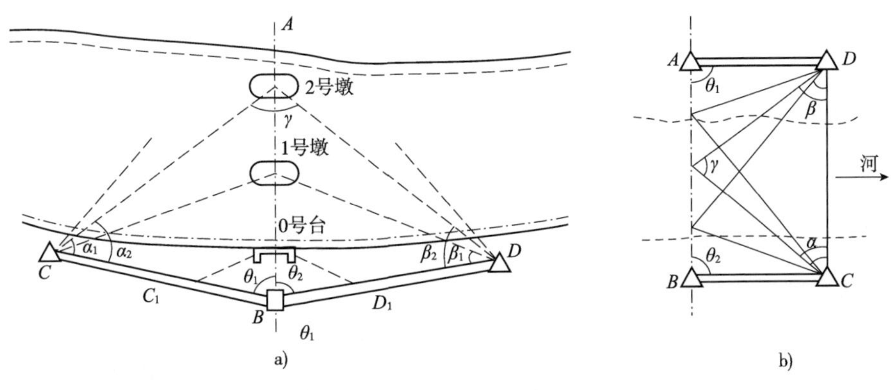

图 13-9　交会法控制墩台位置图

施测过程中用三架 DJ_1或 DJ_2型经纬仪同时自三个方向交会，以加快速度。即将两台仪器安置在 C、D 两点，后视 B 点拨出 α_i、β_i角，再将一台仪器置于 B 点瞄准 A 点，这样三条线形成了一误差三角形，再于此误差三角形内取一点作为欲求之墩、台位置（误差三角形内容见下面内容）。

各交会角应介于 30° ~120°之间，而且 γ 角≥90°，否则须设辅助点 C_1、D_1以交会靠近 B 端之墩台。

α、β 角按下列公式计算：

$$\alpha = \arctan \frac{l\sin\theta_1}{d - l\cos\theta_1} \tag{13-9}$$

$$\beta = \arctan \frac{l\sin\theta_2}{d_1 - l\cos\theta_2} \tag{13-10}$$

式中：l——中线控制点 B 至墩中心之距离；

d、d_1——基线长度。

（2）两岸交会施测法。如图 13-10 所示，在原设三角网中，已知基线 AD 和 BC 长度，基线与桥轴线夹角 θ_1 和 θ_2，基线上中线控制点 B、A 至各墩、台的距离，则可计算出各交会角 α_i、β_i，将其制成图表供施工使用。

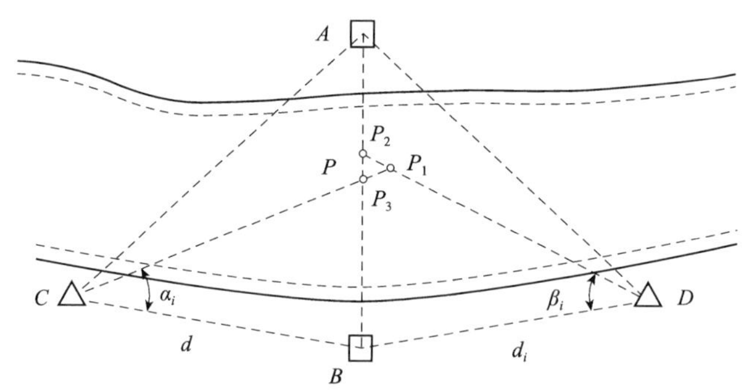

图 13-10　方向交会法的误差三角形

施测时用三架 DJ_1或 DJ_2型经纬仪同时自三个方向交会，以加快速度。用两台经纬仪于 C、D 点置镜，拨出 α_i、β_i角，另外一台经纬仪置于 B 点（或 A 点）瞄准 A 点（或 B 点）则与中线构成误差三角形，取点时必须以桥轴线方向为准，在其他两个方向线的相交处作垂直桥轴线的交点，即为欲求之墩心位置。交角 α_i、β_i应介于 30° ~120°之间，中间墩之交角 γ 最好在60° ~90°之间。

（3）交会误差的改正与检查——误差三角形。自基线端点（或置镜点）所得两条视线之交点必然会偏出桥轴线一微小距离，或左或右，此误差三角形的改正与检查简述如下：如图 13-11 所示（两岸交会亦同理），置镜于 C、D 两点，拨出 α_i、β_i角，两交会线与桥轴中线构成误差三角形，以桥轴线方向为准，将两交会线的交点投影于桥轴线上得一点即为桥墩中心位置。误差三角形的边长 P_1P_2、P_1P_3对墩身底部不宜超过 2. 5cm，对墩顶不宜超过 1. 5cm。

利用此法可就地在桩上（或墩台砌体上），用折尺或三角板进行。如误差三角形过锐，则应先找出三角形的重心，然后将重心，点投影于桥轴线上，投影点即为墩台中心。

交会误差的检查：如图 13-10 所示，在得出 P 点后，置镜于 C、D 点，测量∠BCP 及∠BDP 各 2 ~3 个测回。设观测结果为 α'及 β'。根据 α'及 β'值计算 BP 的距离（如按 α'及 β'值分别

计算的 BP 不同时,取其平均值)。设理论上该墩台中心至 B 点距离为 BP',则 $BP'—BP$ 为该墩交会点在桥轴线上的误差。此值应在容许误差范围内(砌体墩台容许误差为 2cm,混凝土墩台容许误差为 1cm),如超过规定容许误差时,应根据误差值从 P 点沿中轴线量取得出 P',则 P'为桥墩、台中心。

在桥墩施工中,随着桥墩的逐渐筑高,中心的放样工作需要重复进行,而且要求迅速和准确。为此,在第一次求得正确的桥墩中心位置 P_i 以后,将 CP_i 和 DP_i 方向线延长到对岸,设立固定的瞄准标志 C'和 D',如图 13-11 所示。以后每次作方向交会放样时,从 C、D 点直接瞄准 C'、D'点,即可恢复点的交会方向。

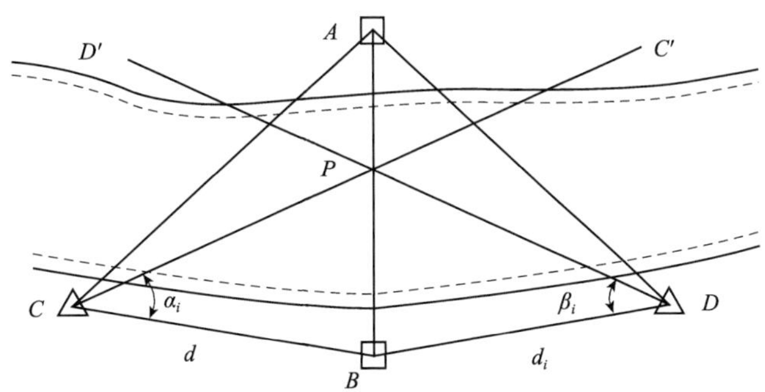

图 13-11　方向交会法的固定瞄准标志

4)极坐标及直角坐标法

在使用经纬仪加测距仪(或使用全站仪),并在被测设点位上可以安置棱镜的条件下,若用坐标法放出桥墩中心位置,则更为精确和方便。

对于极坐标法,原则上可以将仪器置于任何控制点上,按计算的放样数据——角度和距离测设点位。

对于全站仪,还可以根据测站点、后视点以及待放点的直角坐标,自动计算出待放点相对于测站点的极坐标数据,再以此测设点位。

但若是测设桥墩中心位置,最好是将仪器安置于桥轴线点 A 或 B 上(以图 13-11 为例),瞄准另一轴线点作为定向,然后指挥棱镜安置在该方向上测设 AP_i 或 BP_i 的距离,即可定出桥墩中心位置 P_i点。

2. 曲线桥梁墩台定位

在山岭地区,路线设弯道较多,桥位要随路线而定,需要架设曲线桥。在现代化的高速公路上,为了使路线顺畅,也需要修建曲线桥,在设计时往往根据具体条件采用不同的处理方法:一是预制安装的简支梁(板)桥梁,线型虽然是曲线,但各孔的梁或板仍采用直线,将各孔的梁或板连接起来实际是折线,各墩的中心即是折线的交点;二是为了美观、协调和线型的顺扬,根据路线的需要设计成弯拱、弯板或弯梁桥,就地浇筑的弯梁(板)以及预制安装的弯梁(板)等。立交桥中的匝道多采用此种形式。

由于跨径、曲线半径、缓和曲线的不同和设置超高、加宽等因素的变化,曲线桥的布置也不尽相同。因此在测量之前,必须详细了解设计文件及有关图表资料,并复核设计图中有关数据,然后进行现场的测量工作。

曲线桥梁墩台中心放样的方法主要有偏角法、支距法、坐标法、交会法和综合法等:对位于干旱河沟的曲线桥,一般采用偏角法、支距法和坐标法;对部分或全部位于水中不能直接丈量的曲线桥墩台，则可采用交会法和综合法进行定位。

曲线桥墩台中线的测量方法：

1）偏角法

位于干旱河沟的桥梁，可根据设计平面图按精密导线测设方法，用钢尺量距，经纬仪测角以偏角法来测定墩台中心位置，并根据各墩的横向中心线与梁的中心线的偏角定出墩台横向中心线并设立护桩。即对设计图纸中给定的有关参数和墩台中心距 L、外偏距 E 进行复核无误后，自桥梁一端的台后开始，按顺序逐墩台测角、量距进行定位，最后应闭合至另一台后的已知控制点上。量距的要求同前面所述。

2）坐标法

如果采用测距仪或全站仪进行定位，可以使用坐标法，首先沿桥中线附近布设一组导线，然后根据各墩台中心的理论坐标与邻近的导线点坐标差（应为同一坐标系）求出导线点与墩台中心连线的方位和距离。置镜该导线点拨角测距即可定出墩台中心，并可用偏角法进行复核。

3）交会法

凡属曲线大桥和有水不能直接丈量的桥墩、台，均应布设控制三角网，用前方交会法控制墩位。对三角网的要求、测设和计算如前所述。

4）综合法

（1）一部分为直线，一部分为曲线，曲线在岸上或浅滩上，如图 13-12a）所示。测量时，由基线 A、B、C 三角点上交会河中两墩，施测的详细方法见前部分内容。对岸曲线上的桥台可自曲线起点（也即三角点 D）用精密导线直接丈量法测定，本岸桥台用直接丈量法或由辅助点 A'、B'交会亦可。

（2）一部分为直线，一部分为曲线，曲线起点（或终点）在河中，如图 13-12b）所示。在直线延长线上设 D 点，由三角网 $BACD$ 中测算 AD 长度，AD 减去 A 至曲线起点距离得 t_1，再计算 F 台在切线上的投影 x 及支距 y，由 D 点在直线上丈量 $t_1 - x$ 得点 H，量支距 y 得 F 台。同样，用支距法定出 E 墩，或置镜于 F 点用偏角法定出 E 墩。

（3）桥梁全部在曲线上，如图 13-12c）所示。这时，应先在室内按比例绘制出全桥在曲线上的平面位置图，拟定 AB 辅助切线。AB 最好切于某一墩中心，以减少部分计算。选择 A、B（或 A'、B'）点要能通视各墩，便于交会。然后算出：曲线起点至 A 点距离，曲线终点至 B 点距离，偏角 α_1、α_2，AB 长度，AB 至各墩之垂足 E'、F'、G'…之间的距离，$E'E$、$F'F$、$G'G$…各墩的切线支距。然后进行现场实测，由起点和终点引出 A、B 两点；设置基线 AD、BC，从三角网 $ABCD$ 中测算 AB 长，量出 α_1、α_2角值。测算值与图上算得值不符时，应检查错误，改正后重测。只有当这些数值无误后，方能计算由 C、D 三角点至 E'、F'、G'…点之交会角 α_i、β_i以交会出各墩垂足，再从垂足用支距法引出墩中心。如支距过长，可算出墩中心坐标，由 C、D 点直接交会。桥台位于岸上，用偏角法或切线支距法测设均可。

一般路线设计中，常用的有圆曲线和缓和曲线，它们的曲线要素有较为固定的计算公式。

在设计文件已给定墩、台定位有关数据时，只需重新复核无误即可按其进行放样定位。但数据通常并不能满足施工的需要，应按路线测设资料、曲线有关要素，求出各墩台中心为顶点的直线，再用偏角进行定位。

对于坐标值的计算，一般在直角坐标系中的应用较为普遍、简便。可以先建立以墩台中心为原点，切线及法线方向为坐标轴的局部坐标系，在局部坐标系中确立待放点局部坐标值；再利用墩台中心的路线坐标值将局部坐标值转换至路线坐标中。

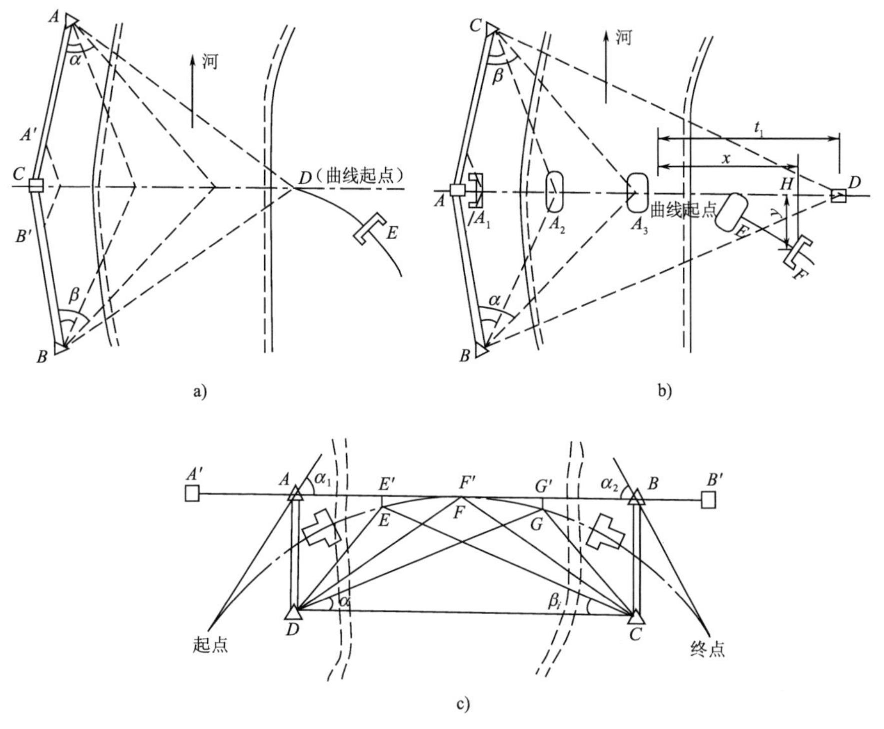

图 13-12　曲线桥墩台放样图

三、墩台纵横轴线测量

墩台中心测设定位以后，尚需测设墩台的纵横轴线，作为墩台细部放样的依据。在直线桥上，墩台的横轴线与桥的纵轴线重合，而且各墩台一致。所以可以利用桥轴线两端控制桩来标志横轴线的方向，而不再另行测设标志桩。

在测设桥墩台纵轴线时，应将经纬仪安置在墩台中心点上，然后盘左、盘右以桥轴线方向作为后视，然后旋转90°（或270°），取其平均位置作为纵轴线方向，如图13-13所示。因为施工过程中，经常要在墩台上恢复纵横轴线的位置，所以应于桥轴线两侧各布设两个固定的护桩。

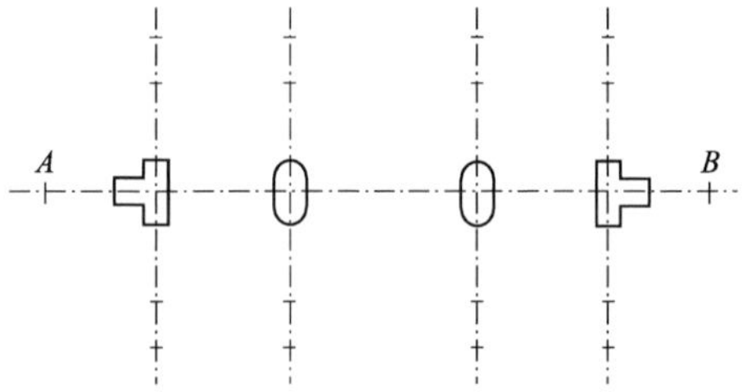

A

B

图 13-13　直线桥梁纵横轴线图

在水中的桥墩，因不能架设仪器，也不能钉设护桩，则暂不测设轴线，等筑岛、围堰或沉井露出水面以后，再利用它们钉设护桩，准确地测设出墩台中心及纵横轴线。

对于曲线桥，由于路线中线是曲线，而所用的梁板是直的，因此路线中线与梁的中线不能完全一致，如图13-14所示，梁在曲线上的布置是使各跨梁的中线连接起来，成为与路中线相符合的折线，这条折线成为桥梁的工作线。墩、台中心一般就位于这条折线转折角的顶点上。放样曲线桥的墩、台中心，就是测设这些顶点的位置。在桥梁设计中，梁中心线的两端并不位于路线中线上，而是向曲线外侧偏移一段距离 E，这段距离 E 称为偏距；相邻两跨梁中心线的交角 α 称为偏角；每段折线的长度 L 称为桥梁中心距。这些数据在桥梁设计图纸上已经标定出来，可直接查用。

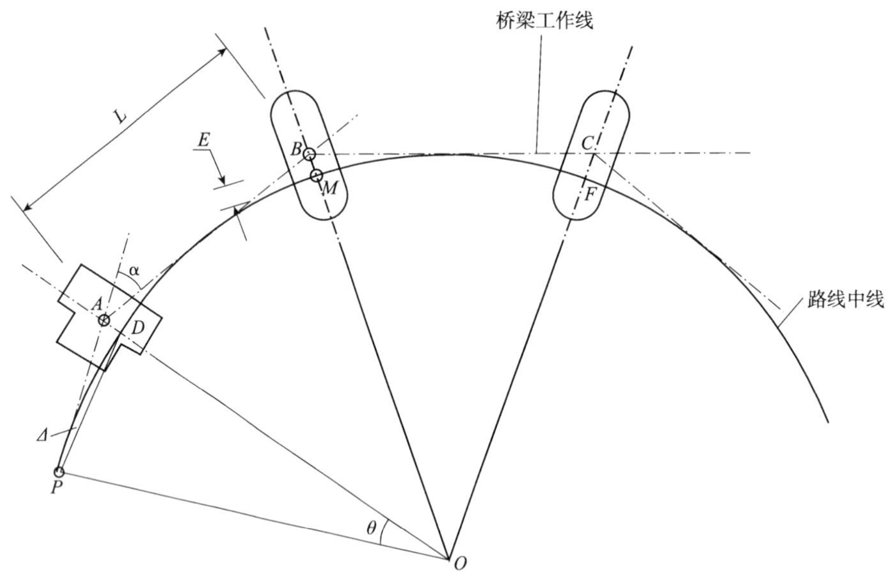

图 13-14　预制安装曲线桥梁桥墩纵横轴线图

曲线桥在设计时,根据施工工艺可设计成预制板装配曲线桥或者现浇曲线桥。对于前者,桥墩台中心与路线中心线不重合,桥墩台中心与路中线有一个偏距 E,如图 13-14 所示;对于后者(图 13-15),桥墩台中心与路线中线重合,在放样时要注意。

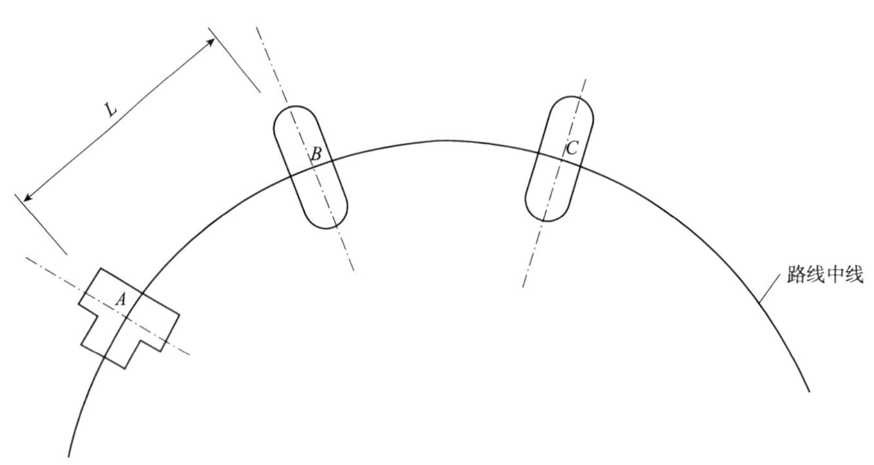

图 13-15　现浇曲线桥梁桥墩纵横轴线图

预制板装配曲线桥放样时,可根据墩台标准跨径计算墩台横轴线与路中线的交点坐标,放出交点后,再沿横轴线方向量取偏距 E 得墩台中心位置,或者直接计算墩台中心的坐标,直接放样墩台中心位置;对于现浇曲线桥,因为路中线与桥墩台中心重合,可以计算墩台中心的坐标,根据坐标放样墩台中心位置。

第四节 隧道施工测量

一、概 述

隧道的设计位置，一般在定测时已初步标定在地表面上。在施工之前先进行复测，检查并确认各洞口的中线控制桩，当隧道位于直线上时，两端洞口应各确定一个中线控制桩，以两桩连线作为隧道洞内的中线；当隧道位于曲线上时，应在两端洞口的切线上各确认两个控制桩，两桩间距应大于200m。以控制桩所形成的两条切线的交角和曲线要素为准，来测定洞内中线的位置。由于定测时测定的转向角、曲线要素的精度以及直线控制桩方向的精度较低，满足不了隧道贯通精度的要求，所以施工之前要进行地面控制测量。地面控制测量的作用，是在隧道各开挖口之间建立一精密的控制网，以便根据它进行隧道的洞内控制测量或中线测量，保证隧道的准确贯通。

地面控制测量分为平面控制测量和高程控制测量，也称洞外控制测量。其内容和第八章的内容没有本质的区别，在公路勘测阶段已经完成控制网的布设，并已将公路中线在实地进行了放线。在公路隧道施工阶段，首先需要对勘测阶段的控制网进行复核，以确保控制测量准确。原勘测阶段的控制网，如前所述，已不能满足施工需要。为保证隧道施工需要，可单独进行施工测量的设计。测量设计内容一般包括控制点的布设形式、实测方法、测设结果，并对贯通误差等是否满足设计要求进行说明。隧道施工测量，分洞外控制测量和洞内控制测量。

隧道施工测量首先要建立洞外平面和高程控制网，每一开挖洞口附近都应设立平面控制点及水准点，这样将各开挖面联系起来，作为开挖放样的依据。随着坑道的向前掘进，必须将洞口控制桩坐标、方向以及洞口水准点的高程传递到洞内，再用导线测量的方法建立洞内的平面控制，用水准测量方法建立高程控制。根据洞内控制点的坐标及高程，来指导开挖方向，并作为洞内衬砌及建筑物放样的数据。隧道贯通后，必然产生平面及高程的贯通误差，此时需进行中线调整。设有竖井的隧道还需专门进行竖井测量。在隧道所有的施工项目完成后，要作竣工测量，并在施工过程中和竣工后对隧道及有关建筑物进行沉陷和位移的观测。

1.公路隧道洞外平面控制测量

隧道平面控制测量的主要任务，是测定各洞口控制点的平面位置，将设计方向导向地下，指引隧道开挖，并能按规定的精度进行贯通。

地面控制测量主要内容是：对设计单位所交付的洞外中线方向以及长度和水准基点高程等进行复核；同时，按测量设计的形式进行控制点布设。

为准确测定隧道各部位置和为隧道施工准备条件，应做好洞外控制测量，设置各开挖洞口的引测投点，以利施工时据以进行洞内控制测量。因此，平面控制网站的选点工作，应结合隧道平面线型及洞口(包括辅助坑道口)的投点，结合地形地物，在确保精度的前提下，充分考虑观测条件、测站稳定程度。各测站应埋设混凝土金属标桩。

洞口投点的位置，应便于引测进洞，尽量避免施工干扰。各掘进洞口至少设一个投点，并尽量纳入控制网内。只有在条件不允许时，方可用插点形式与控制网联系。

当洞口位于曲线上时，应在曲线上或曲线附近增设1个投点，以利于拨角进洞；当洞口位于直线上时，也可于洞口前后各设1个测点，其间距不宜小于200m，以便沿隧道中线延伸直线进洞。

公路隧道洞外平面控制测量参考精度，见表13-9、表13-10。

洞外平面控制测量参考精度（一） 表13-9

测量方法	两开挖洞口间距离(km)	测角中误差(″)	最弱边边长相对中误差	起始边边长相对中误差	基线中误差
三角测量	4~6	2	$\frac{1}{20000}$	$\frac{1}{30000}$	$\frac{1}{45000}$
	2~4	2	$\frac{1}{15000}$	$\frac{1}{20000}$	$\frac{1}{30000}$
	1.5~2	2.5	$\frac{1}{15000}$	$\frac{1}{20000}$	$\frac{1}{30000}$
	<1.5	4	$\frac{1}{10000}$	$\frac{1}{15000}$	$\frac{1}{25000}$

注：表列精度按下列情况考虑。

1. 按洞口投点为三角网端点且距洞口为200m。
2. 起始边至最弱边的三角形个数不多于7个。
3. 一组测量。

洞外平面控制测量参考精度（二） 表13-10

测量方法	两中、开挖洞口间距离		测角中误差(″)	导线边最小长度(m)		导线边长相对中误差	
	直线隧道	曲线隧道		直线隧道	曲线隧道	直线隧道	曲线隧道
导线测量	4~6	2.5~4	2	500	150	$\frac{1}{5000}$	$\frac{1}{15000}$
	3~4	1.5~2.5	2.5	400	150	$\frac{1}{3500}$	$\frac{1}{10000}$
	2~3	1.0~1.5	4.0	300	150	$\frac{1}{3500}$	$\frac{1}{10000}$
	<2	<1.6	10.0	200	150	$\frac{1}{2500}$	$\frac{1}{10000}$

隧道洞外平面控制测量的主要任务是，测定相向开挖洞口各控制点的相对位置，并和路线中心线联系，以便根据洞口控制点进行开挖，使隧道按设计的方向和坡度以及规定的精度贯通。

2. 洞外平面控制测量方法

隧道洞外平面控制测量的主要任务是测定洞口控制点的平面位置，并同道路中线联系，以便根据洞口控制点位置，按设计方向和坡度对隧道进行掘进，使隧道以规定的精度贯通。根据隧道的分级和地形状况，洞外平面控制测量通常有中线法、精密导线法、三角锁法以及全球定位系统(GPS)法等。

1）中线法

对于长度较短的直线隧道，可以采用中线法定线。中线法就是在隧道洞顶地面上用直接定线的方法，把隧道的中线每隔一定的距离用控制桩精确地标定在地面上，作为隧道施工引测进洞的依据。由于洞口两点不通视，需要在洞顶地面上反复校核中线控制桩是否精确地在路线中线上。通常采用正倒镜分中延长直线法从一端洞口的控制点向另一端洞口延长直线。一般直线隧道短于1000m，曲线隧道短于500m时，可采用中线作为控制。

对地形、地质条件简单的中、短隧道，采用敷设中线法作洞外平面控制测量时，必须遵守下列规定：

(1)所用经纬仪、红外仪、全站仪应有良好性能。使用 DJ_1 级经纬仪时，经纬仪的两倍视轴差 $2C$ 的绝对值应不大于 30″，使用 DJ_2 级经纬仪时应不大于 40″。超过上述限值时，必须进行视轴校正。

(2)对于直线隧道，可直接在地表沿隧道中线用经纬仪正倒镜延伸直线法进行敷设。每个转点间距视测量仪器及地形而定，一般宜在 200 ~ 1000m，而且前后相邻导线长度之比不宜过大。以正倒镜法延伸直线钉转点桩时，应观测两次，两个分中点的横向差在每 100m 距离小于 ±5mm 时，可用两个分中点的中点作前方导线点的位置。

(3)曲线隧道可用其切线及虚交点法的基线组成控制测量的导线，以联系两端洞口投点，导线偏角亦采用两次正镜法敷设。

(4)水平距离测量，宜优先考虑采用光电测距仪(如红外测距离、全站仪)，也可采用经过检定的钢尺或 2m 横基尺，应满足测距精度要求。

(5)采用敷设中线法作平面控制测量，可与隧道洞顶轴线定测工作同时进行。但应按规定布设各开挖洞口应设置的洞口投点。

如图 13-16 所示，图中 A、D 为定测时路线的中线点(也是隧道洞口的控制桩)，B、C…为隧道洞顶的中线控制桩，可按如下方法进行测设。

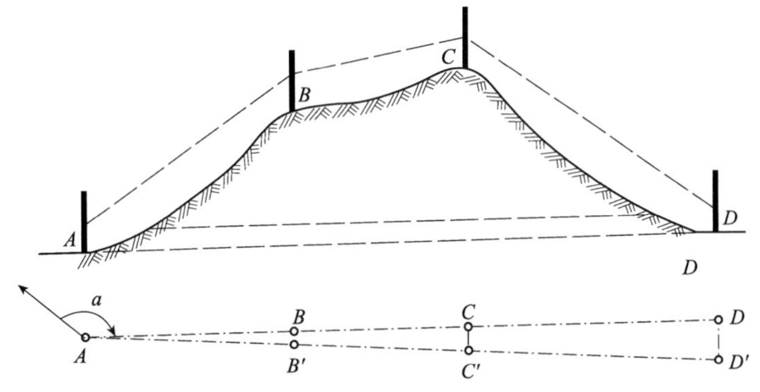

图 13-16　中线法地面控制

在 A 点安置仪器(经纬仪或全站仪)，根据概略方向在洞顶地面上定出 B' 点，搬仪器到 B' 点，采用正倒镜分中法延长直线 AB' 到 C' 点，同法继续延长该直线，直到另一洞口控制桩 D 点的近旁 D' 点。在延长直线的同时，用经纬仪视距法或全站仪测距法测定 AB'、$B'C'$ 和 $C'D$ 的距离。此时，D、D' 两点必定不重合。量取 D、D' 两点的距离 DD'。按比例关系计算出 C 点偏离中线的距离 CC'：

$$CC' = \frac{AC'}{AD'} \cdot DD' \tag{13-11}$$

在 C' 点沿垂直于 $C'D'$ 的方向量取距离 CC' 定出 C 点，将仪器安置于 C 点，用正倒镜分中法，延长直线 DC 到 B 点，同法继续延长该直线，直到另一洞口控制桩 A 点的近旁得 A' 点，若 A' 点与 A 点重合(或在容许误差范围内)，则测设完成。否则，用同样的方法进行第二次趋近，直至 B、C 等点精确位于 A、D 方向上为止。B、C 等点即可作为隧道掘进方向的定向点，A、B、C、D 的分段距离应用全站仪测定，测距的相对误差不应大于 1/5000。

施工时，将仪器安置于隧道洞口控制桩 A 或 D 上，照准定向点 B 或 C，即可向洞内延伸直线。

2)精密导线法

地面导线的测算方法与本书第八章的导线测量基本相同,但其要求较高,所以测角和量测边长均应用较精密的仪器和方法,而且导线的布设须按隧道工程的要求来确定。直线隧道的导线应尽量沿两洞口连线的方向,布设成直伸形式,因直伸导线的量距误差主要影响隧道的长度,而对横向贯通误差影响较小。在曲线隧道测设中,当两端洞口附近为曲线时,则两端应沿其端点的切线布设导线点;中部为直线时,则中部应沿中线布设导线点;当整个隧道在曲线上时,应尽量沿两端洞口的连线布设导线点。导线应尽可能通过隧道两端洞口及各辅助坑道的进洞点,并使这些点成为主导线点。要求每个洞口有不少于三个的、能彼此联系的平面控制点,以利于检测和补测。必要时,可将导线布设成主副导线闭合环,对副导线只测水平角而不测距。

导线法比较灵活、方便,对地形的适应性比较好。在目前光电测距仪、全站仪已经普及的情况下,是隧道洞外控制形式的首选方案。

精密导线应组成多边形闭合环。它可以是独立闭合导线,也可以与国家三角点相连。导线水平角的观测,应以总测回数的奇数测回和偶数测回,分别观测导线前进方向的左角和右角,以检查测角错误;将它们换算为左角或右角后再取平均值,可以提高测角精度。为了增加检核条件和提高测角精度评定的可行性,导线环的个数不宜太少,最少不应少于 4 个;每个环的边数不宜太多,一般以 4 ~6 条边为宜。

在进行导线边长丈量时,应尽量接近于测距仪的最佳测程,而且边长不应短于 300m;导线尽量以直伸形式布设、减少转折角的个数,以减弱边长误差和测角误差对隧道横向贯通误差的影响。

具体应遵守下列规定:

(1)精密导线法一般是采用由正副导线组成的若干个导线环组成的控制网。主导线应沿两洞口联线方向敷设,每 1 ~3 个主导线边应与副导线联系。主导线边长视地形及测量仪具而定,一般不宜短于 300m,宜相邻边长不宜相差过大,须测水平角及边长;副导线应按测角方便选定,一般只测水平角不测边长。洞口投点,应为主导线点,不宜另外联系。

(2)主导线各边测距,应优先采用短程光电测距仪。测量边长时,必须按照下列规定进行。主导线采用短程光电测距仪测量边长时,每边应往返测量一次,各照准一次,应取三个读数,其最大较差小于 5mm 时,取平均值。各边边长相对中误差不得大于设计值规定。一般以其精度最低者预计隧道贯通横向中误差。

(3)现在已经很少采用钢尺或横基尺测量导线边长。

(4)主导线各边边长观测值,经各项改正后应归算到隧道平均高程处。环形导线网用简单平差法进行平差。导线桩位置以坐标法表示,导线起始坐标值及坐标方位角,一般宜与隧道两端路线联系,并便利贯通误差计算。实测的洞顶中线应以导线计算值为准进行核对,断链桩应置于控制测量范围以外的整数桩上。

隧道洞外精密导线法测量与《测量学》教材所讲的导线测量法相同,但隧道洞外导线测量的精度要求较高。测角和测边使用较精密的光电测距仪器。

(5)在直线隧道中,导线应尽量沿两洞口连接的方向布设成直伸式,因为直伸式导线量距误差只影响隧道的长度,而对横向贯通误差影响很小。

(6)在曲线隧道中,当两端洞口附近为曲线而中部为直线的隧道时,两端曲线部分可沿中线布设导线点;当整个隧道都在曲线上时,宜沿两端洞口的连接线布设导线点。如受地形、地物限制,可以离开中线或两洞口的连接线,但不宜离开过远。同时,曲线隧道的导线还应尽可能通过洞外曲线起讫点或交点桩,这样曲线交点上的总偏角可根据导线测量结果计算出来。据此,可将定测时所测得的总偏角加以修正,再用所求得的较精确的数值求算曲线元素,导线尽可能通过隧道两端洞口及辅助坑道口的进出洞点,使这些点能成为主导线点。若受条件限制,辅助坑道口的进洞点不便直接联系为主导线点时,可作支导线点(即副导线点),这些点至少与两个主导线点联测,以保证精度。

(7)为了提高导线测量的精度和增加校核条件,一般将导线布置成多边形闭合环。当丈量距离困难时,可布设成主副导线闭合环,副导线只测其转折角而不量距离。

洞外导线测量量距精度要求较高,一般要求为 1/5000 ~ 1/10000。在山岭地区,要求采用红外仪或全站仪测角和测距,容易满足精度要求。

3)三角锁法

对于长隧道、曲线隧道及上、下行隧道的施工控制网,由于地形起伏多变,要求更高,故以布设三角锁为宜。测定三角锁的全部角度和若干条边长,或全部边长,使之成为边角网。三角网的点位精度比导线高,有利于控制隧道贯通的横向贯通误差,如图 13-17 所示。

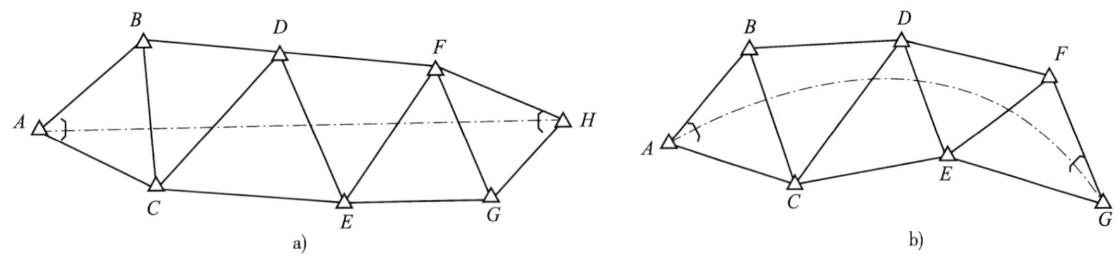

图 13-17 三角锁地面控制

布设三角锁时,先根据隧道平面图拟定三角网,然后实地选点,用三角测量的方法建立隧道施工控制网。

用三角锁法布设隧道施工控制网时,一般布置成与路线同一方向延伸,隧道全长及各进洞点均包括在控制范围内,三角点应分布均匀,并考虑施工引测方便和使误差最小。基线不应离隧道轴线太远,否则将增加三角锁中三角形的个数,从而降低三角锁最远边推算的精度。

隧道三角锁的图形,取决于隧道中线的形状、施工方法以及地形条件。

直线隧道以单锁为主,三角点尽量靠近中线,条件许可时,可利用隧道中线作为三角锁的一边,以减少测量误差对横向贯通的影响。曲线隧道三角锁以沿两端洞口的连线方向布设较为有利,较短的曲线隧道可布设成中点多边形锁,长的曲线隧道,包括一部分是直线、一部分是曲线的隧道,可布设成任意形式的三角形锁。

三角锁控制测量,必须重视三角网点位置的选择。布设时,应配合地形及隧道平面线型,对布点位置要做周密的考虑,以保证达到以下各项要求:

(1)三角锁宜沿两洞口联线方向敷设,邻近隧道中线一侧的三角锁各边,宜尽量垂直于贯通面,避免较大的曲折。当地形、气候或其他特殊情况不允许时,方可少许离开隧道方向布设。

(2)三角锁的组成,以采用单三角形为主,近似等边三角形为佳。地形不许可时,也可采用任意三角形,求其距角应尽量接近 60°,不宜小于 30°,特别困难情况下应不小于 25°。为配合地形,可部分采用大地四边形,以提高图形强度,为适应曲线隧道线型,个别图形也可采用中点多边形。

(3)组成三角锁的三角形个数以少为好,起始边至最弱边的三角形个数不宜超过6个,否则应增设起始边。全隧道三角形个数,一般不宜超过12个。

(4)三角锁一般宜在中部设置一条起始边(或基线网扩大边)。必要时可在较远处另设一条起始边以便检核,起始边长度不宜小于三角网最大边长的1/3。增列基线条件时,起始边应分设于锁的两端。

(5)洞口投点(包括辅助坑道洞口),如因地形不允许定为三角点时,可采用插点形式与三角锁联系,而且以简单三角形联系为佳。

(6)三角点的位置,在确保精度的前提下,应稳固、便于施测,而且对邻近三角点有良好的通视条件,易于设立长期保存的标志。

4)全球定位系统(GPS)法

用全球定位系统(GPS)的定位技术做隧道施工的地面平面控制时,只需要在洞口布设洞口控制点和定向点,除了洞口点及其定向点之间因需要通视而应做施工定向观测之外,洞口与另外洞口之间的点不需要通视,与国家控制点之间的联测也不需要通视。因此,地面控制点的布设灵活方便,而且其定位精度目前已能超过常规的平面控制网,加上其他优点,GPS定位技术将在隧道施工测量的地面控制测量中被广泛应用。

二、隧道洞外地面高程控制测量

隧道高程控制测量的任务,是按照规定的精度,施测隧道洞口(包括隧道的进出口、竖井口、斜井口和坑道口等)附近水准点的高程,作为高程引测进洞的依据。保证按规定精度在高程方面正确贯通,并使隧道工程在高程方面按要求的精度正确修建。高程控制采用二、三、四、五等水准测量,当山势陡峻采用四、五等水准测量困难时,亦可采用光电测距仪三角高程的方法测定各洞口高程。多数隧道采用三、四等水准测量。

水准路线应选择在连接两端洞口最平坦和最短的地段,以期达到设站少、观测快、精度高的要求。水准路线应尽量直接经过辅助坑道附近,以减少联测工作。每一洞口埋设的水准点应不少于两个,两个水准点间的高差,以能安置一次水准仪即可联测为宜,两端洞口之间的距离大于1km时,应在中间增设临时水准点,水准点间距以不大于1km为宜。而且,根据两洞口点间的高差和距离,可以确定隧道底面的设计坡度,并按设计坡度控制隧道底面开挖的高程。

当布设地面导线时,若使用光电测距仪,则采用三角高程测量较为方便。一般规定,当两开挖洞口之间的水准路线长度短于10km时,容许高差不符值$\Delta h \leqslant \pm 30\sqrt{L}$(mm)($L$为单程路线长度,单位为km)。如高差不符值在限差以内,取其平均值作为测段之间的高差。

三、洞口掘进方向标定

洞外平面和高程控制测量完成以后,施工时,可按坐标反算的方法(洞口点的设计坐标和高程已知),求得洞内设计点和洞口附近控制点之间的距离、角度和高差关系(测设数据),根据这些测设数据,就可以采用极坐标法或其他方法,测设洞内设计点位,从而指导隧道施工。

1)掘进方向测设数据的计算

以三角锁平面控制测量结果为例。

(1)直线隧道。如图13-18所示,为一直线隧道,洞口控制桩A、G位于三角网的两端,各三角点的坐标已求得设为(x_i, y_i),S_1、S_2为进A点洞口进洞后的第一、第二个里程桩,T_1、T_2为进G点洞口进洞后的第一、第二个里程桩。为求得A点洞口隧道中线掘进方向及掘进后测设

中线里程桩 S_1,需计算下列极坐标法测设数据:

$$\left.\begin{aligned}\alpha_{AB} &= \arctan\frac{y_B - y_A}{x_B - x_A}\\ \alpha_{AG} &= \arctan\frac{y_G - y_A}{x_G - x_A}\\ \beta_A &= \alpha_{AG} - \alpha_{AB}\\ D_{AS_1} &= \sqrt{(x_{S_1} - x_A)^2 + (y_{S_1} - y_A)^2}\end{aligned}\right\} \tag{13-12}$$

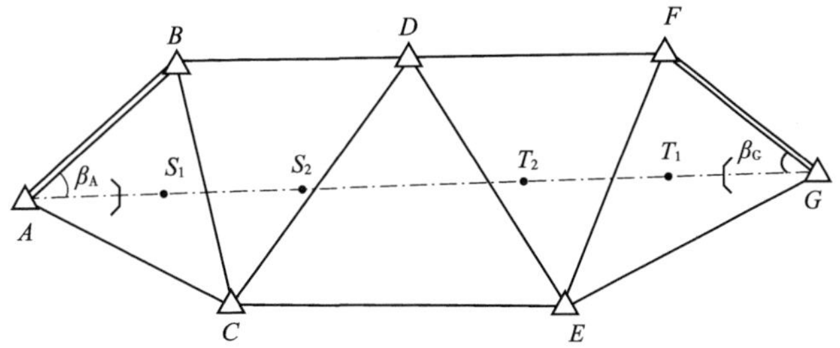

图 13-18　直线隧道掘进方向

对于 G 点洞口隧道中线掘进方向及掘进后测设中线里程桩 T_1,可做类似的计算。

以上角值应计算到秒,距离应计算到毫米。现场施工时,在实地安置仪器于 A 点后视 B 点,拨水平角 β_A 即为 AG 进洞方向;同样,置仪器于 G 点后视 F 点,拨角$(360° - \beta_G)$即为 GA 进洞方向。

(2)设有曲线段的隧道。对于中间设有曲线的隧道,应用三角网控制的曲线隧道,如图 13-19所示,设各三角点的坐标已求得设为(x_i, y_i),路线中线转角点 C(又可称为 JD)的坐标和曲线半径 R 已由设计所指定。有了这些数据后,对于直线段可按前述方法进行。当掘进达到曲线段的里程后,可以按照测设道路圆曲线的方法指导隧道的掘进。

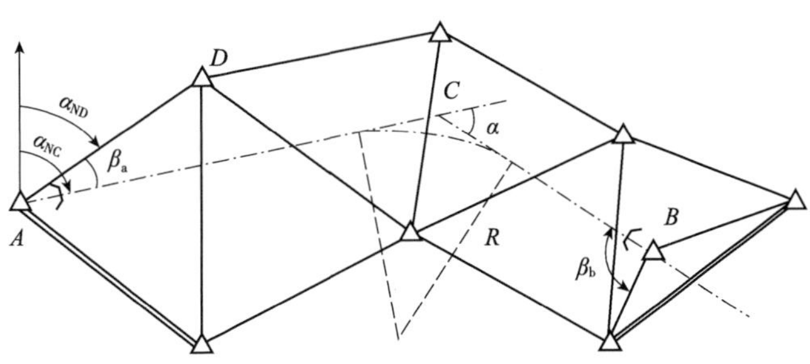

图 13-19　曲线隧道掘进方向

(3)辅助巷道。对于设有辅助巷道的隧道,如图 13-20 所示,为直线隧道上设一横向辅助巷道,其中 A、B 为正洞洞口控制桩,E、D 为横洞洞口控制桩,其坐标均已通过设计求出。进洞测设数据计算,主要是算出 ED 线与正洞中线的交角 β_1、E(或 D)点到正洞与横洞交点 C 的距离和 A 点到 C 点的距离。

其计算方法如下:按坐标反算的方法分别求出 BA、DE、AE 之方位角 α_{BA}、α_{DE}、α_{AE}以及 AE 的距离 D_{AE}后有:

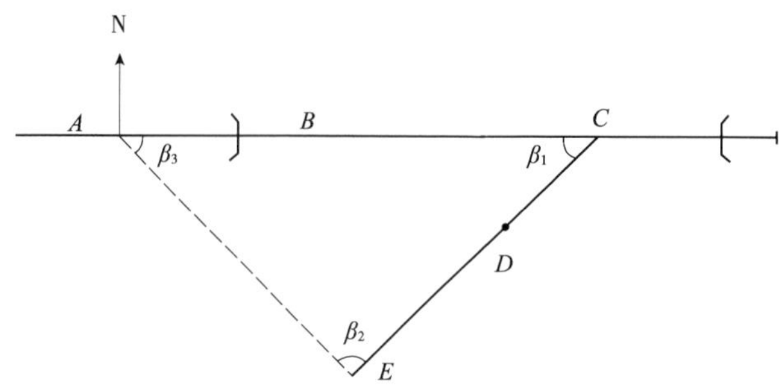

图 13-20 辅助巷道掘进方向

$$\beta_1 = \alpha_{BA} - \alpha_{DE}$$
$$\beta_2 = \alpha_{ED} - \alpha_{EA} \quad (13\text{-}13)$$
$$\beta_3 = \alpha_{AE} - \alpha_{AB} = \alpha_{AE} - \alpha_{BA} \pm 180°$$

在△ACE 中，已知三内角 β_1、β_2、β_3 和一边长 D_{AE}，则根据正弦定理得出：

$$D_{AC} = \frac{D_{AE} \cdot \sin\beta_2}{\sin\beta_1}$$
$$D_{EC} = \frac{D_{AE} \cdot \sin\beta_3}{\sin\beta_1} \quad (13\text{-}14)$$

2）洞口掘进方向的标定

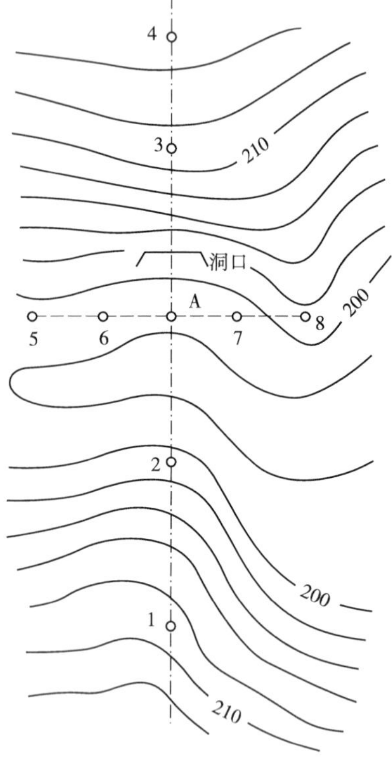

图 13-21 洞口控制点和掘进方向标定

隧道贯通的横向误差主要由测设隧道中线方向的精度所决定，而进洞时的初始方向尤为重要。因此，在隧道洞口，要埋设若干个固定点，将中线方向标定于地面上，作为开始掘进及以后洞内控制点连测的依据。如图 13-21 所示，用 1、2、3、4 桩标定掘进方向，再在洞口点 A 处沿与中线垂直方向上埋 5、6、7、8 桩。所有标定方向桩应采用混凝土桩或石桩，埋设在施工中不被破坏的地方，并测定 A 点至 2、3、6、7 等桩位的距离。这样，有了方向桩和相应数据，在施工图 13-21 洞口控制点和掘进方向标定过程中，可以随时检查或恢复进洞控制点的位置和进洞中线的方向和里程。有时在现场无法丈量距离，则可在各 45°方向再打下两对桩，成米字形控制，用四个方向线把进洞控制点的位置固定下来。

四、洞内施工控制测量

地面控制测量完成后，可利用控制点指导隧道开挖进洞。隧道开挖初期，洞内的施工是由进洞测量引进的临时中线点控制的。临时中线延伸一定距离后，需建立正式中线控制或导线控制，以控制隧道的延伸。同时，测设固定水准点，建立与洞外统一的高程系统，作为隧道施工放样的依据，保证隧道在竖向正确贯通。以上平面控制测量和高程控制测量，称为洞内控制测量。

由于隧道是带状的构造物，导线测量是洞内测量的首选形式。洞内导线测量是建立洞内平面控制的主要方法。将洞外建立的平面控制和高程控制传递到洞内，从而建立洞内控制点。然后利用这些洞内控制点，建立洞内导线点和水准点，对洞内的中线方向及洞内的高程进行标定，以便及时修正隧道中线的偏差、控制掘进方向，保证洞内建筑物的精度和隧道施工中多向掘进的贯通精度。

1. 洞内导线测量

洞内导线测量是建立洞内平面控制的主要形式。临时中线控制隧道开挖至一定的深度后，应立即建立正式中线，以满足控制隧道延伸的需要。正式中线点是通过导线点按极坐标法测设的，因此隧道开挖至一定的距离后，导线测量必须及时跟上。洞内导线的起始点通常都设在隧道洞口、平行坑道口、横洞或斜井口，它们的坐标在建立洞外平面控制时已确定。洞内导线点应尽可能沿路线中线布设。为了提高导线测量的精度和加强对新设置导线点的校核，洞内导线可组成多边形闭合环或主副导线闭合环（副导线只测角、不量边）。主导线点应埋设永久基桩，埋设深度以不易被破坏和便于利用为原则。

如图 13-22 所示为导线闭合环形式。图中 0 为洞外平面控制点，1、2、3、4、5、6…为沿隧道中线布设的导线点，其边长为 50～100m，在旁侧并列设立另一导线 1′、2′、3′、4′、5′、6′…，一般每隔两三边闭合一次，形成导线环。每设一对新点，应首先根据观测值求解出所设新点的坐标。如由 5 点设立 6 点，由 5′点设立 6′点，在角度和边长观测以后，即可根据 5 点的坐标求 6 点的坐标；根据 5′点的坐标求 6′点的坐标，这种导线闭合前的坐标在此称为资用坐标。然后由 6、6′点的坐标反算两点间的距离，并与实地量测的距离做比较，以进行实地检核。若比较后未超限，即可根据这些点测设中线点或施工放样。等导线闭合以后，进行平差，再算平差后的坐标值。若平差后的坐标值与资用坐标值相差很小（一般为 2～3mm），则根据资用坐标测设之中线点可不再改动；若超限，则应按平差后的坐标值来改正中线点的位置。计算到最后一点坐标时，则取平均值作为最后结果。

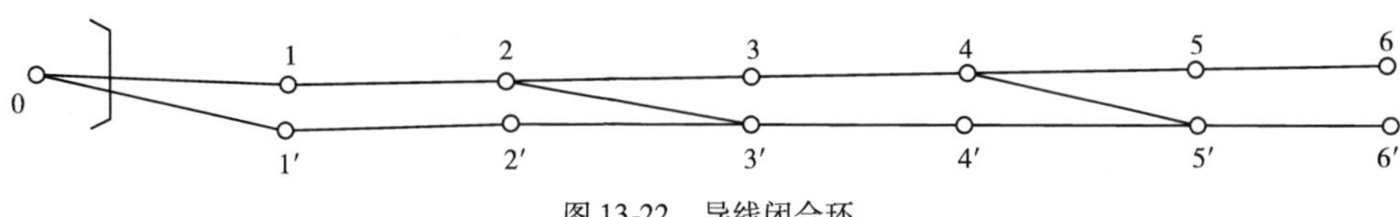

图 13-22　导线闭合环

在布设主副导线闭合环。其形式与导线闭合环基本相同，但主副导线埋设不同的标志。如图 13-23 所示为主副导线闭合环，图中主导线（以双线表示）传递坐标及方位角、副导线（以单线表示）只测角、不量边，供角度闭合。此法具有上述闭合导线环的优点，即导线环经角度平差以后，可以提高导线端点的横向点位精度，并对水平角度测量做较好的检核，根据角度闭合差还可评定测角精度，同时减少了大量的量距工作。

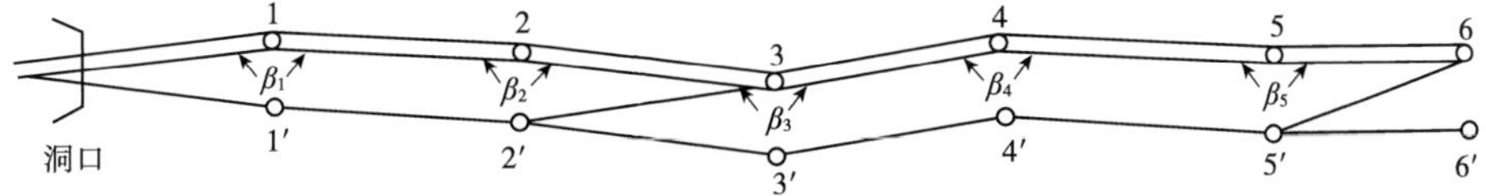

图 13-23　主副导线闭合环

角度闭合差分配后，按改正的角度值计算主导线各点的坐标。最后按主导线点的坐标来测设中线点的位置。

2. 洞内水准测量

洞内水准测量的目的是在洞内建立一个与地面统一的高程系统，作为隧道施工放样的依据，保证隧道在竖向正确贯通。洞内水准测量一般以洞口水准点的高程作为起始依据，通过水平坑道、竖井或斜井等处将高程传递到地下，然后测定各水准点的高程。

洞内水准测量的方法与地面水准测量的方法相同，按三、四等水准测量方法进行。洞内水准路线，应由洞口高程控制点向洞内布设，一般与洞内导线的线路相同，导线点可以兼作水准点，结合洞内施工情况，测点间距以 200 ~ 500m 为宜。需要注意两点：一是在隧道贯通之前，水准路线为支线，需要往返观测及多次观测进行校核；二是水准点的设置应与围岩级别相适应，四、五、六级围岩易变形，拱顶下沉较多，宜选在围岩级别高的地方，同级围岩，底板优于边墙、顶板。主要原因是施工爆破振动、机械振动、围岩收敛等影响水准点的稳定。顶板设置水准点应谨慎。

洞内施工用的水准点，应根据洞外、洞内已设定的水准点，按施工需要加设。由于洞内通视条件差，仪器到水准点的距离不宜大于 50m，并用目估法使其相等。为使施工方便，在导坑内拱部、边墙施工地段宜每 100m 设立一个临时水准点，并定期复核。所有水准点均应定期复核，检测水准点是否因受施工爆破振动等因素而发生变化。

由于洞内工作场地小、施工干扰大和施工放样时要测定高程点的各点部位不同，需采用不同的方法来进行。

放样洞顶高程时，在洞底水准点上正立水准尺，以此为后视点，在洞顶倒立水准尺，以此为前视点，如图 13-24 所示（其他形式参考该类型），此时两点的高差仍为：$h = a - b$，但应注意：后视读数为正，前视读数为负，然后用常规计算方法，计算洞顶高程。

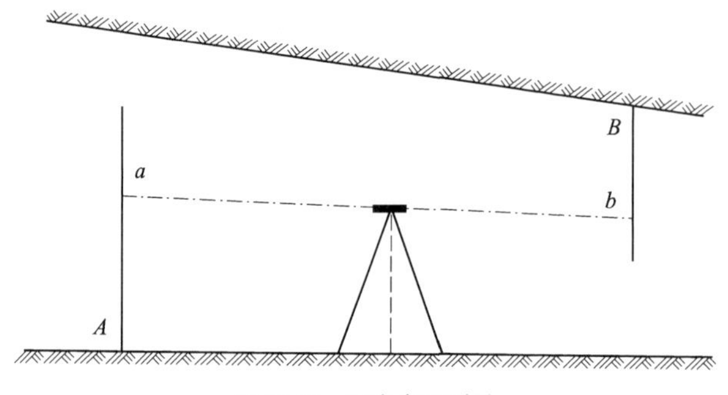

图 13-24　洞内水准测量

隧道在贯通以后，可在贯通面附近设立一个水准点，由两端洞口引进的水准路线都联测到此点上，这样此水准点便有两个高程数值，其差值就是实际的高程贯通误差，若此误差在允许范围内，则以水准路线长度的倒数为权，取两高程的加权平均值作为所设水准点的高程。据此，再调整洞内其他水准点的高程，作为最后成果。

五、隧道洞内的中线测量工作

隧道掘进一般采用临时中线来控制。设置在洞内的主要导线点，绝大多数不在贯通理论中线上。为便于日常施工放样，在一定区段内，需根据主导线点测设一定数量位于贯通理论中线上的中线点，作为施工放样的依据。测设中线点一般用坐标法、直角坐标法和极坐标法。需要注意的是，根据《公路隧道施工技术规范》规定，模板放样时，允许将设计的衬砌轮廓线扩大 5cm，确保衬砌不侵入隧道建筑限界。这样，开挖轮廓线相应扩大 5cm，同时，要考虑拱顶下沉预留的沉落量,以保证隧道的净空。拱顶下沉预留的沉落量是根据隧道拱顶下沉观测资料和围岩级别设计沉落量等因素,由隧道工程师等技术人员确定的,测量人员必须把上述尺寸计算在内。

由于洞内导线点和设计的中线里程桩坐标是已知的,用全站仪可以很方便地直接在导线点上架设仪器,放出中线点。再通过中线点与开挖轮廓线等的关系,对隧道进行施工放样。

六、隧道洞内施工中线延伸测量

隧道掘进一般采用临时中线来控制,设立临时中线是为了在平面和高程上控制导坑断面的位置。故导坑内临时中线点间的距离较短,通常在直线上为10m,在曲线上为5m。

1)直线导坑的延伸测量

直线导坑的延伸测量可采用串线法进行,此法是将指导开挖的临时中线点设在洞顶。施测时,在中线方向上悬吊三条垂球线,以眼睛瞄准指导开挖方向。采用该法时,作为标定方向的两条垂球线的间距不宜短于5m。当直线导坑延伸长度超过30m时,应用经纬仪检核一次,并用仪器设置一个临时中线点,以后仍用上法目测指示掘进。

用经纬仪延伸法,当中线延伸到20m或30m时,应使用经纬仪定正前端临时中线点;仪器定正若干次,达到设置一个正式中线点的长度时,则需设正式中线点。正式中线点的点间距离,在直线上一般为100~200m,临时中线用正倒镜拨角分中定点,距离可用皮尺丈量正式中线用两次正倒镜拨角分中定点,距离采用钢卷尺丈量。

另外,对于直线导坑的延伸测量,在有条件的情况下,可配合使用激光指向仪指导掘进方向。

2)曲线导坑的延伸测量

导坑延伸的曲线测量原理同洞外曲线的测设基本相同,但导坑延伸的曲线测设方法有自己的特点,即由于洞内地域狭窄,施测时必须将曲线分段(一般为5m或10m),以缩短支距、减小偏角便于施测。下面介绍几种常用的方法:

(1)切线支距法。如图12-41所示,设圆曲线半径为R,分段曲线长为l。则可按式(13-15)计算出分段弧长l所对的圆心角φ、切线长t、弦长c和分段弧长l终点的坐标(x,y)。

$$\left.\begin{aligned}
\varphi &= \frac{l}{R}\cdot\frac{180}{\pi}\\
t &= R\cdot\tan\frac{\varphi}{2}\\
c &= 2R\cdot\sin\frac{\varphi}{2}\\
x &= R\cdot\sin\varphi\\
y &= R\cdot(1-\cos\varphi)
\end{aligned}\right\}\tag{13-15}$$

求出上述数据后,即可按如下方法进行测设:

在图13-25中,由直线段掘进至B点(ZY点)后,继续按原方向(切线方向)掘进一段距离x,得到K点,再由K点作切线方向的垂线,并量支距y得1点(1点也可由K点及B点分别量支距y和弦长c交会得出)。由B点沿切线方向前量距离t,得P点。再量P点与1点的距离(应等于t),以检查1点的位置是否正确。若正确,则可用P、1两点的连线方向(即过1点的切线方向)指导向前继续掘进。当挖进距离x后,可用设置1点的方法得到2点。如此继续下去。

设置出曲线上一个点后，可用偏角法复核，即将经纬仪置于 B 点，以零读数照准 B 点的切线方向，拨 $\varphi/2$ 角量弦长 c，准确定得 1 点；再置仪器于 1 点，正镜读数对零，后视 B 点，倒镜转动上盘，使读数为 φ，即得 1 点与 2 点连线的方向，然后从 1 点量 c 准确定得 2 点。同法可得以后各点。

(2)后延弦线偏距法。如图 13-26 所示，设圆曲线半径为 R，分段曲线长为 l。则与 l 所对应的元素：分段弧长 l 所对应的圆心角 φ、切线长 t、弦长 c 和分段弧长 l 终点的坐标(x,y)均可按切线支距法求得。现场测设时，先用前述的切线支距法定出 1 点，再用钢尺分别从 B 点及 1 点量弦长 c 及弦线偏距 d 交会出 2′点；以 2′点与 1 点的连线方向指导开挖，当挖足弦长 c 距离后，沿 2′、1 方向线由 1 点起向前量取弦 c，即可定出曲线上 2 点。同法测设以后各点。

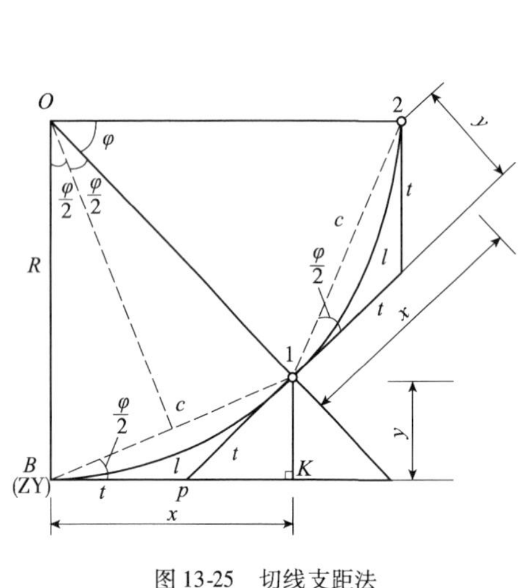

图 13-25　切线支距法

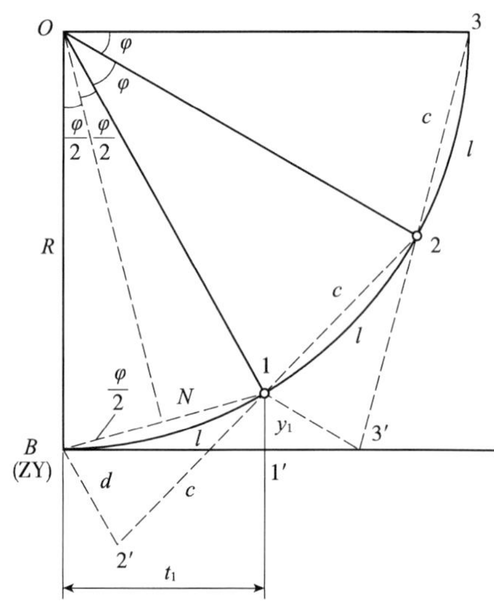

图 13-26　后延弦线偏距法

对于圆曲线，弦线偏距 d 按下式计算：

$$d=\frac{c^2}{R} \tag{13-16}$$

式中：c——分段弧长 l 所对应的弦长；

R——圆曲线的半径。

(3)全站仪坐标法。坐标法在目前是主要的方法，方便准确，在对隧道超欠控制方面，较其他方法精度高。可参照第十章圆曲线测设的有关方法内容，在此不再阐述。

七、隧道断面的量测

隧道开挖过程中，要求控制超挖、减少欠挖。测量人员必须及时测量断面尺寸，包括开挖测量断面尺寸和初衬断面尺寸，指导施工。为使开挖断面能较好地符合设计断面，在每次掘进前，应在开挖断面上，根据中线和轨顶高程，标出设计断面尺寸线。需要注意的是，如前所述，模板放样时，允许将设计的衬砌轮廓线扩大 5cm，确保衬砌不侵入隧道建筑限界。这样，开挖轮廓线相应扩大 5cm，同时，要考虑拱顶下沉预留的沉落量，以保证隧道的净空。测量人员必须把上述尺寸计算在内。分部开挖中的隧道在拱部和马口开挖后、全断面开挖的隧道在开挖成型后，应采用断面自动测绘仪或断面支距法测绘断面，检查断面是否符合要求，并用来确定超挖和欠挖工程数量。测量时，按中线和外拱顶高程，从上至下每 0.5m(拱部和曲墙)和 1.0m

(直墙)向左右量测支距。量支距时,应考虑到曲线隧道中心与线路中心的偏移值和施工预留宽度。

仰拱断面测量,应由设计洞顶高程线每隔0.5m(自中线向左右)向下量出开挖深度。

随着技术的进步,激光断面仪、免棱镜全站仪在隧道断面中的应用越来越广,仪器通过辐射测量极坐标的方式,能准确迅速地完成断面测量、放样等工作。

在拱部扩大和马口开挖工作完成后,应采用断面支距法量测应绘出断面。即根据中线及拱顶外线高程,从上而下每隔0.5m(拱部和曲线地段)和1.0m(直墙地段)向中线左右量测支距(量测支距时,应考虑隧道中心与路线中心的偏移值和施工的预留宽度),以指导开挖及检查断面,并作为立拱架的依据。遇有仰拱的隧道,仰拱断面应由中线起向左右每隔0.5m量出路面高程向下的开挖深度。

八、隧道衬砌位置控制

隧道衬砌,不论任何类型均不得侵入隧道建筑界限,否则隧道为不合格工程。因此,各个部位的衬砌放样都必须在线路中线、水平测量正确的基础上认真做好,使其位置正确,尺寸和高程符合设计要求,具体做法如下:

拱部衬砌是在安装好的拱架模型板上完成的,拱架必须架立在开挖断面符合净空要求及中线水平桩点正确无误的基础上。拱架制作是根据设计的拱架图,在放样台上按1∶1的比例尺放出大样,按大样制作构件拼装而成;拱架在受力后可能发生下沉及向内挤,影响隧道净空,因此必须根据地质情况预留加宽和沉落量,一般方法是将拱圈半径加大2~5cm;必要时提高起拱线和拱顶高程,但边墙基底高程应固定不变,砌筑边墙时,应以此不变高程控制,加上提高起拱线的数值。

在拱圈衬砌之前,还必须检查拱架和模型板的安装质量及净空尺寸、中线水平是否都合乎要求。在衬砌过程中,应随时检查模型板及拱架的状态,发现变形和走动,应停止灌注。立即纠正,以保证净空要求。

衬砌边墙放样、仰拱以及铺底施工放样不再详细讲述,需要特别指出的是,隧道施工不同于桥梁工程和路基工程,必须保证净空要求,否则隧道为不合格工程。根据《公路隧道施工技术规范》(JTG F60—2009)规定,模板放样时,允许将设计的衬砌轮廓线扩大5cm,开挖轮廓线相应扩大5cm,同时要考虑拱顶下沉预留的沉落量等因素,测量人员必须把上述尺寸计算在内。仰拱及铺底施工放样,也要保证基层、路面等结构的厚度,不许抬高路面高程,放样时要特别注意。

第五节　隧道竖井联系测量

在长隧道的施工中,为增加工作面、缩短工期,会用竖井、斜井或平洞来增加施工开挖面。为改善营运通风或施工条件而竖向设置的坑道,称为竖井;按一定倾斜角度设置的坑道,称为斜井;水平设置的坑道,称为平洞。这些坑道也称辅助坑道。当隧道顶部覆盖屋较薄,并且地质条件较好时,可采用竖井配合施工。不论何种形式,都要经由它们布设导线,构成一个洞内外统一的高程系统,这种导线称为联系导线。其性质属于支线性质,测角量边的精度直接影响隧道的贯通精度,必须多次精密测定,反复校核,确保无误。将地面控制网中的坐标和高程,通过竖井传递到地下,这些工作称竖井联系测量。

施工前,应根据洞外平面控制测量时定出竖井中心位置和纵横中心线,即十字线,并于每条线的两端各埋设两个混凝土永久桩,该桩距井筒周边 50m 以外,在开挖过程中。竖井的垂度靠悬挂重锤的铅垂线来控制,开挖深度用钢尺丈量。当竖井挖掘到设计深度,并根据初步中线方向分别向两端掘进十多米后,就必须进行井上和井下的联系测量,把洞顶地面高程和地面控制网中的坐标传递到井下及洞内,指导井下隧道开挖。

1. 竖井定向

竖井定向就是通过竖井将地面控制点的坐标和直线的方位角传递到地下,井口附近地面上导线点的坐标和边的方位角,将作为地下导线测量的起始数据。

竖井定向的方法一般采用连接三角形法。

1)联系三角形法

在竖井中悬挂两根细钢丝,为了减小钢丝的振幅,需将挂在钢丝下边的重锤浸在液体中以获得阻尼。阻尼用的液体黏度要恰当,使得重锤不能滞留在某个位置,也不因为黏度小而振幅衰减缓慢。当钢丝静止时,钢丝上的各点平面坐标相同,据此推算地下控制点的坐标。

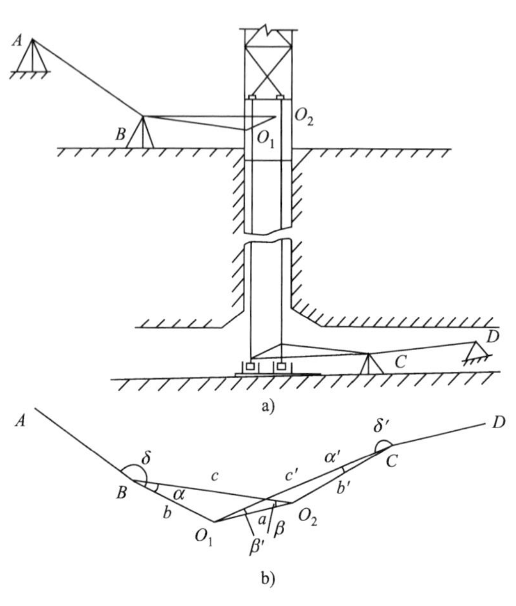

图 13-27 竖井定向联系测量及连接三角形法

如图 13-27a)所示,A、B 为地面控制点,其坐标是已知的,C、D 为地下控制点。为求 C、D 两点的坐标,在竖井上方 O_1、O_2 处悬挂两条细钢丝,由于悬挂钢丝点 O_1、O_2 不能安置仪器,因此选定井上、井下的连接点 B 和 C,从而在井上、井下组成了以 O_1O_2 为公用边的三角形 $\triangle O_1O_2B$ 和 $\triangle O_1O_2C$。一般把这样的三角形称为连接三角形。图 13-27b)所示的便是井上、井下连接三角形的平面投影。

当已知 A、B 两点的坐标时,即可推算出 AB 边的方位角,若再测出地面上 $\triangle O_1O_2B$ 中的 $\angle O_1BO_2 = \alpha$ 和三边长 a、b、c 及连接角 $\angle ABO_1 = \delta$,便可用三角形的边角关系和第八章的导线测量计算的方法,计算出 O_1、O_2 两点的平面坐标及其连线的方位角。同样在井下,根据已求得的 O_1、O_2 坐标及其连线方位角和测得井下 $\triangle O_1O_2C$ 中的 $\angle O_1CO_2 = \alpha'$,以及三边长 a、b'、c',并在 C 点测出 $\angle O_2CD = \delta'$,即可求得井下控制点 C 及 D 的平面坐标及 CD 边的方位角。

洞内导线取得起始点 C 的坐标及起始边 CD 边的方位角以后,即可向隧道开挖方向延伸,测设隧道中线点位。

为保证测量精度,在选择井上、井下 B 和 C 点时,应满足下列要求:

(1) CD 和 AB 的长度应尽量大于 20m。

(2)点 B 与 C 应尽可能地在 O_1O_2 延长线上,即角度 $\beta(\angle BO_1O_2)$、α 及 $\beta'(\angle CO_1O_2)$、α' 不应大于 2°,以构成最有利三角形,称为延伸三角形。

(3)点 C 和 B 应适当地靠近较近的垂球线,使 b/a 及 b'/a 一般不超过 1.5。

2)陀螺经纬仪竖井定向

利用陀螺经纬仪可以直接在地面上测定某一方向的真方位角,同时可以利用该点的坐标计算子午线收敛角，计算该点到某一方向的坐标方位角，方便精确地为隧道中线定向。近年来，陀螺经纬仪在自动化和高精度等方面有较大的发展，使陀螺经纬仪在竖井隧道自动测定方面有更大的应用。

2. 高程联系测量(导入高程)

高程联系测量的任务是把地面的高程系统经竖井传递到井下高程的起始点，导入高程的方法有：钢尺导入法、钢丝导入法、测长器导入法以及光电测距仪导入法。

1)钢尺导入法

如图 13-28 所示，在竖井地面洞口搭支撑架，将长钢尺悬挂在支撑架上并自由伸入洞内。钢尺下面悬挂一定质量的垂球，待钢尺稳定时，开始测量。假设在离洞口不远处的水准点 A 上立尺，在水准点和洞口之间架设水准仪，分别在水准尺和钢尺上读取中丝读数为 a、b，同时，在地下洞口和地下水准点 B 之间架设水准仪，在钢尺和水准尺上读数分别为 c、d，这时，地下水准点 B 与地面水准点 A 之间的高差为：

$$h_{AB}=(a-b)+(c-d)=(a-d)-(b-c) \tag{13-17}$$

$(b-c)$为井上、井下视线间钢尺的名义长度，实际计算中一般须加上尺长改正、温度改正、拉力改正和钢尺自重改正四项总和 $\Sigma\Delta l$，因此：

$$\begin{aligned} h_{AB} &= (a-d)-[(b-c)+\Sigma\Delta l] \\ &= (a-d)-(b-c)-\Sigma\Delta l \end{aligned} \tag{13-18}$$

这样，根据地面水准点的高程，可以计算地下水准点的高程：

$$H_B=H_A+h_{AB} \tag{13-19}$$

导入高程均需独立进行两次(第二次需移动钢尺，改变仪器高度)，加入各项改正数后，前后两次导入高程之差一般不应超过 5mm。

2)光电测距仪导入法

其具体做法如下：

在井口搭一支架，支架可根据光电测距仪主机及配套的经纬仪的外部轮廓加工制作，并在测距仪头上安装专备的直角棱镜，将测距仪安置于支架上，安置中心与井下反射镜的安置中心，均应在原投点位置，观测时使测距头通过直角棱镜瞄准井底的反射棱镜测距，一般应观测 3～4 测回，每测回读数 3 次，限差应符合《公路勘测规范》(JTG C10—2007)的要求。距离应加气象常数改正(但不需测竖直角倾斜改正)；改正后的距离即为测距仪中心至井底反射棱镜的高差 D_h，然后用一台水准仪分别测出井上基点至测距仪中心的高差及井下基点至井下长射棱镜的高差，按式(13-9)计算，将井上基点的高程传递至井下基点，如图 13-29 所示。

$$H_{下}=H_{上}+a_{上}-b_{上}-D_h+b_{下}-a_{下} \tag{13-20}$$

式中：$H_{下}$——井下基点高程；

$H_{上}$——已知井上基点高程；

$a_{上}$——井上用水准仪测量的后视读数；

$b_{上}$——井上用水准仪测量的前视读数；

$a_{下}$——井下用水准仪测量的后视读数；

$b_{下}$——井下用水准仪测量的前视读数；

D_h——测距仪中心至井底棱镜的距离。

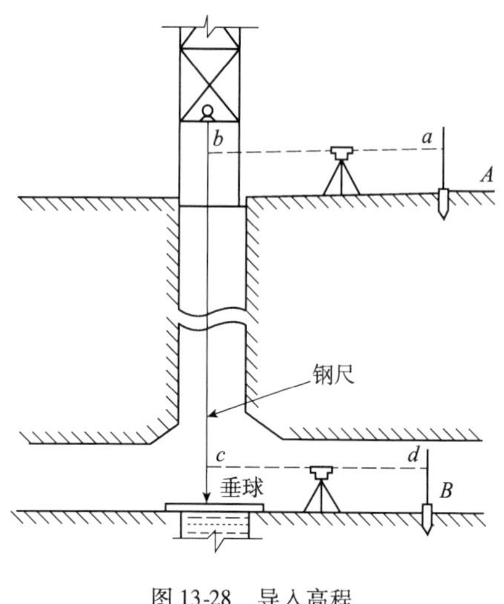

图 13-28　导入高程

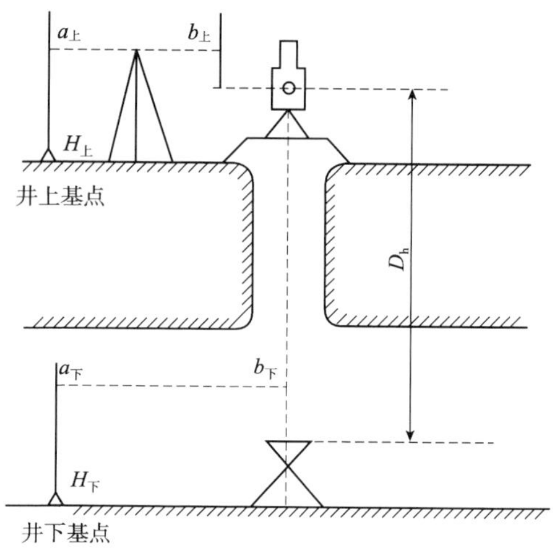

图 13-29　竖井高程传递至井下基点

第六节　隧道贯通测量与贯通误差估计

在隧道施工中,往往采用两个或两个以上的相向或同向的掘进工作面分段掘进隧道,使其按设计的要求在预定的地点彼此接通,称为隧道贯通。由于施工中的各项测量工作都存在误差,从而使贯通产生偏差。贯通误差在隧道中线方向的投影长度称为纵向贯通误差;在横向即水平垂直于中线方向的投影长度称为横向误差;在高程方向上的投影长度称为高程误差。纵向误差只对贯通在距离上有影响;高程误差对坡度有影响;横向误差对隧道质量有影响,通常称该方向为重要方向。不同的工程对贯通误差有不同的要求。在为保证隧道施工在两个或多个开挖面的掘进中,施工中线在贯通面上的横向及高程能满足贯通精度要求,符合路面及纵断面的技术条件,必须进行控制测量及贯通误差的测定和调整。

公路隧道洞内两相向施工中线,在贯通面上的极限误差规定见表 13-11。控制测量精度以中误差衡量,最大误差(极限误差)规定为中误差的 2 倍。由测量误差引起在贯通面上产生贯通误差的影响值,应不大于表中的规定。

贯通面上贯通误差影响值的分配　　表 13-11

测量部位	横向中误差(mm) 两开挖洞口间长度(m) <3000	横向中误差(mm) 两开挖洞口间长度(m) 3000～6000	高程中误差(mm)
洞外	45	55	25
洞内	60	80	25
全部隧道	75	100	35

注:设有竖井的隧道,应视施测条件按误差分配原理,另行计算各测量部位对贯通面上的横向中误差,不适用本表。

隧道贯通后,应进行实际偏差的测定,以检查其是否超限,必要时还要做一些调整。贯通后的实际偏差常用以下方法测定。

1. 中线延伸法

隧道贯通后,把两个不同掘进面各自引测的地下中线延伸至贯通面,并各钉一临时桩,如

图 13-30a)所示的 A、B 两点，丈量出 A、B 两点之间的距离，即为隧道的实际横向偏差。A、B 两临时桩的里程之差，即为隧道的实际纵向偏差。

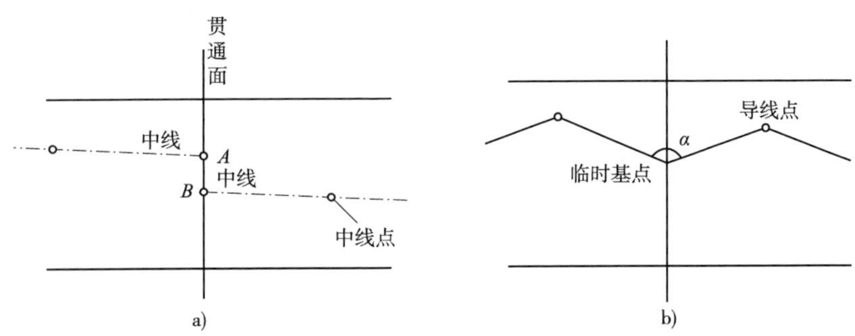

图 13-30　隧道贯通误差测量

2. 求坐标法

隧道贯通后，两不同的掘进面共同设一临时桩点，由两个掘进面方向各自对该临时点进行测角、量边，如图 13-30b)所示，然后计算临时桩点的坐标。所得的闭合差分别投影至贯通面及其垂直的方向上，得出实际的横向和纵向贯通误差。

隧道贯通后的高程偏差，可按水准测量的方法，由水准路线两端向洞内实测，测定同一临时点或中线点的高程，所测得的高程差值即为实际的高程贯通误差。

公路隧道施工贯通误差的调整方法，采用折线法调整直线段隧道的中线；曲线段隧道，根据实际贯通误差，由曲线的两端向贯通面按比例调整中线；精密导线测量延伸中线时，贯通误差用坐标增量平差来调整。

进行高程贯通误差调整时，贯通点附近的水准点高程，采用由进出口分别引测的高程平均值作为调整后的高程。

公路隧道贯通后，施工中线及高程的实际贯通误差，应在尚未衬砌的 100m 地段内调整。该段的开挖及衬砌均应以调整后的中线及高程进行施工放样。

隧道贯通后误差调整。

(1)如果调整而产生的转角在 5′以内，作为直线考虑；转角在 5′～25′时，按顶点内移量考虑，见图 13-31 和表 13-12；转折角大于 25′时，则应加设半径为 4000m 的曲线。

(2)隧道调整地段位于圆曲线上，曲线的两端向贯通面按长度比例调整中线(图 13-31)。

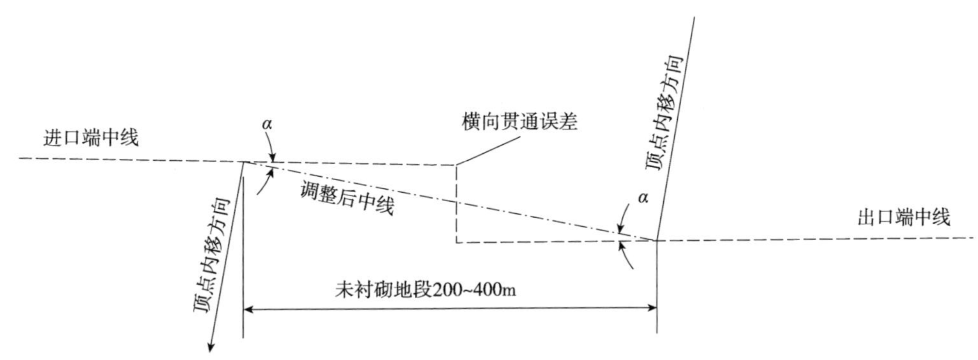

图 13-31　折线法调整贯通误差

贯 通 误 差 调 整 表 13-12

转折角(′)	内移量(mm)	转折角(′)	内移量(mm)	转折角(′)	内移量(mm)
5	1	15	10	25	26
10	4	20	17		

(3)贯通点附近的水准点高程,采用由进出口分别引测的高程平均值,作为调整后的高程。其他各点按水准路线的长度比例分配,作为施工放样的依据。

思考题与习题

1. 桥梁控制测量的任务是什么?
2. 桥梁工程测量的主要内容是什么?
3. 桥梁平面控制测量的方法有哪几种?
4. 简述桥梁平面控制测量的等级。
5. 桥位中线测量的目的是什么?
6. 桥梁墩台定位的方法有哪几种?
7. 桥位测量的目的是什么?
8. 什么是墩、台施工定位?
9. 简述墩、台定位有哪几种方法?
10. 简述桥梁墩台的纵横轴线测设。
11. 简述桥梁墩台定位测量的常用方法。
12. 隧道施工测量放样包括的内容有哪些?
13. 洞外地面控制测量的主要内容有哪些?
14. 洞外平面控制测量方法有哪几种?
15. 洞内施工测量的主要内容包括哪些方面?
16. 竖井高程传递常用测量方法有哪些?
17. 施工贯通误差测定方法有哪些?
18. 什么是竖井联系测量? 它包括哪些内容?

参 考 文 献

[1] 李仕东. 工程测量[M]. 3 版. 北京:人民交通出版社,2009.
[2] 聂让. 高等级公路控制测量[M]. 北京:人民交通出版社,2001.
[3] 刘培文. 公路施工测量技术[M]. 北京:人民交通出版社,2003.
[4] 李征航,黄劲松. GPS 测量与数据处理[M]. 武汉:武汉大学出版社,2005.
[5] 中华人民共和国行业标准. JTG C10—2007 公路勘测规范[S]. 北京:人民交通出版社,2007.
[6] 中华人民共和国行业标准. JTG B01—2014 公路工程技术标准[S]. 北京:人民交通出版社,2014.